电路分析及应用

主　编　王二萍

副主编　蔡艳艳　乐丽琴
　　　　张洋洋　付瑞玲

主　审　张水莲

科学出版社

北　京

内 容 简 介

本书基于面向应用的角度，围绕电路分析方法，全面介绍系统电路的基本理论和分析方法。全书共分 12 章，主要内容包括电路模型和电路定律、电阻电路的等效变换、电阻电路的一般分析、电路定理、电容元件与电感元件、暂态电路分析、单一元件的正弦交流电路、正弦稳态电路的分析方法、耦合电感电路、电路的频率响应、三相电路、二端口网络。每章后附有结合 MATLAB 或 Multisim 软件对电路进行计算机辅助分析举例，便于读者掌握电路元件的功能及应用。

本书可作为高等学校电气信息类各专业电路分析基础和电路课程教学用书，也可作为相关技术人员的参考书。

图书在版编目(CIP)数据

电路分析及应用/王二萍主编. —北京：科学出版社，2020.10

ISBN 978-7-03-066370-2

Ⅰ.①电… Ⅱ.①王… Ⅲ.①电路分析–高等学校–教材 Ⅳ.①TM133

中国版本图书馆 CIP 数据核字（2020）第 198132 号

责任编辑：徐仕达 杨 昕 / 责任校对：王 颖

责任印制：吕春珉 / 封面设计：东方人华平面设计部

科学出版社 出版

北京东黄城根北街 16 号

邮政编码：100717

http://www.sciencep.com

三河市中晟雅豪印务有限公司 印刷

科学出版社发行 各地新华书店经销

*

2020 年 10 月第 一 版 开本：787×1092 1/16

2024 年 8 月第五次印刷 印张：20 1/2

字数：486 000

定价：58.00 元

(如有印装质量问题，我社负责调换)

销售部电话 010-62136230 编辑部电话 010-62135397-2032

编 委 会

主　　编：王二萍

副 主 编：蔡艳艳　乐丽琴　张洋洋　付瑞玲

编写人员：张具琴　栗红霞　黄永亮

主　　审：张水莲

前　　言

教育是国之大计、党之大计，教育、科技、人才是全面建设社会主义现代化国家的基础性、战略性支撑。全面建设社会主义现代化国家，必须坚持科技是第一生产力、人才是第一资源、创新是第一动力，深入实施科教兴国战略、人才强国战略、创新驱动发展战略。高等教育人才培养要树立质量意识、抓好质量建设、全面提高人才自主培养质量。

电路分析是高等工科院校电类专业的基础课。该门课程在集总假设条件下，分析研究电路的基本规律及电路的分析计算方法，是电路理论与电子技术工程的入门课程。本书以电路理论的经典内容为核心，从培养学生的实践应用能力出发，具有如下特点：

1．从工程实际中引出问题、着重培养学生分析和解决问题的能力。电路分析课程不仅介绍电路理论的一些基本概念和原理，还针对一些经典的电路进行详细的分析，因此与实际工程电路结合是非常紧密的。本书在内容安排上，将理论与实际应用相结合，在各章节中有针对性地编入一些强调电路理论应用的实例，这对于培养学生的工程意识、工程思维和能力、锻炼学生的创新意识和创新能力具有举足轻重的作用。

2．引入 MATLAB 和 Multisim 软件的应用。用 MATLAB 可以帮助求解电路方程组，可以辅助画相量图，进行正弦波仿真分析等。借助 Multisim 软件不仅可以充分显示对数据进行采集、储存、分析、处理、传输、控制，以及对方案进行论证、选定和设计的过程，还可以改变电路参数，如电源的大小、电阻的阻值、电容的容量等来调整电路，使之更加合乎要求，得出较为理想的电路模型。将这些仿真软件加入实例分析中，可以把许多抽象和难以理解的内容变得生动、形象化。更重要的是通过计算机辅助分析电路，不仅提供了一种分析问题和解决问题的方法，还可以提高综合应用计算机的能力。

本书由黄河科技学院的王二萍担任主编，负责全书的策划、组织、统稿等工作，参加编写工作的有黄河科技学院的蔡艳艳、乐丽琴、张洋洋、栗红霞、张具琴和付瑞玲，上海材料研究所的黄永亮。

本书由张水莲教授主审。张教授以她严谨的治学精神为本书的编写工作提出了很多宝贵的意见和建议，在此表示诚挚的感谢！同时，诚挚感谢吴显鼎教授对本书编写工作的指导性意见！

限于编者水平，书中难免存在不足之处，恳请广大读者指正。

目　录

第 1 章　电路模型和电路定律

电路理论主要研究电路中发生的电磁现象，常用电流、电压和功率等物理量来描述其中的过程。电路由电路元件组成，因而整个电路的表现要看元件的连接方式及元件的特性，即电路受到两种基本规律的约束：①元件约束（VCR，即电压电流和阻抗的关系），它仅与元件的性质有关，而与元件在电路中的连接方式无关；欧姆定律是概括线性电阻伏安关系的基本定律。②拓扑约束，它仅与元件在电路中的连接方式有关，而与元件的性质无关；基尔霍夫定律是概括这种约束关系的基本定律。

本章介绍的内容包括：电路和电路模型，电流和电压的参考方向，电功率和能量，电阻元件的数学模型及特性，理想电压源和理想电流源的概念及特点，受控电源的概念、分类及特点，结点、支路、回路的概念以及基尔霍夫定律。

1.1　电路和电路模型

1.1.1　实际电路及其功能

人们在日常生活中会遇到很多实际电路，如照明电路、加热电路、报警电路等。实际电路是将电器设备（变压器、晶体管、电容器、集成电路等）按照预期目的连接构成的电流通路。图 1-1 所示为简单的照明电路接线图，它由以下三个部分组成：

（1）供电电源（图中为干电池），简称电源或激励。它的作用是将其他形式的能量转换为电能（图中干电池是将化学能转换为电能）。

（2）用电设备，简称负载。它将电能转换为其他形式的能量（图中灯泡将电能转换为光能和热能）。

（3）连接导线。它是连接电源与负载的金属导线，为电流提供通路并传输电能。

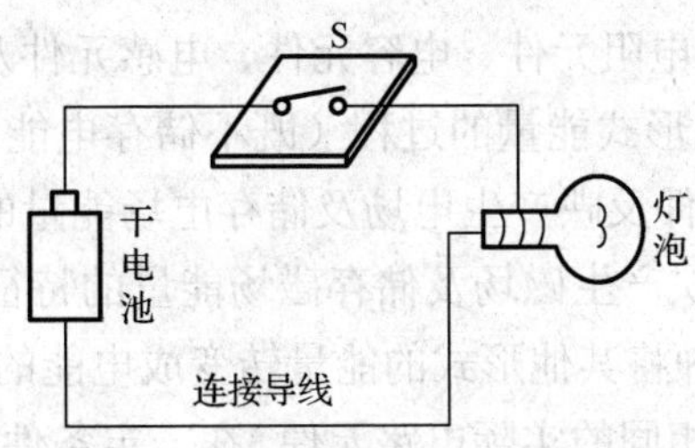

图 1-1　简单的照明电路接线图

电路中产生的电压和电流称为响应。图中 S 是为了节约电能加装的控制开关。

电源、负载和连接导线是任何实际电路都不可缺少的三个组成部分。

实际电路种类繁多，但其功能可以概括为以下两个方面：

（1）进行能量的传输、分配与转换，如电力系统中的输电电路。发电厂的发电机组将其他形式的能量（热能、水的势能或原子能等）转换成电能，通过变压器、传输电线等输送给用户，用户通过用电设备又将电能转换成机械能、光能或热能等，供人们在生产或生活中使用。

（2）进行信息的传递、控制与处理，如电话、收音机、电视机等的电子电路。接收天线在接收到载有语言、音乐、图像等信息的电磁波后，将输入信号转换或处理为人们所需要的输出信号，输送给扬声器或显像管，再还原为语言、音乐或图像。

实际电路的结构、功能及设计方法各不相同，但都遵循电路理论。

1.1.2　电路模型

电路理论主要用于计算电路中各元器件的端电流和端电压，一般不涉及其内部发生的物理过程。本书讨论的电路不是实际电路，而是实际电路的电路模型（电路图）。实际电路的电路模型是由理想电路元件及其组合相互连接而成的电路，具有与实际电路基本相同的电磁性能。理想电路元件是一种理想化的模型并具有精确的数学定义，它不考虑实际部件的外形、尺寸等差异性，是电路模型的最小单元。实际电路中各部件的运用一般都与电能供给、电能消耗现象及电能、磁能的储存现象有关，它们交织在一起并发生在整个部件中。这里的“理想化”是指假定这些现象可以分别研究，并且这些电磁过程都分别集中在各元件内部进行。这里所讲的元件称为集总参数元件，简称集总元件，由集总元件构成的电路称为集总参数电路。图 1-2 即为图 1-1 所示电路的电路模型。

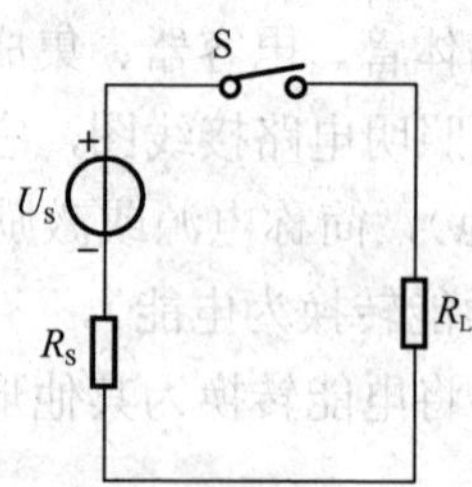

图 1-2　图 1-1 所示电路的电路模型

基本的理想电路元件有电阻元件、电容元件、电感元件及电源元件。其中，电阻元件反映消耗电能转换成其他形式能量的过程（既不储存电能，也不储存磁能），如电阻器、灯泡、电炉等；电容元件反映产生电场及储存电场能量的特征（既不消耗电能，也不储存磁能）；电感元件反映产生磁场及储存磁场能量的特征（既不消耗电能，也不储存电能）；电源元件表示各种将其他形式的能量转变成电能的元件。

注意：对主要电磁性能相同的实际电路元件，在一定条件下可用同一电路模型表示，如灯泡、电炉、电阻器等在低频电路里都可用电阻 R 表示。同一个实际电路元件在不同的工作条件下，其模型可以有不同的形式。例如，一个线圈在直流情况下的模型是一个电阻元件［图 1-3（a）］；在较低频率下，其模型是一个电阻元件和一个电感元件的串联组合［图 1-3（b）］；在较高频率下，还应考虑导体表面的电荷作用，即考虑电容效应，因此其模型中还要包含电容元件［图 1-3（c）］。

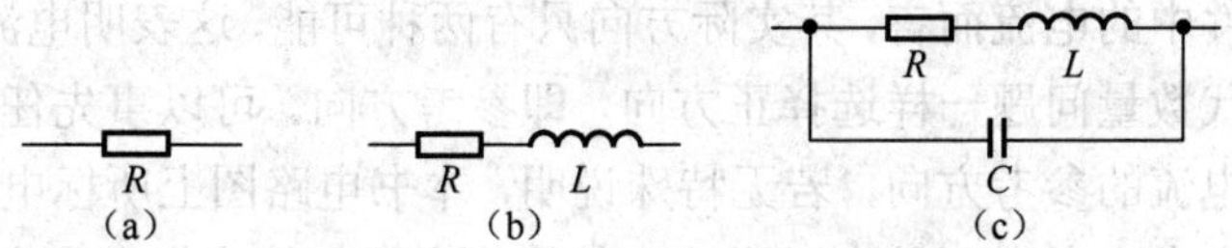

图 1-3　线圈在不同条件下的模型

如果实际电路的电路模型取得恰当，那么对电路进行分析计算的结果就与实际情况接近，否则会造成很大误差，有时甚至出现自相矛盾的结果。

1.2　电流和电压的参考方向

电路理论涉及的物理量主要有电流 I、电压 U、电荷量 Q、磁通量 Φ、电功率 P 和电磁能量 W，在电路分析中常用的物理量是电流、电压和电功率。当涉及某个元件或部分电路的电流或电压时，由于该电流或电压的实际方向可能未知，有必要指定其参考方向。

1.2.1　电流

带电荷的粒子有规则的定向运动形成电流，衡量电流大小的物理量是电流强度，简称电流。电流强度的数值等于单位时间内通过导体横截面的电荷量，用 $i(t)$ 表示，即

$$i(t)=\frac{\mathrm{d}q(t)}{\mathrm{d}t} \tag{1-1}$$

式中，电荷单位为库伦（C），时间单位为秒（s），电流单位为安培（A）。电力系统中通过设备的电流较大，有时采用千安（kA）为单位，而无线电系统中（晶体管电路中）电流较小，常用毫安（mA）、微安（μA）作单位，它们之间的换算关系为

$$1\text{kA}=10^{3}\text{A}，1\text{mA}=10^{-3}\text{A}，1\mu\text{A}=10^{-6}\text{A}$$

电流不但有大小，而且有方向。习惯上规定正电荷运动的方向为电流的实际方向。在一些很简单的电路中，如图 1-2 所示，电流的实际方向是从电源正极流向电源负极。但在一些稍复杂的直流电路或交流电路中，电流的实际方向往往很难事先判断。例如，在如图 1-4 所示的电桥电路中，R_5 上电流的实际方向不是显而易见的，难以事先判断。不过，R_5 上电流的实际方向只有三种可能：①从 a 流向 b。②从 b 流向 a。③ R_5 上电流为零。

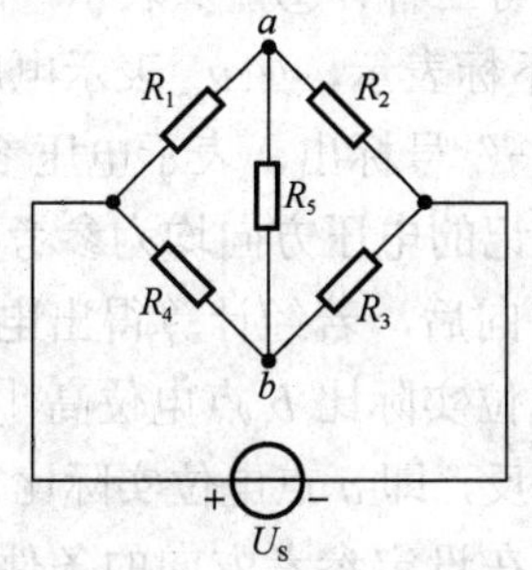

图 1-4　电桥电路图

对于集总元件中的电流而言，其实际方向只有两种可能，这表明电流是一种代数量，可以像研究其他代数量问题一样选择正方向，即参考方向。可以事先任意假定一个正电荷运动的方向为电流的参考方向，若无特殊说明，本书电路图上所标电流方向为电流的参考方向。电流参考方向有两种表示方法：①箭头表示，箭头指向为电流的参考方向。②双下标表示，如 i_{ab} 表示电流的参考方向由 a 指向 b。

在对电路中的电流设定参考方向后，若经计算得出电流为正值，则说明所设参考方向与实际方向一致［图 1-5（a）］；若电流为负值，则说明所设参考方向与实际方向相反［图 1-5（b）］。电流值的正负只有在设定参考方向的前提下才有意义。

图 1-5 电流的参考方向和实际方向的关系

1.2.2 电压

为了衡量电场力对电荷做功的能力，引入电压这一物理量，记为 $u(t)$ 。电位是将单位正电荷从电路中一点移至参考点时电场力做功的大小。电压是将单位正电荷从电路中一点移至电路中另一点时电场力做功的大小，电场力做功即元件吸收的能量，用数学式表示为

$$u(t)=\frac{\mathrm{d}W(t)}{\mathrm{d}q(t)} \tag{1-2}$$

式中，电荷的单位为库仑（C），功的单位为焦耳（J），电压的单位为伏特（V）。在实际应用中，电压也常用千伏（kV）、毫伏（mV）、微伏（μV）作单位。电压也可用电位差表示，电路中 a、b 两点间的电压可表示为

$$u_{ab}=u_a-u_b \tag{1-3}$$

式中，u_a 、u_b 分别为 a、b 两点的电位。

从定义可知电压也是代数量，因而也有参考方向。电路中规定电位降低的方向为电压的实际方向，但在复杂的电路或交流电路里，两点间电压的实际方向不易判别，这给实际电路问题的分析计算带来困难，因此通常应设定电压的参考方向。电压参考方向是假定的电位降低方向，表示方法有三种：①箭头表示，箭头指向为电压的参考方向（本书一般不采用此表示法）。②双下标表示，如 u_{ab} 表示电压参考方向由 a 指向 b。③正负极性表示，在电路图中用“+”“-”号标出，表示电压参考方向由正（+）指向负（-）。若无特殊说明，本书电路图中标记的电压方向均为参考方向。

在设定电路中电压的参考方向后，若经计算得出电压 u_{ab} 为正值，则说明电压参考方向与实际方向一致，即 a 点电位实际比 b 点电位高［图 1-6（a）］；若 u_{ab} 为负值，则说明电压参考方向与实际方向相反，即 a 点电位实际比 b 点电位低［图 1-6（b）］。同电流一样，两点间电压值的正负仅在设定参考方向的条件下才有意义。

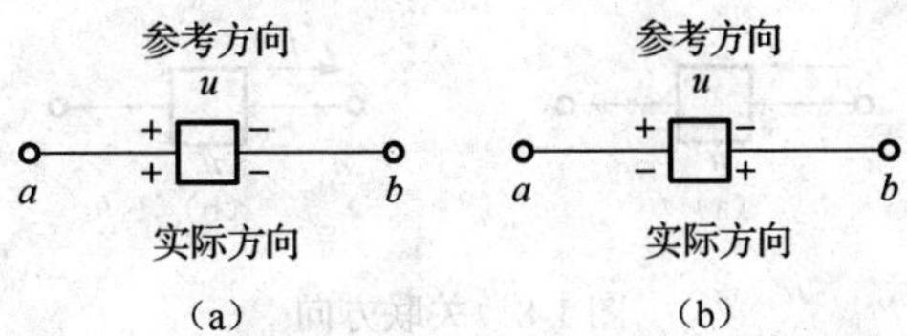

图 1-6 电压的参考方向和实际方向的关系

例 1.1 电路如图 1-7（a）所示，已知 4C 正电荷由 a 点移至 b 点电场力做功 8J，由 b 点移至 c 点电场力做功 12J。

（1）以 b 点为参考点，求电位 U_a、U_b、U_c 及电压 U_{ab}、U_{bc}。

（2）以 c 点为参考点，再求电位 U_a、U_b、U_c 及电压 U_{ab}、U_{bc}。

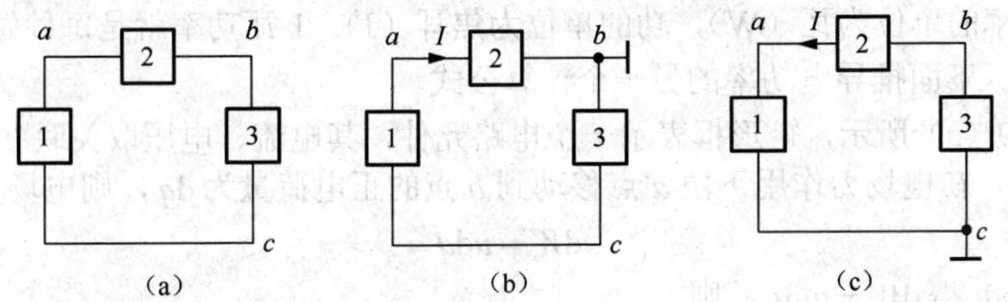

图 1-7 例 1.1 图

解：（1）在 b 点画上接地符号，如图 1-7（b）所示，由电位定义得

$$U_a=\frac{W_{ab}}{q}=\frac{8}{4}=2\text{（V）},\ U_b=0,\ U_c=\frac{W_{cb}}{q}=-\frac{W_{bc}}{q}=-\frac{12}{4}=-3\text{（V）}$$

利用电压与电位之间的关系，求得

$$U_{ab}=U_a-U_b=2-0=2\text{（V）}$$
$$U_{bc}=U_b-U_c=0-(-3)=3\text{（V）}$$

（2）在 c 点画上接地符号，如图 1-7（c）所示，则电位分别为

$$U_a=\frac{W_{ac}}{q}=\frac{8+12}{4}=5\text{（V）},\ U_b=\frac{W_{bc}}{q}=\frac{12}{4}=3\text{（V）},\ U_c=0$$

利用电压与电位之间的关系，求得

$$U_{ab}=U_a-U_b=5-3=2\text{（V）}$$
$$U_{bc}=U_b-U_c=3-0=3\text{（V）}$$

重要结论：

（1）电路中电位参考点可以任意选择。

（2）电路中参考点一经选定，各点的电位值就是唯一的。

（3）电路中各点电位值随所选电位参考点的不同而改变。

（4）电路中任意两点之间的电压值不因所选电位参考点的不同而改变。

如果指定流过元件的电流的参考方向是从标记电压正极性的一端指向负极性的一端，那么两者的参考方向一致，称为关联参考方向［图 1-8（a）］；当两者的参考方向不一致时，称为非关联参考方向［图 1-8（b）］。

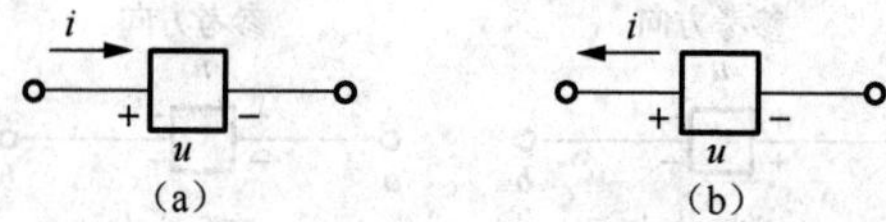

图 1-8 关联方向

1.3 电功率和能量

单位时间内电场力所做的功称为电功率，用符号 $P(t)$ 表示，数学定义式为

$$P(t)=\frac{\mathrm{d}W(t)}{\mathrm{d}t} \tag{1-4}$$

式中，电功率的单位为瓦（W），功的单位为焦耳（J）。1 瓦功率就是每秒做功 1 焦耳，即 1W =1J/s。下面推导电功率的另一个计算公式。

如图 1-9（a）所示，矩形框表示一个电路元件，其电流、电压取关联参考方向。设在 $\mathrm{d}t$ 时间内，在电场力作用下由 a 点移动到 b 点的正电荷量为 $\mathrm{d}q$，则电场力做的功为

$$\mathrm{d}W=u\mathrm{d}q \tag{1-5}$$

由 $\mathrm{d}q=i\mathrm{d}t$ 得 $\mathrm{d}W=ui\mathrm{d}t$，则

$$P=\frac{\mathrm{d}W}{\mathrm{d}t}=ui \tag{1-6}$$

在 t_0 到 t 区间内，有

$$W(t)=\int\mathrm{d}W=\int_{q(t_0)}^{q(t)}u\mathrm{d}q=\int_{t_0}^{t}u(\xi)i(\xi)\mathrm{d}\xi \tag{1-7}$$

$P=ui$ 表示元件吸收的功率。在 $P>0$，$W>0$ 时，元件吸收正功率；在 $P<0$，$W<0$ 时，元件吸收负功率，实际上是该元件向外电路发出功率。

若电压与电流取非关联参考方向，如图 1-9（b）所示，则只需在上式中冠以负号，即

$$P=-ui \tag{1-8}$$

其计算结果的意义与式（1-6）相同。对于一个完整的电路而言，发出的功率等于吸收（消耗）的功率，满足功率平衡。

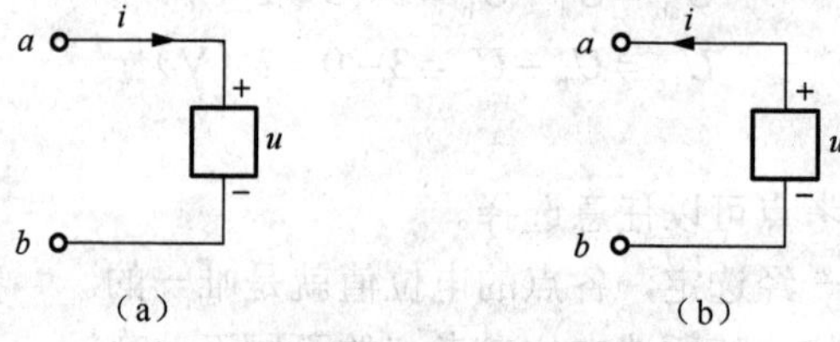

图 1-9 元件的功率

若已知元件吸收的功率为 $P(t)$，并设 $W(-\infty)=0$，则

$$W(t)=\int_{-\infty}^{t}P(\xi)\mathrm{d}\xi \tag{1-9}$$

上式表示从 $-\infty$ 开始至 t 时刻元件所吸收的电能。对于一个元件而言，若在任意时刻 t

均有 $W(t)\geqslant 0$，则称该元件为无源元件，否则称为有源元件。

例 1.2　如图 1-10 所示电路，已知 i=1A，u_1=3V，u_2=7V，u_3=10V，求各方框所代表的元件消耗或产生的功率。

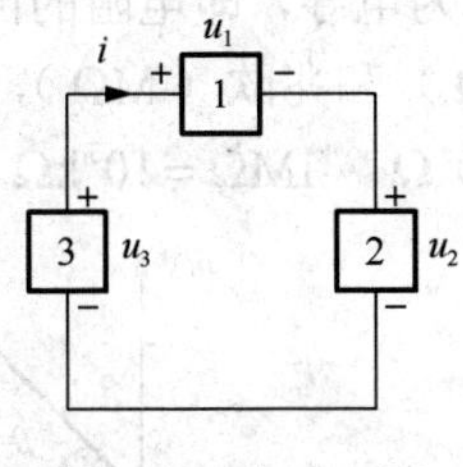

图 1-10　例 1.2 图

解：对于元件 1 和元件 2 而言，电压与电流参考方向关联，则

$$P_1 = u_1 i = 3\times 1 = 3\text{（W）},\quad P_2 = u_2 i = 7\times 1 = 7\text{（W）}$$

元件 1 和元件 2 实际吸收功率，对于元件 3 而言，电压与电流参考方向非关联，则

$$P_3 = -u_3 i = -10\times 1 = -10\text{（W）}$$

元件 3 实际上发出功率 10W。当 $P_1+P_2+P_3=0$ 时，则该电路满足功率平衡。

1.4　电 阻 元 件

电路元件是实际电器件的理想化模型，是电路中最基本的组成单元。本节介绍最常用的电阻元件，这是一种无源二端元件。

电阻元件是电能消耗器件的理想化模型，如电阻器、白炽灯、电炉等在一定条件下可以用一个二端线性电阻元件作为其模型。电阻元件上的电压和电流的关系（伏安关系）可用 u–i 关系方程来描述，即 $u=f(i)$；也可用 u–i 平面上的一条曲线（伏安特性曲线）来描述，如图 1-11 所示。若该曲线是通过原点的直线，则称为线性电阻，否则称为非线性电阻；若曲线不随时间变化，则称为非时变电阻，否则称为时变电阻。本书主要涉及线性非时变电阻。

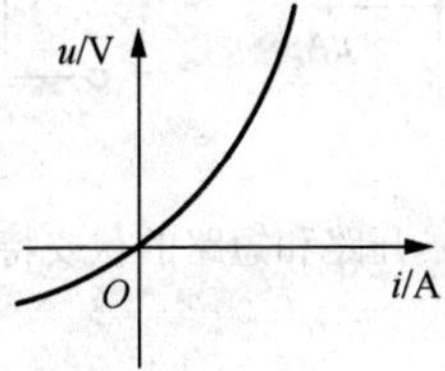

图 1-11　电阻元件的伏安特性曲线

欧姆定律是电路分析最重要的基本定律之一，它描述了线性电阻的电流与电压之间的关系。图 1-12（a）是理想电阻模型，设电压、电流参考方向关联，且图 1-12（b）是其伏安特性曲线，则该直线的数学解析式为

$$u(t)=Ri(t) \tag{1-10}$$

或者

$$i(t)=\frac{1}{R}u(t)=Gu(t) \tag{1-11}$$

上式就是欧姆定律公式。式中，G 为电导，即电阻的倒数，单位是西门子（S）。电阻的常用单位为欧姆（Ω）、千欧（kΩ）和兆欧（MΩ），它们之间的换算关系为

$$1\text{k}\Omega=10^3\Omega,\ 1\text{M}\Omega=10^3\text{k}\Omega=10^6\Omega$$

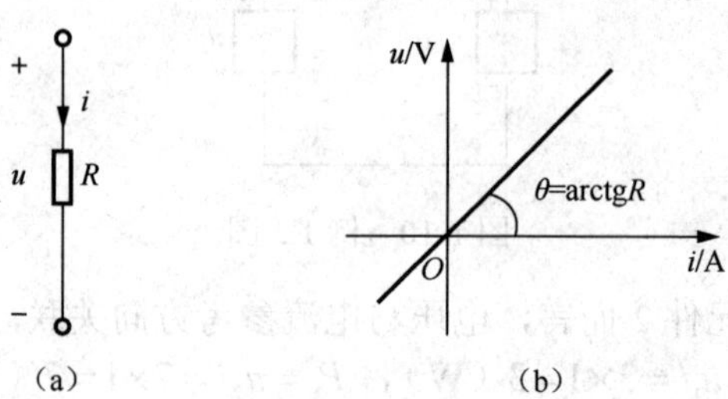

图 1-12　理想电阻模型及其伏安特性曲线

若电压、电流参考方向非关联，则在欧姆定律公式中应加负号，即

$$u(t)=-Ri(t) \tag{1-12}$$

或

$$i(t)=-Gu(t) \tag{1-13}$$

在参数值不为零、不为无限大的电阻上，电流和电压是同时存在、同时消失的，这说明电阻上的电压或电流不能记忆电阻上的电流或电压在“历史”上（t 时刻以前）所起过的作用。因此，电阻元件是无记忆性元件，又称即时元件。

线性电阻有两种特殊情况：①当 $R=\infty$ 或 $G=0$ 时，称为开路，此时无论端电压为何值，其端电流恒为零（$i=0$，$u\neq0$），如图 1-13（a）所示。②当 $R=0$ 或 $G=\infty$ 时，称为短路，此时无论端电流为何值，其端电压恒为零（$i\neq0$，$u=0$），如图 1-13（b）所示。

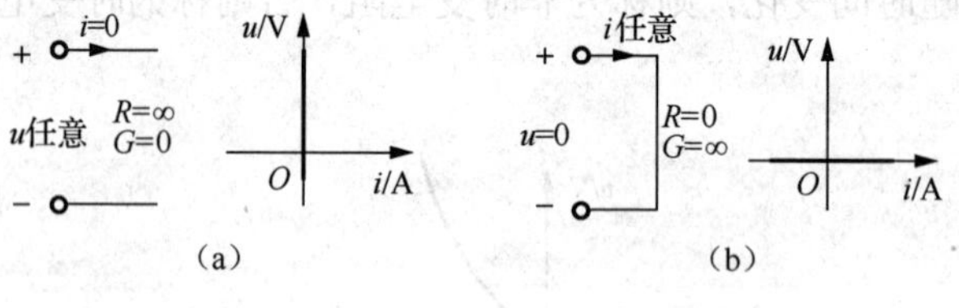

图 1-13　开路和短路的伏安特性曲线

电阻 R 上吸收的功率为

$$\begin{cases} P=ui=i^2R=\dfrac{u^2}{R}=u^2G & （电压、电流参考方向关联时）\\ P=-ui=-(-Ri)i=i^2R=\dfrac{u^2}{R}=u^2G & （电压、电流参考方向非关联时）\end{cases} \tag{1-14}$$

上述结果说明电阻元件在任何时刻都是吸收（消耗）功率的。

电阻上吸收的能量与时间区间相关。设从 t_0 至 t 区间内电阻 R 吸收的能量为 $W(t)$，

则

$$W(t)=\int_{t_0}^{t}P(\xi)\mathrm{d}\xi=\int_{t_0}^{t}Ri^2(\xi)\mathrm{d}\xi \tag{1-15}$$

电阻元件一般将吸收的电能转换成热能或其他能量。

为叙述方便，将线性电阻元件简称为电阻。本书中，电阻 R 不仅表示一个电阻元件，也表示其参数。

例 1.3　已知阻值为 2Ω 的电阻，其电压、电流参考方向关联，电阻上电压 $u(t)=10\cos(t)\text{V}$，求其电流 $i(t)$ 及消耗的功率 $P(t)$。

解：电压、电流参考方向关联，则

$$i(t)=\frac{u(t)}{R}=\frac{10\cos(t)}{2}=5\cos(t)\ (\text{A})$$

$$P(t)=Ri^2(t)=2\times[5\cos(t)]^2=50\cos^2(t)\ (\text{W})$$

例 1.4　某学校有 5 个教室，每个教室配有 6 个额定功率为 40W、额定电压为 220V 的日光灯管，平均每天使用 4h，求每月（按 30 天计）该校这 5 个教室共用电多少度？

解：1kW·h（千瓦时）即日常生活中的 1 度电，它是计量电能的一种单位。1kW 的用电器具加电使用 1h，所消耗的电能为 1 度，因而有

$$\begin{aligned}W&=Pt=40\times6\times5\times4\times30\\&=144000\ (\text{W}\cdot\text{h})=144\ (\text{kW}\cdot\text{h})\end{aligned}$$

1.5　电 源 元 件

电源为电路提供能量，常见的干电池、蓄电池、发电机等都是实际电源元件。电源元件是实际电源器件的理想化模型，是有源二端元件，可分为独立电源和受控电源两大类。本节先介绍独立电源，包括独立电压源和独立电流源（分别简称电压源和电流源），受控电源将在 1.6 节中讨论。

1.5.1　电压源

不管外部电路如何，其两端电压总能保持定值或一定的时间函数，且电压值与流过它的电流 i 无关的元件称为电压源。电压源的电路符号如图 1-14（a）所示，当 u_S 为恒定值时，则此电压源称为恒定电压源或直流电压源，用 U_S 表示。直流电压源有时也用如图 1-14（b）所示的符号表示，其中长线表示电源的“+”端。

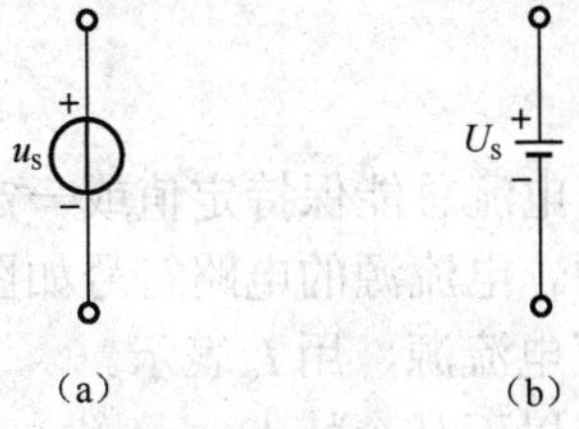

图 1-14　电压源符号

电压源具有以下几个特点：

（1）电压源的端电压完全由自身的特性决定，与流经它的电流的方向、大小无关。

（2）电压源的电流由它本身及外电路共同决定，或者说它的输出电流随外电路变化。

（3）在任一时刻t_1，电压源的伏安特性是一条平行于i轴、其值为$u=u_S(t_1)$的直线，如图 1-15 所示。

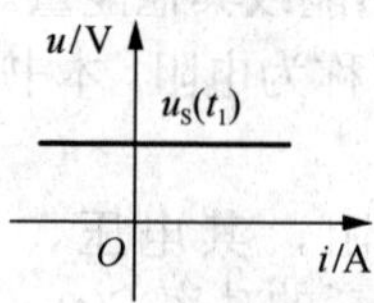

图 1-15 电压源伏安特性曲线

（4）当电压源$u_S(t)=0$时，伏安特性为u–i平面上的i轴，电压源相当于短路。将$u_S\neq 0$的电压源短路是没有意义的，因为此时端电压$u=0$，这与电压源的特性不相符。当电压源不接外电路时，电流$i=0$，电压源相当于开路。

（5）电压源既可以对外电路提供能量（起电源作用），也可以从外电路接收能量（当作其他电源的负载），这要视流经电压源电流的实际方向而定。例如，蓄电池在正常工作时是电源装置，但其在充电时被视为负载。理论上讲，电压源可以提供或吸收无穷大能量。

例 1.5 计算图 1-16 所示电路中各元件的功率。

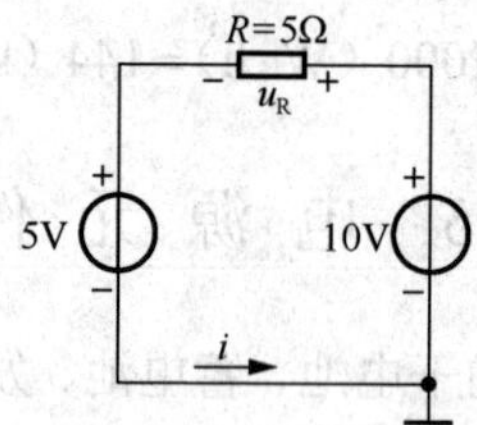

图 1-16 例 1.5 图

解：由$u_R=10-5=5$（V），$i=\frac{u_R}{R}=\frac{5}{5}=1$（A）可得

$$P_{10V}=-10i=-10\times1=-10\text{（W）（吸收负功率，实际发出功率）}$$

$$P_{5V}=5i=5\times1=5\text{（W）（吸收功率）}$$

$$P_R=Ri^2=5\times1=5\text{（W）（吸收功率）}$$

上述结果满足 P（发）$=P$（吸）。由此看出，5V 电压源提供的电流为负值，实际起到负载的作用，说明电压源的电流由外部电路决定。

1.5.2 电流源

不管外部电路如何，其输出电流总能保持定值或一定的时间函数，且电流值与其两端电压u无关的元件称为电流源。电流源的电路符号如图 1-17 所示，当i_S为恒定值时，此电流源称为恒定电流源或直流电流源，用I_S表示。

与电压源类似，电流源具有以下几个特点：

（1）电流源的输出电流仅取决于它自身的特性，与其端电压的方向、大小无关。

（2）电流源的端电压由它本身及外电路共同决定，或者说它的端电压随外电路变化。

（3）在任一时刻 t_1，电流源的伏安特性是一条平行于 u 轴、其值为 $i = i_S(t_1)$ 的直线，如图 1-18 所示。

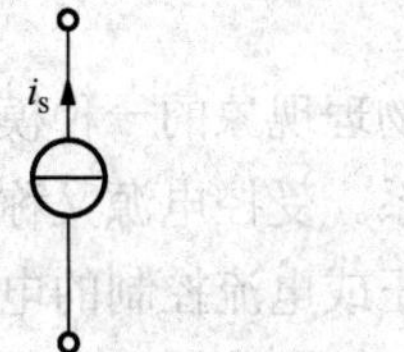

图 1-17　电流源

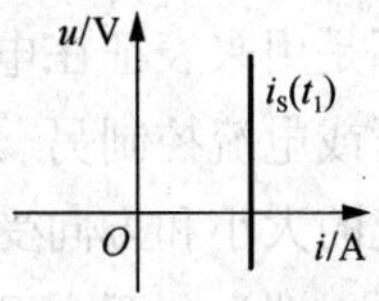

图 1-18　电流源伏安特性曲线

（4）当电流源 $i_S(t)=0$ 时，伏安特性为 u-i 平面上的 u 轴，电流源相当于开路。将 $i_S \neq 0$ 的电流源开路是没有意义的，因为此时输出电流 $i=0$，这与电流源的特性不相符。

（5）电流源既可以对外电路提供能量，也可以从外电路接收能量，这要视端电压的极性而定。理论上讲，电流源可以提供或吸收无穷大能量。

实际电流源可由稳流电子设备产生。例如，晶体管的集电极电流与负载无关，光电池在一定光线照射下被激发并产生一定数值的电流等。

例 1.6　电路如图 1-19 所示，试求：

（1）$R=0$ 时的电流 I，电压 U 及电流源 I_S 产生的功率 P_S。

（2）$R=3\Omega$ 时的电流 I，电压 U 及电流源 I_S 产生的功率 P_S。

（3）$R\to\infty$ 时的电流 I，电压 U 及电流源 I_S 产生的功率 P_S。

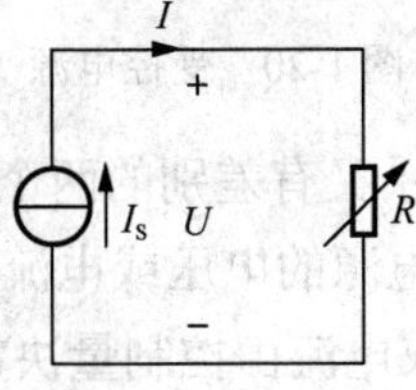

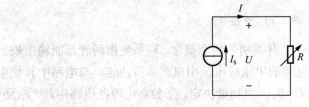

图 1-19　例 1.6 图

解：（1）$R=0$ 时即外部电路短路，则有

$$I = I_S = 2\text{（A）}$$

由欧姆定律得电压

$$U = RI = 0\times 2 = 0$$

对电流源 I_S 来说，I、U 参考方向非关联，电流源 I_S 的吸收功率为

$$P_S = -UI = 0$$

（2）$R=3\Omega$ 时，电流 $I=I_S=2$（A），电压 $U=RI=3\times 2=6$（V），电流源 I_S 的吸收功率为

$$P_S = -UI = -6\times 2 = -12\text{（W）（实际发出功率 12W）}$$

（3）当 $R\to\infty$ 时，根据理想电流源定义，

$$I = I_S = 2\text{（A）}$$

$$U = RI \to \infty$$

$$P_S = UI \to \infty$$

1.6　受控电源

受控电源是用来表征在电子元器件中所发生的物理现象的一种模型，它反映了电路中某处的电压或电流控制另一处的电压或电流的关系。受控电源又称“非独立”电源，即电压或电流的大小和方向受电路中某条支路的电压或电流控制的电源。受控电源有两个控制端（输入端）和两个受控端（输出端），因此这种电源是一种四端元件。

根据控制量和受控量之间不同的控制方式，受控电源可分为电压控制电压源（VCVS）[图 1-20（a）]、电流控制电压源（CCVS）[图 1-20（b）]、电压控制电流源（VCCS）[图 1-20（c）]、电流控制电流源（CCCS）[图 1-20（d）] 四种类型。受控电源用菱形符号表示，以与独立电源区分开。图中，u_1 和 i_1 分别表示控制电压和控制电流；μ、r、g 和 β 为控制参数，分别为电压放大倍数（无量纲）、转移电阻（量纲为Ω）、转移电导（量纲为 S）和电流放大倍数（无量纲）。控制参数为常数的受控电源称为线性受控电源，本书只涉及线性受控电源，一般略去“线性”二字。

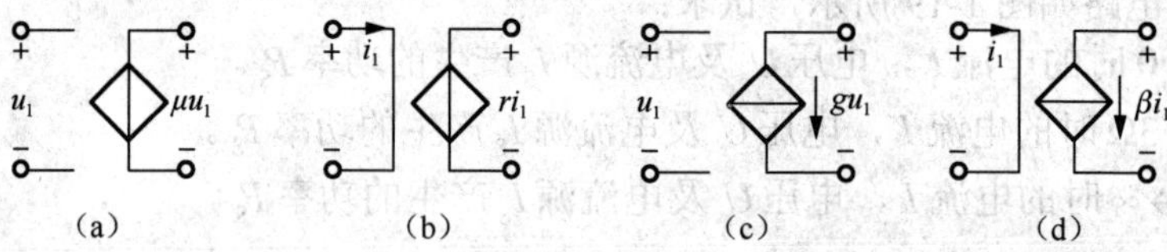

图 1-20　受控电源

受控电源与独立电源是既有联系又有差别的两个概念。联系是指两者都能输出规定的电压或电流。差别是指：①独立电源的电压或电流由电源本身决定，与电路中其他电压、电流无关，而受控电源的电压或电流由控制量决定。②独立电源在电路中起“激励”作用，代表外界对电路的激励，向电路提供能量，而受控电源只是反映输出端与输入端的受控关系，在电路中不能作为“激励”。

在分析含受控电源电路时，原则上可将受控电源当作独立电源处理，但应注意它的控制作用。

例 1.7　如图 1-21 所示电路，$i_S = 2A$，控制系数 $g = 2S$，求电压 u。

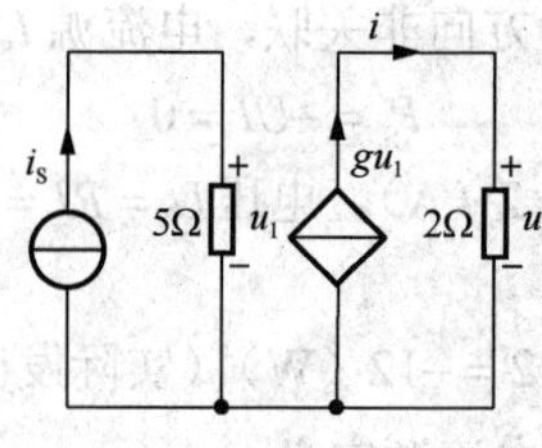

图 1-21　例 1.7 图

解：
$$u_1 = 5i_S = 10\text{（V）}，\quad u = 2gu_1 = 2\times2\times10 = 40\text{（V）}$$

1.7　基尔霍夫定律

基尔霍夫定律是分析集总参数电路的根本依据，包括基尔霍夫电流定律（KCL）和基尔霍夫电压定律（KVL）。基尔霍夫定律反映了电路中所有支路电流和电压所遵循的基本规律，与元件特性共同构成了电路分析的基础。

为便于阐述，先介绍几个与电路结构相关的名词术语，如图 1-22 所示。

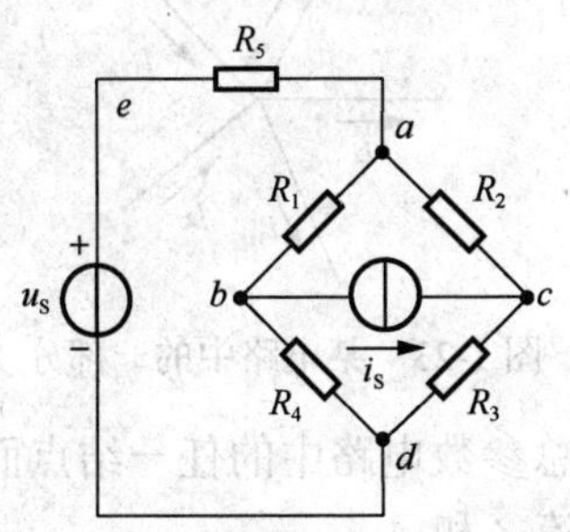

图 1-22　电路结构图

（1）支路。单个二端元件或电路中通过同一电流的分支称为支路，通常用 *b* 表示支路数。图中有 *aed*、*ab*、*ac*、*bc*、*bd* 和 *cd* 六条支路。其中，*aed* 支路由电压源 u_S 和电阻 R_5 串联构成，其余支路均由单个元件构成。此外，也可以将 *aed* 这段电路视为 *ae* 和 *ed* 两条支路，这样电路共有七条支路。

（2）结点。支路的连接点称为结点，通常用 *n* 表示。图中，*a*、*b*、*c* 等都是结点。

（3）路径。两个结点之间的一条通路称为路径，由支路构成。图中，*abd*、*acd*、*abcd* 等都是结点 *a*、*d* 之间的路径。

（4）回路。由支路构成的闭合路径称为回路，通常用 *l* 表示。图中，*abca*、*abdea*、*abdca* 等都是回路。

（5）网孔。对于平面电路而言，其内部不含任何支路的回路称为网孔。图中有 *abca*、*bcdb*、*aedba* 三个网孔。显然，网孔是回路，但回路不一定是网孔。

支路中流过的电流称为支路电流，支路的两个结点间的电压称为支路电压。

1.7.1　基尔霍夫电流定律

基尔霍夫电流定律（KCL）描述了电路中与结点相连的各支路电流间的相互关系。KCL 的内容是：在集总参数电路中，任意时刻流出或流入任一结点的所有支路电流的代数和恒等于零。此处，电流的代数和是根据电流流出结点还是流入结点判断的。若流入结点的电流取“+”，则流出结点的电流取“−”。电流是流入结点还是流出结点，均需根据电流的参考方向判断。因而有

$$\sum i(t)=0 \tag{1-16}$$

上式取和是对连接该结点的所有支路电流进行的。

例如，对如图 1-23 所示电路中的结点 a，设流出该结点的电流为“+”，则有

$$-i_1-i_2+i_3+i_4+i_5=0$$

上式可改写为

$$i_1+i_2=i_3+i_4+i_5$$

其一般形式为

$$\sum i_{\text{入}}=\sum i_{\text{出}} \tag{1-17}$$

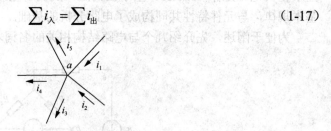

图 1-23　某电路中的一部分

KCL 又可表述为：对于集总参数电路中的任一结点而言，在任意时刻流出该结点的电流之和等于流入该结点的电流之和。

KCL 是电荷守恒定律和电流连续性在集总参数电路中任一结点处的具体反映。电荷守恒定律认为，电荷是不能创造和消灭的。因而对集总参数电路中某一支路的横截面来说，任一时刻流入横截面多少电荷即刻又从该横截面流出多少电荷（流入横截面的电荷不会消失，也不能在无限薄的横截面中存储），这就是电流的连续性。对于集总参数电路中的结点而言，在任意时刻它的“收支”是完全平衡的，因此 KCL 是成立的。

事实上 KCL 不仅适用于电路中的结点，对电路中任意假设的闭合曲面（可看作广义结点）也是成立的。在如图 1-24（a）所示的电路中，对结点 a、b、c 分别有

$$i_1-i_2-i_3=0\text{，}\quad i_2-i_4-i_6=0\text{，}\quad i_3+i_4-i_5=0$$

以上三式相加，可得通过闭合曲面 S 的电流的代数和为

$$i_1-i_5-i_6=0$$

在图 1-24（b）所示电路中作闭合曲面 S，因为只有一条支路穿出 S 面，所以根据 KCL 可知 $i=0$。

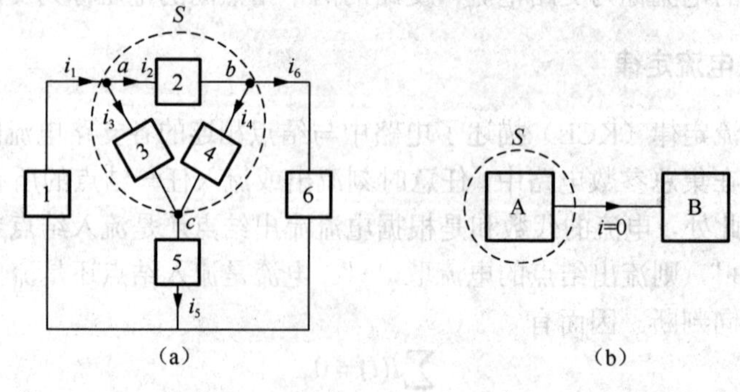

图 1-24　KCL 应用于闭合曲面

关于 KCL 的应用，需要明确以下几点：

（1）KCL 是电荷守恒定律和电流连续性原理在电路中任一结点处的反映。

（2）KCL 是对支路电流加的约束，与支路上接的元件无关，与电路是线性还是非线性无关。

（3）KCL 方程是按照电流的参考方向列写的，与电流的实际方向无关。

例 1.8　电路如图 1-25 所示，已知 $i_1 = 2\text{A}$，$i_2 = 5\text{A}$，$i_4 = 8\text{A}$，$i_5 = -3\text{A}$，求电流 i_3、i_6。

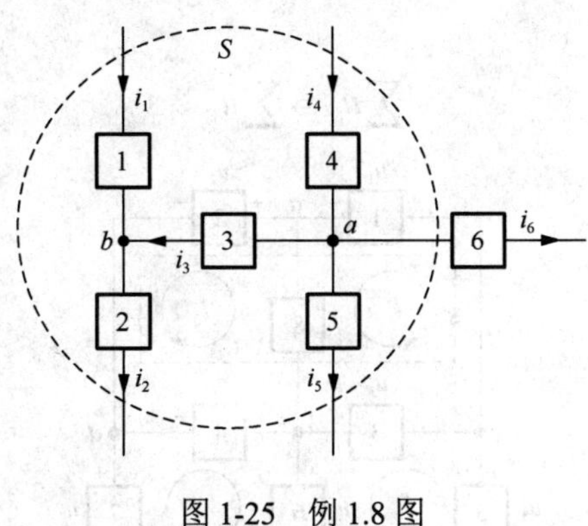

图 1-25　例 1.8 图

解：对结点 b 列写 KCL 方程，有

$$i_1 + i_3 = i_2$$

则

$$i_3 = i_2 - i_1 = 5 - 2 = 3 \text{（A）}$$

对结点 a 列写 KCL 方程，有

$$i_3 + i_5 + i_6 = i_4$$

则

$$i_6 = i_4 - i_3 - i_5 = 8 - 3 - (-3) = 8 \text{（A）}$$

还可应用闭合曲面 S 列写 KCL 方程求出 i_6，则有

$$i_6 = i_1 - i_2 + i_4 - i_5 = 2 - 5 + 8 - (-3) = 8 \text{（A）}$$

1.7.2　基尔霍夫电压定律

基尔霍夫电压定律（KVL）是描述回路中各支路或各元件电压之间关系的定律。它的基本内容是：对于集总参数电路而言，在任意时刻沿任一回路所有支路电压的代数和恒等于零。其数学式为

$$\sum u(t) = 0 \tag{1-18}$$

上式称为回路电压方程或 KVL 方程。在列写 KVL 方程时，首先需要设定各支路电压的参考方向，指定回路的绕行方向，然后按照绕行方向循行一周。当支路电压参考方向与回路绕行方向一致时，该电压前面取“+”号；当支路电压参考方向与回路绕行方向相反时，该电压前面取“-”号。另外，各支路电压值本身也有正负之分。因而，应当注意分清两套正负号在意义上的差别。

在图 1-26 所示电路中，各支路电压的参考方向如图所示，对回路 $cedc$ 取逆时针绕

行方向，对回路 *bceb* 和 *adcba* 取顺时针绕行方向，分别列写 KVL 方程如下：

$$u_6 - u_7 - u_4 = 0$$

$$u_3 + u_6 - u_5 = 0$$

$$u_1 + u_2 - u_4 - u_3 = 0 \tag{1-19}$$

将上式改写为

$$u_1 + u_2 = u_4 + u_3 \tag{1-20}$$

其一般形式为

$$\sum u_{降} = \sum u_{升} \tag{1-21}$$

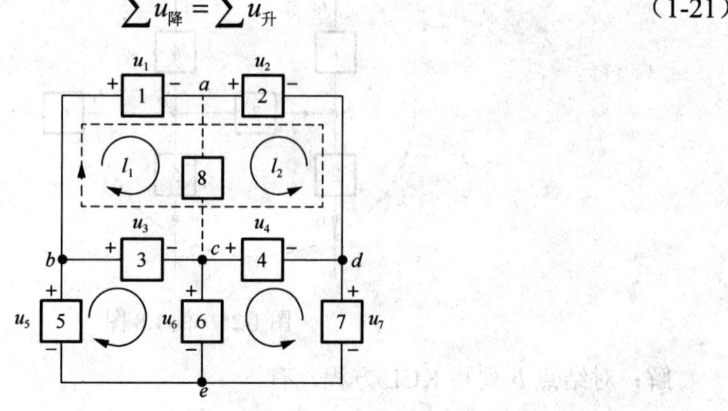

图 1-26　KVL 应用电路

KVL 也可表述为：对于集总参数电路而言，在任一时刻沿任一回路循行一周，电位降的和等于电位升的和。电位降低，表示支路吸收能量；电位升高，表示支路提供能量。KVL 实质上反映了集总参数电路遵循能量守恒定律。

KVL 不仅适用电路中的具体回路，也适用电路中任一假想的回路。例如，求图 1-26 中结点 *a*、*c* 之间的电压 u_{ac}。对假设回路 l_1 应用 KVL 列写方程有

$$u_1 + u_{ac} - u_3 = 0$$

则

$$u_{ac} = u_3 - u_1 \tag{1-22}$$

同理，也可对假设回路 l_2 应用 KVL 列方程有

$$u_{ac} = u_2 - u_4 \tag{1-23}$$

根据式（1-20）可知，式（1-22）和式（1-23）的计算结果是相同的。

KVL 是电压与路径无关这一性质的反映。关于 KVL 的应用，需要明确以下几点：

（1）KVL 的实质反映了电路遵循能量守恒定律。

（2）KVL 是对回路电压加的线性约束，与回路各支路上接的元件无关，与电路是线性还是非线性无关。

（3）KVL 方程是按照电压的参考方向列写的，与电压的实际方向无关。

例 1.9　电路如图 1-27 所示，已知 $R_1 = 2\Omega$，$R_2 = 4\Omega$，$u_{S1} = 4V$，$u_{S2} = 8V$，$u_{S3} = 10V$，求 *a* 点电位 u_a。

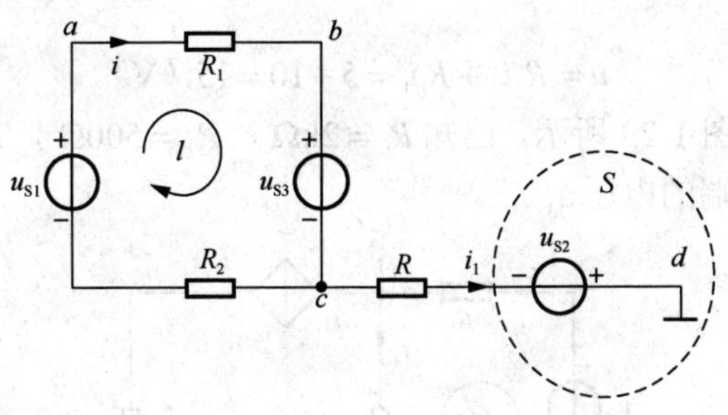

图 1-27　例 1.9 图

解：由 KCL 可知 $i_1=0$，因此回路 l 中各元件上流过同一电流 i，由 KVL 得

$$R_1 i+u_{S3}+R_2 i-u_{S1}=0$$

代入已知数据，得

$$2i+10+4i-4=0$$

则

$$i=-1\text{（A）}$$

$$\begin{aligned}u_a&=u_{ab}+u_{bc}+u_{cd}\\&=2i+10+(-8)\\&=-2\times1+10-8=0\end{aligned}$$

例 1.10　电路如图 1-28 所示，已知 $u_S=10\text{V}$，$i_S=5\text{A}$，$R_1=5\Omega$，$R_2=1\Omega$，求电压源 u_S 的输出电流 i 和电流源 i_S 两端的电压 u。

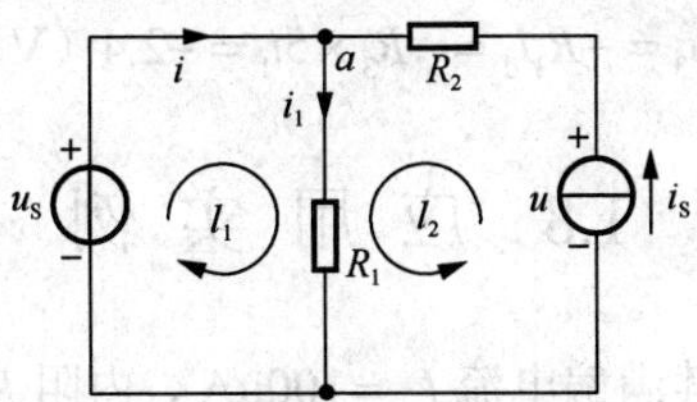

图 1-28　例 1.10 图

解：回路 l_1、l_2 的绕行方向如图所示，对回路 l_1 有

$$i_1 R_1-u_S=0$$

解得

$$i_1=\frac{u_S}{R_1}=\frac{10}{5}=2\text{（A）}$$

对结点 a，由 KCL 得

$$i_1-i-i_S=0$$

则

$$i=i_1-i_S=2-5=-3\text{（A）}$$

对回路 l_2，由 KVL 得

$$R_2 i_S+R_1 i_1-u=0$$

则

$$u = R_2 i_S + R_1 i_1 = 5 + 10 = 15\text{（V）}$$

例 1.11　电路如图 1-29 所示，已知 $R_1 = 2\text{k}\Omega$，$R_2 = 500\Omega$，$R_3 = 200\Omega$，$u_S = 12\text{V}$，$i_d = 5i_1$，求电阻 R_3 两端的电压 u_3。

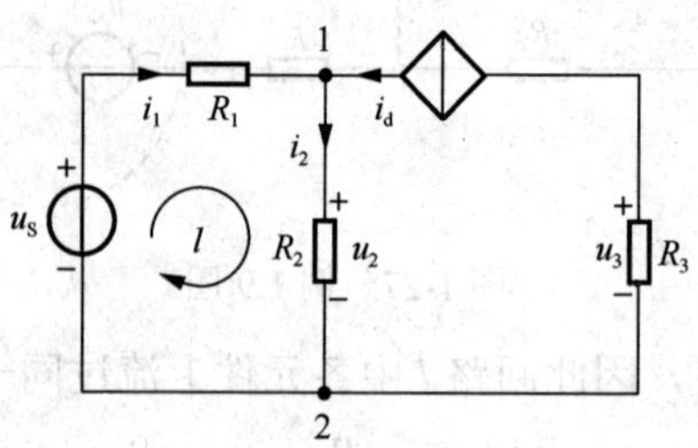

图 1-29　例 1.11 图

解：该电路含有受控电源，可以选择控制量 i_1 作为未知量先求解，再通过 i_d 求 u_3。对结点 1，由 KCL 得

$$i_2 = i_1 + i_d = i_1 + 5i_1 = 6i_1$$

对回路 l，由 KVL 得

$$u_S = R_1 i_1 + R_2 i_2 = (R_1 + 6R_2) i_1$$

可解得

$$i_1 = 2.4\text{（mA）}$$

则

$$u_3 = -R_3 i_d = -R_3 \times 5i_1 = -2.4\text{（V）}$$

1.8　应 用 实 例

例 1.12　现有一表头，其满偏电流 $I_g = 100\mu\text{A}$，内阻 $R_g = 2\text{k}\Omega$，欲用该表头构成一个量程为 $500\mu\text{A}$ 的电流表，如何实现？

解：由于表头最大只能流过 $100\mu\text{A}$ 电流，因此需要在表头两端并联一个电阻 R，使其在测量 $500\mu\text{A}$ 电流时 R 中流过的电流为 $400\mu\text{A}$，流过表头的电流为 $100\mu\text{A}$，如图 1-30 所示。并联电阻阻值可利用分流公式求得

$$I_R = \frac{R_g}{R + R_g} I$$

式中，$I = 500\mu\text{A}$，$I_R = 400\mu\text{A}$，则

$$R = \frac{R_g I - R_g I_R}{I_R} = \frac{2\times 10^3 \times 500\times 10^{-6} - 2\times 10^3 \times 400\times 10^{-6}}{400\times 10^{-6}} = 500\text{（}\Omega\text{）}$$

由上式可知，利用并联电阻 R 的分流作用使电流表的量程由 $100\mu\text{A}$ 扩大到 $500\mu\text{A}$，R 称为分流电阻。

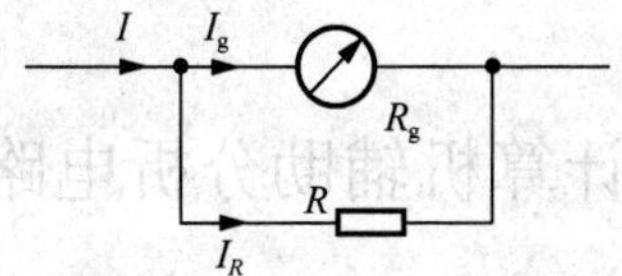

图 1-30　例 1.12 图

例 1.13　某餐馆的霓虹灯由 11 个灯泡组成，当某个灯泡坏掉时，该霓虹灯呈现出无穷大电阻且不能流过电流。制造商给出了霓虹灯的两种连接方式，如图 1-31 所示。根据 KCL 定律判断该餐馆选择的连接方式，并解释原因。

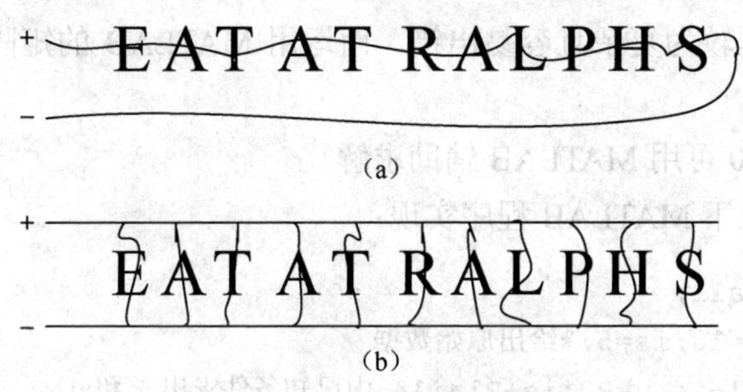

图 1-31　例 1.13 图

解：该餐馆选择如图 1-31（a）所示的连接方式。这是因为：图 1-31（a）中的 11 个灯泡为串联，其电流为同一电流，若某个灯泡坏掉，则电流为零，霓虹灯呈现无穷大电阻；图 1-31（b）中的 11 个灯泡为并联，其电压相同，若某个灯泡坏掉，则只有该灯泡所在支路电流为零，其余 10 个灯泡两端的电压不变，仍然有电流流过，灯泡依旧可以点亮，该霓虹灯的电阻不是无穷大。

例 1.14　假定将一个数字万用表接到如图 1-32 所示电路中，正极接在结点 a，负极接在结点 b。当该数字万用表以这种方式使用时，利用 KCL 解释为什么希望它的内阻为无穷大而不是零。

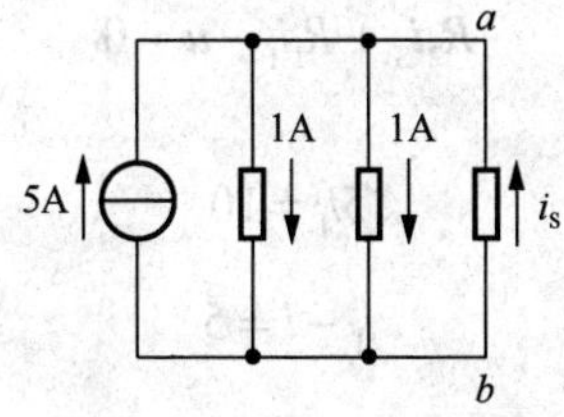

图 1-32　例 1.14 图

解：该数字万用表与 a、b 之间的电阻为并联，可以测量结点 a、b 间的电压。若万用表内阻为零，则 a、b 间电阻被短路，5A 电流源提供的电流全部流向万用表，对结点 a 根据 KCL 可知，电阻上的电流为零，所测电阻上的电压也为零；若万用表内阻为无穷大，则流过万用表的电流为零，这样不影响 a、b 间电阻上的电流和电压，从而才能准确地测出电压。

1.9　计算机辅助分析电路举例

MATLAB（matrix laboratory）意为“矩阵实验室”，它是当今很流行的科学计算软件。随着信息技术和计算机技术的发展，科学计算在各个领域得到了广泛的应用，但同时也在控制论、时间序列分析、系统仿真等方面产生了大量的矩阵运算及其他计算问题。MATLAB 软件适时推出，为人们提供了一个方便的数值计算和动态仿真平台。

在运用基尔霍夫定律分析电路时，若电路中的结点、回路较多，则所列的线性方程组也较多，求解过程较为复杂且容易出错，而运用 MATLAB 的矩阵运算功能就可以很好地解决该问题。

例 1.15　例 1.10 可用 MATLAB 辅助求解。

解：该题可由以下 MATLAB 程序实现：

```
clear,close all,
R1=5;R2=1;us=10;is=5;%给出原始数据
i1=us/R1,i=i1-is,u=R2*is+R1*i1% 由已知条件求出 i 和 u
```

该程序的运行结果为

```
i =
    -3
u =
    15
```

另外，该题也可用 MATLAB 求解方程。线性方程组为

$$i_1 R_1 - u_S = 0$$

$$i_1 - i - i_S = 0$$

$$R_2 i_S + R_1 i_1 - u = 0$$

代入已知数据得

$$5i_1 = 10$$

$$i_1 - i = 5$$

$$5i_1 - u = -5$$

以矩阵形式联立以上三式得

$$\begin{bmatrix} 5 & 0 & 0 \\ 1 & -1 & 0 \\ 5 & 0 & -1 \end{bmatrix} \begin{bmatrix} i_1 \\ i \\ u \end{bmatrix} = \begin{bmatrix} 10 \\ 5 \\ -5 \end{bmatrix}$$

可编写 MATLAB 程序如下：

```
K=[5 0 0;1 -1 0;5 0 -1];
K1=[10;5;-5];
fprintf('i1,i,u分别为')
A=K\K1;
i1=A(1),i=A(2),u=A(3)
```

该程序的运行结果为

```
i1,i,u分别为
i1 =
    2
i =
   -3
u =
   15
```

例 1.16　如图 1-33 所示电路，已知 $R_1 = 2\Omega$，$R_2 = 3\Omega$，$R_3 = 2\Omega$，$U_{S1} = 12V$，$U_{S2} = 4V$，求电阻 R_2 两端的电压 U_2。

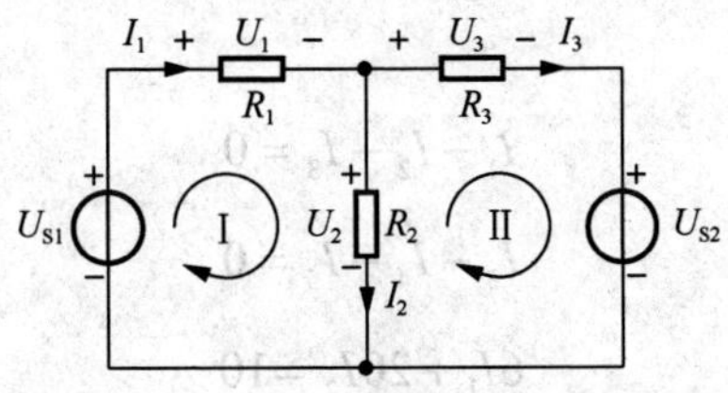

图 1-33　例 1.16 图

解：应用 KCL、KVL 及元件的 VCR 可列出线性方程组为

$$I_1 - I_2 - I_3 = 0$$
$$2I_1 + 3I_2 = 12$$
$$-3I_2 + 2I_3 = -4$$

以矩阵形式联立以上三式得

$$\begin{bmatrix} 1 & -1 & -1 \\ 2 & 3 & 0 \\ 0 & -3 & 2 \end{bmatrix} \begin{bmatrix} I_1 \\ I_2 \\ I_3 \end{bmatrix} = \begin{bmatrix} 0 \\ 12 \\ -4 \end{bmatrix}$$

可编写 MATLAB 程序如下：

```
K=[1 -1 -1;2 3 0;0 -3 2];
K1=[0;12;-4];
fprintf('I1,I2,I3分别为')
V=K\K1;
I1=V(1),I2=V(2),I3=V(3)
```

该程序的运行结果为

```
I1,I2,I3 分别为
I1 =
    3
I2 =
    2
I3 =
    1
```

例 1.17　如图 1-34 所示电路，已知 R_L=8Ω，求该电阻两端的电压 U。

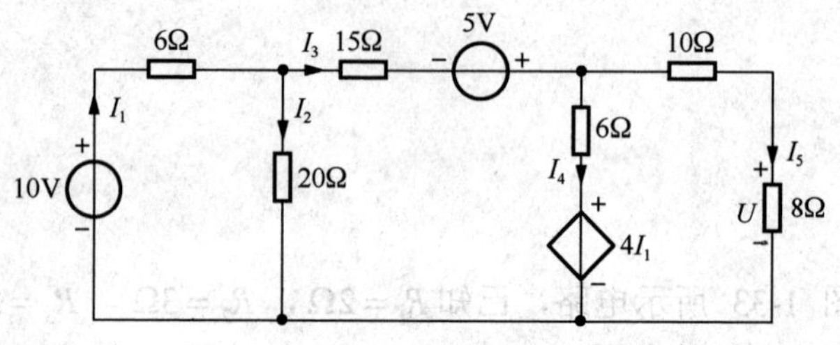

图 1-34　例 1.17 图

解：线性方程组为

$$I_1 - I_2 - I_3 = 0$$

$$I_3 - I_4 - I_5 = 0$$

$$6I_1 + 20I_2 = 10$$

$$4I_1 - 20I_2 + 15I_3 + 6I_4 = 5$$

$$-4I_1 - 6I_4 + 18I_5 = 0$$

可编写 MATLAB 程序如下：

```
K=[1 -1 -1 0 0;0 0 1 -1 -1;6 20 0 0 0;4 -20 15 6 0;-4 0 0 -6 18];
K1=[0;0;10;5;0];
V=K\K1;%V=[I1,I2,I3,I4,I5]
fprintf('电阻 RL 两端的电压 U 为')
U=8*V(5)
```

该程序的运行结果为

```
电阻 RL 两端的电压 U 为
U =
1.8341
```

该题也可用 MATLAB 中的 Simulink 模块辅助分析，其仿真电路如图 1-35 所示。可见，8Ω 电阻上的电压显示为 1.834V。

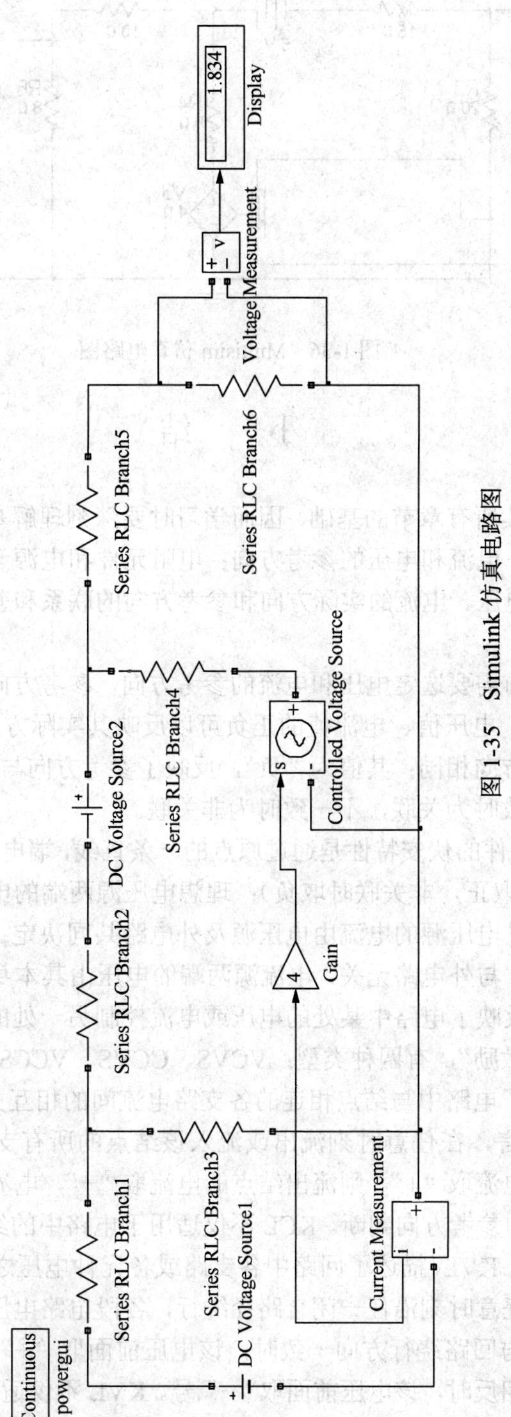

图 1-35　Simulink 仿真电路图

该题也可用 Multisim 软件辅助分析，其仿真电路如图 1-36 所示。

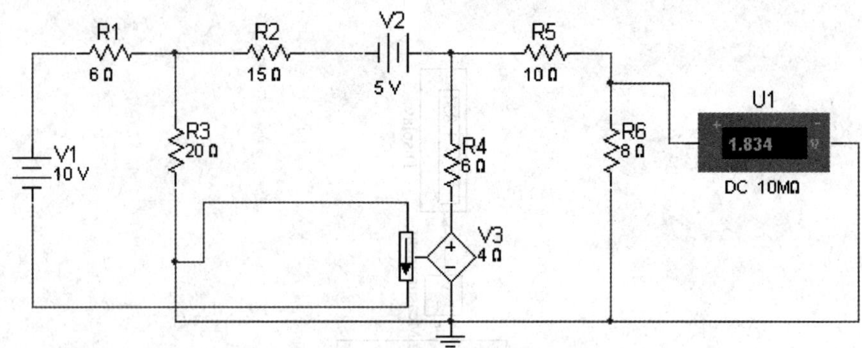

图 1-36　Multisim 仿真电路图

小　结

本章内容是后续所有章节的基础，因而学习时要深刻理解基本概念，熟练掌握分析方法。本章的重点：电流和电压的参考方向；电阻元件和电源元件的特性；基尔霍夫定律。本章的难点：电压、电流的实际方向和参考方向的联系和差别；独立电源与受控电源的联系和差别。

（1）分析电路前需要选定电压和电流的参考方向，参考方向可以任意选定。在选定参考方向的前提下，电压值、电流值的正负可以反映其实际方向（其值为“正”，反映了参考方向与实际方向相同；其值为“负”，反映了参考方向与实际方向相反）。电压和电流的参考方向一致时为关联，不一致时为非关联。

（2）线性电阻元件的伏安特性是通过原点的一条直线，端电压和电流遵循欧姆定律，即 $u=\pm iR$（关联时取正，非关联时取负）；理想电压源两端的电压由电压源本身决定，与外电路无关，通过电压源的电流由电压源及外电路共同决定；理想电流源的输出电流由电流源本身决定，与外电路无关，电流源两端的电压由其本身的输出电流及外电路共同决定。受控电源反映了电路中某处的电压或电流控制另一处的电压或电流的关系，在电路中不能作为“激励”，有四种类型：VCVS、CCVS、VCCS、CCCS。

（3）KCL 描述了电路中与结点相连的各支路电流间的相互关系，即对于集总参数电路中的任一结点而言，在任意时刻流出或流入该结点的所有支路电流的代数和恒等于零；若流入结点的电流取“+”，则流出结点的电流取“-”，电流是流入结点还是流出结点，均需根据电流的参考方向判断。KCL 不仅适用于电路中的结点，也适用于电路中任意假设的闭合曲面。KVL 描述了回路中各支路或各元件电压之间的关系，即对于集总参数电路而言，在任意时刻沿任一闭合路径绕行，各段电路电压的代数和恒等于零；当支路电压参考方向与回路绕行方向一致时，该电压前面取“+”号，当支路电压参考方向与回路绕行方向相反时，该电压前面取“-”号。KVL 不仅适用于电路中的具体回路，也适用于电路中任一假想的回路，可用于求电路中任意两点间的电压。

习　题

1.1　电路如图 1-37 所示，已知 2s 内有 4C 正电荷由 a 点均匀移至 b 点电场力做功 12J，由 b 点移至 c 点电场力做功 4J。

（1）计算电路中的电流 I 。

（2）以 b 点为参考点，求电位 U_a 、 U_b 、 U_c 及电压 U_{ab} 、 U_{bc} 。

（3）以 c 点为参考点，再求电位 U_a 、 U_b 、 U_c 及电压 U_{ab} 、 U_{bc} 。

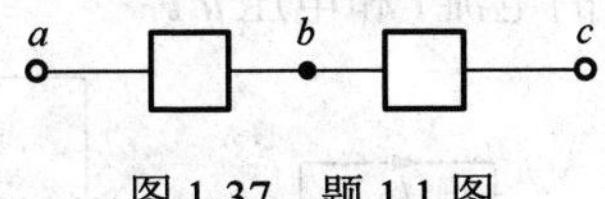

图 1-37　题 1.1 图

1.2　求图 1-38 所示各支路中的 u 、 i 、 R ，并说明电流和电压的实际方向。

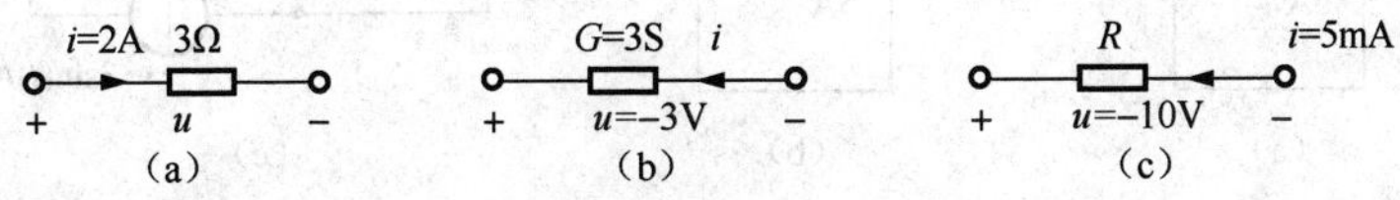

图 1-38　题 1.2 图

1.3　分别说明图 1-39（a）、（b）中：

（1） u 、 i 的参考方向是否关联？

（2）若图（a）中 $u>0$ 、 $i<0$ ，图（b）中 $u>0$ 、 $i>0$ ，则元件实际上是发出功率还是吸收功率？

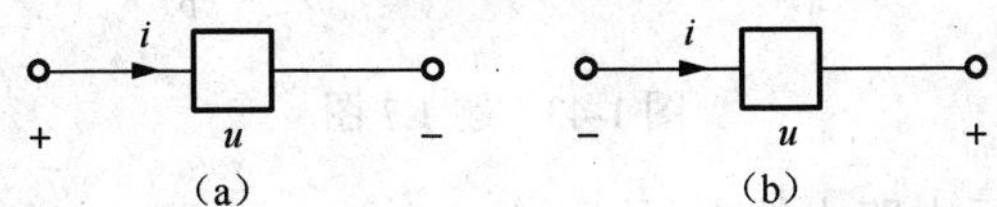

图 1-39　题 1.3 图

1.4　如图 1-40 所示，已知元件 A 吸收功率 20W，元件 B 发出功率 15W，元件 C 吸收功率 20W，分别求出这三个元件中的电流 I_1 、 I_2 和 I_3 。

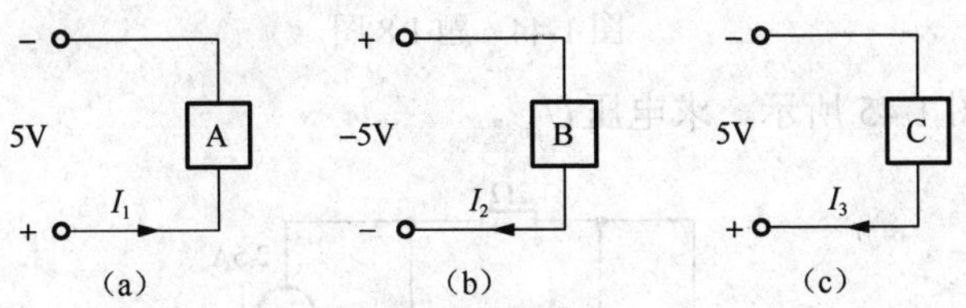

图 1-40　题 1.4 图

1.5　画出图 1-41 所示各元件或支路的伏安特性曲线。

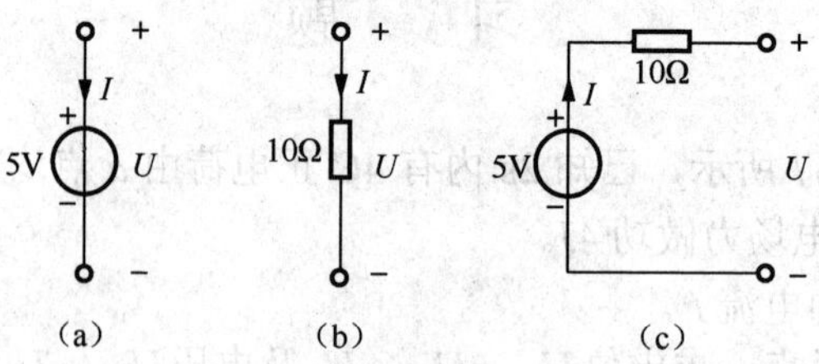

图 1-41　题 1.5 图

1.6　求图 1-42 所示各电路的电流 i 和电压 u。

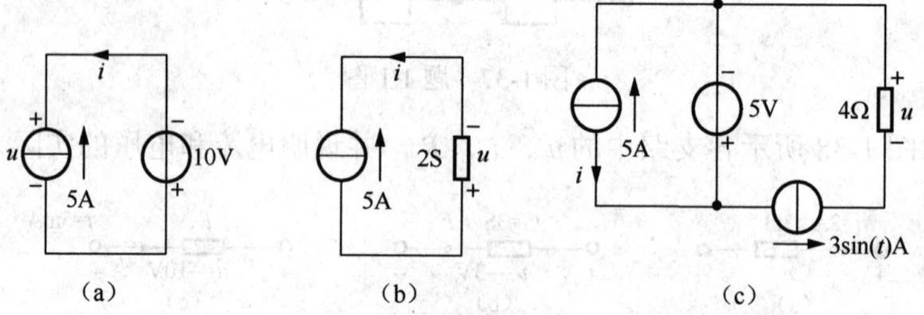

图 1-42　题 1.6 图

1.7　求图 1-43 所示各电路中的电压源、电流源及电阻的功率。

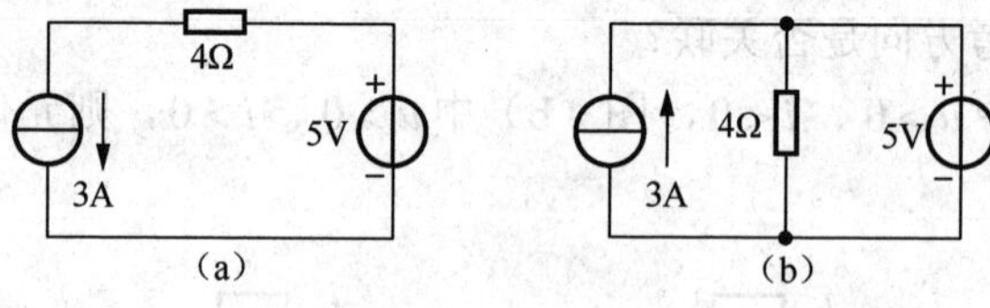

图 1-43　题 1.7 图

1.8　求图 1-44 所示电路中的电压 u。

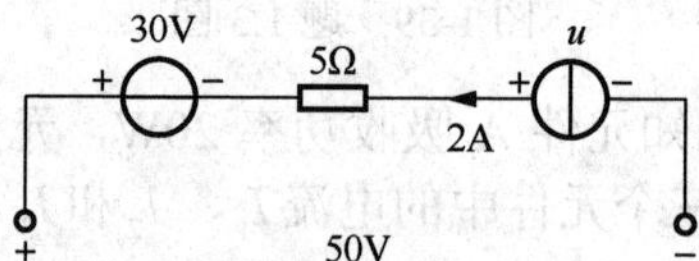

图 1-44　题 1.8 图

1.9　电路如图 1-45 所示，求电压 U_{ab}。

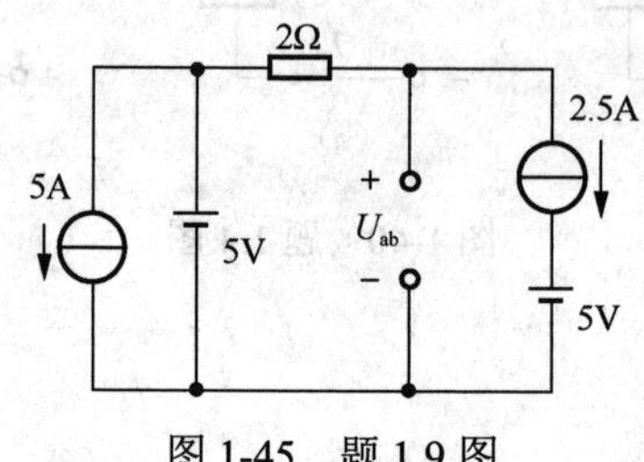

图 1-45　题 1.9 图

1.10　求图 1-46 所示各电路中的电流 i。

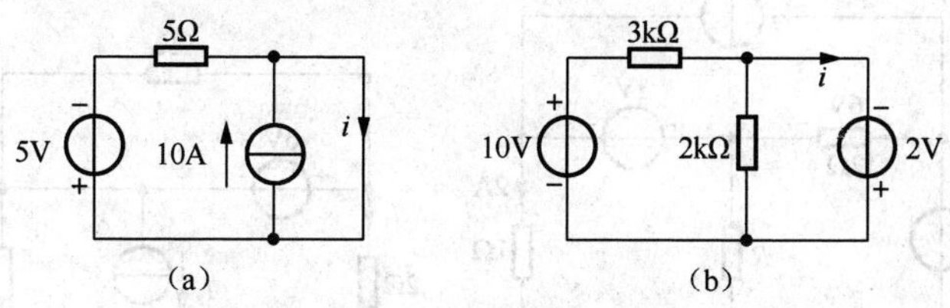

图 1-46　题 1.10 图

1.11　求图 1-47 所示各电路中的电压 u。

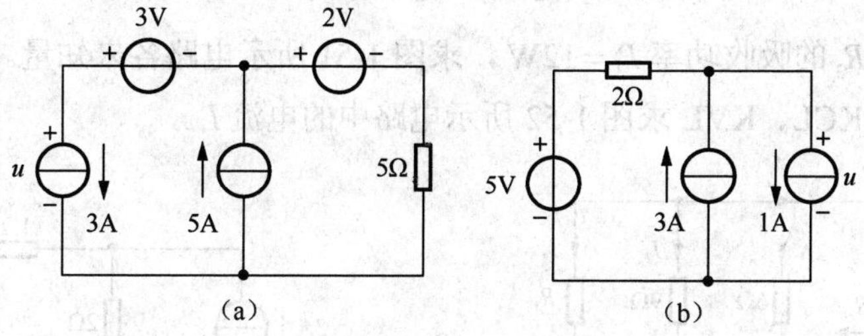

图 1-47　题 1.11 图

1.12　求图 1-48 所示各元件的功率。

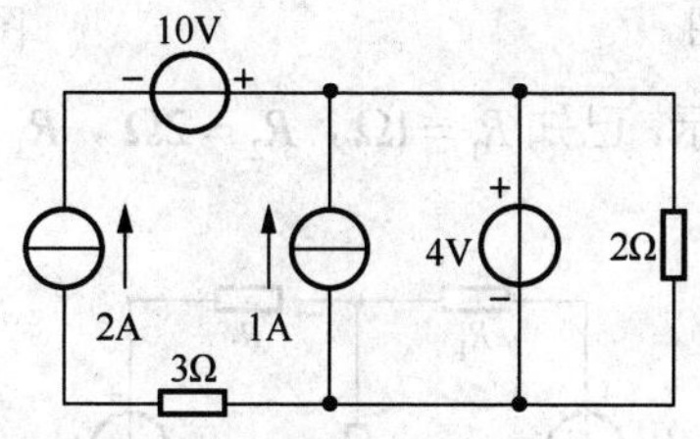

图 1-48　题 1.12 图

1.13　电路如图 1-49 所示，求电流 I_1、I_2 和电压 U_{ab}。

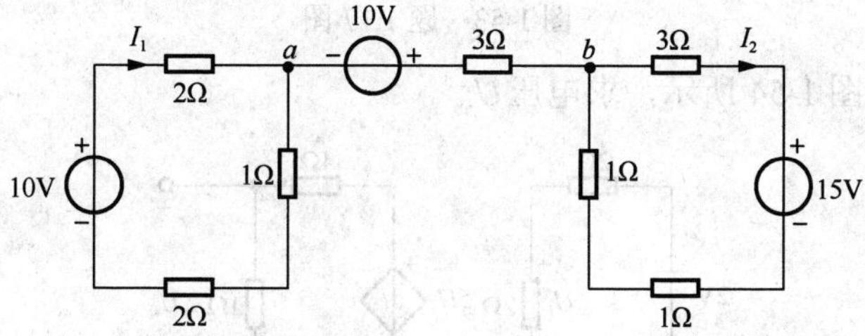

图 1-49　题 1.13 图

1.14　电路如图 1-50（b）所示，已知 $I_1 = 1\text{A}$。

（1）求图 1-50（a）中电阻 R 和电压源端电压 U_S。

（2）求图 1-50（b）中电流源电流 I_S。

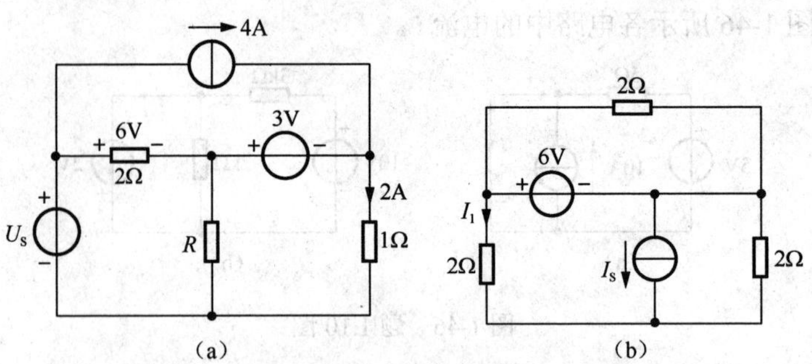

图 1-50　题 1.14 图

1.15　已知 R_3 的吸收功率 $P_3 = 12\text{W}$，求图 1-51 所示电路各未知量。

1.16　利用 KCL、KVL 求图 1-52 所示电路中的电流 I。

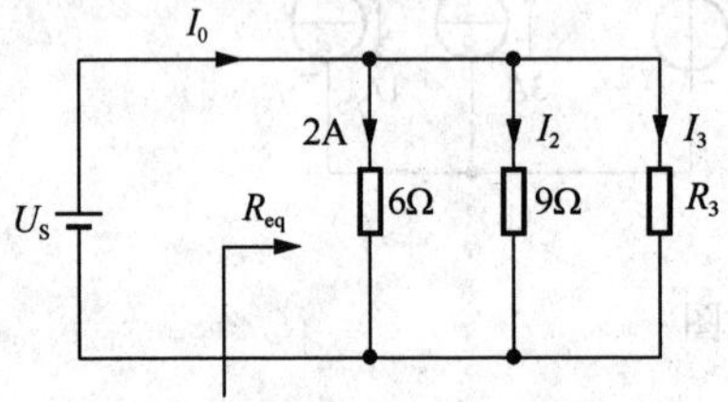

图 1-51　题 1.15 图

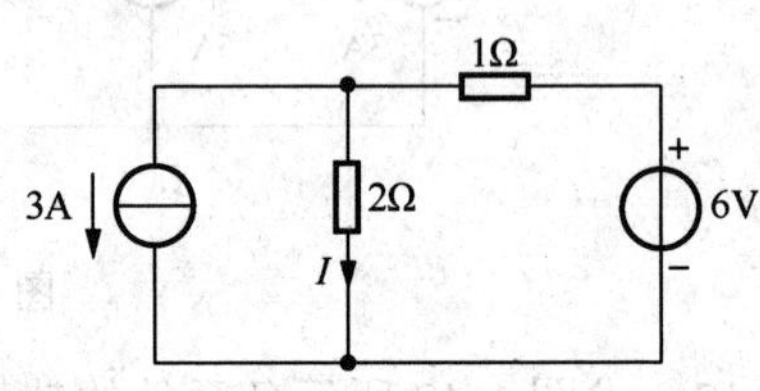

图 1-52　题 1.16 图

1.17　电路如图 1-53 所示，已知 $R_1 = 1\Omega$，$R_2 = 2\Omega$，$R_3 = 6\Omega$，$U_{S1} = 2\text{V}$，$U_{S2} = 6\text{V}$，求各电阻的吸收功率。

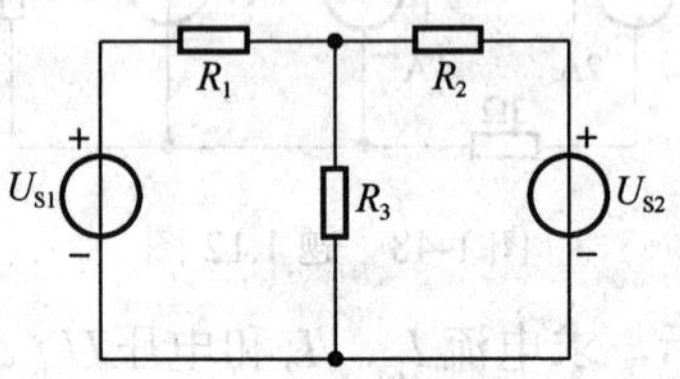

图 1-53　题 1.17 图

1.18　电路如图 1-54 所示，求电压 U_{ab}。

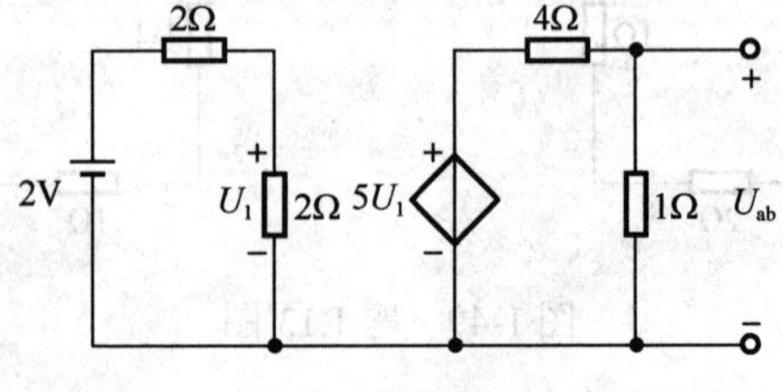

图 1-54　题 1.18 图

1.19　(1) 电路如图 1-55 (a) 所示，已知 $R = 4\Omega$，$i_1 = 1\text{A}$，求电流 i。

(2) 求图 1-55 (b) 所示中的 i_1 和 u_{ab}。

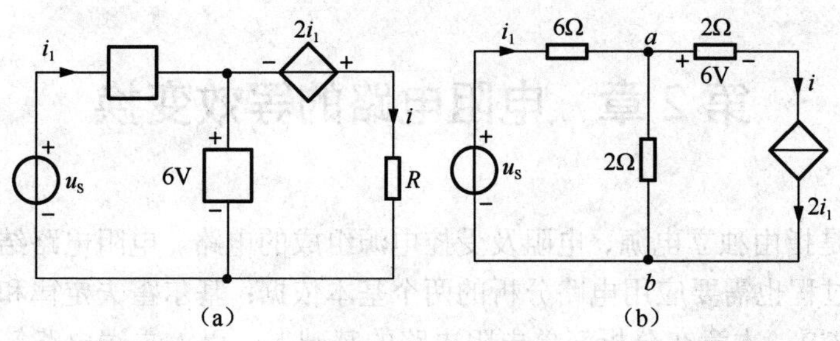

图 1-55　题 1.19 图

1.20　求图 1-56 所示电路中的电流 I_1。

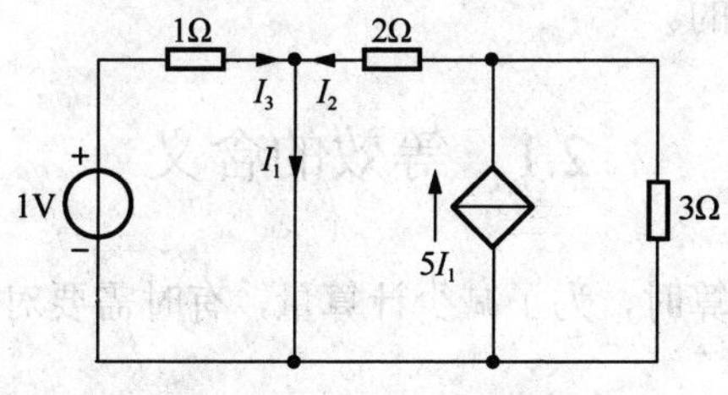

图 1-56　题 1.20 图

1.21　用 MATLAB 软件辅助分析习题 1.15。

1.22　用 MATLAB 软件辅助分析习题 1.17。

1.23　用 Multisim 软件辅助分析习题 1.20。

第 2 章　电阻电路的等效变换

电阻电路是指由独立电源、电阻及受控电源组成的电路。电阻电路结构通常较为简单，但其分析过程也需要应用电路分析的两个基本依据：基尔霍夫定律和组成电路的各元件自身的 VCR。本章在分析简单电阻电路的基础上，引入二端电路等效变换这一重要概念，力求使电路尽可能简单化，这是一种很重要的思考方法。

在电阻电路中，由于各元件都是无记忆元件，因此不管电路的激励是直流还是交流，其分析计算方法都是一样的。

2.1　等效的含义

在对电路进行分析计算时，为了减少计算量，有时需要对电路进行等效变换，以简化电路分析，方便计算。

2.1.1　二端电路（网络）的定义

任何一个复杂的电路，若其向外引出两个端子且从一个端子流入的电流等于从另外一个端子流出的电流，则这一电路称为二端电路或一端口电路。若二端电路仅由无源元件构成，则称无源二端电路。如图 2-1 所示 a 端和 b 端构成一个端口，此电路即为二端电路，端口上的电压 u 和电流 i 分别称为端口电压和端口电流，u 与 i 的关系称为端口伏安关系。

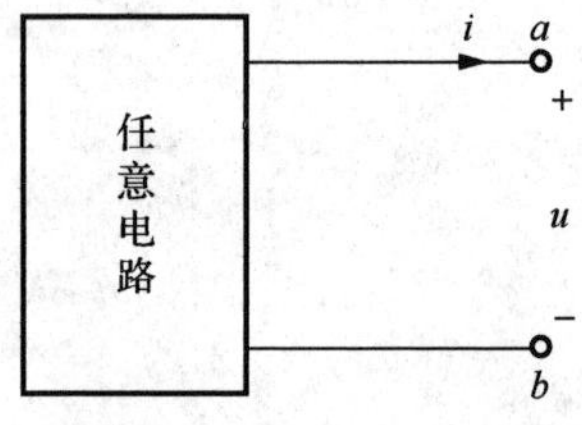

图 2-1　二端电路的定义

2.1.2　等效二端电路的概念

对由线性元件构成的两个二端电路 N_1 和 N_2（ N_1 和 N_2 既可以是无源的，也可以是有源的）来说，若 N_1 和 N_2 端口上的 u-i 关系（伏安关系）完全相同，则称二端电路 N_1 和 N_2 是等效的，如图 2-2 所示。注意，这里的等效是对外电路而言的，即不论接入 N_1 还是 N_2，外电路中各处的电流、电压是完全相同的，但 N_1 和 N_2 的内部不一定等效。

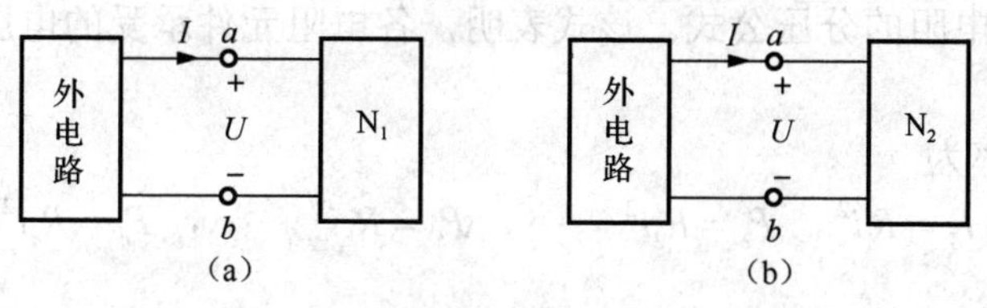

图 2-2　等效电路图

2.2　电阻元件的等效变换

2.2.1　电阻的串联

电路中多个电阻一个接一个地顺序相连，并且流过这些电阻的电流为同一电流，这种连接方法称为电阻的串联。图 2-3（a）所示为 *n* 个电阻的串联电路图。

根据 KVL 和欧姆定律，有

$$u = u_1 + u_2 + \cdots + u_n = R_1 i_1 + R_2 i_2 + \cdots + R_n i_n \tag{2-1}$$

其中

$$i_1 = i_2 = \cdots = i_n = i \tag{2-2}$$

将式（2-2）代入式（2-1）中，可得

$$u = (R_1 + R_2 + \cdots + R_n)\, i$$

上式即为串联电路等效电阻的计算公式。

令

$$R_{\mathrm{eq}} = R_1 + R_2 + \cdots + R_n = \sum_{k=1}^{n} R_k$$

则

$$u = R_{\mathrm{eq}} i \tag{2-3}$$

根据式（2-3）可以画出对应的电路，如图 2-3（b）所示。由于图 2-3（a）和图 2-3（b）两个电路具有相同的端口特性，因此这两个电路是等效的。

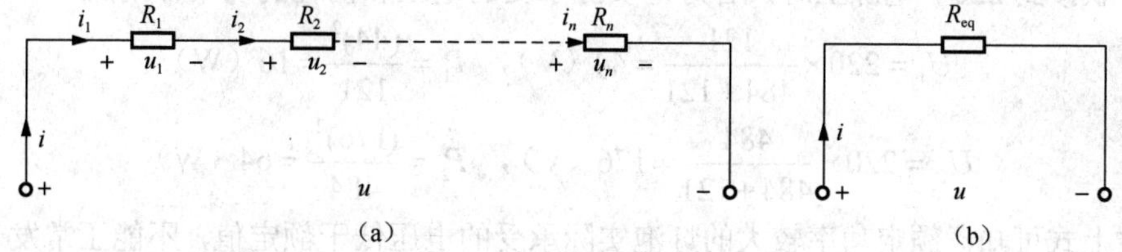

图 2-3　电阻的串联

电阻串联时，各电阻上的电压为

$$u_k = iR_k = \frac{u}{R_{\mathrm{eq}}} R_k = \frac{R_k}{R_{\mathrm{eq}}} u \tag{2-4}$$

式（2-4）为串联电阻的分压公式。该式表明，各电阻元件承受的电压大小是按其电阻值的大小分配的。

各电阻的功率为

$$P_1 = R_1 i^2 ,\quad P_2 = R_2 i^2 ,\quad \cdots ,\quad P_k = R_k i^2 ,\quad \cdots ,\quad P_n = R_n i^2$$

则

$$P_1 : P_2 : \cdots : P_k : \cdots : P_n = R_1 : R_2 : \cdots : R_k : \cdots : R_n$$

总功率为

$$\begin{aligned} P &= R_{eq} i^2 = (R_1 + R_2 + \cdots + R_k + \cdots + R_n)\, i^2 = R_1 i^2 + R_2 i^2 + \cdots + R_k i^2 + \cdots + R_n i^2 \\ &= P_1 + P_2 + \cdots + P_k + \cdots + P_n \end{aligned}$$

当电阻串联时，各电阻消耗的功率与电阻值的大小成正比，即电阻值大者消耗的功率大；等效电阻消耗的功率等于各串联电阻消耗功率的总和。

例 2.1　为了应急照明，有人将额定电压为 110V、额定功率分别为 100W 和 25W 的两只灯泡串联接到 220V 电源上，这样做合适吗？请说明理由。

解：用线性电阻元件作为灯泡的近似模型，根据题意画出如图 2-4 所示的电路。根据灯泡上标出的额定电压和额定功率，分别计算各灯泡的电阻大小为

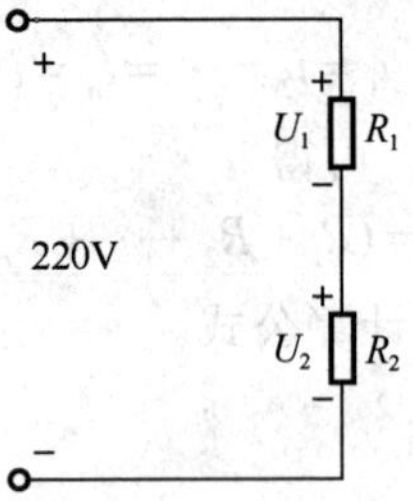

图 2-4　例 2.1 图

$$R_1 = \frac{(110)^2}{100} = 121\ (\Omega)$$

$$R_2 = \frac{(110)^2}{25} = 484\ (\Omega)$$

串联接到 220V 电源上时，各灯泡实际承受的电压和消耗的功率分别为

$$U_1 = 220 \times \frac{121}{484 + 121} = 44\ (\text{V}) ,\quad P_1 = \frac{(44)^2}{121} = 16\ (\text{W})$$

$$U_2 = 220 \times \frac{484}{484 + 121} = 176\ (\text{V}) ,\quad P_2 = \frac{(176)^2}{484} = 64\ (\text{W})$$

由上式可知，额定功率较大的灯泡实际承受的电压低于额定值，不能正常发光；额定功率较小的灯泡实际承受的电压高于额定值，实际消耗的功率也超过额定功率，有可能使灯泡损坏。因此，这样做是不合适的。

2.2.2　电阻的并联

电路中多个电阻连接在两个公共的结点之间，这样的连接方法称为电阻的并联。图 2-5（a）所示为 n 个电阻的并联电路。

显然，根据 KVL 可知，各电阻元件承受的电压为同一电压，即

$$u_1 = u_2 = \cdots = u_n = u \tag{2-5}$$

根据 KCL 和欧姆定律，有

$$i = i_1 + i_2 + \cdots + i_n = \frac{u_1}{R_1} + \frac{u_2}{R_2} + \cdots + \frac{u_n}{R_n} \tag{2-6}$$

将式（2-5）代入式（2-6）中，可得

$$i = \left(\frac{1}{R_1} + \frac{1}{R_2} + \cdots + \frac{1}{R_n}\right)u$$

令

$$\frac{1}{R_{\mathrm{eq}}} = \frac{1}{R_1} + \frac{1}{R_2} + \cdots + \frac{1}{R_n} = \sum_{k=1}^{n}\frac{1}{R_k}$$

若用电导 G（单位为西门子）表示，则由 $G = \frac{1}{R}$ 可得

$$G_{\mathrm{eq}} = G_1 + G_2 + \cdots + G_n = \sum_{k=1}^{n} G_k$$

即若干个并联的电阻元件的等效电导等于各电阻元件的电导之和，则

$$i = \frac{u}{R_{\mathrm{eq}}} \tag{2-7}$$

或

$$i = G_{\mathrm{eq}}u \tag{2-8}$$

根据式 2-7 可以画出对应的电路，如图 2-5（b）所示。由于图 2-5（a）和图 2-5（b）两个电路具有相同的端口特性，因此这两个电路是等效的。

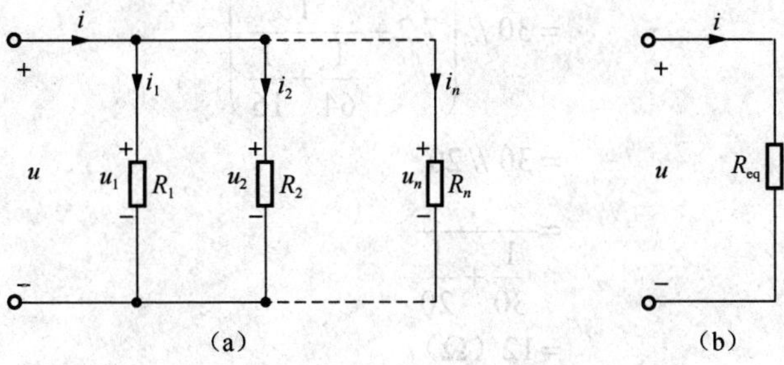

图 2-5　电阻的并联

电阻并联时，流过各电阻的电流为

$$i_k = G_k u = \frac{i}{G_{\mathrm{eq}}} G_k = \frac{G_k}{G_{\mathrm{eq}}} i \tag{2-9}$$

式（2-9）为并联电阻的分流公式。该式表明，流过各电阻元件的电流的大小是按其电导值的大小分配的，电阻越大，电导就越小，分得的电流就越小。

各电阻的功率为

$$P_1 = G_1 u^2,\quad P_2 = G_2 u^2,\quad \cdots,\quad P_k = G_k u^2,\quad \cdots,\quad P_n = G_n u^2$$

则

$$P_1 : P_2 : \cdots : P_k : \cdots : P_n = G_1 : G_2 : \cdots : G_k : \cdots : G_n$$

总功率为

$$\begin{aligned} P &= G_{\text{eq}} u^2 = (G_1 + G_2 + \cdots + G_k + \cdots + G_n) u^2 \\ &= G_1 u^2 + G_2 u^2 + \cdots + G_k u^2 + \cdots + G_n u^2 \\ &= P_1 + P_2 + \cdots + P_k + \cdots + P_n \end{aligned}$$

当电阻并联时，各电阻消耗的功率与电阻值的大小成反比，即电阻值大者消耗的功率小；等效电阻消耗的功率等于各并联电阻消耗功率的总和。

当电阻的连接中既有串联又有并联时，称为电阻的串并联，也称混联。在求混联电路等效电阻时，只需利用串联电阻公式和并联电阻公式逐步进行化简即可。

例 2.2　求解图 2-6 所示电路的等效电阻 R_{ab}。

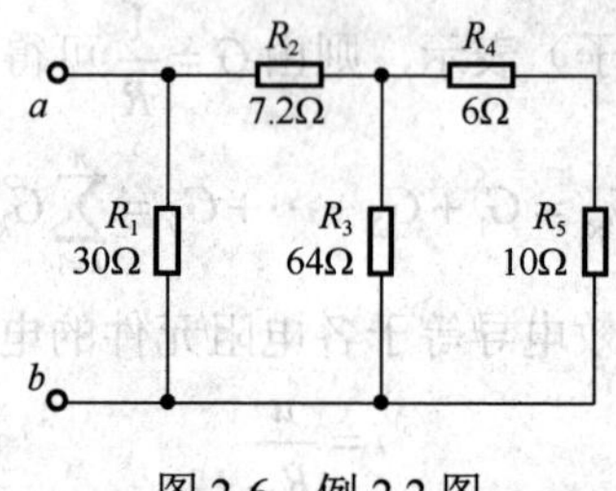

图 2-6　例 2.2 图

解：依据串并联电阻的等效电阻公式，可得

$$\begin{aligned} R_{\text{ab}} &= R_1 // [R_2 + R_3 // (R_4 + R_5)] \\ &= 30 // [7.2 + 64 // (6 + 10)] \\ &= 30 // \left(7.2 + \frac{1}{\frac{1}{64} + \frac{1}{16}} \right) \\ &= 30 // 20 \\ &= \frac{1}{\frac{1}{30} + \frac{1}{20}} \\ &= 12\ (\Omega) \end{aligned}$$

例 2.3　求图 2-7 所示电路中的 i_1、i_4 和 u_4。

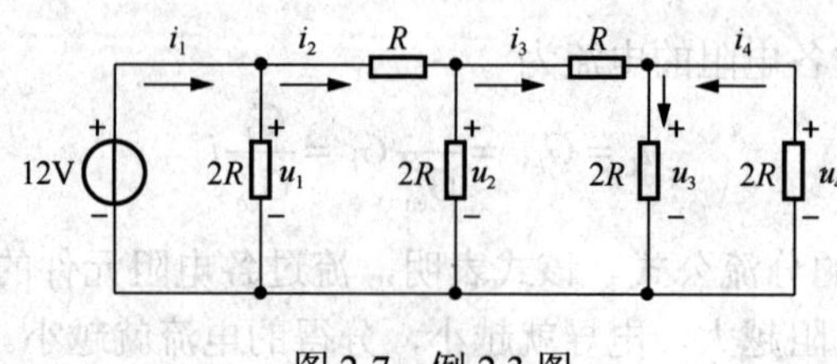

图 2-7　例 2.3 图

解：① 用分流方法解得

$$i_4 = -\frac{1}{2}i_3 = -\frac{1}{4}i_2 = -\frac{1}{8}i_1 = -\frac{1}{8}\times\frac{12}{R} = -\frac{3}{2R}$$

$$u_4 = -i_4 \times 2R = 3\text{（V）}，\ i_1 = \frac{12}{R}$$

② 用分压方法解得

$$u_4 = \frac{u_2}{2} = \frac{u_1}{4} = 3\text{（V）}，\ i_4 = -\frac{3}{2R}$$

由此可得串并联电路求解的一般步骤：①求出等效电阻或等效电导。②应用欧姆定律求出总电压或总电流。③应用欧姆定律或分压、分流公式求各电阻上的电流和电压。

因此，分析串并联电路的关键在于判别电路的串并联关系。

判别电路的串并联关系一般应当掌握以下四点：

（1）看电路的结构特点。两个电阻若是首尾相连就是串联，若是首首、尾尾相连就是并联。

（2）看电压电流关系。若流经两个电阻的电流是同一个电流，则是串联；若两个电阻上承受的电压是同一个电压，则是并联。

（3）对电路作变形等效。例如，左边的支路可以扭到右边，上面的支路可以翻到下面，弯曲的支路可以拉直等；对电路中的短线路可以任意压缩或伸长；对多点接地可以用短路线相连。一般而言，若真是电阻串并联电路的问题，则都可以判别出来。

（4）找出等电位点。对于具有对称特点的电路而言，若能判断某两点是等电位点，则根据电路等效的概念用短接线把等电位点连接起来，或断开连接等电位点的支路（该支路中无电流），从而得到这个电路中电阻的串并联关系。

2.3　电阻的星形联结和三角形联结

前面讨论了电阻串联、并联的等效变换，以及利用电阻的串联公式、并联公式对混联电路进行等效化简。实际上，电阻元件还有较为复杂的连接方式，既非串联，也非并联，如图 2-8 所示的电桥电路。其中，$R_1 \sim R_4$ 构成电桥的桥臂。下面介绍两种情况。

2.3.1　平衡电桥电路

在图 2-8 所示电桥电路中，若相对桥臂电阻的乘积相等，即

$$R_1R_3 = R_2R_4 \tag{2-10}$$

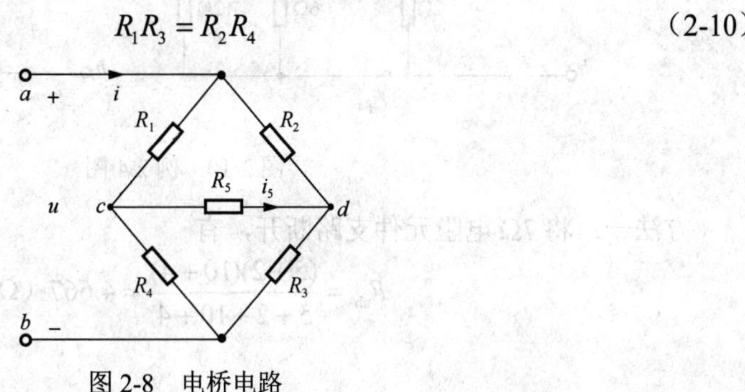

图 2-8　电桥电路

则称该电路为平衡电桥电路。可以证明，在满足式（2-10）的条件下，$u_{cd}=0$，这时通过 cd 支路的电流

$$i_5=\frac{u_{cd}}{R_5}=0$$

由此可以用以下两种方法求端口的输入电阻。

（1）由于 $i_5=0$，可将 cd 支路看作断路或开路，如图 2-9（a）所示。a、b 端口的输入电阻 R_{ab} 就是 R_1 与 R_4、R_2 与 R_3 分别串联后再并联的等效电阻，即

$$R_{ab}=\frac{(R_1+R_4)(R_2+R_3)}{R_1+R_4+R_2+R_3}$$

（2）由于 $u_{cd}=0$，可以把 c 和 d 两点短接，并除去 R_5，对电路没有任何影响，如图 2-9（b）所示。R_{ab} 就是 R_1 与 R_2、R_3 与 R_4 分别并联后再串联的等效电阻，即

$$R_{ab}=\frac{R_1R_2}{R_1+R_2}+\frac{R_3R_4}{R_3+R_4}$$

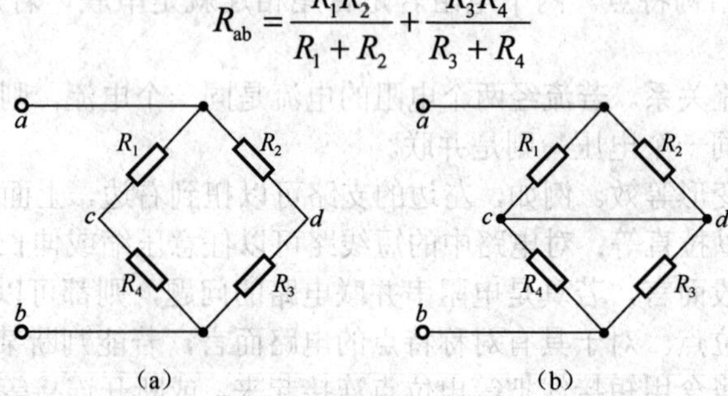

图 2-9　求平衡电桥电路输入电阻的两种方法

这两种方法所得的结果是相同的。

例 2.4　求图 2-10（a）所示二端电路的等效电阻 R_{ab}。

解：从图中可知，d、b 之间连接的 6Ω 和 12Ω 两个电阻为并联关系，可得 $R_{db}=4\Omega$，可以将原电路简化为图 2-10（b）所示电路，因为 $5\Omega\times4\Omega=10\Omega\times2\Omega$，所以该电路为平衡电桥电路。

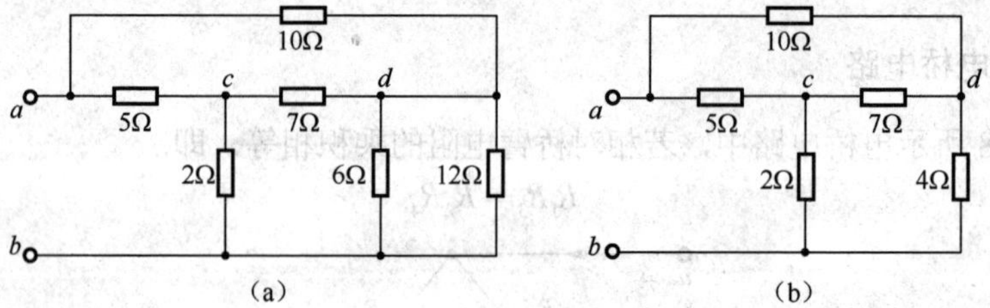

图 2-10　例 2.4 图

方法一：将 7Ω 电阻元件支路断开，有

$$R_{ab}=\frac{(5+2)(10+4)}{5+2+10+4}=4.667\text{（}\Omega\text{）}$$

方法二：将 7Ω 电阻元件支路短路，或看作导线，有

$$R_{ab}=\frac{5\times10}{5+10}+\frac{2\times4}{2+4}=\frac{14}{3}=4.667\ (\Omega)$$

2.3.2　电阻的星形-三角形等效变换

当图 2-8 所示电路不满足电桥平衡条件时，如何求解端口的输入电阻 R_{ab} 呢？

仔细观察电路，可以看出该电路中具有如图 2-11 所示的两种典型的联结，其中图 2-11（a）称为星形（Y）联结，其特点是三个电阻元件的一端连接在一起，另外三个端子和电路的其他部分相连。图 2-11（b）称为三角形（△）联结，其特点是三个电阻元件首尾相接连成一个三角形，三角形的三个顶点和电路的其他部分相连。这是两个三端电路，若这两个电路之间能够进行等效变换，则图 2-8 所示电桥电路中 a、b 之间的等效电阻可以通过Y-△变换和电阻的串并联公式求出。

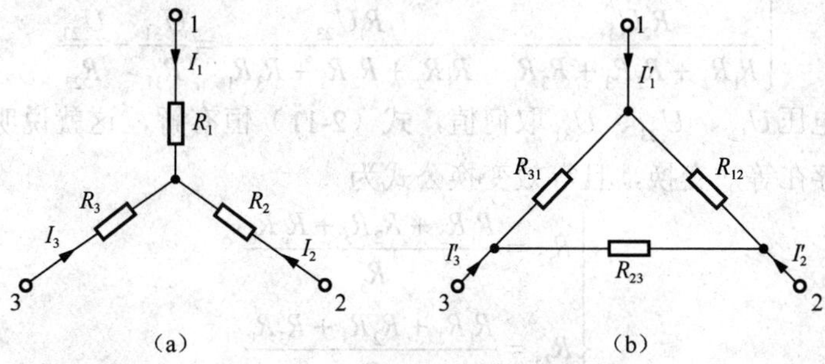

图 2-11　电阻的Y联结和△联结

下面证明在电阻的Y联结和△联结之间的确存在等效变换。

假设图 2-11 所示的两个电路等效，根据等效电路的定义，在接外电路时，若对应端之间加载相同的电压，则流入对应端的电流也分别相等，即

$$I_1=I'_1,\ I_2=I'_2,\ I_3=I'_3$$

对Y联结电路，根据 KCL 和 KVL，有

$$\begin{cases}I_1+I_2+I_3=0\\R_1I_1-R_2I_2=U_{12}\\R_2I_2-R_3I_3=U_{23}\\R_3I_3-R_1I_1=U_{31}\end{cases}$$

求解可得

$$\begin{cases}I_1=\dfrac{R_3U_{12}}{R_1R_2+R_2R_3+R_3R_1}-\dfrac{R_2U_{31}}{R_1R_2+R_2R_3+R_3R_1}\\I_2=\dfrac{R_1U_{23}}{R_1R_2+R_2R_3+R_3R_1}-\dfrac{R_3U_{12}}{R_1R_2+R_2R_3+R_3R_1}\\I_3=\dfrac{R_2U_{31}}{R_1R_2+R_2R_3+R_3R_1}-\dfrac{R_1U_{23}}{R_1R_2+R_2R_3+R_3R_1}\end{cases}$$

对△联结电路，根据 KCL，有

$$\begin{cases} I_1' = I_{12} - I_{31} = \dfrac{U_{12}}{R_{12}} - \dfrac{U_{31}}{R_{31}} \\ I_2' = I_{23} - I_{12} = \dfrac{U_{23}}{R_{23}} - \dfrac{U_{12}}{R_{12}} \\ I_3' = I_{31} - I_{23} = \dfrac{U_{31}}{R_{31}} - \dfrac{U_{23}}{R_{23}} \end{cases}$$

由 $I_1 = I_1'$，$I_2 = I_2'$，$I_3 = I_3'$，得

$$\begin{cases} \dfrac{R_3U_{12}}{R_1R_2 + R_2R_3 + R_3R_1} - \dfrac{R_2U_{31}}{R_1R_2 + R_2R_3 + R_3R_1} = \dfrac{U_{12}}{R_{12}} - \dfrac{U_{31}}{R_{31}} \\ \dfrac{R_1U_{23}}{R_1R_2 + R_2R_3 + R_3R_1} - \dfrac{R_3U_{12}}{R_1R_2 + R_2R_3 + R_3R_1} = \dfrac{U_{23}}{R_{23}} - \dfrac{U_{12}}{R_{12}} \\ \dfrac{R_2U_{31}}{R_1R_2 + R_2R_3 + R_3R_1} - \dfrac{R_1U_{23}}{R_1R_2 + R_2R_3 + R_3R_1} = \dfrac{U_{31}}{R_{31}} - \dfrac{U_{23}}{R_{23}} \end{cases} \tag{2-11}$$

不论端口电压 U_{12}、U_{23}、U_{31} 取何值，式（2-11）恒有解，这就说明电阻的Y联结和△联结之间存在等效变换，且等效变换公式为

$$\begin{cases} R_{12} = \dfrac{R_1R_2 + R_2R_3 + R_3R_1}{R_3} \\ R_{23} = \dfrac{R_1R_2 + R_2R_3 + R_3R_1}{R_1} \\ R_{31} = \dfrac{R_1R_2 + R_2R_3 + R_3R_1}{R_2} \end{cases} \tag{2-12}$$

反之，△联结变换为Y联结的等效公式为

$$\begin{cases} R_1 = \dfrac{R_{12}R_{31}}{R_{12} + R_{23} + R_{31}} \\ R_2 = \dfrac{R_{12}R_{23}}{R_{12} + R_{23} + R_{31}} \\ R_3 = \dfrac{R_{23}R_{31}}{R_{12} + R_{23} + R_{31}} \end{cases} \tag{2-13}$$

为便于记忆，可将式（2-12）和式（2-13）改写成如下形式：

$$\triangle\text{联结电阻}=\frac{\text{Y联结电阻两两乘积之和}}{\text{Y联结不相邻电阻}}$$

$$\text{Y联结电阻}=\frac{\triangle\text{联结相邻电阻之积}}{\triangle\text{联结电阻之和}}$$

当 $R_1 = R_2 = R_3 = R_{\text{Y}}$ 时，由式（2-12）可知

$$R_{12} = R_{23} = R_{31} = R_{\triangle} = 3R_{\text{Y}}$$

当 $R_{12}=R_{23}=R_{31}=R_{\triangle}$ 时，由式（2-13）可知

$$R_1=R_2=R_3=R_{\curlyvee}=\frac{1}{3}R_{\triangle}$$

例 2.5　图 2-12（a）所示电路中，求 56V 电压源提供的功率。

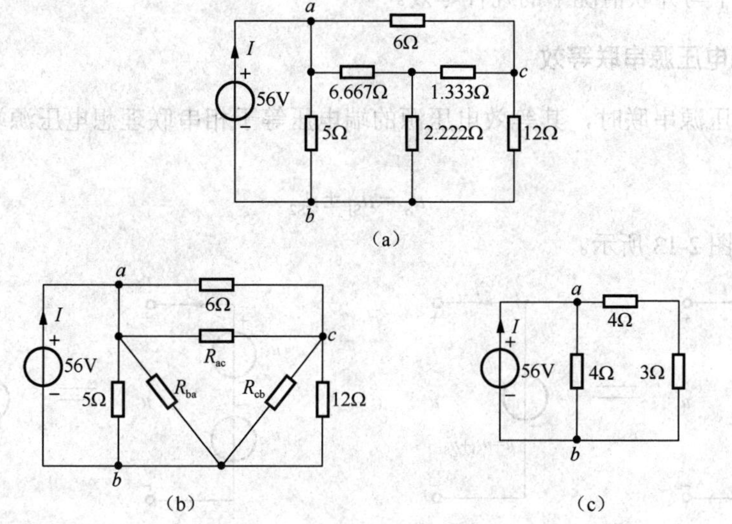

图 2-12　例 2.5 图

解：根据题意，为了求解电压源的功率，可以先求出流过电压源的电流 I。电压源右侧的部分电路中没有所要求的变量，可以对这部分电路进行等效化简，将图中由 6.667Ω、1.333Ω 和 2.222Ω 三个电阻组成的Y联结变换为△联结，如图 2-12（b）所示。

则有

$$R_{ac}=\frac{6.667\times1.333+1.333\times2.222+2.222\times6.667}{2.222}=\frac{26.663}{2.222}=12\text{（Ω）}$$

$$R_{cb}=\frac{26.663}{6.667}=4\text{（Ω）},\quad R_{ba}=\frac{26.663}{1.333}=20\text{（Ω）}$$

由图 2-12（b）可知，R_{ac} 与 6Ω 电阻元件并联、R_{cb} 与 12Ω 电阻元件并联、R_{ba} 与 5Ω 电阻元件并联，因此可将电路进一步等效化简为图 2-12（c）所示的电路，从而可以很容易地求出电流 I 为

$$I=\frac{56}{4}+\frac{56}{7}=22\text{（A）}$$

电压源提供的功率为

$$P=56\times22=1232\text{（W）}$$

本例也可将 6.667Ω、1.333Ω 和 6Ω 三个电阻元件等效变换为Y联结。

2.4 理想电源的串联等效与并联等效

根据理想电压源、理想电流源的伏安特性，结合电路等效的条件，可以得到理想电源串联情况下与并联情况下的几种等效。

2.4.1 理想电压源串联等效

理想电压源串联时，其等效电压源的端电压等于相串联理想电压源端电压的代数和，即

$$u_S = u_{S1} \pm u_{S2}$$

其电路图如图 2-13 所示。

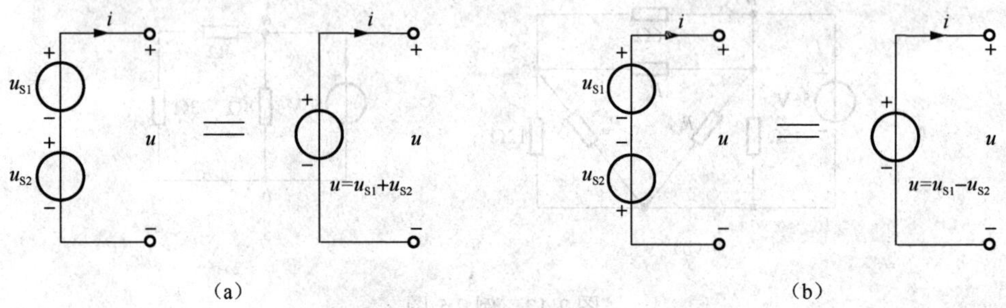

图 2-13　理想电压源串联等效图

2.4.2 理想电流源并联等效

理想电流源并联时，其等效电流源的输出电流等于相并联理想电流源输出电流的代数和，即

$$i_S = i_{S1} \pm i_{S2}$$

其电路图如图 2-14 所示。

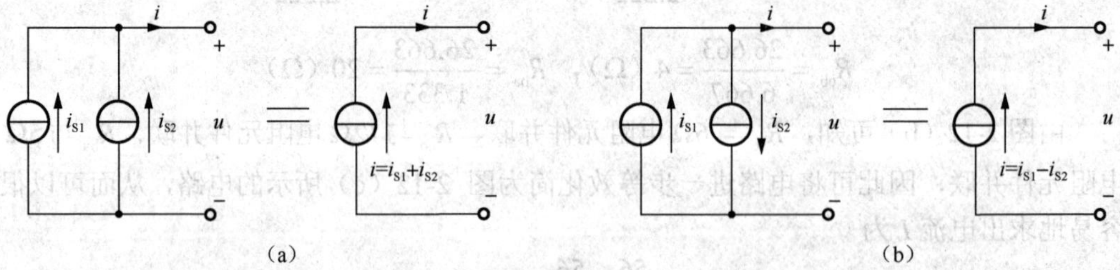

图 2-14　理想电流源并联等效图

2.4.3 任意电路元件与理想电压源 u_S 并联等效

任意电路元件（包含理想电流源）与理想电压源 u_S 并联时，均可将其对外等效为理想电压源 u_S，如图 2-15 所示。需要注意的是，等效是对虚线框起来的二端电路外部等效。

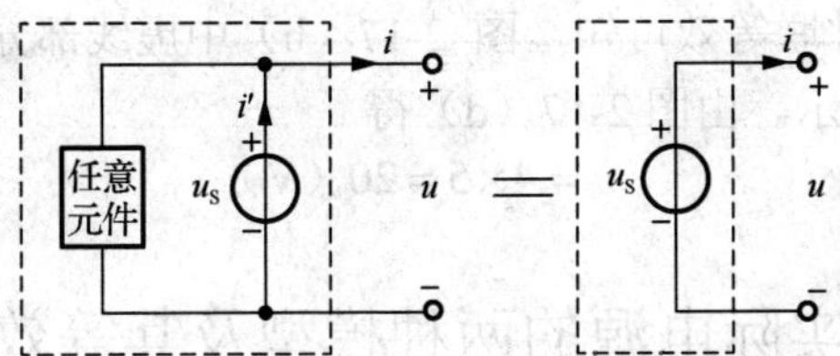

图 2-15　任意元件与理想电压源并联等效图

2.4.4　任意电路元件与理想电流源 i_S 串联等效

任意电路元件（包含理想电压源）与理想电流源 i_S 串联时，均可将其对外等效为理想电流源 i_S，如图 2-16 所示。需要注意的是：等效是对虚线框起来的二端电路外部等效。

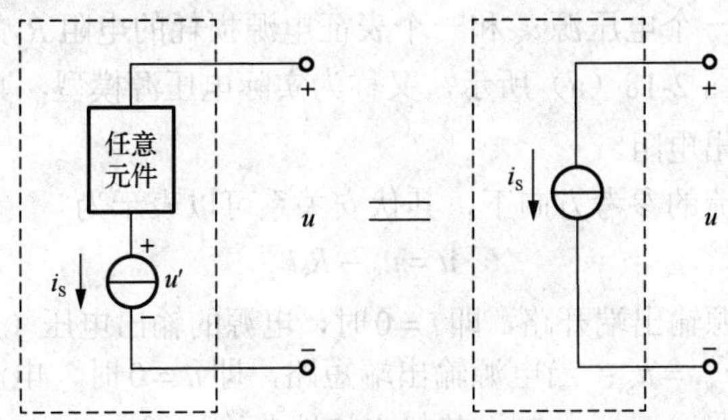

图 2-16　任意元件与理想电流源串联等效图

除了上述四种情况下的等效以外，由理想电压源和理想电流源的定义可知，只有电压值相等且方向一致的电压源才能并联，只有电流值相等且方向一致的电流源才能串联。

例 2.6　图 2-17 所示电路中，试求：

（1）图 2-17（a）中的电流 i。

（2）图 2-17（b）中的电压 u。

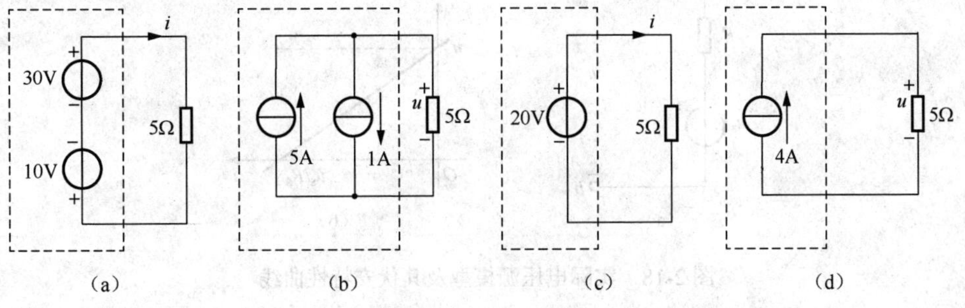

图 2-17　例 2.6 图

解：（1）由理想电压源串联等效可知，图 2-17（a）中虚线部分可以等效为一个理想电压源，如图 2-17（c）所示。由图 2-17（c）得

$$i = \frac{20}{5} = 4\text{（A）}$$

（2）由理想电流源并联等效可知，图 2-17（b）中虚线部分可以等效为一个理想电流源，如图 2-17（d）所示。由图 2-17（d）得

$$u = 4\times 5 = 20\ (\text{V})$$

2.5 实际电源的两种模型及其等效变换

第 1 章介绍的独立电压源和独立电流源都是理想电源。但事实上，当实际电源接入电路时，电源自身会有一定的损耗。实际电源有如下两种电路模型。

2.5.1 实际电源的戴维南模型

实际电源可以用一个电压源 u_S 和一个表征电源损耗的电阻 R_S 的串联电路来模拟，称为戴维南模型，如图 2-18（a）所示，又称为实际电压源模型，其中 R_S 为实际电源的内阻，又称电源的输出电阻。

在图示电压、电流的参考方向下，其伏安关系可以表示为

$$u = u_S - R_S i \tag{2-14}$$

上式表明，当电源输出端开路，即 $i = 0$ 时，电源的输出电压（开路电压）等于电压源 u_S 的电压，即 $u = u_{OC} = u_S$；当电源输出端短路，即 $u = 0$ 时，电源的输出电流（短路电流）达到最大，即 $i = i_{SC} = u_S / R_S$。其伏安特性曲线如图 2-18（b）所示，它是一条斜率为 $-R_S$ 的直线。电源内阻 R_S 越小，伏安特性曲线越平坦，i_{SC} 越大。理想情况下，若 $R_S = 0$，则输出电压 $u = u_S$ 为定值，其伏安特性曲线如图 2-18（b）中虚线所示，这时可将其视为理想电压源。

注意：实际电源在使用时不允许短路，防止电流过大损坏电源。

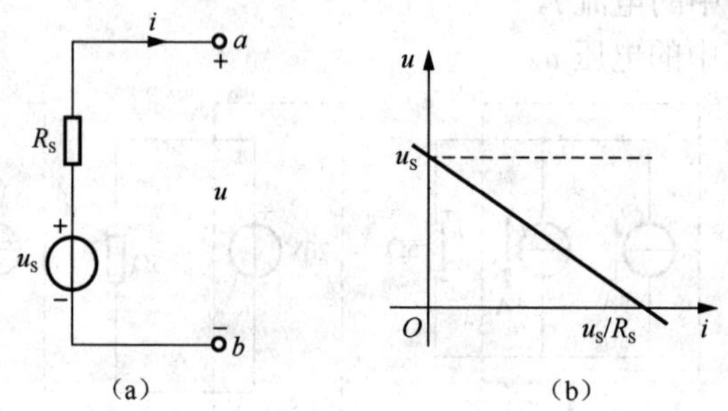

图 2-18 实际电压源模型及其伏安特性曲线

2.5.2 实际电源的诺顿模型

实际电源也可用一个电流源 i_S 和一个内阻 R_S 的并联电路来模拟，称为诺顿模型，如图 2-19（a）所示，又称为实际电流源模型。在图示电压、电流的参考方向下，其伏安关系可以表示为

$$i = i_S - G_S u = i_S - \frac{u}{R_S} \tag{2-15}$$

上式表明，当电源输出端开路，即 $i=0$ 时，电源的输出电压最大，即 $u=R_S i_S$；当电源输出端短路，即 $u=0$ 时，电源的输出电流（短路电流）等于电流源 i_S 的电流，即 $i=i_{SC}=i_S$。其伏安特性曲线如图 2-19（b）所示，它是一条斜率为 $-R_S$ 的直线。电源内阻 R_S 越大，分流作用越小，伏安特性曲线越陡峭。理想情况下，若 $R_S \to \infty \left(G_S = \dfrac{1}{R_S} = 0 \right)$，则输出电流 $i=i_S$ 为定值，其伏安特性曲线如图 2-19（b）中虚线所示，这时可将其视为理想电流源。

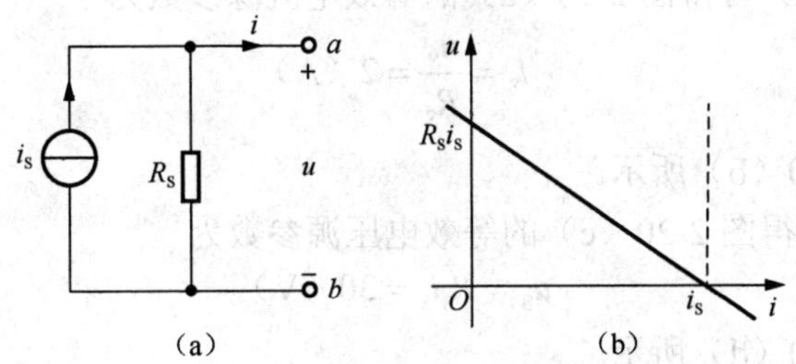

图 2-19　实际电流源模型及其伏安特性曲线

2.5.3　两种电源模型的等效变换

对于前面介绍的两种电源模型而言，像化学电池这类实际电源可以用实际电压源模型来模拟，而像光电池这类实际电源可以用实际电流源模型来模拟。但在电路分析中通常关注的是电源的外特性而不是其内部的结构。根据等效概念，只要电源的外特性完全相同，上述两种电源模型就可以等效互换。

由实际电压源模型的伏安特性曲线［图 2-18（b）］和实际电流源模型的伏安特性曲线［图 2-19（b）］可知，两类实际电源等效互换的条件为这两条曲线完全相同，即它们的电压轴截距和电流轴截距分别相等，即

$$u_S = R_S i_S \tag{2-16}$$

$$i_S = \frac{u_S}{R_S} \tag{2-17}$$

若已知电流源模型，则可用式（2-16）求得其等效电压源模型的 u_S，把 R_S 和 u_S 串联即可。若已知电压源模型，则可用式（2-17）求得其等效电流源模型的 i_S，把 R_S 和 i_S 并联即可。要注意电压源 u_S 的极性和电流源 i_S 的方向，即电流源 i_S 的方向必须由电压源 u_S 的负极到正极。

应该指出的是，上述两种电源模型的等效变换是对外电路而言的，其内部并不等效。由图 2-18（b）和图 2-19（b）的虚线可知，单个电压源和单个电流源的伏安特性曲线无法重合，不存在等效变换。

例 2.7　求图 2-20（a）所示电路的等效电流源模型和图 2-20（c）所示电路的等效电压源模型。

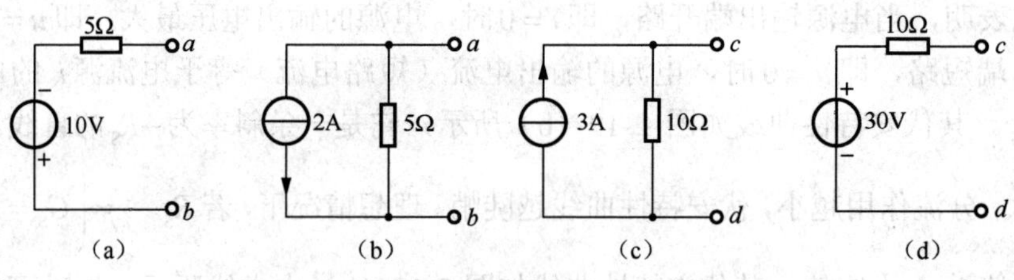

图 2-20　例 2.7 图

解：由式（2-17）可得图 2-20（a）的等效电流源参数为

$$i_S = \frac{u_S}{R_S} = 2\text{（A）}$$

其等效电路如图 2-20（b）所示。

由式（2-16）可得图 2-20（c）的等效电压源参数为

$$u_S = R_S i_S = 30\text{（V）}$$

其等效电路如图 2-20（d）所示。

利用上述实际电源的两种等效变换，以及电压源、电流源的串联、并联等效变换，可以化简或计算多种复杂电路。

例 2.8　计算图 2-21（a）所示电路中的电流 i。

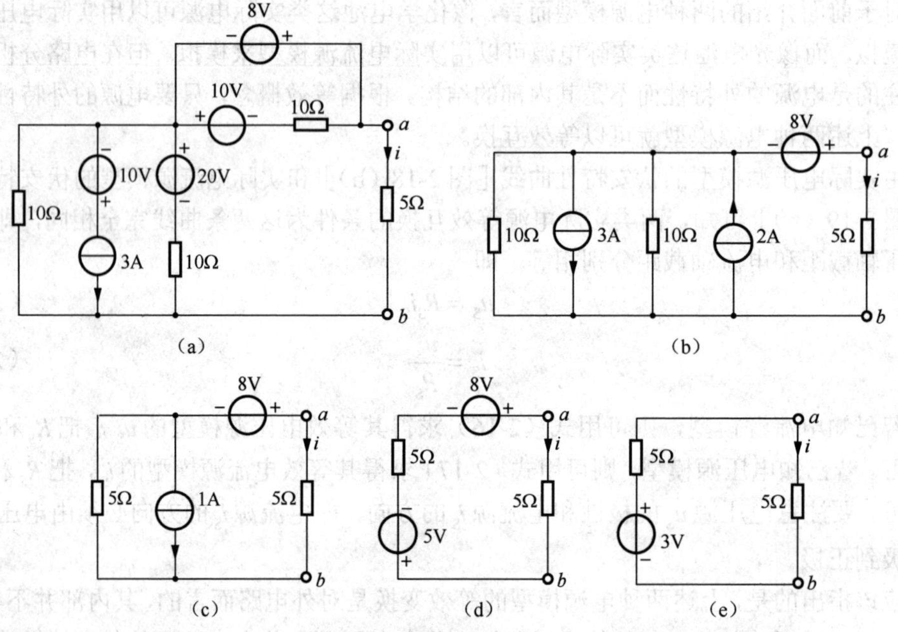

图 2-21　例 2.8 图

解：将待求解支路看作外电路，等效化简 a、b 端含源电路。

由图 2-21（a）所示电路可知，8V 电压源与10V、10Ω 支路并联，等效为8V 电压源；10V 电压源与3A 电流源串联，等效为3A 电流源；20V 电压源和10Ω 电阻串联，电路等效变换为电流源模型，如图 2-21（b）所示。在图 2-21（b）中，两电流源并联、两电阻并联，等效为图 2-21（c）所示电路。再将电流源模型等效变换为电压源模型，如图 2-21（d）所示；最后得到图 2-21（e）所示简单电路，电流 i 的值为

$$i=\frac{3}{5+5}=0.3\text{（A）}$$

从该例可知，串并联连接的有源二端网络总能等效化简成戴维南电路或诺顿电路。

2.6　应 用 实 例

例 2.9　惠斯通电桥是一种可以精确测量电阻的仪器，其电路如图 2-22 所示。已知 R_1、R_2 和 R_3，其中 R_3 为可变电阻。假定安培表为理想电流表，内阻为零，调整 R_3 使 $i_m=0$，此时电桥达到平衡，试证明 $R=\frac{R_2}{R_1}R_3$。（提示：与 u_S 的值无关；安培表两端无压降）

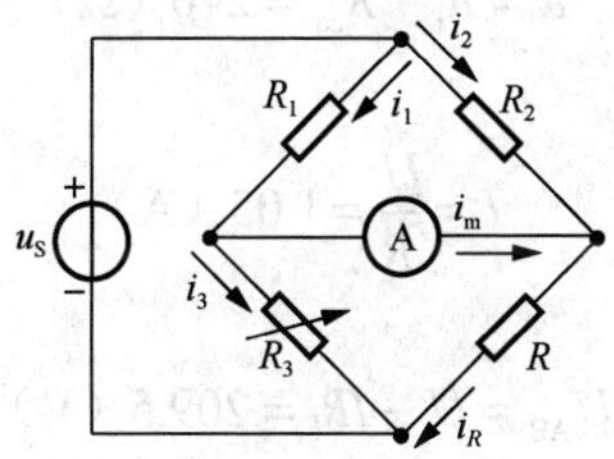

图 2-22　例 2.9 图

解：由 $i_m=0$ 可得

$$i_1=i_3，\quad i_2=i_R$$

已知安培表两端无压降，则

$$i_1R_1=i_2R_2，\quad i_3R_3=i_RR$$

上式可改写为

$$i_1=\frac{i_2R_2}{R_1}，\quad i_3=\frac{i_RR}{R_3}$$

则

$$\frac{i_2R_2}{R_1}=\frac{i_RR}{R_3}，\quad R=\frac{R_2}{R_1}R_3$$

例 2.10　根据日常观察，电灯在深夜时比黄昏时亮一些，为什么？

解：黄昏时用电量大（并联于电源的负载多，负载电流大），在线路等效电阻上产生的损耗压降就大，当发电机输出的电压一定时，用户端实际获得的电压降低，因此电灯相对暗一些。而深夜时用电量小（负载电流小），线路上的损耗压降小，因此用户端的实际电压比黄昏时高，电灯就相对亮一些。

例 2.11　电路如图 2-23 所示，已知某输电线路导线电阻 $R_1=10\Omega$，电路中接有 6 个 40W 灯泡（每个灯泡的热态电阻为1200Ω），电源电压为 220V。试求此时灯泡两端的电压是多少？

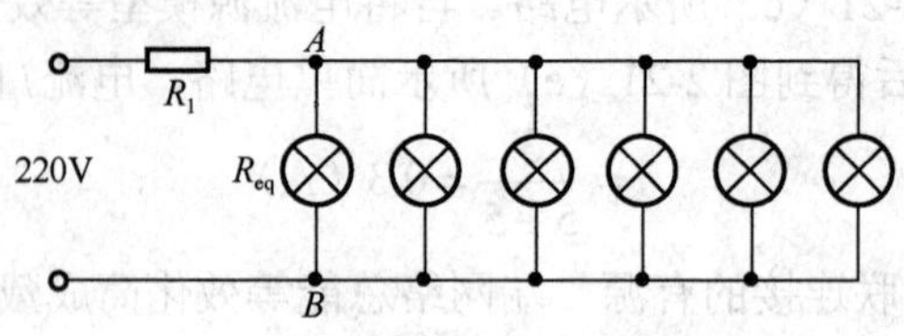

图 2-23　例 2.11 图

解：已知 6 个灯泡相互并联，每个电阻都为1200Ω，则并联等效电阻为

$$R_{eq} = \frac{1200}{6} = 200\text{（Ω）}$$

输电线路导线电阻 R_1 与 R_{eq} 是串联的，它们的总电阻为

$$R = R_1 + R_{eq} = 210\text{（Ω）}$$

电路总电流为

$$I = \frac{U}{R} = 1.05\text{（A）}$$

灯泡两端电压为

$$U_{AB} = U - IR_1 = 209.5\text{（V）}$$

2.7　计算机辅助分析电路举例

例 2.12　在 Multisim 仿真软件中构建电阻电路，如图 2-24（a）所示。验证其等效电阻值，仿真结果如图 2-24（b）所示。

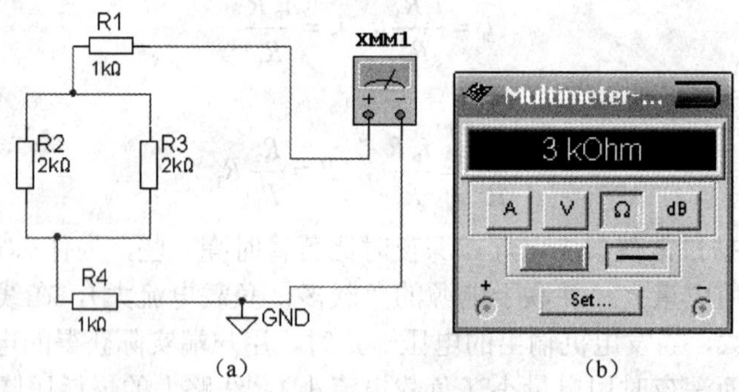

图 2-24　例 2.12 图

例 2.13　在 Multisim 仿真软件中构建电阻电路，如图 2-25（a）所示。验证其等效电阻值，仿真结果如图 2-25（b）所示。

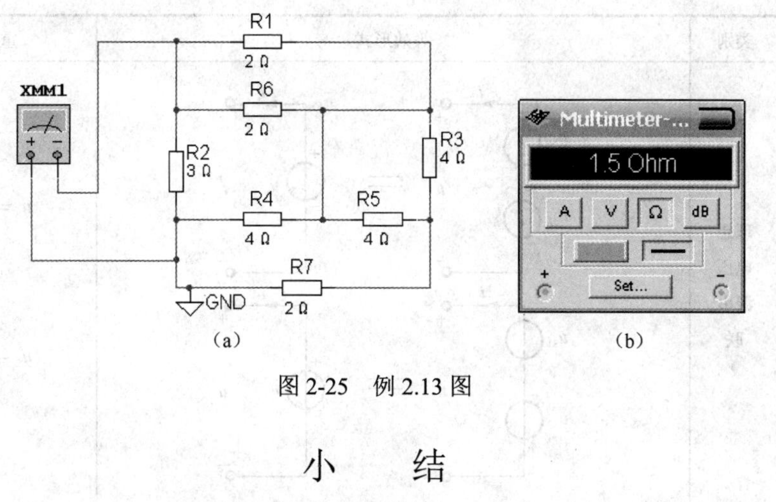

（a）　　（b）

图 2-25　例 2.13 图

小　结

对 N_1 和 N_2 这两部分电路而言，若二者相互代换能使任意外电路具有相同的电压、电流、功率，则称 N_1 电路和 N_2 电路互为等效电路。

等效的条件是 N_1 电路和 N_2 电路具有相同的 VCR。

等效的对象是任意外电路中的电压、电流、功率。

等效的目的是简化电路，方便分析和计算（求解）。

本章所讲的等效变换法归纳见表 2-1。

表 2-1

		类别	结构形式	重要公式
二端电路等效	电阻（电导）串并联	串联	i；u；$R_1(G_1)$ u_1；$R_2(G_2)$ u_2；$R_n(G_n)$ u_n	$R_{eq}=R_1+R_2+\cdots+R_n=\sum_{k=1}^{n}R_k$ $\left(\frac{1}{G_{eq}}=\frac{1}{G_1}+\frac{1}{G_2}+\cdots+\frac{1}{G_n}=\sum_{k=1}^{n}\frac{1}{G_k}\right)$ $u_k=\frac{R_k}{R_{eq}}u$　$\left(u_k=\frac{G_{eq}}{G_k}u\right)$ $P=P_1+P_2+\cdots+P_n$　$(P=P_1+P_2+\cdots+P_n)$ $P_i:P_j=R_i:R_j$　$(P_i:P_j=G_j:G_i)$
		并联	i；u；i_1 $R_1(G_1)$；i_2 $R_2(G_2)$；i_n $R_n(G_n)$	$\frac{1}{R_{eq}}=\frac{1}{R_1}+\frac{1}{R_2}+\cdots+\frac{1}{R_n}=\sum_{k=1}^{n}\frac{1}{R_k}$ $\left(G_{eq}=G_1+G_2+\cdots+G_n=\sum_{k=1}^{n}G_k\right)$ $i_k=\frac{R_{eq}}{R_k}i$　$\left(i_k=\frac{G_k}{G_{eq}}i\right)$ $P=P_1+P_2+\cdots+P_n$　$(P=P_1+P_2+\cdots+P_n)$ $P_i:P_j=R_j:R_i$　$(P_i:P_j=G_i:G_j)$

续表

		类别	等效形式	重要关系
二端电路等效	理想电源串联与并联	理想电压源串联		$u_S = u_{S1} + u_{S2}$ $u_S = u_{S1} - u_{S2}$
		理想电流源并联		$i_S = i_{S1} + i_{S2}$ $i_S = i_{S1} - i_{S2}$
		任意元件与理想电压源并联	任意元件	$u = u_S$ $i \neq i'$
		任意元件与理想电流源串联	任意元件	$i = i_S$ $u \neq u'$

续表

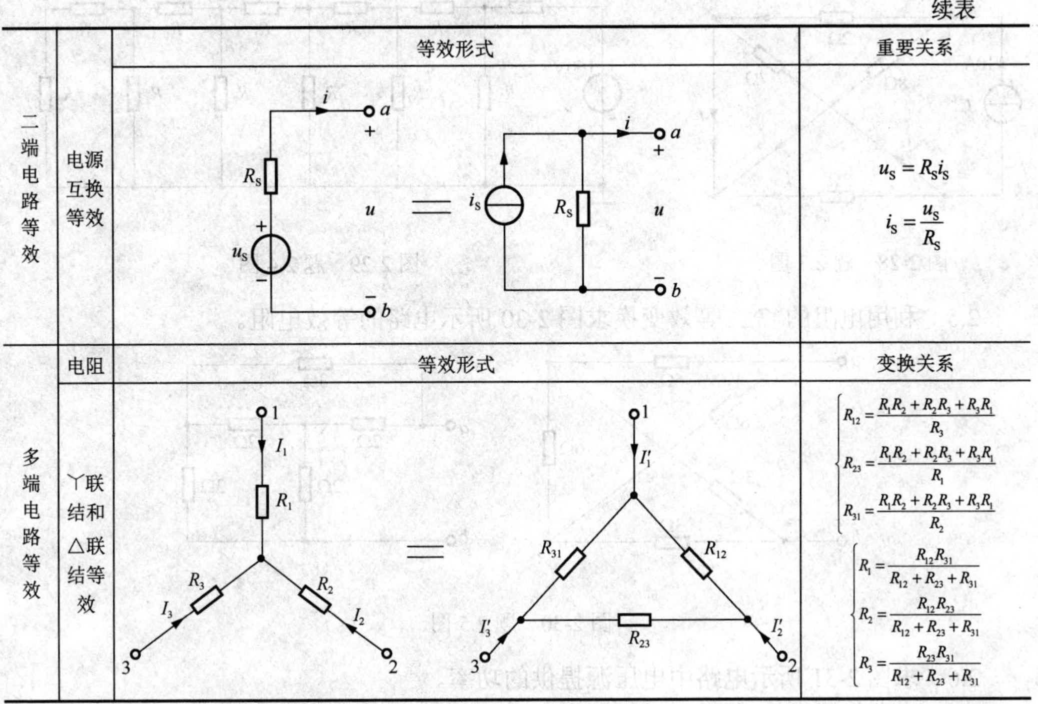

		等效形式	重要关系
二端电路等效	电源互换等效		$u_S = R_S i_S$ $i_S = \dfrac{u_S}{R_S}$
	电阻	等效形式	变换关系
多端电路等效	Y联结和△联结等效		$\begin{cases} R_{12} = \dfrac{R_1R_2 + R_2R_3 + R_3R_1}{R_3} \\ R_{23} = \dfrac{R_1R_2 + R_2R_3 + R_3R_1}{R_1} \\ R_{31} = \dfrac{R_1R_2 + R_2R_3 + R_3R_1}{R_2} \end{cases}$ $\begin{cases} R_1 = \dfrac{R_{12}R_{31}}{R_{12} + R_{23} + R_{31}} \\ R_2 = \dfrac{R_{12}R_{23}}{R_{12} + R_{23} + R_{31}} \\ R_3 = \dfrac{R_{23}R_{31}}{R_{12} + R_{23} + R_{31}} \end{cases}$

习　　题

2.1　求图 2-26 所示二端电路的输入电阻 R。

2.2　求图 2-27 所示二端电路的等效电阻 R。

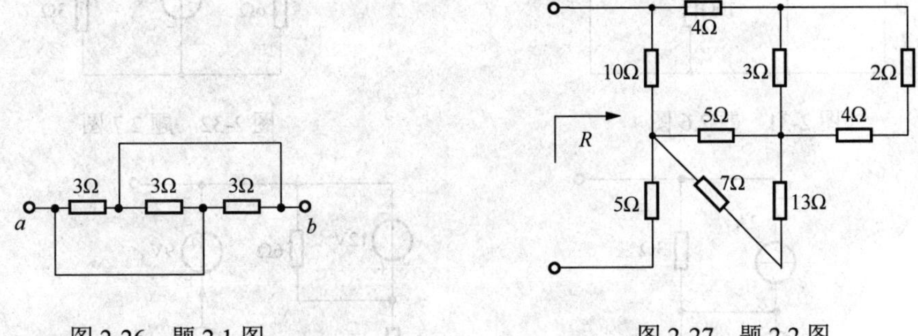

图 2-26　题 2.1 图　　　　　　　　　　　　图 2-27　题 2.2 图

2.3　求图 2-28 所示电路的各支路电流及电流源的电压。

2.4　图 2-29 所示电路中，已知 $R_1 = 25\Omega$，$R_2 = 50\Omega$，求连接到电源端的等效电⌈和结点①～⑥的电压。

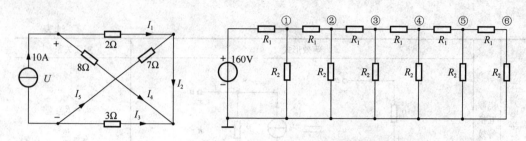

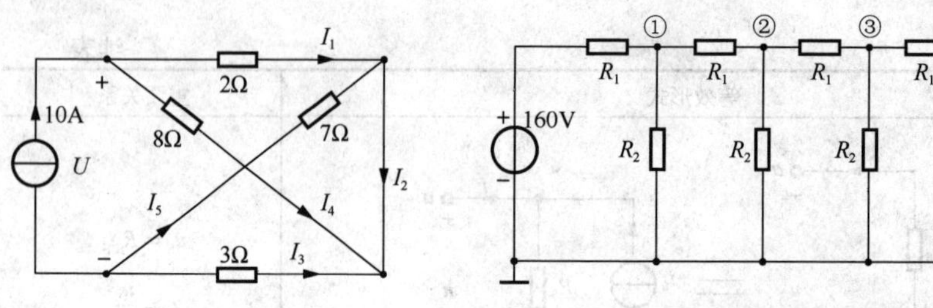

图 2-28　题 2.3 图　　　　图 2-29　题 2.4 图

2.5　利用电阻的Y-△等效变换求图 2-30 所示电路的等效电阻。

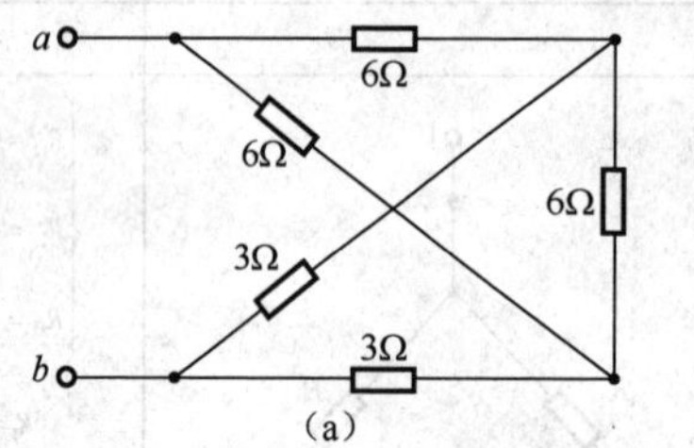

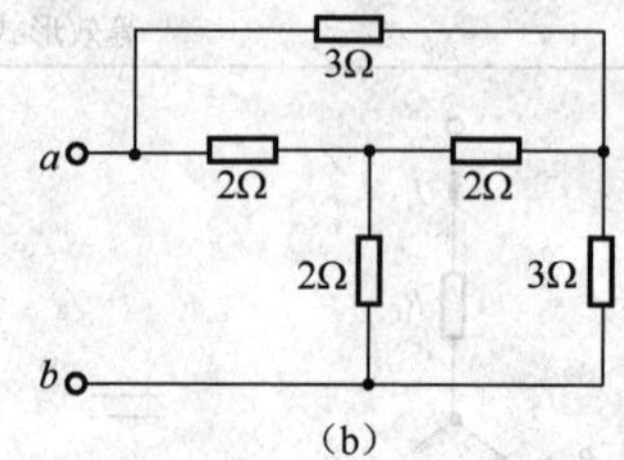

图 2-30　题 2.5 图

2.6　求图 2-31 所示电路中电压源提供的功率。

2.7　电路如图 2-32 所示，已知图中电流 $I_{ab}=1\text{A}$，求电压源 U_S 产生的功率 P_S。

2.8　将图 2-33 所示电路变换为等效电流源电路。

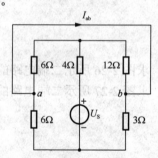

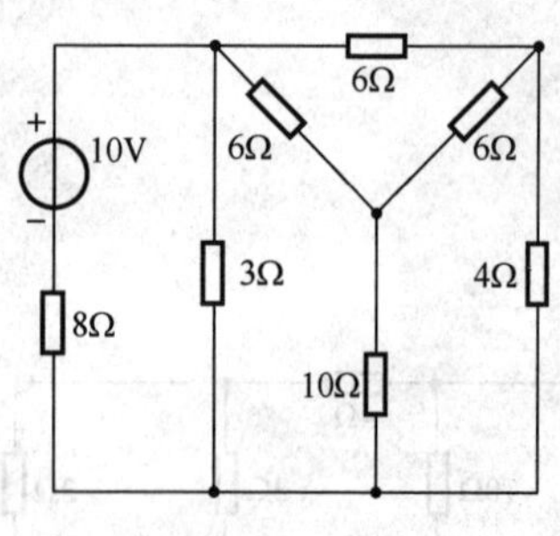

图 2-31　题 2.6 图

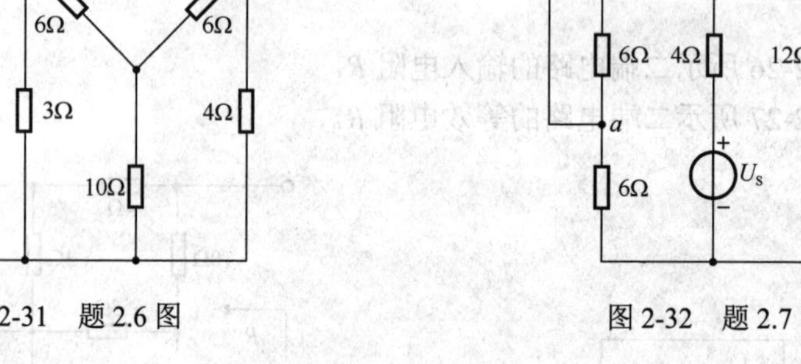

图 2-32　题 2.7 图

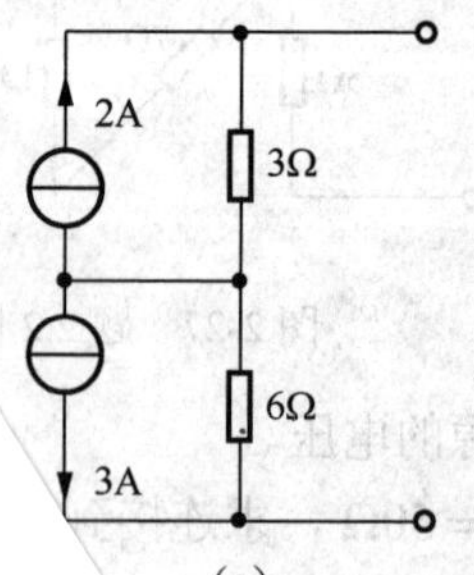

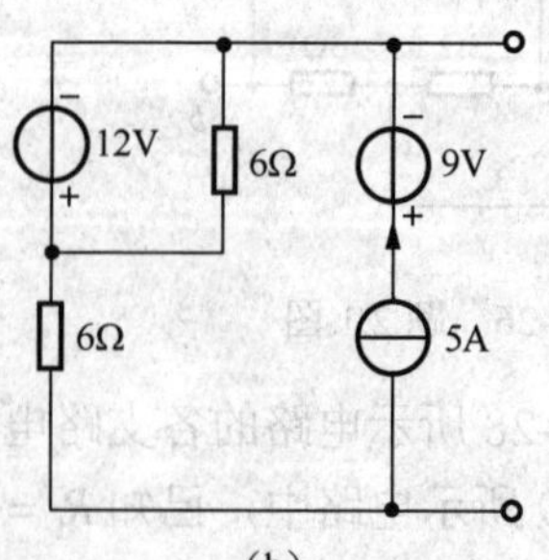

图 2-33　题 2.8 图

2.9　将图 2-34 所示电路变换为等效电压源电路。

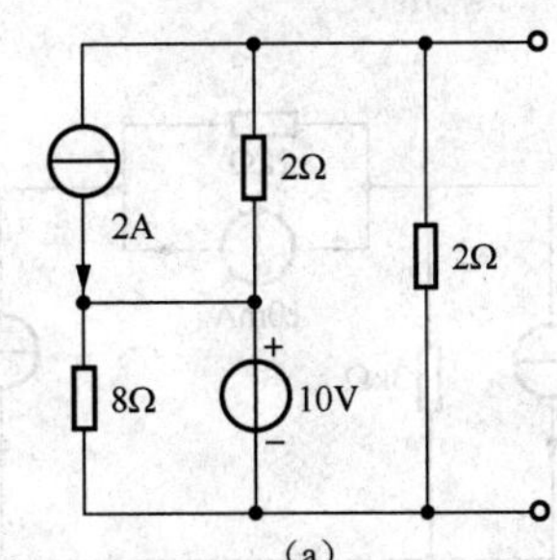

(a)

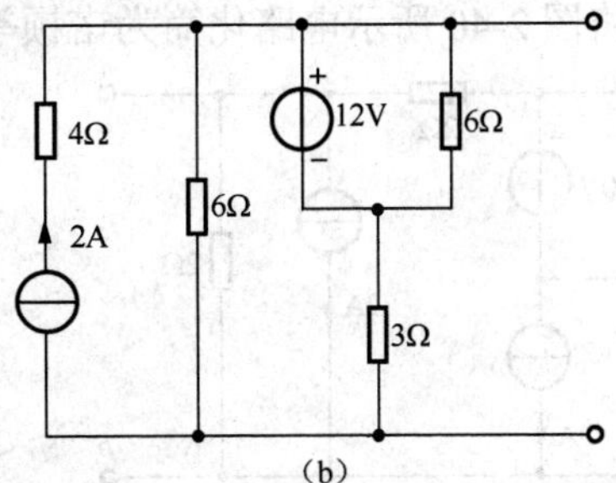

(b)

图 2-34　题 2.9 图

2.10　试确定图 2-35（a）所示电路中的 R 和 I_S 的值，使该电路所具有的端口特性与图 2-35（b）所示电路的端口特性相同。

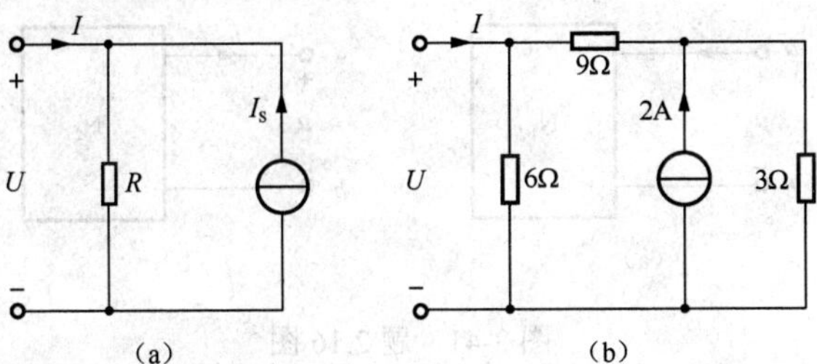

(a)　　　　(b)

图 2-35　题 2.10 图

2.11　将图 2-36 所示两个二端电路等效变换为最简电路形式。

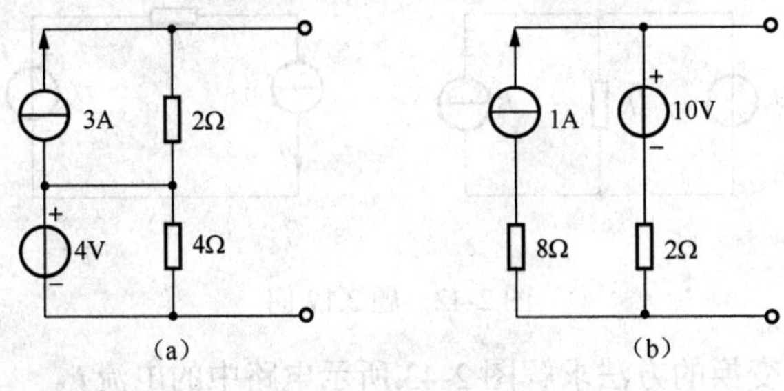

(a)　　　　(b)

图 2-36　题 2.11 图

2.12　利用电源等效变换方法求图 2-37 中的电流 I。

2.13　求图 2-38 所示电路中的电压 U_{ab}，并且作出可以求 U_{ab} 的最简等效电路。

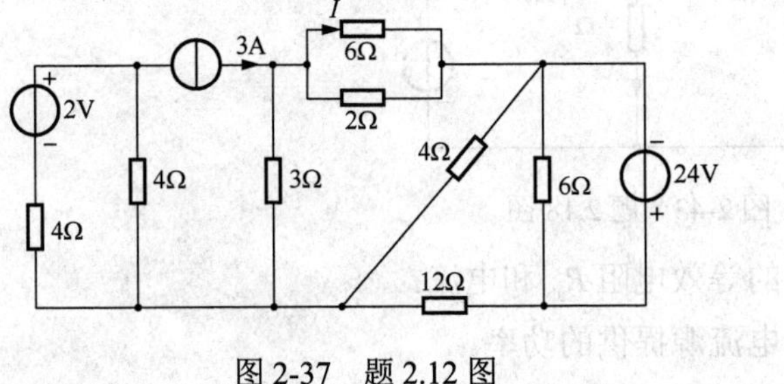

图 2-37　题 2.12 图

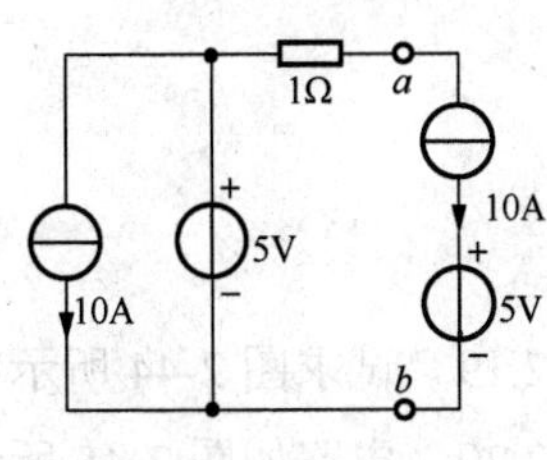

图 2-38　题 2.13 图

2.14　将图 2-39 所示电路化简为戴维南等效电路。

2.15　将图 2-40 所示电路化简为诺顿等效电路。

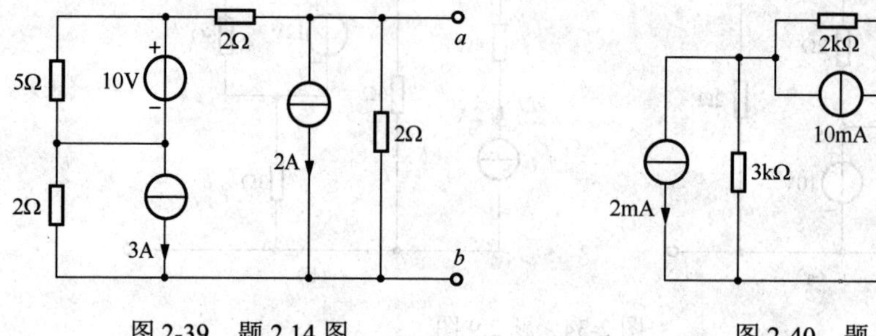

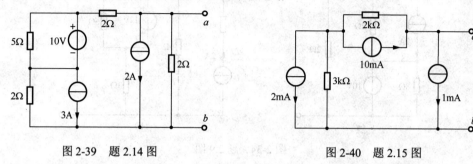

图 2-39　题 2.14 图　　图 2-40　题 2.15 图

2.16　已知图 2-41(a)和图 2-41(b)所示二端网络 N_1、N_2 的伏安关系均为 $u=4+3i$，试分别作出其戴维南等效电路。

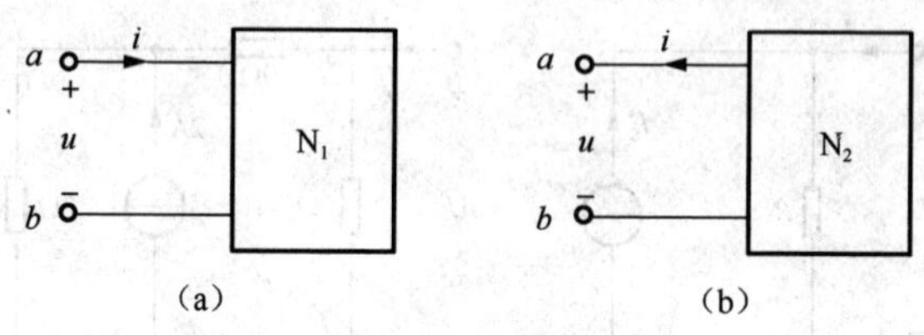

图 2-41　题 2.16 图

2.17　图 2-42 所示电路中，已知 $U_S=5V$，$R=5\Omega$，$I_S=5A$，试分别求出各电路中各元件的吸收功率。

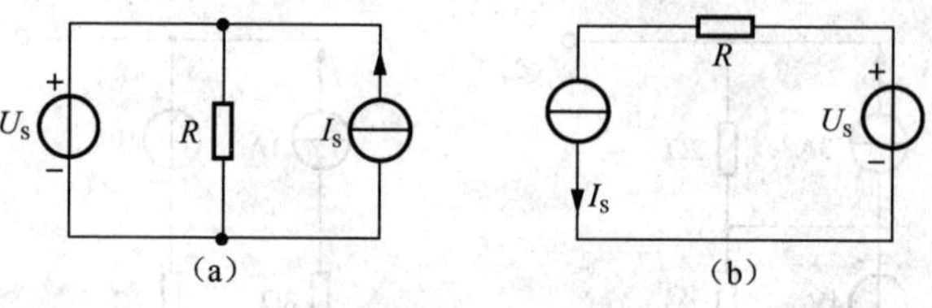

图 2-42　题 2.17 图

2.18　试用等效变换的方法求解图 2-43 所示电路中的电流 i。

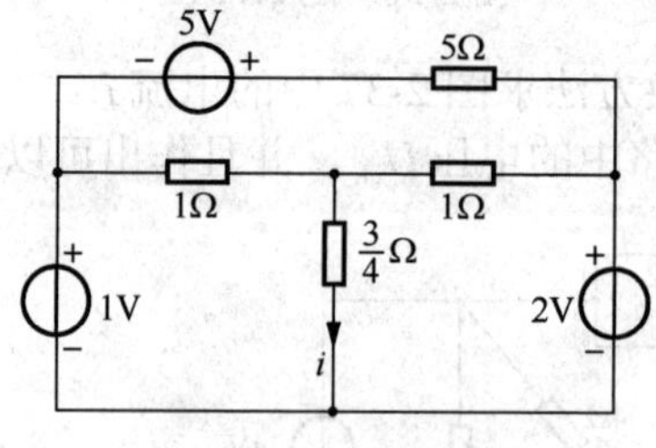

图 2-43　题 2.18 图

2.19　试求图 2-44 所示电路中的等效电阻 R_{ab} 和电流 i。

2.20　电路如图 2-45 所示，求电流源提供的功率。

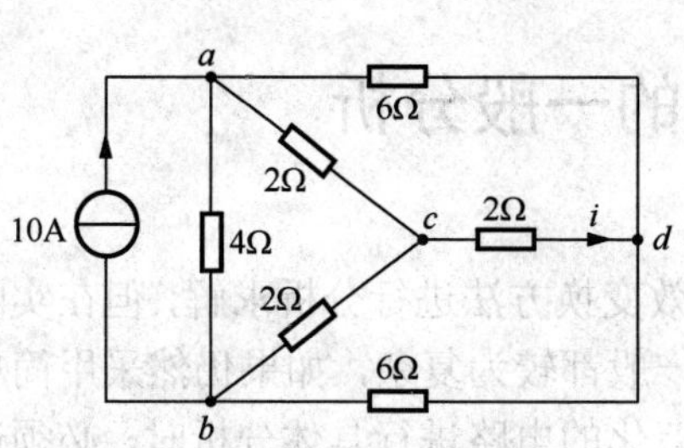

图 2-44　题 2.19 图

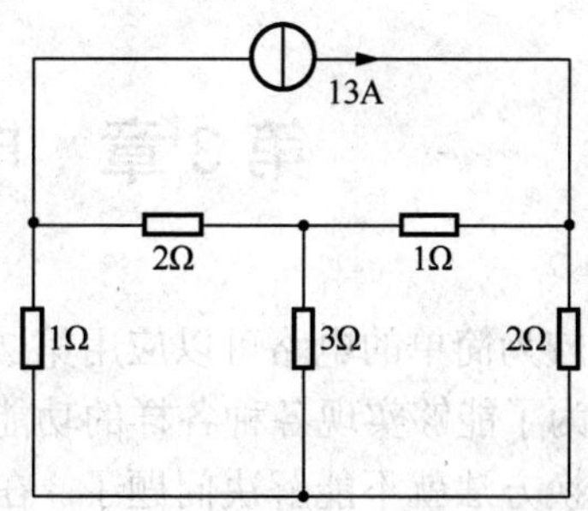

图 2-45　题 2.20 图

2.21　利用 Multisim 仿真软件仿真习题 2.1 电路图。

2.22　利用 Multisim 仿真软件仿真习题 2.2 电路图。

2.23　利用 Multisim 仿真软件仿真习题 2.5 电路图。

第 3 章　电阻电路的一般分析

对较为简单的电路可以应用第 2 章介绍的等效变换方法进行分析求解，但在实际应用中，为了能够实现各种各样的功能，电路结构一般都较为复杂，如果仍然采用简单的等效变换方法就不能解决问题了。在对这些千变万化的电路进行具体分析时，必须透过现象看本质，其本质包括两类约束，即元件约束（VCR）和拓扑约束（KCL、KVL）。根据这两类约束建立电路方程组，然后求解方程组，即可得到所求的电路变量。

本章主要介绍电阻电路的基本分析方法，其中包括支路电流法、回路电流法、结点电压法等，具体选用哪种方法需要根据实际电路，结合待求量及电路方程求解过程的难易程度等来决定。

3.1　KCL和KVL的独立方程数

集总参数电路（模型）由电路元件连接而成，电路中各支路电流受到 KCL 约束，各支路电压受到 KVL 约束，这类约束只与电路元件的连接方式有关，而与元件特性无关，称为拓扑约束。同时，集总参数电路（模型）的电压和电流还受到元件特性的约束，这类约束只与元件的 VCR 有关，而与元件的连接方式无关，称为元件约束。任何集总参数电路的电压和电流都必须同时满足这两类约束关系。根据电路的结构和参数，列写出反映这两类约束关系的 KCL、KVL 和 VCR 电路方程，然后通过求解电路方程得到各电压值和电流值。

对于一个电路而言，到底需要列写出多少个方程才能求解出所有的电路变量呢？下面举例说明。如图 3-1 所示，电路中有 6 条支路，4 个结点。

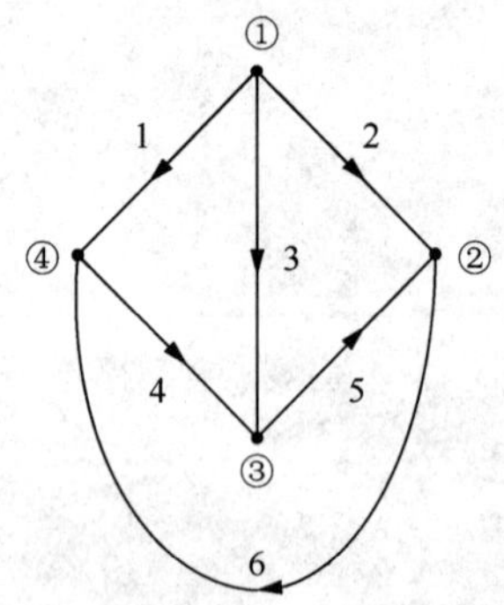

图 3-1　KCL 独立方程数示例图

对结点①、②、③、④分别列写出 KCL 方程如下：

结点①：$-i_1 - i_2 - i_3 = 0$；

结点②：$i_2 + i_5 - i_6 = 0$；

结点③：$i_3+i_4-i_5=0$；

结点④：$i_1-i_4+i_6=0$。

由于每个支路电流都流进一个结点然后又流出该结点，因此每个支路电流在上述方程组中都出现两次，一次为“+”，另一次为“-”。若把以上四个方程相加，必然得到等号右边为零的结果。这说明上述四个方程是相互关联的，但同时也可以验证其中任意三个方程之间是相互独立的。可以证明，对具有 n 个结点的电路，在任意（n-1）个结点上可以列写出（n-1）个独立的 KCL 方程。相应的（n-1）个结点称为独立结点。

若要求解一个电路中的变量，除了列写出（n-1）个独立的 KCL 方程之外，还需要列写出多少个独立的 KVL 方程呢？可以证明，还需要列写出（b-n+1）个独立的 KVL 方程，其中 b 为该电路的支路数。习惯上把能够列写出独立的 KVL 方程的回路称为独立回路。独立回路可以这样选取：使所选各回路都包含一条其他回路所没有的新支路。对于具有 b 条支路、n 个结点的平面电路而言，其网孔数正好也为（b-n+1），因此根据各网孔列写出的 KVL 方程组即为独立的 KVL 方程组。

在如图 3-2 所示电路图中，选取一组独立回路 l_1、l_2、l_3。从图中可知，回路 l_1 包含的支路 3 是其他两个回路 l_2、l_3 所没有的，回路 l_2 包含的支路 2 是其他两个回路 l_1、l_3 所没有的，回路 l_3 包含的支路 6 是其他两个回路 l_1、l_2 所没有的。按照图中各支路电流和电压的参考方向及所选取回路的绕行方向，可以列写出独立的 KVL 方程组如下：

回路 l_1：$-u_{S1}+u_{S3}-u_{S4}=0$；

回路 l_2：$-u_{S1}+u_{S2}-u_{S5}-u_{S4}=0$；

回路 l_3：$u_{S4}+u_{S5}+u_{S6}=0$。

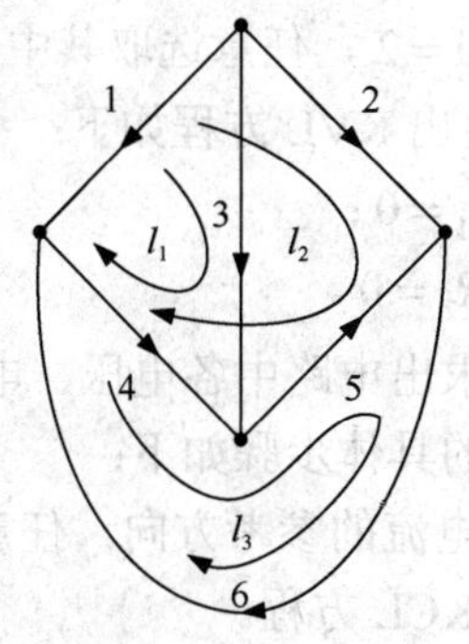

图 3-2　KVL 独立方程数示例图

综上所述，对具有 b 条支路、n 个结点的连通电路（连通电路是指任意两结点之间都有支路相连接的电路），可以列写出（n-1）个线性无关的 KCL 方程和（b-n+1）个线性无关的 KVL 方程，共计 b 个独立方程。再加上 b 条支路的 VCR 方程，从而得到 b 个以支路电压为变量的电路方程和 b 个以支路电流为变量的电路方程（简称 $2b$ 方程）。求解这 $2b$ 个方程可以得到 b 个支路电压值和 b 个支路电流值。这种分析电路的方法称为 $2b$ 法。$2b$ 法是最原始的电路分析方法，是分析电路的基本依据。应用 $2b$ 法的前提是电路中仅含独立电源和线性二端电阻。

3.2 支路电流法

应用 $2b$ 法求解电路，虽然原理较为简单易懂，但是总的方程数较多。为了减少方程数，可以将各支路电压用各支路电流表示，这样方程总数就减少了 b 个，这种求解电路的方法称为支路电流法，简称支路法。下面以图 3-3 所示电路为例说明支路法的求解过程。

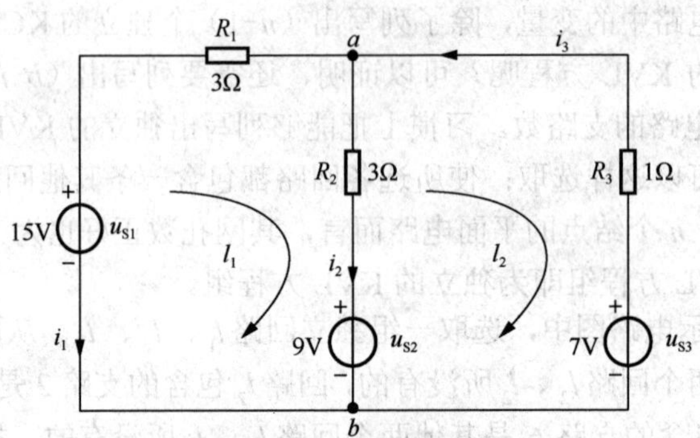

图 3-3 支路电流法

图 3-3 中共有 2 个结点，3 条支路，独立结点数为（n−1）=1，任意选取其中 1 个结点作为独立结点。例如，选取结点 a 列写出 KCL 方程如下：

结点 a：$-i_1 - i_2 + i_3 = 0$。

独立回路数为 $b-(n-1)=3-1=2$，任意选取其中 2 条回路作为独立回路。例如，选取如图 3-3 所示回路 l_1、l_2 列写出 KVL 方程如下：

回路 l_1：$-i_1R_1 + i_2R_2 + u_{S2} - u_{S1} = 0$；

回路 l_2：$-i_3R_3 + u_{S3} - u_{S2} - i_2R_2 = 0$。

当方程总数为 3 个时，即可求出电路中各电压、电流值。

综上所述，支路法分析电路的具体步骤如下：

（1）在电路图中标出各支路电流的参考方向，任意选取其中（n−1）个结点作为独立结点，并列写出各独立结点的 KCL 方程。

（2）任意选取一组（b−n+1）个独立回路（平面电路中选取每个网孔作为一个独立回路较为简便）并标出回路的绕行方向，按照绕行方向列写出各独立回路的 KVL 方程。

（3）求解列写出的 KCL 方程和 KVL 方程。若电路中含有受控电源，则该受控电源的控制量用支路电流表示，即增加辅助方程，与列写出的 KCL 方程和 KVL 方程联立求出各支路电流。

（4）如果需要，还可以根据元件约束关系求解其他变量。

注意：上述步骤只适用于电路中每一条支路上的电压都能用支路电流表示的情况，若电路中含有仅由独立电流源或受控源构成的支路，则前述步骤不能直接完成，还要具体情况具体分析。

例 3.1　图 3-3 所示电路中，已知 $R_1 = 3\Omega$，$R_2 = 1\Omega$，$R_3 = 3\Omega$，$u_{S1} = 15V$，$u_{S2} = 9V$，$u_{S3} = 7V$，求电压 u_{ab} 及各电源产生的功率。

解：根据上述分析，列写出 KCL 方程如下：

$$-i_1 - i_2 + i_3 = 0 \tag{3-1}$$

列写出 KVL 方程如下：

$$-3i_1 + 3i_2 = 15 - 9 \tag{3-2}$$

$$-3i_2 - i_3 = 9 - 7 \tag{3-3}$$

上述三个方程可以用克莱姆法则求解，Δ 与 Δ_j 分别为

$$\Delta = \begin{vmatrix} -1 & -1 & 1 \\ -3 & 3 & 0 \\ 0 & -3 & -1 \end{vmatrix} = 15$$

$$\Delta_1 = \begin{vmatrix} 0 & -1 & 1 \\ 6 & 3 & 0 \\ 2 & -3 & -1 \end{vmatrix} = -30$$

$$\Delta_2 = \begin{vmatrix} -1 & 0 & 1 \\ -3 & 6 & 0 \\ 0 & 2 & -1 \end{vmatrix} = 0$$

$$\Delta_3 = \begin{vmatrix} -1 & -1 & 0 \\ -3 & 3 & 6 \\ 0 & -3 & 2 \end{vmatrix} = -30$$

因此可以求得各电流为

$$i_1 = \frac{\Delta_1}{\Delta} = -2\text{（A）},\quad i_2 = \frac{\Delta_2}{\Delta} = 0,\quad i_3 = \frac{\Delta_3}{\Delta} = -2\text{（A）}$$

$$u_{ab} = i_2 R_2 + u_{S2} = 9\text{（V）}$$

考虑各电源上的电压和流过该电源的电流的参考方向，可以求得各电源产生的功率。

电压源 u_{S1} 产生的功率为

$$P_1 = -u_{S1} i_1 = (-15) \times (-2) = 30\text{（W）}$$

电压源 u_{S2} 产生的功率为

$$P_2 = -u_{S2} i_2 = (-9) \times 0 = 0$$

电压源 u_{S3} 产生的功率为

$$P_3 = u_{S3} i_3 = 7 \times (-2) = -14\text{（W）}$$

可以验证电路中电源产生的功率与电阻消耗的功率是平衡的。

例 3.2　某晶体管放大器的等效电路如图 3-4 所示，试用支路电流作为未知变量列写出求解该电路的方程组。

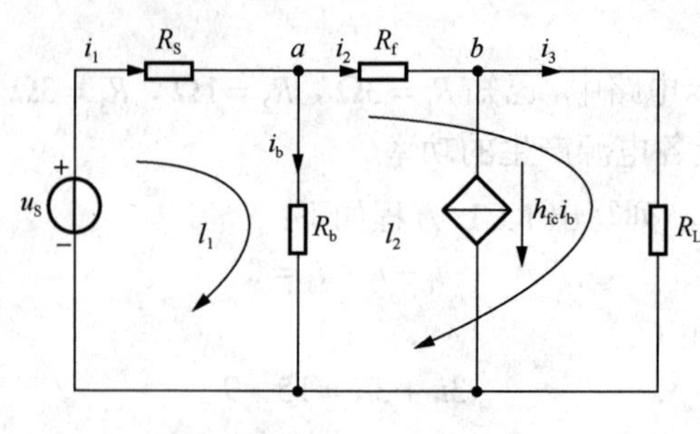

图 3-4　例 3.2 图

解：图中共有三个结点，独立结点数为 2(3－1) 个，选取结点 a 、b 为独立结点，列写 KCL 方程如下：

$$i_1 - i_2 - i_b = 0$$
$$i_2 - i_3 - h_{fe} i_b = 0$$

电路中共有 i_1、i_2、i_3、i_b 四个未知变量，因此还需要列写 (4－2) = 2 个独立的 KVL 方程，选取两个独立回路 l_1、l_2，如图 3-4 所示，列写 KVL 方程如下：

$$i_1 R_S + i_b R_b = u_S$$
$$i_2 R_f + i_3 R_L - i_b R_b = 0$$

将四个独立方程联立求解，即可得到四个支路电流。

该例题电路中含有受控源支路，其两端的电压取决于电路的其余部分，因此在列写回路方程时应当尽量避免通过这条支路。

需要特别注意的是，如果受控源的控制量不是某一支路电流而是其他变量，那么在按照常规步骤列出方程后需要再增补一个附加方程，该附加方程应当体现出控制量与支路电流变量的关系。

3.3　回路电流法

以沿回路连续流动的假想电流为未知量列写电路方程并进行电路分析的方法称为回路电流法。回路电流法的基本思想是假想每条回路中均有一个回路电流，而且能够自动满足 KCL，同时取回路电流的方向为绕行方向，各支路电流可用回路电流表示。对于一个具有 b 条支路、n 个结点的电路而言，由于（n−1）个独立结点约束着 b 条支路上的电流，因此独立支路电流数只有（b−n+1）个，等于独立回路电流数。也就是说，只要选取（b−n+1）个独立回路，列写回路电流方程，就可以求出所有的电路变量。回路电流法求解电路变量的步骤具体总结如下。

以图 3-5 为例，图中有 3 条支路，2 个结点，独立回路数为 2(3−2+1)个，选取两个网孔作为独立回路，回路电流 i_{l1} 和 i_{l2} 的绕行方向如图 3-5 所示。各支路电流用回路电流表示如下：

$$i_1 = i_{l1}\text{，}\ i_3 = i_{l2}\text{，}\ i_2 = i_{l2} - i_{l1} = i_3 - i_1$$

由此可知 KCL 自动满足，因此只需列写出电路的 KVL 方程。

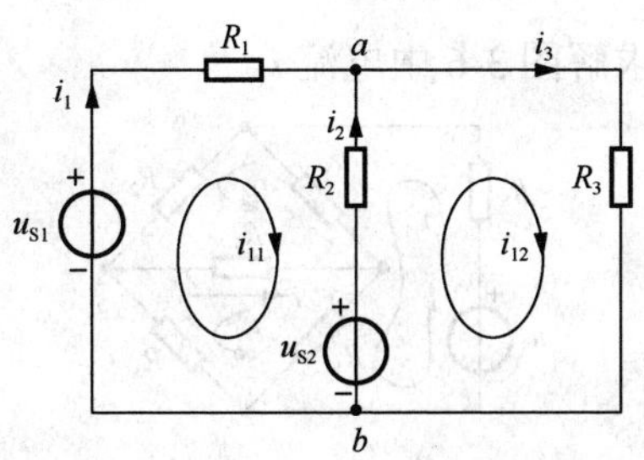

图 3-5　回路电流法

回路 1 的方程为

$$R_1 i_{11} + R_2(i_{11} - i_{12}) + u_{S2} - u_{S1} = 0$$

回路 2 的方程为

$$R_2(i_{12} - i_{11}) + R_3 i_{12} - u_{S2} = 0$$

将上式整理成如下关于回路电流 i_{11} 和 i_{12} 的方程组：

回路 1 的方程为

$$(R_1 + R_2)i_{11} - R_2 i_{12} = u_{S1} - u_{S2}$$

回路 2 的方程为

$$-R_2 i_{11} + (R_2 + R_3)i_{12} = u_{S2}$$

写成一般形式如下：

回路 1 的方程为

$$R_{11}i_{11} + R_{12}i_{12} = u_{S11}$$

回路 2 的方程为

$$R_{21}i_{11} + R_{22}i_{12} = u_{S22}$$

对于具有 l 个独立回路的电路而言，其回路电流方程的一般形式如下：

$$\begin{cases} R_{11}i_{11} + R_{12}i_{12} + R_{13}i_{13} + \cdots + R_{1l}i_{1l} = u_{S11} \\ R_{21}i_{11} + R_{22}i_{12} + R_{23}i_{13} + \cdots + R_{2l}i_{1l} = u_{S22} \\ \cdots\cdots \\ R_{l1}i_{11} + R_{l2}i_{12} + R_{l3}i_{13} + \cdots + R_{ll}i_{1l} = u_{Sll} \end{cases}$$

上式中具有相同下标的电阻 R_{11}、R_{22}、…、R_{ll} 是各独立回路的电阻之和，称为自电阻，简称自阻，记作 R_{jj}，恒为正。图 3-5 中，回路 1 的自电阻 $R_{11} = R_1 + R_2$，回路 2 的自电阻 $R_{22} = R_2 + R_3$。上式中具有不同下标的电阻 R_{12}、R_{23}、…、$R_{l(l-1)}$ 是各独立回路之间共有的电阻之和，称为互电阻，简称互阻，记作 R_{jk}，可正可负，这取决于流过互阻的两个回路电流的方向。若两个回路电流方向相同，则互阻取正；若两个回路电流方向相反，则互阻取负。显然，$R_{jk} = R_{kj}$。图 3-5 中，$R_{12} = R_{21} = -R_2$。等式右侧的 u_{S11}、u_{S22}、…、u_{Sll} 分别为各独立回路中电压源的代数和，求和时，与回路电流方向一致的电压源前应取“-”号，否则应取“+”号。图 3-5 中，$u_{S11} = u_{S1} - u_{S2}$，$u_{S22} = u_{S2}$。

如果电路中有电流源和电阻的并联组合，那么可以等效变换为电压源和电阻的串联组合，然后再按步骤列写回路电流方程。

例 3.3 用回路电流法求解图 3-6 中电流 i。

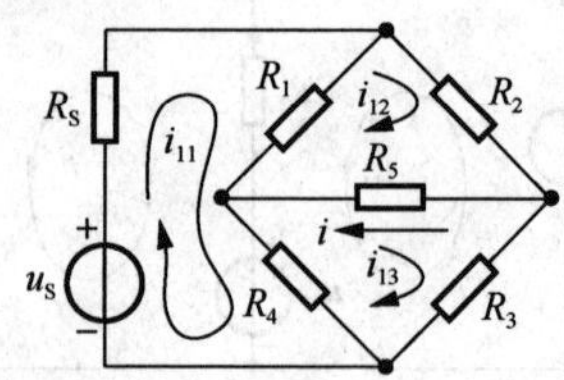

图 3-6 例 3.3 图

解：选取各网孔为独立回路，标出各独立回路电流 i_{11}、i_{12}、i_{13} 的绕行方向，如图 3-6 所示。

求出各独立回路的自电阻和互电阻如下：

$$R_{11} = R_S + R_1 + R_4$$
$$R_{22} = R_1 + R_2 + R_5$$
$$R_{33} = R_3 + R_4 + R_5$$
$$R_{12} = R_{21} = -R_1,\quad R_{23} = R_{32} = -R_5,\quad R_{31} = R_{13} = -R_4$$

只有回路 1 中含有一个电压源，因此 $u_{S11} = u_S$，$u_{S22} = 0$，$u_{S33} = 0$。

根据回路电流方程的一般形式，可以列出该电路的回路电流方程如下：

$$(R_S + R_1 + R_4)i_{11} + (-R_1)i_{12} + (-R_4)i_{13} = u_S$$
$$(-R_1)i_{11} + (R_1 + R_2 + R_5)i_{12} + (-R_5)i_{13} = 0$$
$$(-R_4)i_{11} + (-R_5)i_{12} + (R_3 + R_4 + R_5)i_{13} = 0$$

求解上述方程组可得各独立回路电流 i_{11}、i_{12}、i_{13}，则电流 $i = i_{12} - i_{13}$。

例 3.4 用回路电流法求解图 3-7 中电流 i_2。

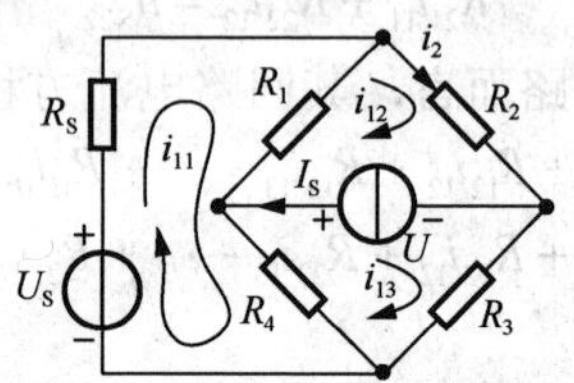

图 3-7 例 3.4 图

解：该电路中含有一个无伴电流源，无法用等效变换的方法将它转换成电压源与电阻的串联，因此就无法使用常规的求解方法，但是可以根据电路的特点采用特殊方法。

方法一：将电流源 I_S 两端的电压 U 作为附加变量，这相当于把电流源 I_S 视为电压源 U。

仍然选取三个网孔为一组独立回路，列写回路电流方程如下：

$$(R_S + R_1 + R_4)i_{11} + (-R_1)i_{12} + (-R_4)i_{13} = U_S$$
$$(-R_1)i_{11} + (R_1 + R_2)i_{12} = U$$
$$(-R_4)i_{11} + (R_3 + R_4)i_{13} = -U$$

无伴电流源所在支路有 i_{12} 和 i_{13} 两个回路电流通过，因此可以增补一个附加方程如下：

$$I_S = i_{12} - i_{13}$$

根据上述四个方程可以求出 i_{11}、i_{12}、i_{13} 和 U，则 $i_2 = i_{12}$。

方法二：选取独立回路，使理想电流源支路仅属于一个回路，该回路电流即 I_S。

如图 3-8 所示，选取一组独立回路，使电流源 I_S 仅属于回路 2，由此列写回路电流方程如下：

$$(R_S + R_1 + R_4)i_{11} + (-R_1)i_{12} + (-R_4)i_{13} = U_S$$

$$i_{12} = I_S$$

$$(-R_1 - R_4)i_{11} + (R_1 + R_2)i_{12} + (R_1 + R_2 + R_3 + R_4)i_{13} = 0$$

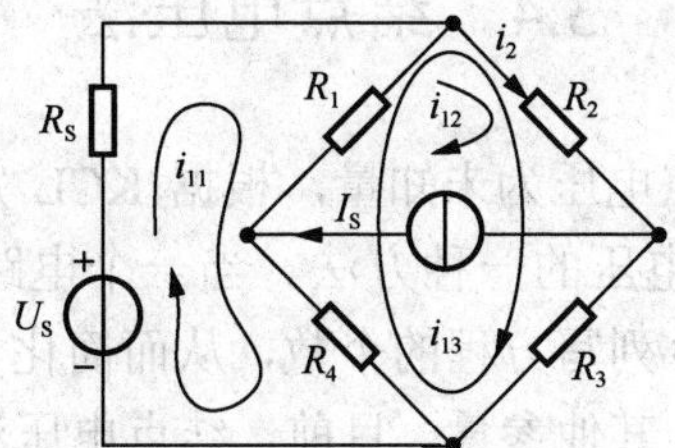

图 3-8　例 3.4 中方法二图

电流源电流 I_S 为已知量，因此实际只有两个方程，比方法一减少了一个方程，也就减少了运算量，但要注意此时支路电流 $i_2 = i_{12} + i_{13}$。

例 3.5　用回路电流法求解图 3-9 中电流 i_2。

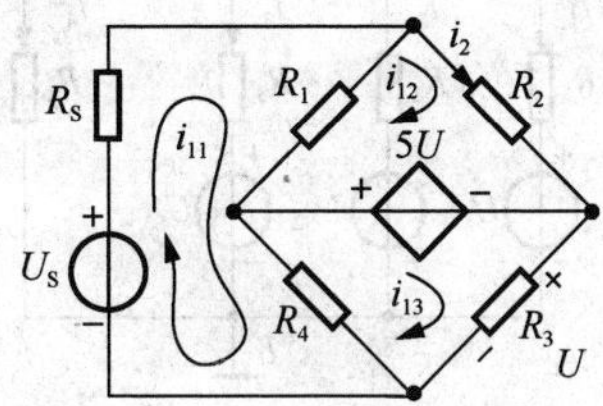

图 3-9　例 3.5 图

解：对含有受控电源支路的电路，可先将受控电源看作独立电源按照常规的求解方法列方程，再用回路电流表示控制量即可。

$$(R_S + R_1 + R_4)i_{11} + (-R_1)i_{12} + (-R_4)i_{13} = U_S$$

$$(-R_1)i_{11} + (R_1 + R_2)i_{12} = 5\text{（V）}$$

$$(-R_4)i_{11} + (R_3 + R_4)i_{13} = -5\text{（V）}$$

增补一个附加方程：$U = i_{13}R_3$。

根据上述四个方程可以求出 i_{11}、i_{12}、i_{13} 和 U，可以得出 $i_2 = i_{12}$。

回路电流法的一般步骤可以归纳如下：

（1）选定独立回路，并标出独立回路电流的绕行方向。一般取回路绕行方向与回路电流的参考方向一致。

（2）以回路电流为未知量，按照回路电流方程的一般形式列写方程。注意自阻恒为正，互阻的正负取决于流过互阻的两个回路电流的参考方向。若两个回路的参考方向相同，则取正；反之，则取负。同时，也要注意等式右边相关电压源前面的“+”号和“−”号。

（3）若电路中含有受控电源或无伴电流源，则需另行处理。

（4）求解方程，得到各回路电流。然后可以进行其他分析，如求功率等。

回路电流法对平面电路或立体电路都适用。如果电路是平面电路，那么较为简便的方法是选取各网孔作为一组独立回路，然后列写其回路电流方程，求解过程与回路法一样，这种求解电路的方法又称网孔电流法。换言之，网孔电流法只是回路电流法的一种特殊形式，归根结底还是回路电流法。

3.4 结点电压法

结点电压法是以独立结点电压为未知量，根据 KCL 定律和元件的伏安特性列写结点电压方程来求解独立结点电压的一种方法。当一个电路的支路数较多而结点数较少时，采用结点电压法可以减少列写方程的个数，从而简化了电路计算。只要求出独立结点电压，就可以求解各支路的其他参量。目前，结点电压法在计算机辅助分析中得到了广泛的应用。

例 3.6 如图 3-10 所示电路中，已知$U_{S1}=U_{S2}=1\text{V}$，$U_{S3}=2\text{V}$，$R_1=R_2=5\Omega$，$R_3=R_4=10\Omega$，试用结点电压法求各支路电流。

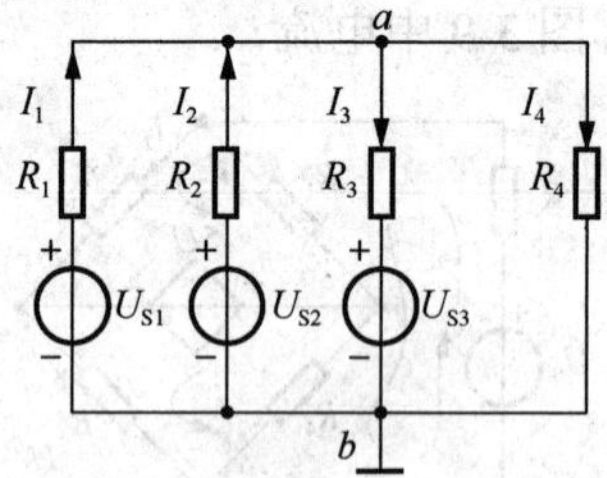

图 3-10 结点电压法

解：图中共有两个结点，若选取结点 b 作为参考点，则结点 a 的电位记为U_a，此时各支路电流可以表示为

$$I_1=\frac{U_{S1}-U_a}{R_1} \tag{3-4}$$

$$I_2=\frac{U_{S2}-U_a}{R_2} \tag{3-5}$$

$$I_3=\frac{U_a-U_{S3}}{R_3} \tag{3-6}$$

$$I_4=\frac{U_a}{R_4} \tag{3-7}$$

同时由 KCL 定律可知，流入结点 a 的电流之和等于流出该结点的电流之和，因此有

$$I_1+I_2-I_3-I_4=0 \tag{3-8}$$

将式（3-4）～式（3-7）代入式（3-8），可得

$$\frac{U_{S1}-U_a}{R_1}+\frac{U_{S2}-U_a}{R_2}-\frac{U_a-U_{S3}}{R_3}-\frac{U_a}{R_4}=0 \tag{3-9}$$

代入数值，整理可得结点 a 的电位为

$$U_a=1\text{（V）} \tag{3-10}$$

然后代入式（3-4）～式（3-7）可相应求出 I_1、I_2、I_3和I_4。

含电流源的电路如图 3-11 所示，图中共有 3 个结点，如果把结点 O 作为参考点，结点 1 和结点 2 的电位分别记为U_1和U_2，那么电导G_1上的电压就为U_1，电导G_3上的电压就为U_2，电导G_2上的电压可以用结点电压表示为$U_{12}=U_1-U_2$。

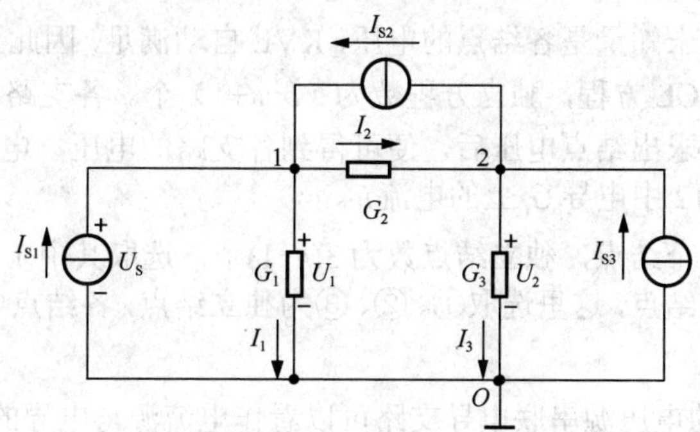

图 3-11　含电流源的结点电压法

在由G_1、G_2和G_3组成的回路中，若各支路电压用结点电压表示，则由 KVL 可知，$U_{12}+U_2-U_1=0$。也就是说，规定结点电压后，KVL 一定自动满足。

KCL 应用于结点 1 和结点 2。

对结点 1，有

$$I_1+I_2=I_{S1}+I_{S2} \tag{3-11}$$

对结点 2，有

$$I_3-I_2=-I_{S2}+I_{S3} \tag{3-12}$$

由各支路方程可得

$$\begin{cases}I_1=G_1U_1\\ I_2=G_2\left(U_1-U_2\right)\\ I_3=G_3U_2\end{cases} \tag{3-13}$$

将式（3-13）分别代入式（3-11）和式（3-12）中，可得

$$\left(G_1+G_2\right)U_1-G_2U_2=I_{S1}+I_{S2} \tag{3-14}$$

$$-G_2U_1+\left(G_2+G_3\right)U_2=-I_{S2}+I_{S3} \tag{3-15}$$

为便于理解结点电压法，把式（3-14）和式（3-15）写成一般形式，即

$$G_{11}U_1+G_{12}U_2=I_{S11} \tag{3-16}$$

$$G_{21}U_1+G_{22}U_2=I_{S22} \tag{3-17}$$

式中，$G_{11}=G_1+G_2$，$G_{22}=G_2+G_3$，分别为结点 1 和结点 2 的自导，自导恒为正，等于

与结点相连的所有支路电导之和。$G_{12}=G_{21}=-G_2$，是结点 1 和结点 2 之间的互导，互导恒为负，等于连接两个结点间支路电导的负值。I_{S11} 和 I_{S22} 分别表示注入结点 1 和结点 2 的电流，注入结点的电流等于流向该结点的各电流源电流的代数和，流入取“+”，流出取“-”。

由以上推导过程，很容易推导出 n 个结点情况下的电路方程

$$\begin{cases}G_{11}U_1+G_{12}U_2+\cdots+G_{1(n-1)}U_{(n-1)}=I_{S11}\\G_{21}U_1+G_{22}U_2+\cdots+G_{2(n-1)}U_{(n-1)}=I_{S22}\\\cdots\cdots\\G_{(n-1)1}U_1+G_{(n-1)2}U_2+\cdots+G_{(n-1)(n-1)}U_{(n-1)}=I_{S(n-1)(n-1)}\end{cases}\tag{3-18}$$

结点电压法所选未知量是各结点的电压，KVL 自动满足，因此无需列写 KVL 方程，只需列写各结点的 KCL 方程，独立方程数为（$b-n+1$）个。各支路电流、电压可视为结点电压的线性组合，求出结点电压后，便可得到各支路的电压、电流。

例 3.7　求图 3-12 中电导 G_1 上的电流 i_1。

解： 图中共有 4 个结点，独立结点数为 3(n−1)个，选取其中 1 个结点作为参考点，其余 3 个结点为独立结点，这里选取①、②、③为独立结点，各结点电压分别为 u_{n1}、u_{n2}、u_{n3}。

如图 3-13 所示的电压源串联电导支路可以看作电流源与电导的并联，列写结点①、②、③的结点电压方程如下：

$$\begin{cases}(G_1+G_2+G_S)U_1-G_1U_2-G_SU_3=G_SU_S\\-G_1U_1+(G_1+G_3+G_4)U_2-G_4U_3=0\\-G_SU_1-G_4U_2+(G_4+G_5+G_S)U_3=-U_SG_S\end{cases}\tag{3-19}$$

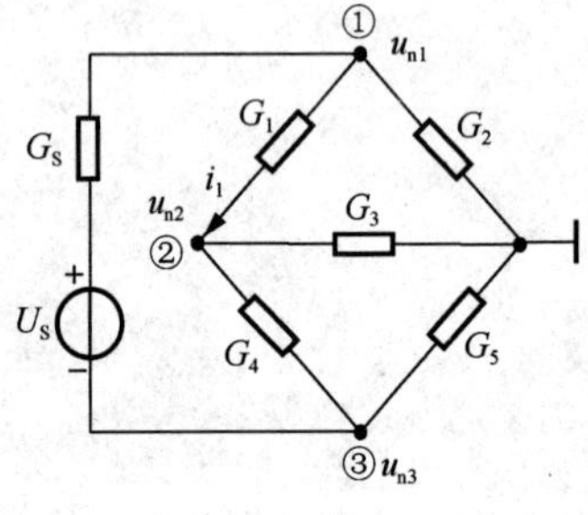

图 3-12　例 3.7 图

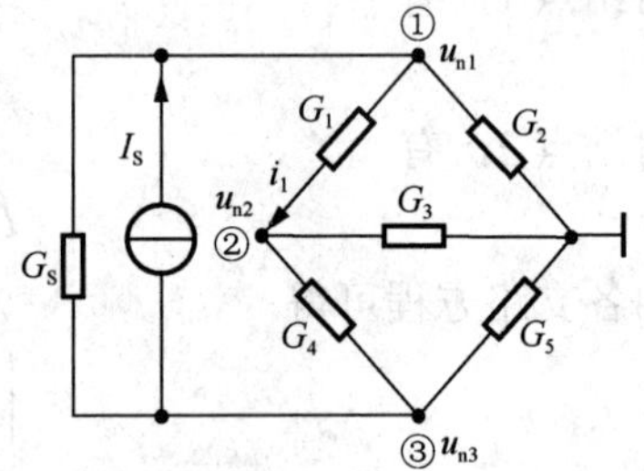

图 3-13　例 3.7 题解图

根据式（3-19）可以求出各结点电压 u_{n1}、u_{n2}、u_{n3}，则待求量

$$i_1=(u_{n1}-u_{n2})G_1$$

即图 3-12 中电导 G_1 上的电流 $i_1=(u_{n1}-u_{n2})G_1$。

结点电压法的一般步骤可以归纳如下：

（1）选定参考点，标定（n−1）个独立结点，独立结点与参考点之间的电压就是结点电压，通常以参考点为结点电压的低电位端。

（2）对（n-1）个独立结点，以结点电压为未知量列写其 KCL 方程，即结点电压方程。列写方程时注意自导和互导的正负，以及等式右边电流源的极性。

（3）求解上述方程组，得到（n-1）个结点电压。

（4）根据结点电压求解其他未知量，如求解各支路电流、某一元件释放的功率或吸收的功率等。

（5）也可以继续进行其他分析。

但当电路中含有受控电源或无伴电压源支路时，则需另行处理，具体可以参考如下例题。

例 3.8　列写图 3-14 所示电路的结点电压方程。

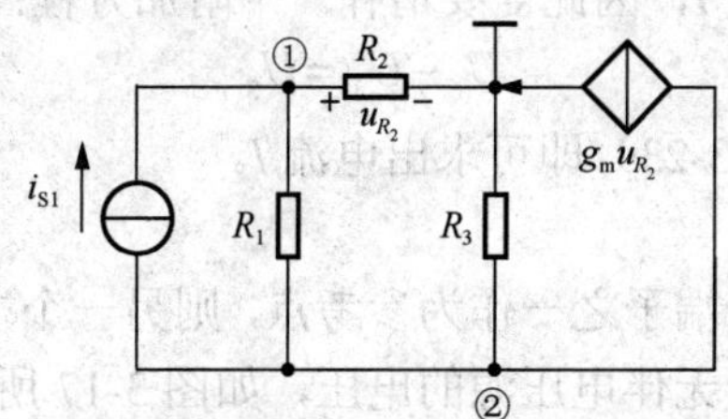

图 3-14　例 3.8 图

解：图中共有三个结点，选取其中一个结点作为参考点，其余两个结点为独立结点，这里选取结点①、结点②为独立结点。电路中含有受控电源，可以先把受控电源当作独立电源，列写方程如下：

$$
\begin{cases}
\left(\dfrac{1}{R_1}+\dfrac{1}{R_2}\right)u_{n1}-\dfrac{1}{R_1}u_{n2}=i_{S1} \\
-\dfrac{1}{R_1}u_{n1}+\left(\dfrac{1}{R_1}+\dfrac{1}{R_3}\right)u_{n2}=-g_m u_{R_2}-i_{S1}
\end{cases}
\tag{3-20}
$$

在上述方程组中，除了两个结点电压 u_{n1} 和 u_{n2} 为未知量以外，还有一个未知量 u_{R_2}，要想求解这三个未知量，还需增补一个附加方程。根据图中电路可知如下关系：

$$
u_{R_2}=u_{n1} \tag{3-21}
$$

式（3-21）即为附加方程。根据上述三个方程可以求出未知量 u_{n1} 和 u_{n2}，还可以继续求解其他量。

例 3.9　电路如图 3-15 所示，请列写出能够求解电流 I 的方程。

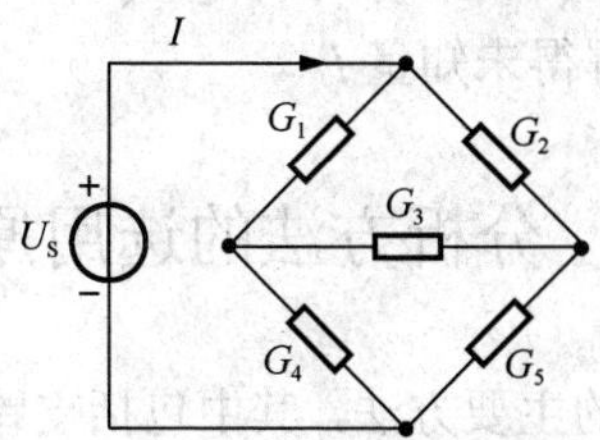

图 3-15　例 3.9 图

解：电路中含有一个无伴电压源，这种情况虽然无法用等效电源法处理，但是针对电路的这个特点也有相应的处理方法。

方法一：把电压源视为电流源，电流源的大小即为 I。

首先选定参考点，并标出各独立结点的结点电压 U_1、U_2、U_3，如图 3-16 所示。

列写结点电压方程如下：

$$\begin{cases}(G_1+G_2)U_1-G_1U_2=I\\ -G_1U_1+(G_1+G_3+G_4)U_2-G_4U_3=0\\ -G_4U_2+(G_4+G_5)U_3=-I\end{cases} \tag{3-22}$$

上式中多了一个未知量 I，因此需要增补一个附加方程：

$$U_1-U_3=U_S \tag{3-23}$$

根据式（3-22）和式（3-23）即可求出电流 I。

方法二：巧选参考点。

选取无伴电压源的两个端子之一作为参考点，则另一个端子到参考点之间的电压即为结点电压，其值正好等于无伴电压源的电压，如图 3-17 所示。

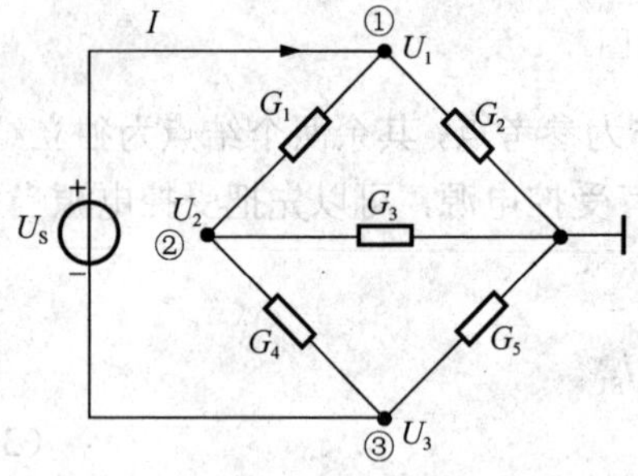

图 3-16　方法一图

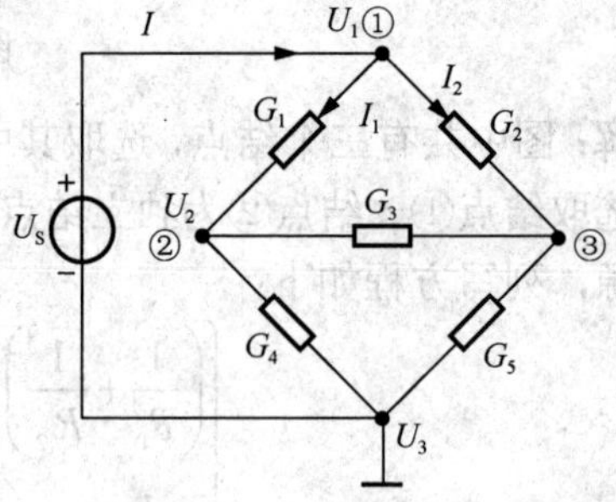

图 3-17　方法二图

列写结点电压方程如下：

$$\begin{cases}U_1=U_S\\ -G_1U_1+(G_1+G_3+G_4)U_2-G_3U_3=0\\ -G_2U_1-G_3U_2+(G_2+G_3+G_5)U_3=0\end{cases} \tag{3-24}$$

根据式（3-24）即可求出各结点电压 U_1、U_2、U_3，然后可得

$$I_1=(U_1-U_2)G_1,\quad I_2=(U_1-U_3)G_2$$

由 KCL 可知 $I=I_1+I_2$，解得未知量 I。

3.5　分析方法的选用原则

前几小节介绍了电路分析的主要方法，其中包括支路电流法、回路电流法和结点电压法，这三种方法的共同特点是依据电路的基本定律、元件 VCR 建立方程进行求解，因而统称为方程分析法。各方法的特点总结归纳如下。

3.5.1　支路电流法的选用原则

具有 n 个结点、b 条支路的电路，以支路电流为未知量，依据 KCL、KVL 及元件 VCR 建立（n−1）个独立结点的 KCL 方程、（b−n+1）个独立回路的 KVL 方程，联立求解这 b 个方程可得各支路电流，进而可以求得电路中的电压、功率，这就是支路电流法。此方法的优点是直观，解得的电流就是各支路电流，可以用电流表测量。其缺点是当电路较复杂时手算解方程的计算量太大，但如果使用现代化的计算手段，这个问题就不成为问题了。

3.5.2　回路电流法的选用原则

以虚拟的回路电流作为未知量，依据 KVL 及元件 VCR 建立（b−n+1）个独立回路的 KVL 方程，求解该方程组可得各回路电流，进而求得各支路电流、电压、功率等，这就是回路电流法。前面提到的网孔电流法是回路电流法的特殊形式。这种方法的优点是所需求解的方程个数少于支路电流法，而且归纳总结出方程的一般形式，规律易于掌握。回路电流法对平面电路和立体电路都适用，但网孔电流法只适用于平面电路。

3.5.3　结点电压法的选用原则

结点电压法是选择电路中的一个结点作为参考点，以（n−1）个结点电压为未知量，依据 KCL 及元件 VCR 建立（n−1）个独立结点的结点电压方程，求解该方程组可得各结点电压，进而求得支路电流、电压、功率等变量的方法。此方法的优点主要有两方面：①所需求解的方程个数少于支路电流法，而且归纳总结出方程的一般形式，规律易于掌握。②结点电压容易选择，不存在选取独立回路的问题。其缺点是对给出电阻参数和电压源形式的一般电路用结点电压法分析时稍显烦琐。

综上，回路电流法、结点电压法求解方程的数目明显少于支路电流法，因此对一般电路可以优先选用这两种方法。当平面电路的回路个数或网孔个数少于或等于独立结点数时，一般选用回路电流法分析较为简单；反之，选用结点电压法分析较为简单。

3.6　应 用 实 例

例 3.10　油气管道焊接动火作业中杂散电流的防范。

解：油气管道动火作业中的焊接电流较大，常高达几百安培，若防护或操作不当，则会进入电焊点以外的管道、设施、地下金属结构物、土壤等远大于焊接回路的区域，形成多条以并联电路形式出现的杂散电流，这将使不同的区域产生电位差，当电位差达到或超过 1.2V 时，将产生明显的电火花，一旦火花能量大于周围易燃、可燃气体的最小点燃能量，就极易引发火灾、爆炸等事故。杂散电流具有四个特点：①产生的电火花微弱。②产生的位置隐蔽。③通路多于两条。④能量和电势较低，对人的伤害极小。因此，杂散电流不易被发现、察觉和掌握，成为一种极易被忽视的火灾事故引火源。

油气管道动火焊接时，电焊机存在两条电流回路：一条电流回路是焊接线，通过电源正极—焊钳—焊条—*AB* 段管路—电源负极，连接焊条进行焊接；另一条电流回路通过电源正极—焊钳—焊条—*AC* 段管道—土壤—*DB* 段管道—电源负极（图 3-18）。基本假设：管道纵向电阻均匀分布；管道对地的过渡电阻和土壤电阻均匀分布；土壤横截面积较大时，可以忽略土壤沿管道轴向的纵向电阻。

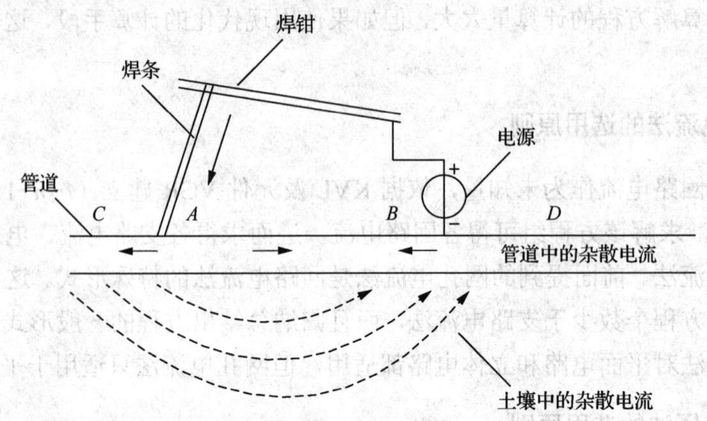

图 3-18　油气管道焊接作业电流回路示意图

假设焊机电源为理想电压源，将该空间上的近似连续问题简化为平面连续问题，以 1 台焊机单独作业为例，建立电焊作业中电流分布的电路模型如图 3-19 所示。图中，U_E为电源电压，单位为 V；I为电焊机输出电流，单位为 A；R为电弧电阻，单位为Ω；N为单元个数，结点为 1、2、…、J、J+1、…、N−1、N；Δx为管道单元的长度（非主回路管道）；$\Delta x'$为焊接主回路管道的长度；i_x为管内电流，单位为 A。对电焊中的油气管道—大地网络，可以认为管道是一条纯阻性集总参数线，管道与大地之间只有纯阻性电气连接，表征值为R。管道被划分的单元个数N需足够多以满足杂散电流衰减后的精度要求。若单位长度管段的过渡电阻为R_t，纵向电阻为R_g，则每个管道单元的纵向电阻为$R_g*\Delta x$，设焊接主回路的管段长度为$\Delta x'$，用$R_g*\Delta x'$表示管道主回路电阻和焊接回流点处的接触电阻之和，利用结点电压法列写出各结点电压方程组：

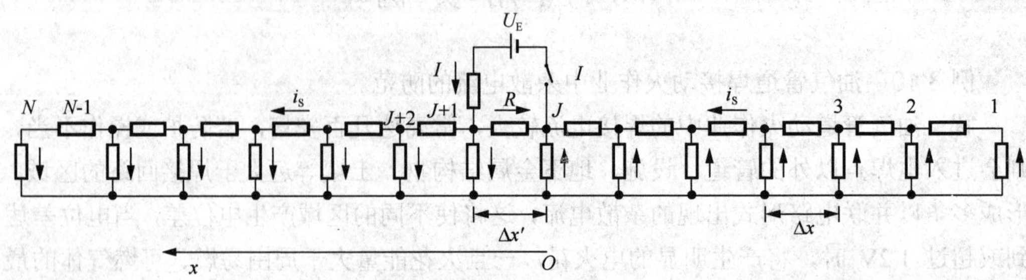

图 3-19　管道焊接过程中的电路模型

$$\begin{cases}\left(\dfrac{1}{R_{\mathrm{g}}\Delta x}+\dfrac{1}{R_{\mathrm{t}}/\Delta x}\right)U_1-\dfrac{1}{R_{\mathrm{g}}\Delta x}U_2=0\\ -\dfrac{1}{R_{\mathrm{g}}\Delta x}U_1+\left(\dfrac{2}{R_{\mathrm{g}}\Delta x}+\dfrac{1}{R_{\mathrm{t}}/\Delta x}\right)U_2-\dfrac{1}{R_{\mathrm{g}}\Delta x}U_3=0\\ -\dfrac{1}{R_{\mathrm{g}}\Delta x}U_2+\left(\dfrac{2}{R_{\mathrm{g}}\Delta x}+\dfrac{1}{R_{\mathrm{t}}/\Delta x}\right)U_3-\dfrac{1}{R_{\mathrm{g}}\Delta x}U_4=0\\ \cdots\cdots\\ -\dfrac{1}{R_{\mathrm{g}}\Delta x}U_{J-1}+\left(\dfrac{1}{R_{\mathrm{g}}\Delta x}+\dfrac{1}{R_{\mathrm{g}}\Delta x'}+\dfrac{1}{R_{\mathrm{t}}/\Delta x}+\dfrac{1}{R}\right)U_J-\left(\dfrac{1}{R_{\mathrm{g}}\Delta x'}+\dfrac{1}{R}\right)U_{J+1}=-\dfrac{U_{\mathrm{E}}}{R}\\ -\left(\dfrac{1}{R_{\mathrm{g}}\Delta x'}+\dfrac{1}{R}\right)U_J+\left(\dfrac{1}{R_{\mathrm{g}}\Delta x}+\dfrac{1}{R_{\mathrm{g}}\Delta x'}+\dfrac{1}{R_{\mathrm{t}}/\Delta x}+\dfrac{1}{R}\right)U_{J+1}-\dfrac{1}{R_{\mathrm{g}}\Delta x}U_{J+2}=\dfrac{U_{\mathrm{E}}}{R}\\ \cdots\cdots\\ -\dfrac{1}{R_{\mathrm{g}}\Delta x}U_{N-2}+\left(\dfrac{2}{R_{\mathrm{g}}\Delta x}+\dfrac{1}{R_{\mathrm{t}}/\Delta x}\right)U_{N-1}-\dfrac{1}{R_{\mathrm{g}}\Delta x}U_N=0\\ -\dfrac{1}{R_{\mathrm{g}}\Delta x}U_{N-1}+\left(\dfrac{1}{R_{\mathrm{g}}\Delta x}+\dfrac{1}{R_{\mathrm{t}}/\Delta x}\right)U_N=0\end{cases}\tag{3-25}$$

由上述方程组求得各结点的电位，再根据欧姆定律求得管道各单元的杂散电流值：

$$i_{\mathrm{S}}=\Delta U\big/\left(R_{\mathrm{g}}\cdot\Delta x\right)\tag{3-26}$$

式中，ΔU 为管道相邻结点的电位差，单位为 V。

3.7　计算机辅助分析电路举例

在采用各种电路分析方法分析电路时，可以用 MATLAB 软件求解建立的方程组，这使解方程的过程变得简单。

例 3.11　在图 3-20 所示电路中，已知 $R_1=R_2=10\Omega$，$R_3=4\Omega$，$R_4=R_5=8\Omega$，$R_6=2\Omega$，$u_{\mathrm{S3}}=20\mathrm{V}$，$u_{\mathrm{S6}}=40\mathrm{V}$，用支路电流法求解电流 i_5。

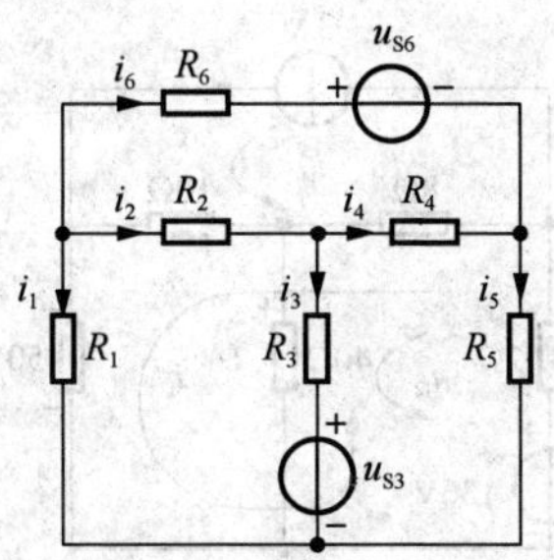

图 3-20　例 3.11 图

解：该题可由以下 MATLAB 程序求解：

```
R1=10;R2=10;R3=4;R4=8;R5=8;R6=2;us3=20;us6=40;
A=[1 1 0 0 0 1;0 -1 1 1 0 0;0 0 0 -1 1 -1
   0 -R2 0 -R4 0 R6;-R1 R2 R3 0 0 0;0 0 -R3 R4 R5 0];
B=[0;0;0;-us6;-us3;us3];
fprintf('I1,I2,I3,I4,I5,I6 分别为');
I=A\B;
I1=I(1),I2=I(2),I3=I(3),I4=I(4),I5=I(5),I6=I(6)
```

该程序的运行结果为

```
I1,I2,I3,I4,I5,I6 分别为
I1 =
    2.5078
I2 =
    1.1285
I3 =
   -1.5517
I4 =
    2.6803
I5 =
   -0.9561
I6 =
   -3.6364
```

即电流 $i_5 = -0.9561\text{A}$ 。

该题也可只用 MATLAB 求解方程，程序如下：

```
A=[1 1 0 0 0 1;0 -1 1 1 0 0;0 0 0 -1 1 -1
   0 -10 0 -8 0 2;-10 10 4 0 0 0;0 0 -4 8 8 0];
B=[0;0;0;-40;-20;20];
fprintf('I1,I2,I3,I4,I5,I6 分别为');
I=A\B;
I1=I(1),I2=I(2),I3=I(3),I4=I(4),I5=I(5),I6=I(6)
```

例 3.12　用回路电流法求解图 3-21 所示电路中的电压 U。

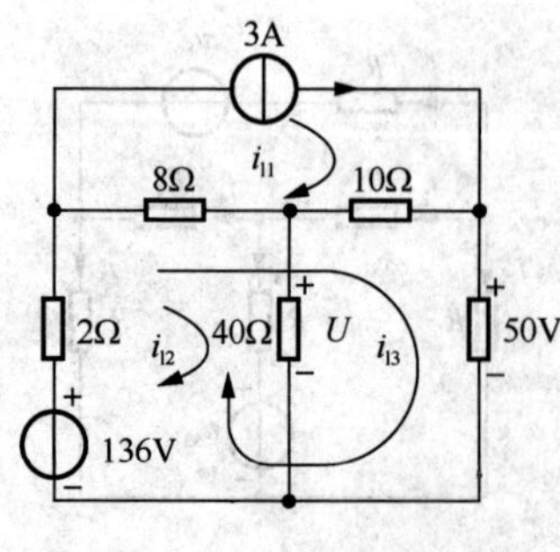

图 3-21　例 3.12 图

解：该题可由以下 MATLAB 程序求解：

```
R1=2;R2=8;R3=40;R4=10;us1=136;us2=50;
a11=1;a12=0;a13=0;
a21=-R2;a22=R1+R2+R3;a23=R1+R2;
a31=-R2-R4;a32=R1+R2;a33=R1+R2+R4;
b1=3;b2=us1;b3=us1-us2;
A=[a11,a12,a13;a21,a22,a23;a31,a32,a33];
B=[b1;b2;b3];I=A\B;
il1=I(1),il2=I(2),il3=I(3)
u=R3*il2
```

该程序的运行结果为

```
il1 =
    3.0000
il2 =
     2
il3 =
   6.0000
u =
    80
```

即电路中的电压 $U=80\text{V}$ 。

例 3.13　用结点电压法求解图 3-22 中的电流 I_S 和 I_o。

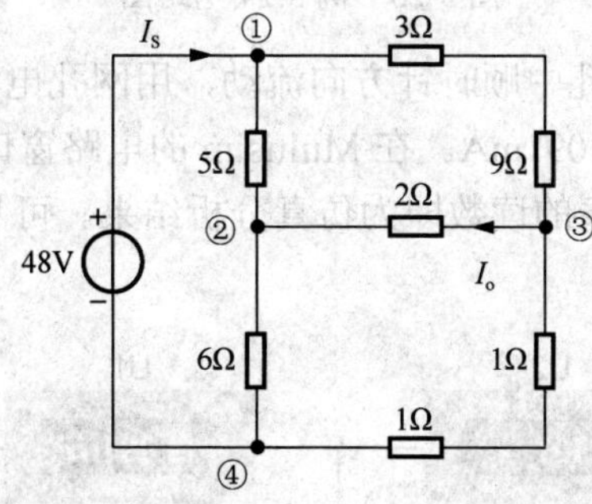

图 3-22　例 3.13 图

解：选取结点④为参考点，可得如下方程组：

$$u_{n1}=48$$

$$-\frac{1}{5}u_{ni}+\left(\frac{1}{5}+\frac{1}{2}+\frac{1}{6}\right)u_{n2}-\frac{1}{2}u_3=0$$

$$-\frac{1}{3+9}u_{ni}-\frac{1}{2}u_{n2}+\left(\frac{1}{3+9}+\frac{1}{2}+\frac{1}{1+1}\right)u_3=0$$

方程组可用以下 MATLAB 程序求解：

```
A=[1 0 0;-1/5 1/5+1/2+1/6 -1/2;-1/(3+9) -1/2 1/(3+9)+1/2+1/(1+1)];
```

```
B=[48;0;0];
u=A\B;
un1=u(1);un2=u(2);un3=u(3);
Is=(un1-un2)/5+(un1-un3)/(3+9),Io=(un3-un2)/2
```

该程序的运行结果为

```
Is =
     9
Io =
   -3.0000
```

即电流 $I_S = 9A$，$I_o = -3A$。

例 3.14　电路如图 3-23 所示，已知电压源 U_1=8V，U_2=6V，电阻 R_1=20Ω，R_2=40Ω，R_3=60Ω。试用网孔电流分析法求解网孔 I 、网孔 II 的电流。

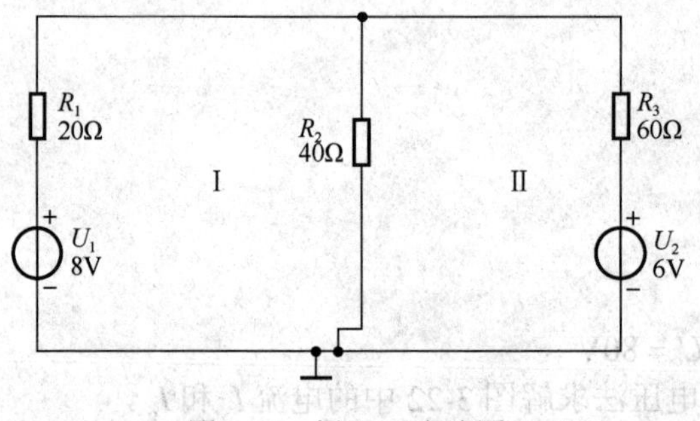

图 3-23　例 3.14 电路图

解：假定网孔电流在网孔中顺时针方向流动，用网孔电流分析法分别求得网孔 1、网孔 2 的电流为 127mA、−9.091mA。在 Multisim 的电路窗口中创建图 3-23 所示电路，启动仿真，图 3-24 中电流表的读数即为仿真分析结果。可见，理论计算结果与电路仿真结果相同。

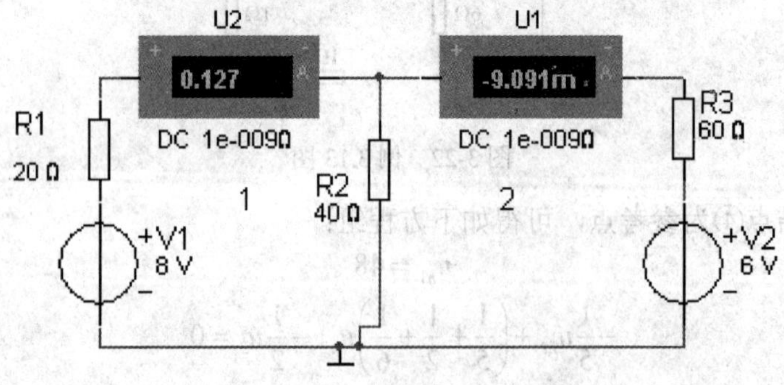

图 3-24　例 3.14 仿真电路

例 3.15　结点电位分析法是以结点电位为变量列写 KCL 方程求解电路的方法。当电路较为复杂时，结点电位法的计算步骤非常烦琐，但利用 Multisim 可以快速方便地仿真出各结点的电位。电路如图 3-25 所示，试用 Multisim 求解结点 a、结点 b 的电位。

解：图 3-25 所示电路为三结点电路，在指定参考点 c 后，利用 Multisim 可以直接仿真出结点 a、结点 b 的电位，图 3-26 中电压表的读数即为电路仿真结果，其中 U_a=7.997V，U_b=12.000V，这与理论计算结果相同。

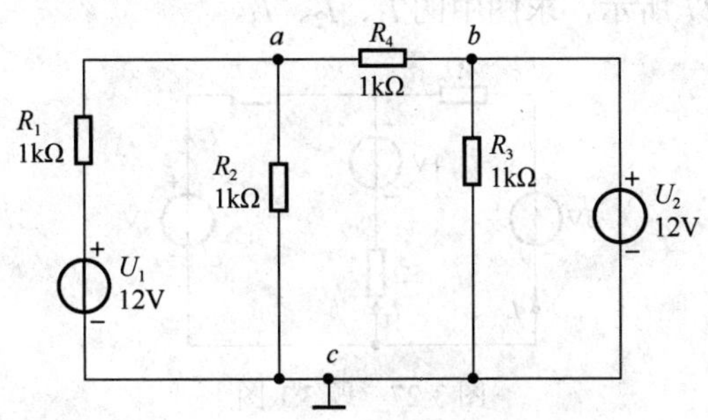

图 3-25　例 3.15 电路图

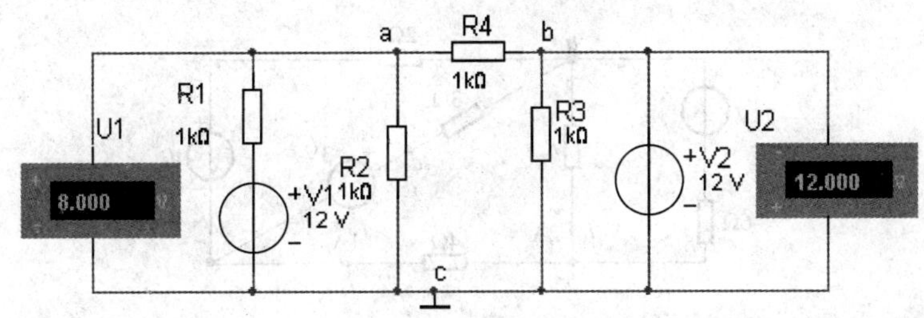

图 3-26　例 3.15 仿真电路

小　结

本章主要介绍了电阻电路分析的基本方法，其中包括支路电流法、回路电流法、结点电压法等。这些方法都是依据电路的基本定律、元件的伏安关系建立电路方程进行求解的。电路分析的基本方法见表 3-1。

表 3-1　电路分析的基本方法

名称	定义	独立方程个数	优缺点
支路电流法	直接以 b 个支路电流为待求变量，对（n−1）个独立结点列写 KCL 方程，对（b−n+1）个独立回路列写 KVL 方程，然后对这 b 个方程联立求解	等于电路的支路数，即 b 个	当方程的个数较多时，宜用计算机计算
回路电流法	以基本回路电流为独立、完备的待求变量，对基本回路列写 KVL 方程，进而对电路进行分析	等于电路的连支数，即（b−n+1）个	灵活性强，但是互电阻的识别难度加大，易遗漏互电阻
结点电压法	以独立结点电位为独立、完备的待求变量，对独立结点列写 KCL 方程组，进而对电路进行分析	等于电路独立结点的个数，即（n−1）个	灵活性强（因为参考点的选择不是唯一的）

习 题

3.1 电路如图 3-27 所示，求图中的 I_1、I_2、I_3。

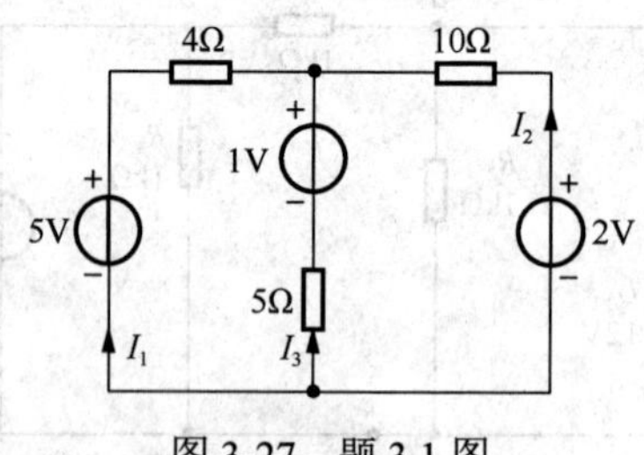

图 3-27 题 3.1 图

3.2 电路如图 3-28 所示，已知电流 i_1=2A，i_2=1A，求电压 u_{bc}、电阻 R 及电压源 u_s。

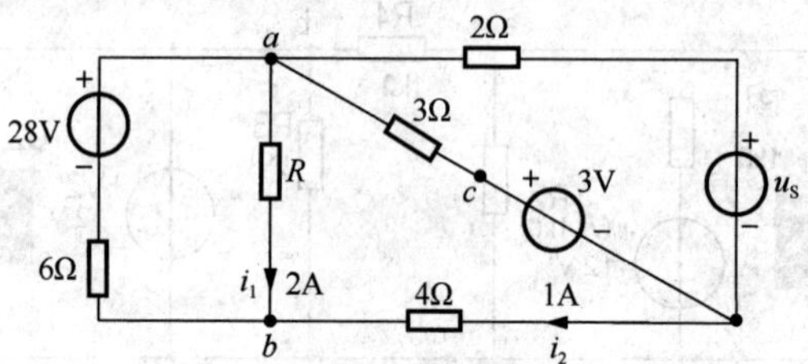

图 3-28 题 3.2 图

3.3 电路如图 3-29 所示，试求 U_A 和 I_1、I_2。

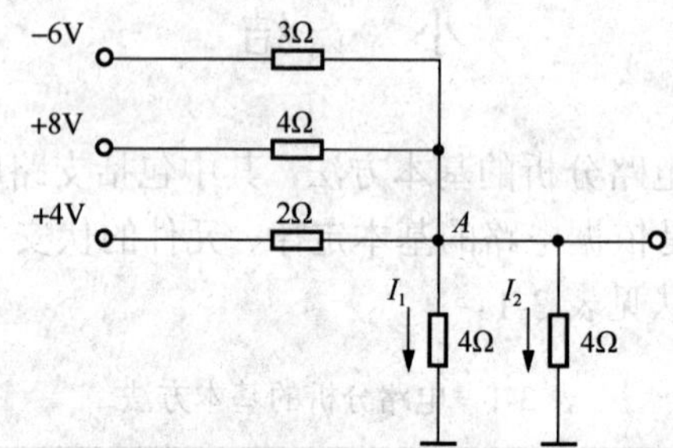

图 3-29 题 3.3 图

3.4 用支路电流法计算图 3-30 所示电路中的各支路电流。

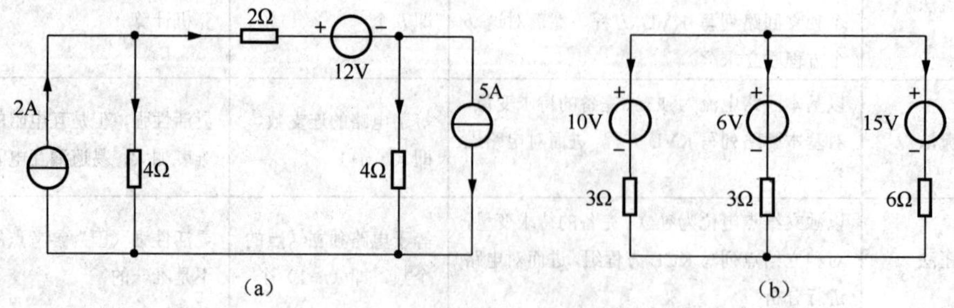

图 3-30 题 3.4 图

3.5　在图 3-31 所示电路中，已知 $R_1 = R_2 = 10\Omega$，$R_3 = 4\Omega$，$R_4 = R_5 = 8\Omega$，$R_6 = 2\Omega$，$u_{S3} = 20V$，$u_{S6} = 40V$，用支路电流法求解电流 i_5。

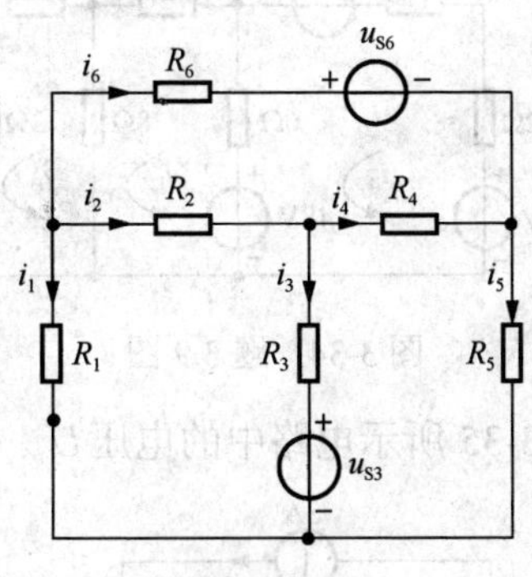

图 3-31　题 3.5 图

3.6　用支路电流法计算图 3-32 所示电路中的电流 I_1 和 I_2。

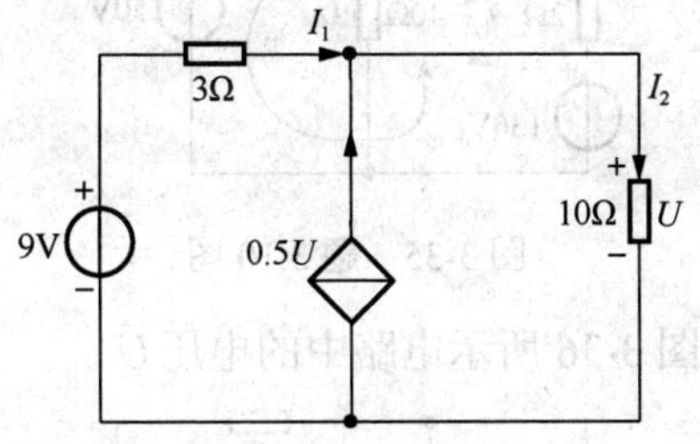

图 3-32　题 3.6 图

3.7　用网孔法求解图 3-31 中的电流 i_5。

3.8　在图 3-33 所示电路中，负载电阻 R_L 是阻值可变的电气设备。它由一台直流发电机和一个串联蓄电池组并联供电。蓄电池组常接在电路内。当用电设备需要大电流（R_L 值变小）时，蓄电池组放电；当用电设备需要小电流（R_L 值变大）时，蓄电池组充电。设 $U_{S1} = 40V$，内阻 $R_{S1} = 0.5\Omega$，$U_{S2} = 32V$，内阻 $R_{S2} = 0.2\Omega$。

（1）当用电设备的电阻 $R_L = 1\Omega$ 时，求负载吸收的功率和蓄电池组所在电路的电流 I_1，并说明这时蓄电池组是充电还是放电？

（2）当用电设备的电阻 $R_L = 17\Omega$ 时，求负载吸收的功率和蓄电池组所在支路的电流 I_1，并说明这时蓄电池组是充电还是放电？

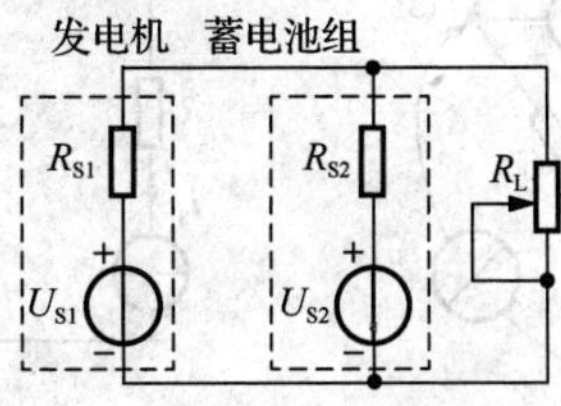

图 3-33　题 3.8 图

3.9　用回路电流法求解图 3-34 中的电流 i 。

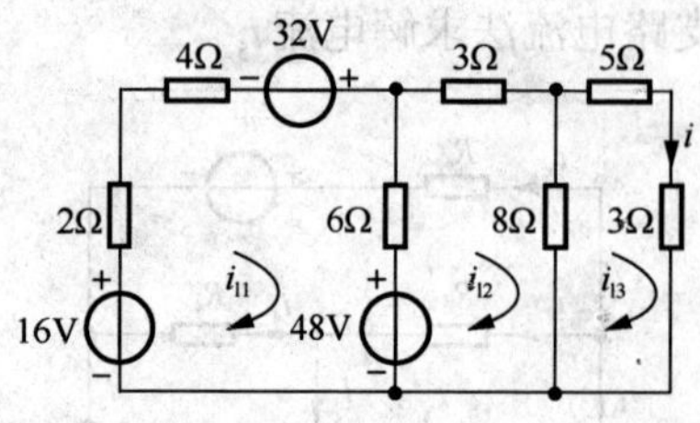

图 3-34　题 3.9 图

3.10　用回路电流法求图 3-35 所示电路中的电压 U 。

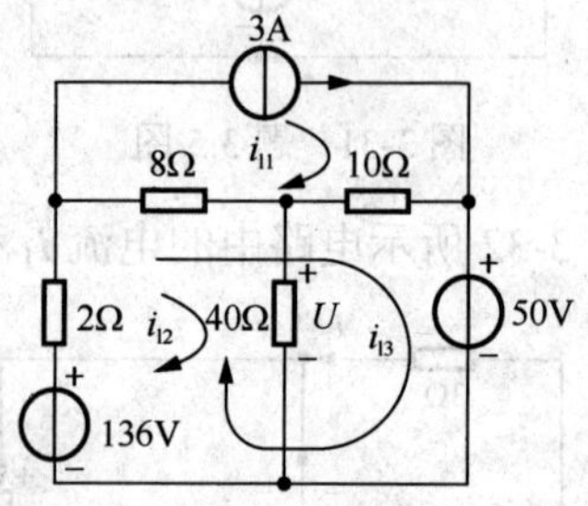

图 3-35　题 3.10 图

3.11　用回路电流法求图 3-36 所示电路中的电压 U 。

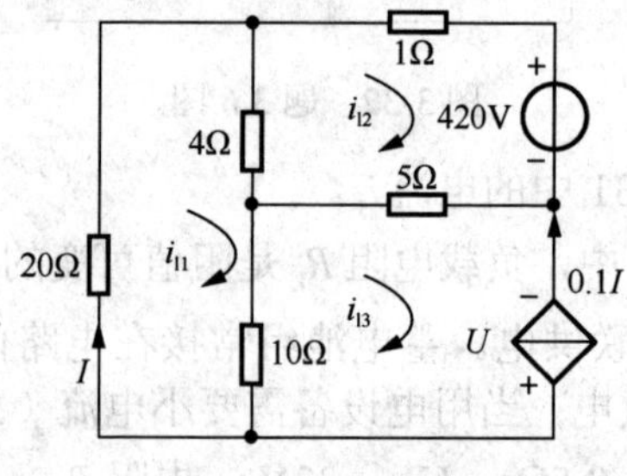

图 3-36　题 3.11 图

3.12　列出图 3-37 中电路的结点电压方程。

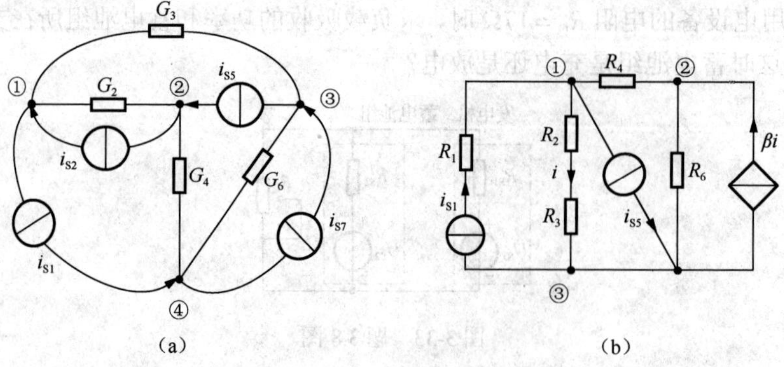

图 3-37　题 3.12 图

3.13　列出图 3-38 中电路的结点电压方程。

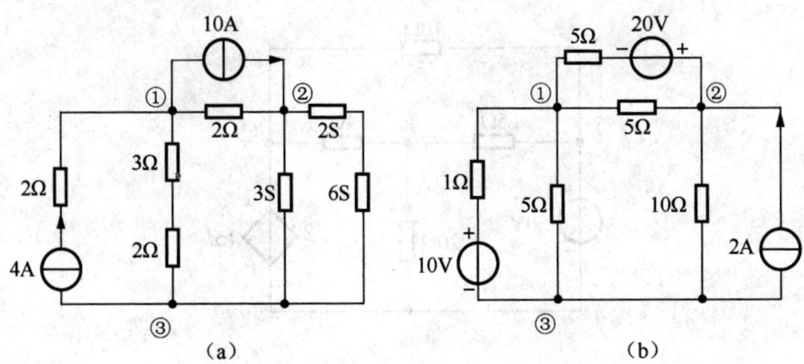

图 3-38　题 3.13 图

3.14　用结点电压法计算图 3-39 中所示电路中的电位 U_1 和 U_2 的值。

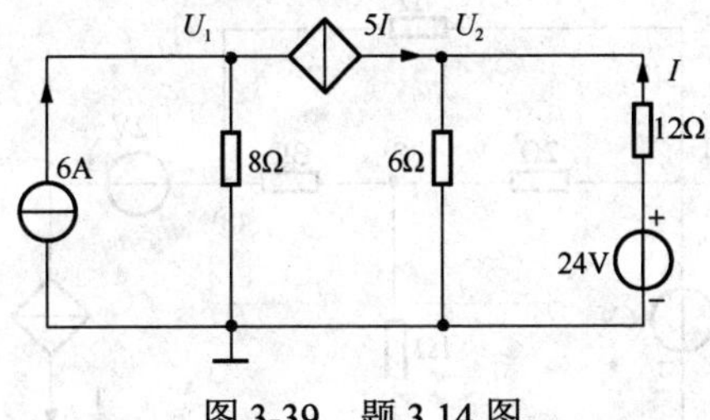

图 3-39　题 3.14 图

3.15　试用结点电压法分析图 3-40 中各结点的电位值。

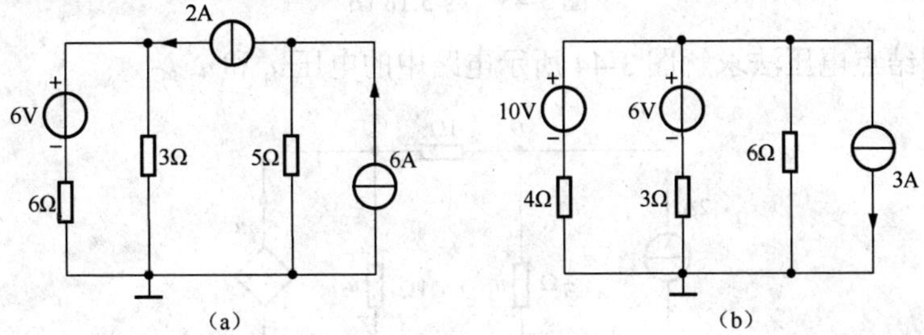

图 3-40　题 3.15 图

3.16　用结点电压法求解图 3-41 中的电流 I_S 和 I_o。

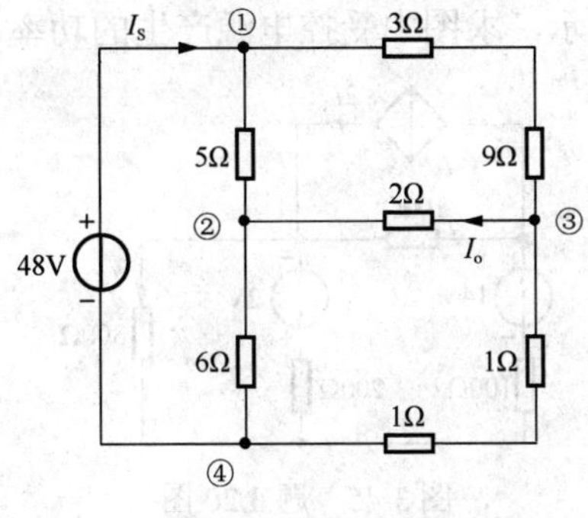

图 3-41　题 3.16 图

3.17　用结点电压法求解图 3-42 中的电压 U。

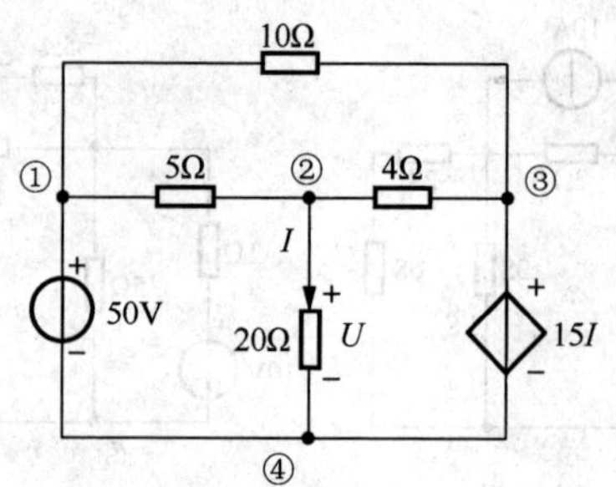

图 3-42　题 3.17 图

3.18　用结点电压法求解图 3-43 所示电路中各元件的功率并检验功率是否平衡。

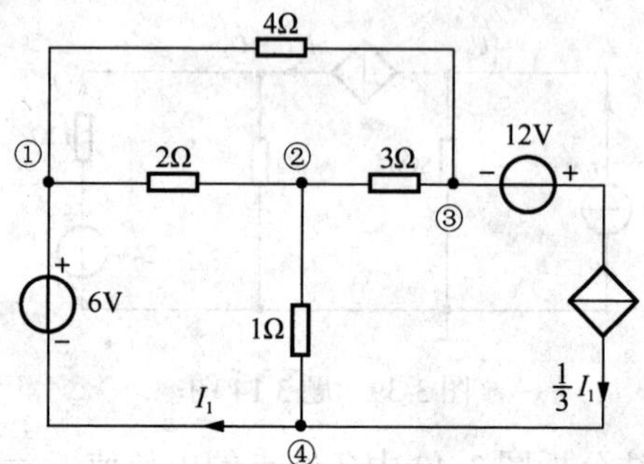

图 3-43　题 3.18 图

3.19　用结点电压法求解图 3-44 所示电路中的电压 u_1 和 u_2。

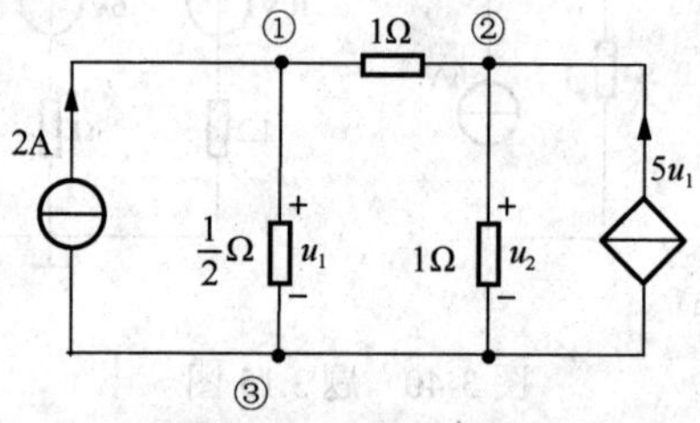

图 3-44　题 3.19 图

3.20　电路如图 3-45 所示，求图中受控电源产生的功率。

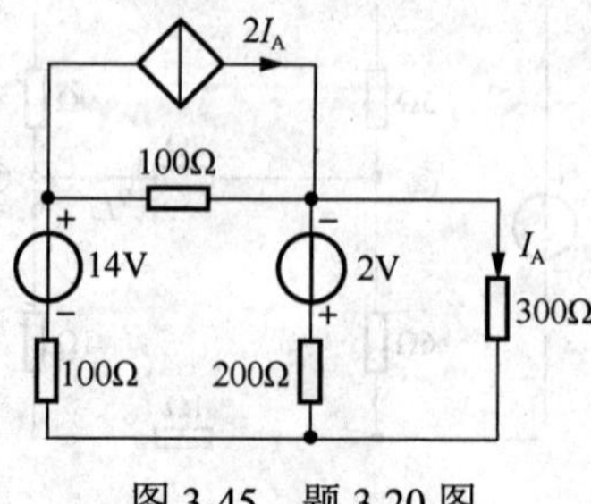

图 3-45　题 3.20 图

3.21　求图 3-46 所示电路中负载电阻 R_L 吸收的功率 P_L。

3.22　图 3-47 所示电路为晶体管放大器等效电路，该电路中各电阻及 β 均为已知，求电流放大系数 A_i（$A_i = i_2 / i_1$）和电压放大系数 A_u（$A_u = u_2 / u_i$）。

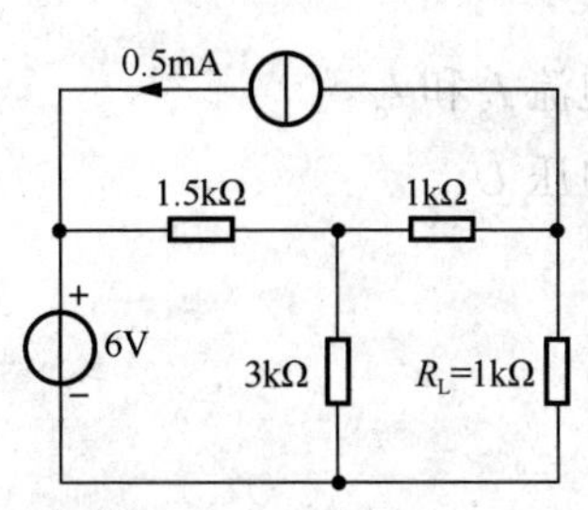

图 3-46　题 3.21 图

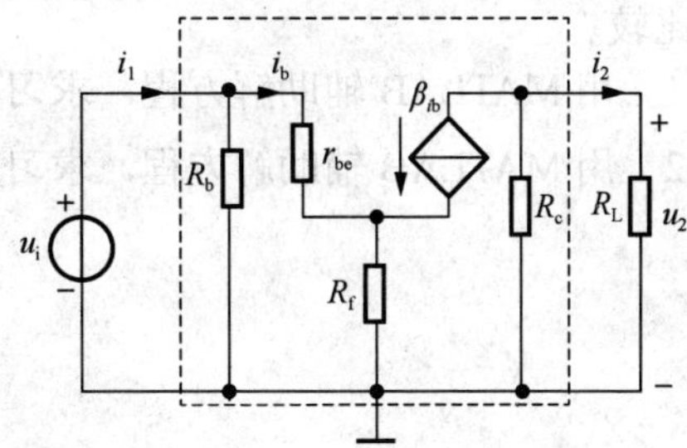

图 3-47　题 3.22 图

3.23　试设计一个电路，使其结点方程为如下方程。

结点 1：$3U_1 - U_2 - U_3 = 1$。

结点 2：$-U_1 + 5U_2 - 3U_3 = -1$。

结点 3：$-U_1 - 3U_2 + 5U_3 = -1$。

式中，U_1、U_2、U_3 分别为结点 1、结点 2、结点 3 的电位。

3.24　调压电路如图 3-48 所示，端子 a 处为开路，$R_2 = R_1$，当调节可变电阻 R_2 的活动点时，试求 U_a 的变化范围。

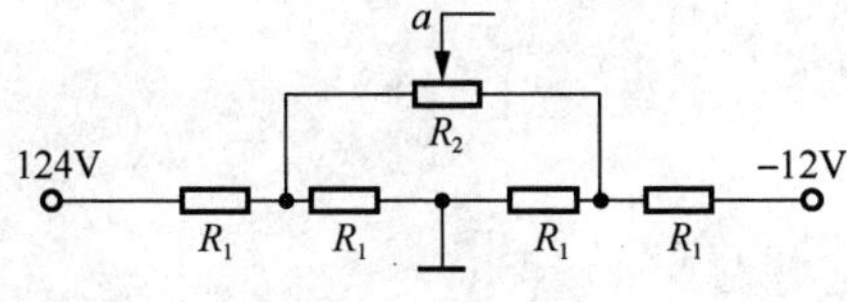

图 3-48　　题 3.24 图

3.25　求图 3-49 所示电路中的电流 i 及电压 u。

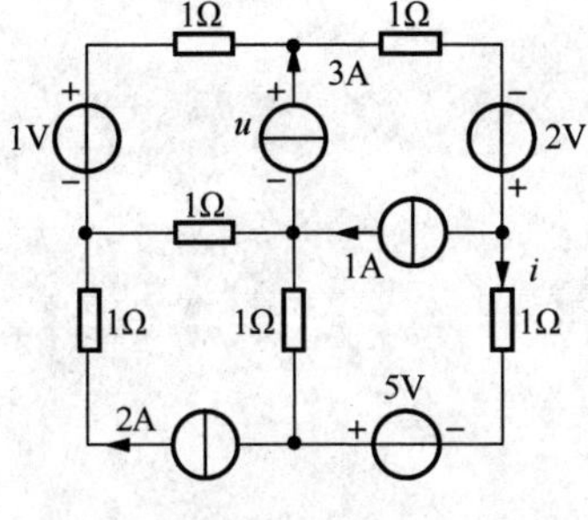

图 3-49　　题 3.25 图

3.26　用 Multisim 仿真测量习题 3.4 中电路的待求量。

3.27　用 Multisim 仿真测量习题 3.11 电路中的电压 U。

3.28　用 Multisim 仿真测量习题 3.18 中各元件消耗的功率，并检验功率是否平衡。

3.29　用 MATLAB 辅助解方程，求习题 3.10 中的电压 U。

3.30　用 MATLAB 辅助解方程，求习题 3.11 中的电压 U，并与习题 3.27 中的仿真结果作比较。

3.31　用 MATLAB 辅助解方程，求习题 3.16 中的电流 I_S 和 I_o。

3.32　用 MATLAB 辅助解方程，求习题 3.17 中的电压 U。

第4章 电 路 定 理

前三章主要介绍了电路中的基本元件及电路拓扑约束（KCL、KVL）等电路分析基础知识，以及电路分析的几种重要方法，包括支路电流法、回路电流法、结点电压法等。本章将进一步讨论电路分析中常用的一些重要定理包括叠加定理、替代定理、戴维南定理、诺顿定理和最大功率传输定理。

4.1 叠 加 定 理

只含有独立电源和线性元件的电路称为线性电路。叠加性是线性网络特有的重要性质，叠加定理是体现线性电路特点的重要定理。

叠加定理可表述为：在由多个独立电源共同作用的线性电路中，任何一个支路中的电流或电压等于各个独立电源单独作用时在该支路中所产生的电流或电压的代数和。电源单独作用，即把该支路之外的恒压源视为短路、恒流源视为开路时该支路的激励源对全电路的作用。

例 4.1 电路如图 4-1 所示，试用叠加定理求电压 U。

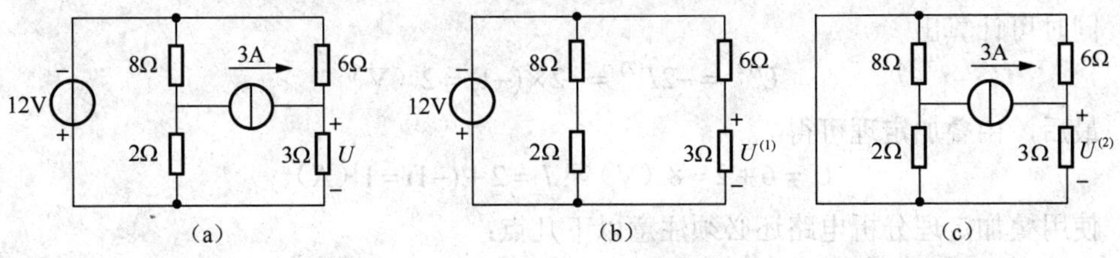

图 4-1 例 4.1 图

解：首先画出各独立电源单独作用时的电路。图 4-1（b）为电压源单独作用时的电路（图中电流源开路），图 4-1（c）为电流源单独作用时的电路（图中电压源短路）。然后求出各独立电源单独作用时的响应分量。

在图 4-1（b）中，可计算出

$$U^{(1)} = -\frac{12}{9}\times 3 = -4\text{（V）} \tag{4-1}$$

在图 4-1（c）中，

$$U^{(2)} = (6\,//\,3)\times 3 = 6\text{（V）} \tag{4-2}$$

因此，由叠加定理可得 $U = -4 + 6 = 2$（V）。

例 4.2 在如图 4-2（a）所示的电路中含有一个受控电源，试用叠加定理求电压 U 和电流 I。

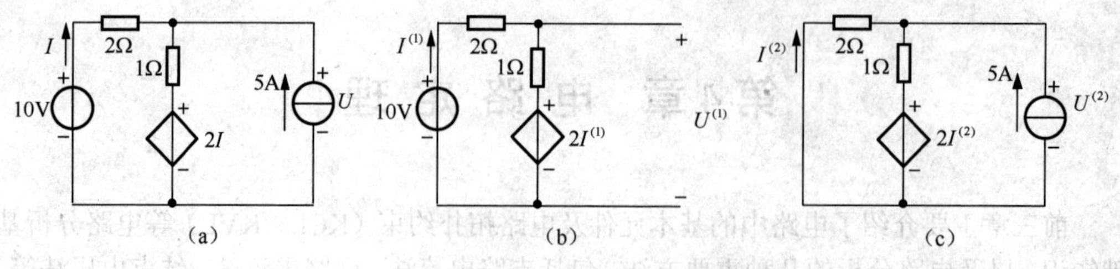

图 4-2　例 4.2 图

解：若要求得变量的值，则需应用叠加定理，先分别考虑各个独立电源单独作用时的响应，然后进行叠加。

当电压源单独作用时，其等效电路如图 4-2（b）所示。

$$I^{(1)} = (10 - 2I^{(1)}) / (2+1) = 2\text{（A）} \tag{4-3}$$

同时，根据欧姆定律也可计算出

$$U^{(1)} = 1 \times I^{(1)} + 2I^{(1)} = 3I^{(1)} = 6\text{（V）} \tag{4-4}$$

当电流源单独作用时，其等效电路如图 4-2（c）所示。

由回路法可知，对于左边的回路有

$$2I^{(2)} + 1 \times (5 + I^{(2)}) + 2I^{(2)} = 0 \tag{4-5}$$

由式（4-5）可以计算出

$$I^{(2)} = -1\text{（A）}$$

同时可计算出

$$U^{(2)} = -2I^{(2)} = -2 \times (-1) = 2\text{（V）}$$

最后，由叠加定理可得

$$U = 6 + 2 = 8\text{（V）}, \quad I = 2 + (-1) = 1\text{（A）}$$

使用叠加定理分析电路还必须注意以下几点：

（1）叠加定理仅适用于线性电路。

（2）在计算各独立电源单独作用下的电路响应时，其余独立电源必须置为零（电压源短路，电流源开路）。

（3）叠加定理只能用于计算电路中的线性变量，如电压或电流，而不能用于计算功率，这是因为功率与独立电源之间不是线性关系。

（4）响应分量的叠加是代数量的叠加。当分量与总量的参考方向一致时，取“+”号；反之，取“−”号。

（5）含有受控电源（线性）的电路亦可使用叠加定理，但叠加定理只适用于独立电源，受控电源应当始终保留。

另外，在线性电路中，若所有激励（独立源）都增大或减小相同的倍数，则电路中的响应（电压或电流）也增大或减小相同的倍数。这一特性就是线性电路的齐次性，也称齐性定理。

齐次性在线性电路中很容易得到验证。假设某一支路中有一个电压源，此电压源增大 K 倍就相当于在此支路中有 K 个相同的电压源串联。假设某一支路中有一个电流源，

此电流源增大 K 倍就相当于有 K 个相同的电流源并联。然后应用叠加定理计算出电路中的响应也增大 K 倍，因此，线性电路的齐次性得到验证。

例 4.2 中，若电压源由 10V 增至 20V，电流源由 5A 增至 10A，则根据线性电路的齐次性，此时电路中的响应为 $U=16\text{V}$，$I=2\text{A}$。也就是说，若全部激励源同时增大到原来的 2 倍，则电路中任何一处的响应也增大到原来的 2 倍。

用齐次性分析梯形电路特别有效。

例 4.3 求图 4-3 所示梯形电路中的各支路电流。

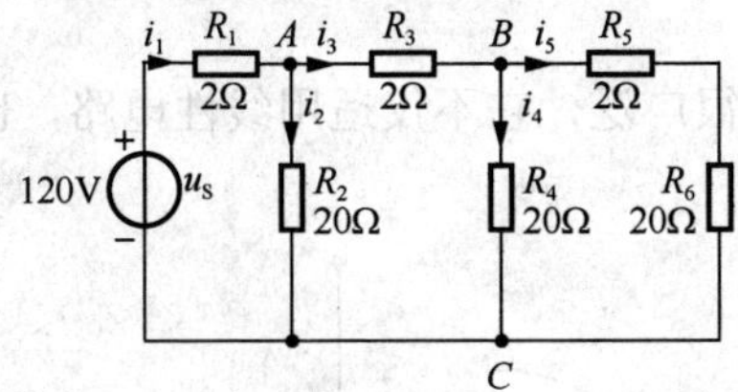

图 4-3 例 4.3 图

解：根据电路的特点，设支路电流 $i_5=i_5'=1\text{A}$，则

$$u_{\text{BC}}'=(R_5+R_6)i_5'=22\text{（V）}$$

$$i_4'=\frac{u_{\text{BC}}'}{R_4}=1.1\text{（A）}$$

$$i_3'=i_4'+i_5'=2.1\text{（A）}$$

$$u_{\text{AC}}'=R_3i_3'+R_4i_4'=26.2\text{（V）}$$

$$i_2'=\frac{u_{\text{AC}}'}{R_2}=1.31\text{（A）}$$

$$i_1'=i_2'+i_3'=3.41\text{（A）}$$

$$u_{\text{S}}'=R_1i_1'+R_2i_2'=33.02\text{（V）}$$

已知 $u_{\text{S}}=120\text{V}$，相当于电压源 u_{S} 的大小增至假设值的 $\dfrac{120\text{V}}{33.02\text{V}}$ 倍，即比例系数 $K=\dfrac{120\text{V}}{33.02\text{V}}$，各支路电流的大小也应以相同的比例增加，因此有

$$i_1=Ki_1'=12.38\text{（A）}$$

$$i_2=Ki_2'=4.76\text{（A）}$$

$$i_3=Ki_3'=7.62\text{（A）}$$

$$i_4=Ki_4'=3.99\text{（A）}$$

$$i_5=Ki_5'=3.63\text{（A）}$$

本例的求解过程是从与激励距离最远的支路倒推至激励处，这种求解方法称为“倒推法”。倒推法也是分析问题的一种逆向思维方式，可用于解决工程实际问题。

4.2　替 代 定 理

替代定理可表述为：对于任意一个电路而言，如果某一支路或二端网络的电压为u_k、电流为i_k，那么这条支路或二端网络就可以用一个电压等于u_k的独立电压源或者一个电流等于i_k的独立电流源替代；如果该支路或二端网络不含独立电源，那么还可以用一个电阻值为$R=\dfrac{u_k}{i_k}$的电阻替代。替代后电路中全部电压和电流均保持原值不变，如图 4-4 所示。替代定理的应用范围很广泛，它不仅适用线性电路，也适用非线性电路，可以达到简化电路的目的。

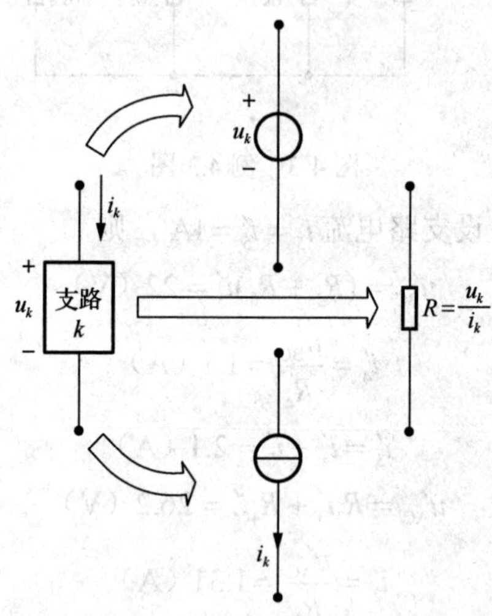

图 4-4　替代定理图

替代定理的证明过程如图 4-5 所示。假设图 4-5（a）中二端网络N_B两端的电压为u_k，如果在二端网络N_A和N_B之间串接两个方向相反且大小都为u_k的电压源，那么不会对N_A和N_B内部的电压或电流有影响，如图 4-5（c）所示。由于图 4-5（c）中二端网络N_B两端的电压为u_k，可以看出c、b两点间电压为零，因此c、b两点可用导线代替，可得图 4-5（b）所示电路，说明二端网络N_B可用电压为u_k的电压源替代，替代前后二端网络N_A中的电压或电流都不会发生变化。同理也可证明二端网络N_B可用一个电流源或一个电阻替代。

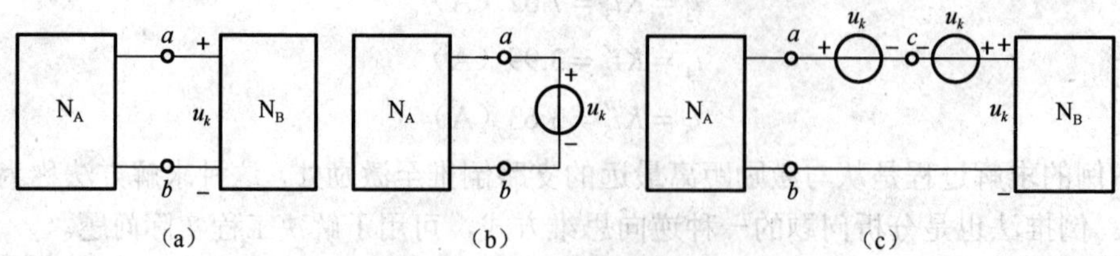

图 4-5　替代定理的证明过程

例 4.4　求图 4-6 所示电路中的电流 I。

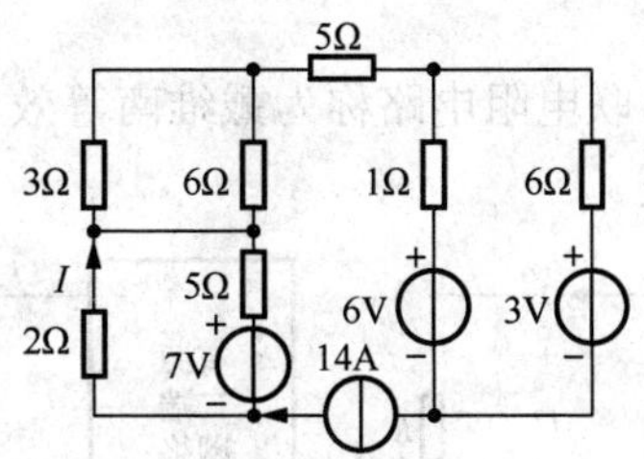

图 4-6　例 4.4 图

解：本例题解如图 4-7 所示。对于外电路而言，虚线框框住的模块可以用一个 14A 的电流源替代，替代后的电路图如图 4-8 所示。

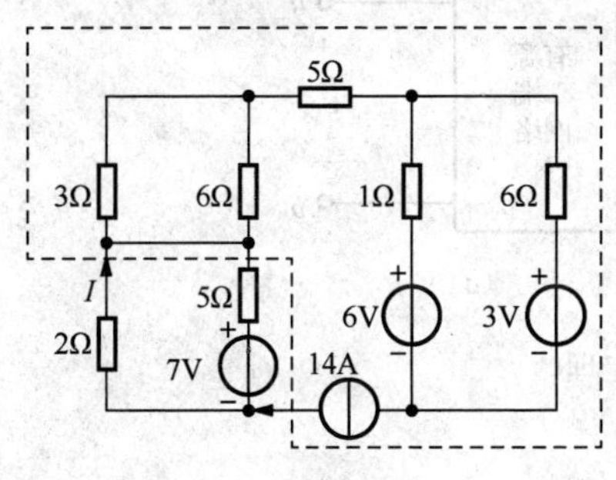

图 4-7　例 4.4 题解图

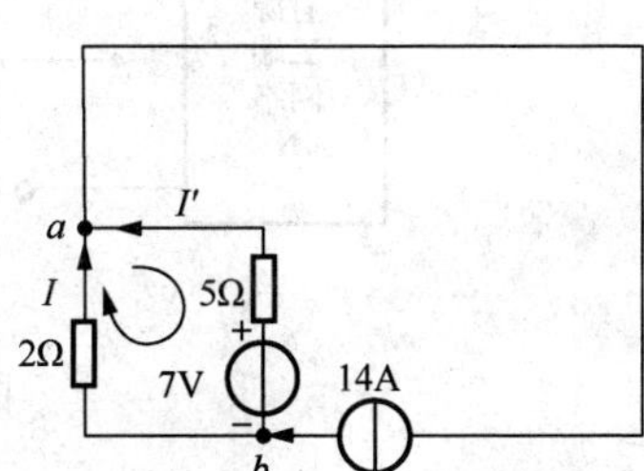

图 4-8　替代后的电路图

在图 4-8 所示电路中可以很方便地求出电流 I。设电压源所在支路电流为 I'，则根据 KCL 在结点 a 上有

$$I+I'=14\text{（A）}$$

根据 KVL 在如图 4-8 所示的回路中有

$$-5I'+7+2I=0$$

求解上述两个方程组成的方程组，可求得电流 $I=9$（A）。

4.3　戴维南定理及诺顿定理

在工程实际中常常遇到只需研究某一支路的电压、电流或功率的问题。对所研究的支路来说，电路的其余部分就成为一个有源二端网络，可以等效变换为较简单的含源支路（电压源与电阻串联支路，或电流源与电阻并联支路），使分析和计算简化。戴维南定理和诺顿定理给出了等效含源支路及其计算方法。

4.3.1　戴维南定理

对于外电路而言，任何一个线性含源二端网络总可以用一个电压源和电阻的串联组合等效置换；此电压源的电压等于外电路断开时端口处的开路电压 U_{OC}，而电阻等于端口的输入电阻或等效电阻 R_{eq}。

戴维南定理如图 4-9（a）和图 4-9（b）所示。图中，N 为线性有源二端网络，R 为待求解支路电阻。等效电压源的数值等于有源二端网络 N 的端口开路电压 U_{OC}。串联的电阻等于 N 内部所有独立电源置零时网络两个端子之间的等效电阻 R_{eq}，如图 4-9（c）和图 4-9（d）所示。

图 4-9（b）中的电压源串联电阻电路称为戴维南等效电路。戴维南定理可以用叠加定理加以证明，这里不再赘述。

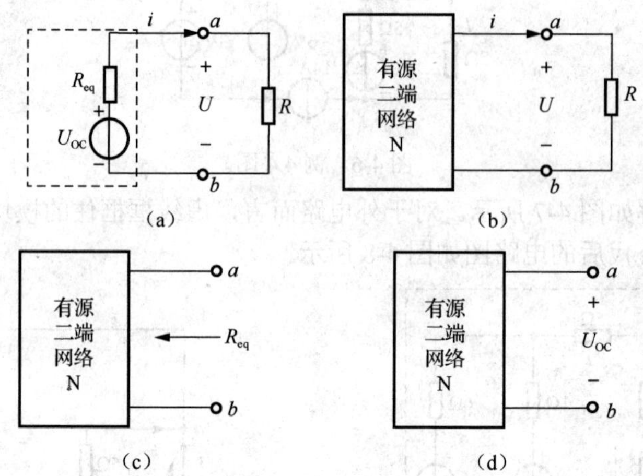

图 4-9　戴维南定理

1. 开路电压 U_{OC} 的计算

戴维南等效电路中的电压源电压等于将外电路断开时的开路电压 U_{OC}，电压源方向与所求开路电压方向有关。U_{OC} 的计算方法视电路形式选择前面学过的任意方法，使其易于计算。

2. 等效电阻的计算

等效电阻为将二端网络内部独立电源全部置零（电压源短路，电流源开路）后，所得无源二端网络的输入电阻。常用下列方法计算：

（1）当网络内部不含有受控电源时，可以采用电阻串并联的方法和△-Y互换的方法计算等效电阻。

（2）外加电源法（加电压求电流或加电流求电压）。

（3）开路电压、短路电流法。

在图 4-10 所示电路中，用方法（3）可以计算出等效电阻为

$$R_{eq} = \frac{U_{OC}}{I_{SC}}$$

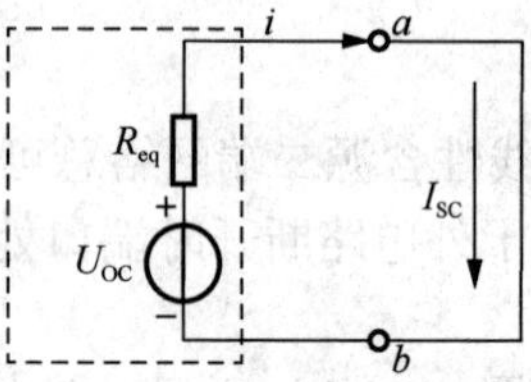

图 4-10　开路电压、短路电流法

例 4.5 计算图 4-11 中 R_x 分别为 1.2Ω、5.2Ω 时流过其上的电流 I。

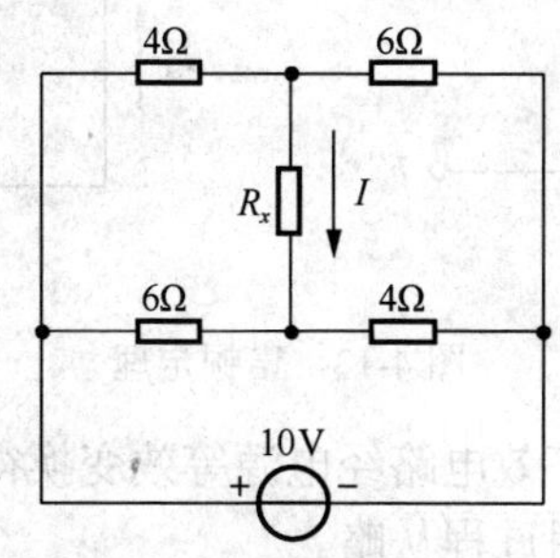

图 4-11 戴维南定理的应用

解：保留 R_x 支路，将其余二端网络化为戴维南等效电路：

（1）在图 4-12 中求开路电压，则有

$$
\begin{aligned}
U_{OC} &= U_1 + U_2 \\
&= -10 \times 4 \div (4+6) + 10 \times 6 \div (4+6) \\
&= -4 + 6 \\
&= 2\ (\text{V})
\end{aligned}
$$

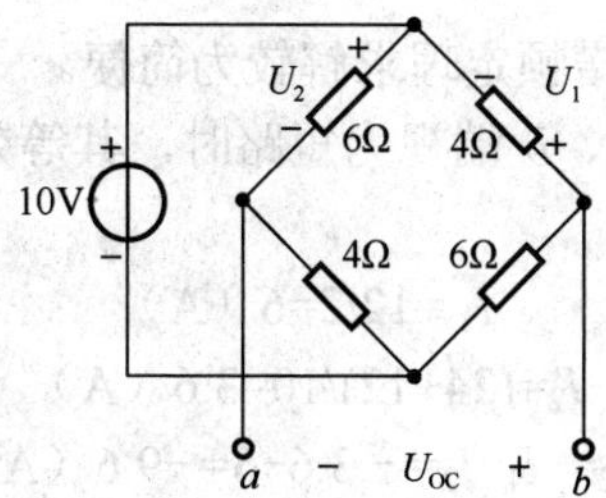

图 4-12 去掉 R_x 后的二端网络

（2）求等效电阻 R_{eq}，则有

$$R_{eq} = 4//6 + 6//4 = 4.8\ (\Omega)$$

（3）求电流。当 R_x =1.2Ω 时，由欧姆定律可求得

$$I = U_{OC} / (R_{eq} + R_x) = 0.333\ (\text{A})$$

当 R_x =5.2Ω 时，同理可得

$$I = 0.2\ (\text{A})$$

4.3.2 诺顿定理

对外电路来说，任何一个含源线性二端电路总可以用一个电流源和电导（电阻）的并联组合等效置换。电流源的电流等于该端口的短路电流，而电导（电阻）等于将该端口的全部独立电源置零后的输入电导（电阻），如图 4-13 所示。

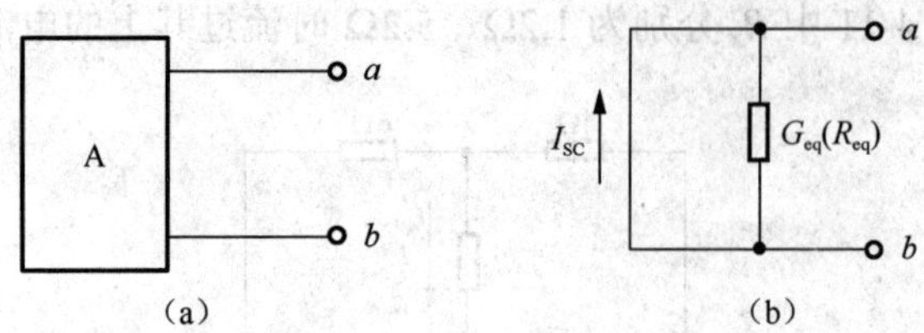

图 4-13　诺顿定理

诺顿等效电路可由戴维南等效电路经电源等效变换得到。诺顿等效电路可采用与戴维南定理类似的方法证明，证明过程从略。

例 4.6　电路如图 4-14 所示，求电流 I。

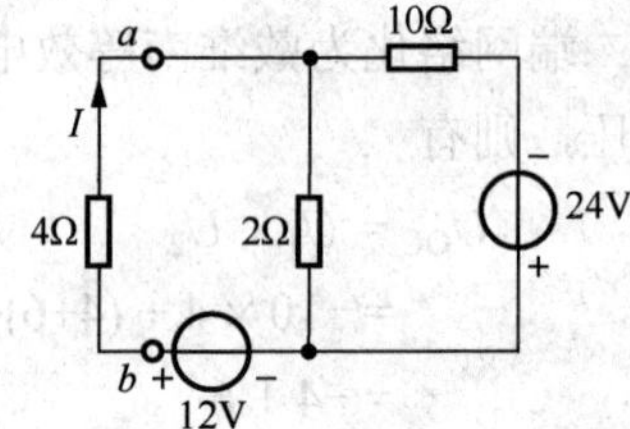

图 4-14　诺顿定理的应用

解：由图可知，本题使用诺顿定理求解较为简便。

（1）求短路电流 I_{SC}。把 a、b 端视为短路时，其等效电路如图 4-15（a）所示，各电流计算如下：

$$I_1 = 12/2 = 6\text{（A）}$$

$$I_2 = (24+12)/10 = 3.6\text{（A）}$$

$$I_{SC} = -I_1 - I_2 = -3.6 - 6 = -9.6\text{（A）}$$

（2）求等效电阻 R_{eq}，如图 4-15（b）所示。

$$R_{eq} = 10//2 = 1.67\text{（Ω）}$$

（3）诺顿等效电路，如图 4-15（c）所示。

应用分流公式可得 I=2.83A。

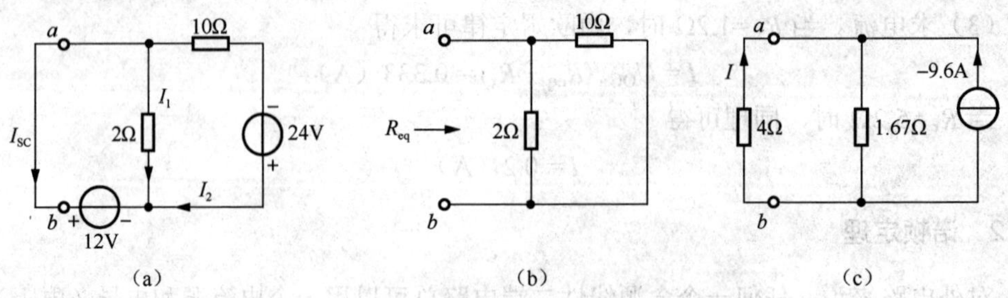

图 4-15　诺顿定理的应用题解图

使用诺顿等效定理时应当注意：

（1）被等效的有源二端网络必须是线性的，其内部允许含有独立电源和线性元件。

（2）应当根据实际情况选用合理的方法求解，正确计算各个等效参数也较为关键。

4.4　最大功率传输定理

一个含源线性一端口电路，当所接负载不同时，一端口电路传输给负载的功率就不同。讨论负载为何值时能够从电路获取最大功率，以及最大功率的值是多少有工程意义。

由图 4-16 所示可知，负载获得的功率可表示为

$$P = R_L\left(\frac{u_{OC}}{R_{eq}+R_L}\right)^2 \tag{4-6}$$

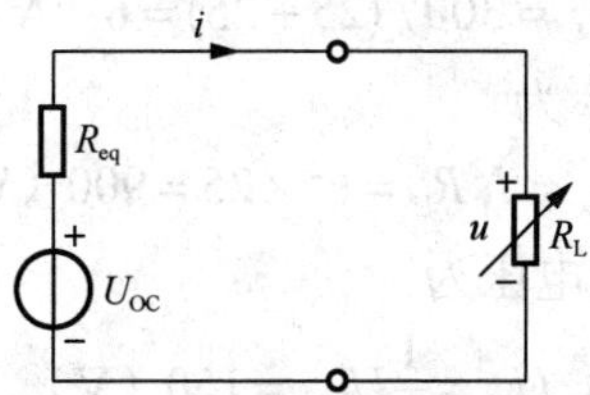

图 4-16　最大功率传输条件

为了求得 P 的最大值，将式（4-6）对 R_L 求导，并令其为零，可得

$$P' = u_{OC}^2\frac{(R_{eq}+R_L)^2 - 2R_L(R_{eq}+R_L)}{(R_{eq}+R_L)^4} = 0 \tag{4-7}$$

考虑 $P'<0$，因此可知，当负载满足下式时就能获得最大功率：

$$R_L = R_{eq} \tag{4-8}$$

最大功率为

$$P_{max} = \frac{u_{OC}^2}{4R_{eq}} \tag{4-9}$$

通常当 $R_L = R_{eq}$ 时，负载电阻与二端网络等效电阻匹配。此时负载能够从给定的有源网络获得最大功率，因此也称它为最大功率匹配条件或最大功率传输条件。这就是最大功率传输定理的内容。

例 4.7　电路如图 4-17 所示，试求：

（1）R_L 获得最大功率时的阻值。

（2）计算此时 R_L 所得到的功率。

（3）当 R_L 获得最大功率时，求电压源产生的功率传递给 R_L 的百分数。

解：（1）求方框中的戴维南等效电路。其中：

$$U_{OC} = 360\times\frac{150}{180} = 300\text{（V）}$$

$$R_o = 30//150 = 25\text{（Ω）}$$

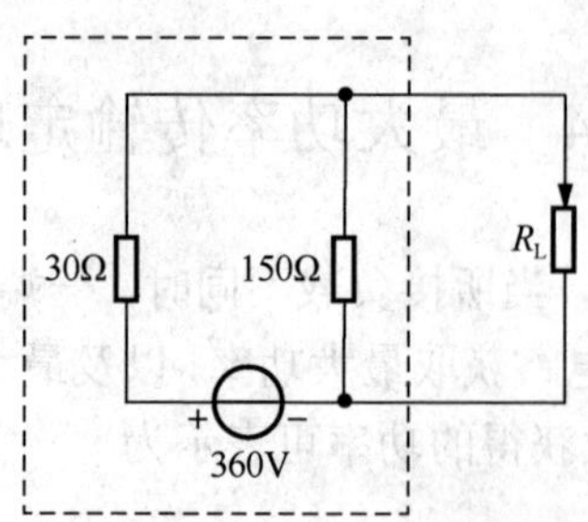

图 4-17　最大功率传输条件

（2）求 R_L 获得的最大功率。其中：

$$I_L = 300/(25+25) = 6\text{（A）}$$

因此，负载获得的最大功率为

$$P_{max} = I_L^2 R_L = 6^2 \times 25 = 900\text{（W）}$$

（3）当 R_L=25Ω时，其两端电压为

$$U_L = \frac{1}{2}U_{OC} = 150\text{（V）}$$

流过 360V 电压源的电流为

$$I = \frac{360-U_L}{30} = \frac{360-150}{30} = 7\text{（A）}$$

360V 电压源的功率为

$$P = -360 \times 7 = -2520\text{（W）}$$

负号说明电压源产生了功率。

负载所消耗功率的百分数为

$$\frac{P_{max}}{P} = \frac{900}{2520} \times 100\% = 35.71\%$$

4.5　应用实例

例 4.8　光伏电池最大功率点跟踪（max power point tracking，MPPT）。

解：光伏电池是利用半导体材料的电子特性把阳光直接转换成电能的一种固体器件。当阳光照射到由 P 型和 N 型两种不同导电类型的同质半导体材料构成的 P-N 结上时，在一定条件下，光能被半导体吸收，在导带和价带中产生非平衡载流子——电子和空穴。由于 P-N 结势垒区存在着较强的内建静电场，因而能够在光照下形成电流密度 J、短路电流 I_{SC}、开路电压 U_{OC}。若在内建电场的两侧引出电极并接上负载，则负载中就有“光生电流”流过，从而获得功率输出。将太阳的光能直接变成了电能输出，这就是光伏电池的基本工作原理。图 4-18 所示为光伏电池板的等效电路图。

图中，电流源 I_{ph} 表示光伏电池板经由光照射后所产生的电流；D_j 表示一个 P-N 结二极管；R_{sh} 和 R_s 分别表示材料内部的等效并联及串联电阻。由于通常情况下 R_{sh} 的值很大，而 R_s 的值很小，为了简化分析过程，可将 R_{sh} 和 R_s 忽略不计。

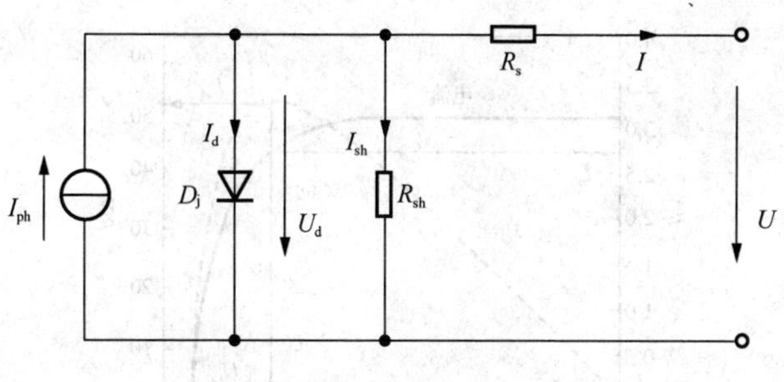

图4-18 光伏电池板等效电路图

由图4-18所示的等效电路，并依据半导体P-N结的特性，光伏电池板的输出电流与输出电压的关系可表示为

$$I = n_p I_{ph} - n_p I_{sat}\left[\exp\left(\frac{q}{kAT}\frac{U}{n_S}\right) - 1\right] \tag{4-10}$$

式中，I为光伏电池板的输出电流（A）；U为光伏电池板的输出电压（V）；n_p为光伏电池板的并联个数；n_S为光伏电池板的串联个数；q为一个电子所含的电荷量（1.6×10^{-19}C）；k为波耳兹曼常数（1.38×10^{-23}J/K）；T为光伏电池板表面温度（K）；A为光伏电池板的理想因数（A=1～5）；I_{sat}为光伏电池板的逆向饱和电流（A），其数学方程式可表示如下：

$$I_{sat} = I_{rr}\left[\frac{T}{T_r}\right]^3 \exp\left[\frac{qE_{gap}}{kA}\left(\frac{1}{T_r} - \frac{1}{T}\right)\right] \tag{4-11}$$

式中，T_r为光伏电池板的参考温度（K）；I_{rr}为光伏电池板在温度界限（0K）时的逆向饱和电流（A）；E_{gap}为半导体材料跨越能带间隙时所需能量。

由式（4-12）可知，逆向饱和电流I_{sat}也是温度T的函数。光伏电池板所产生的电流I_{ph}的大小随着日照强度和大气温度的变化而变化，可用数学关系式表示如下：

$$I_{ph} = \left[I_{scr} + \frac{K_i}{1000}(T - T_r)\right]S_i \tag{4-12}$$

式中，I_{scr}为光伏电池板在参考温度和1000W/m^{2}的日照条件下工作测得的短路电流值（A）；K_i为光伏电池板短路电流温度系数（mA/K）；S_i为日照强度（W/m^2）。

从以上数学关系式不仅可以清楚地了解光伏电池板的物理特性，也可以看出光伏电池的输出与日照强度和环境温度有很大的关系。

根据相关实验数据绘制光伏电池的伏安特性曲线，如图4-19所示。它表明在某一确定的日照强度和温度下，光伏电池的输出电压和输出电流之间的关系。由图可知，光伏电池既非恒压源，又非恒流源，而是一种非线性电源，其输出电流在大部分工作电压范围内近似恒定，但在接近开路电压时电流下降率很大。

为了使光伏电池在任意日照强度和温度下都能有最大的功率输出，即光伏电池始终工作在最大功率点处，首先要确定最大功率点在光伏电池伏安特性曲线上的位置。

图4-20所示是日照强度不变时，不同温度下的光伏电池输出特性曲线。由图可知，在恒定的日照强度下，当温度升高时，光伏电池板的开路电压会降低，但其短路电流几乎不变。整体而言，当温度升高时，光伏电池板的额定输出功率会略微下降。由此可见，工作环境温度的变化对光伏电池板的最大输出功率有直接影响。

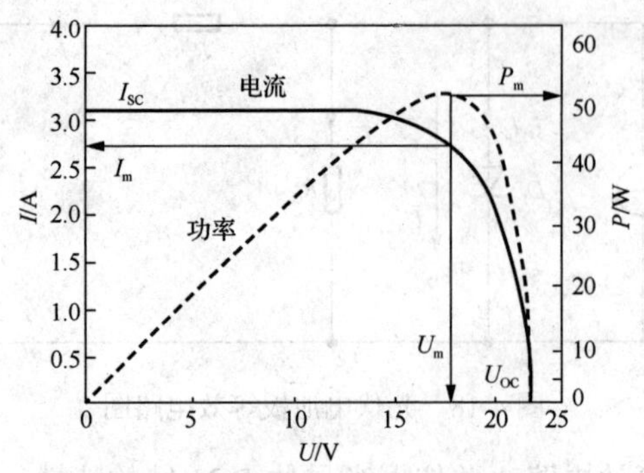

图 4-19　光伏电池的伏安特性曲线

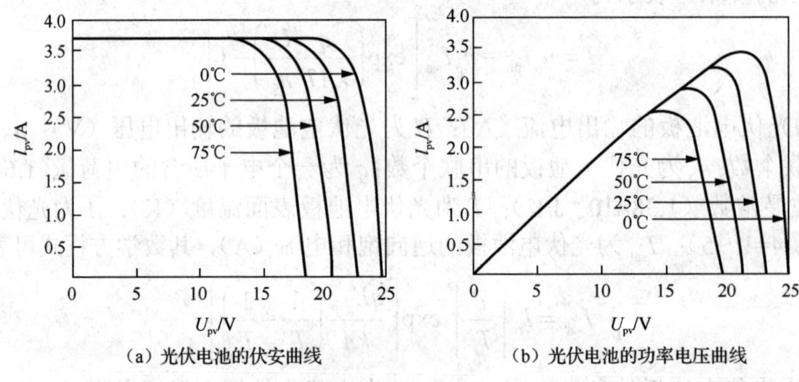

（a）光伏电池的伏安曲线　（b）光伏电池的功率电压曲线

图 4-20　不同温度下的光伏电池输出特性曲线

图 4-21 是温度不变时，不同日照强度下的光伏电池输出特性曲线。当日照强度改变时，光伏电池板的开路电压并不会受到太大影响，但其所能提供的最大电流值有着相当大的变化。日照强度增加时，短路电流增加，最大功率点有所升高。因此，日照强度的大小是影响光伏电池板输出功率大小的重要因素。

图 4-20、图 4-21 分别表示不同温度、同一日照强度和同一温度、不同日照强度下的光伏电池特性曲线，其拐点就是最大功率点的位置，把这些点依次连接形成曲线，便是最大功率点轨迹曲线。

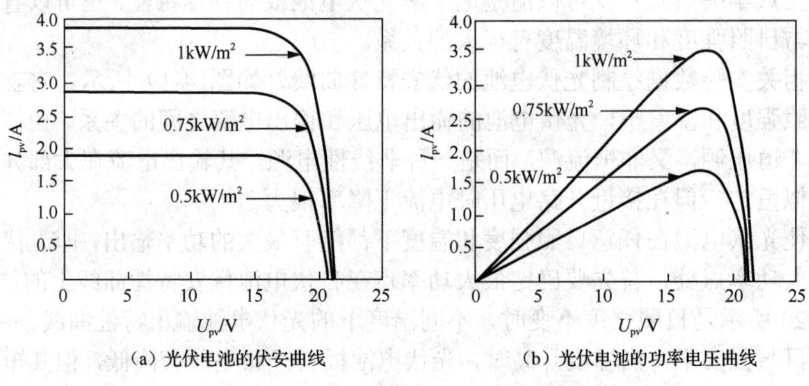

（a）光伏电池的伏安曲线　（b）光伏电池的功率电压曲线

图 4-21　不同日照强度下的光伏特性

根据最大功率传输定理，只要将光伏电池与负载完全匹配、直接耦合（蓄电池负载），光伏电池就能处于高效状态，负载的伏安特性曲线与最大功率点轨迹曲线就可重合或渐进重合，即光伏电池实现了最大功率点跟踪。但是在日常应用中很难满足负载与光伏电池的直接耦合条件，因此需要增加一个最大功率跟踪器（MPPT 器）来实现负载与光伏电池之间的最佳匹配。

图 4-22 为带有 MPPT 功能的光伏电源系统结构框图。虽然光伏电池和 DC-DC 转换电路都是强非线性的，但在极短时间内可以认为是线性电路，因此根据戴维南定理可以得到等效电路图，如图 4-23 所示。

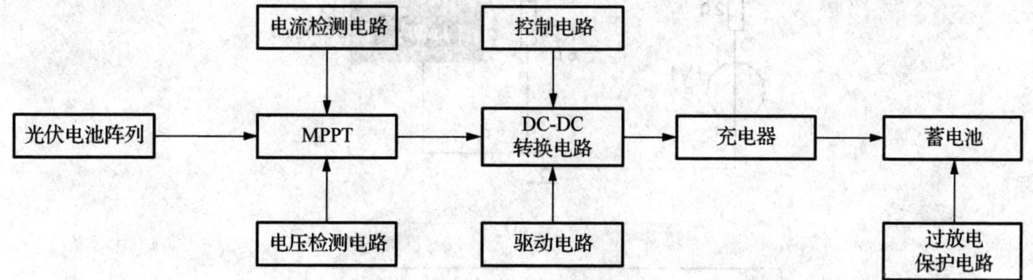

图 4-22　带有 MPPT 功能的光伏电源系统结构框图

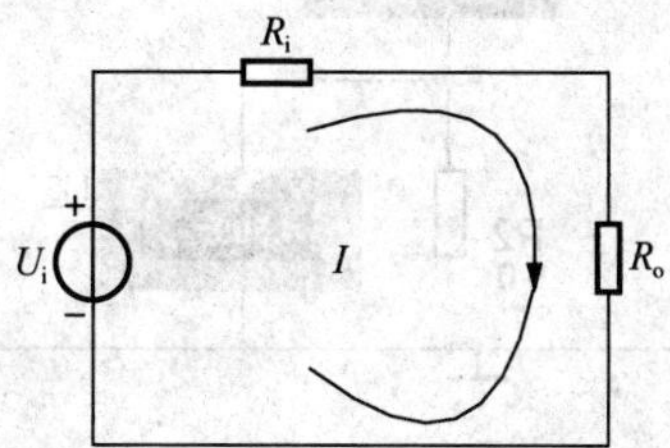

图 4-23　带有 MPPT 功能的光伏电源系统的戴维南等效电路

图中，R_i 为光伏电池的内阻，R_o 为 DC-DC 转换电路的等效电阻。根据最大功率传输定理，只要调节 DC-DC 转换电路的等效电阻使它始终等于光伏电池的内阻，就可以实现光伏电池的最大输出，也就实现了光伏电池的 MPPT。

4.6　计算机辅助分析电路举例

例 4.9　电路如图 4-24 所示，试用叠加定理求电阻 R_2 上流过的电流 I 及其两端的电压 U。

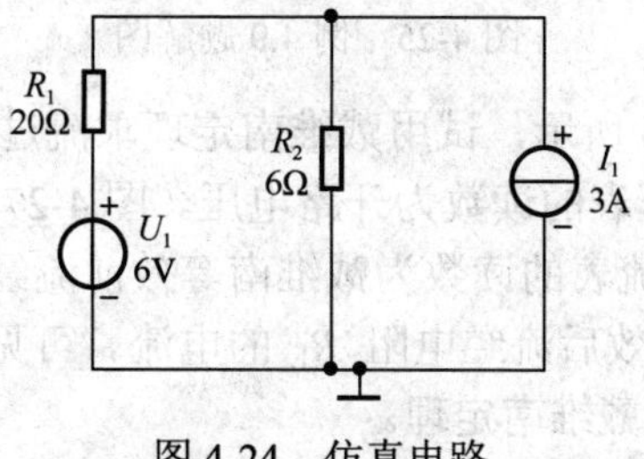

图 4-24　仿真电路

解：图 4-25（a）中电流表、电压表的读数为电压源单独作用时电阻 R_2 上流过的电流 I_1 及其两端的电压 U_1。图 4-25（b）中电流表、电压表的读数为电流源单独作用时电阻 R_2 上流过的电流 I_2 及其两端的电压 U_2。图 4-25（c）中电流表、电压表的读数为电流源和电压源共同作用时电阻 R_2 上流过的电流 I 及其两端的电压 U。可见，$I=I_1+I_2$，$U=U_1+U_2$，电路仿真结果与理论计算结果相同。

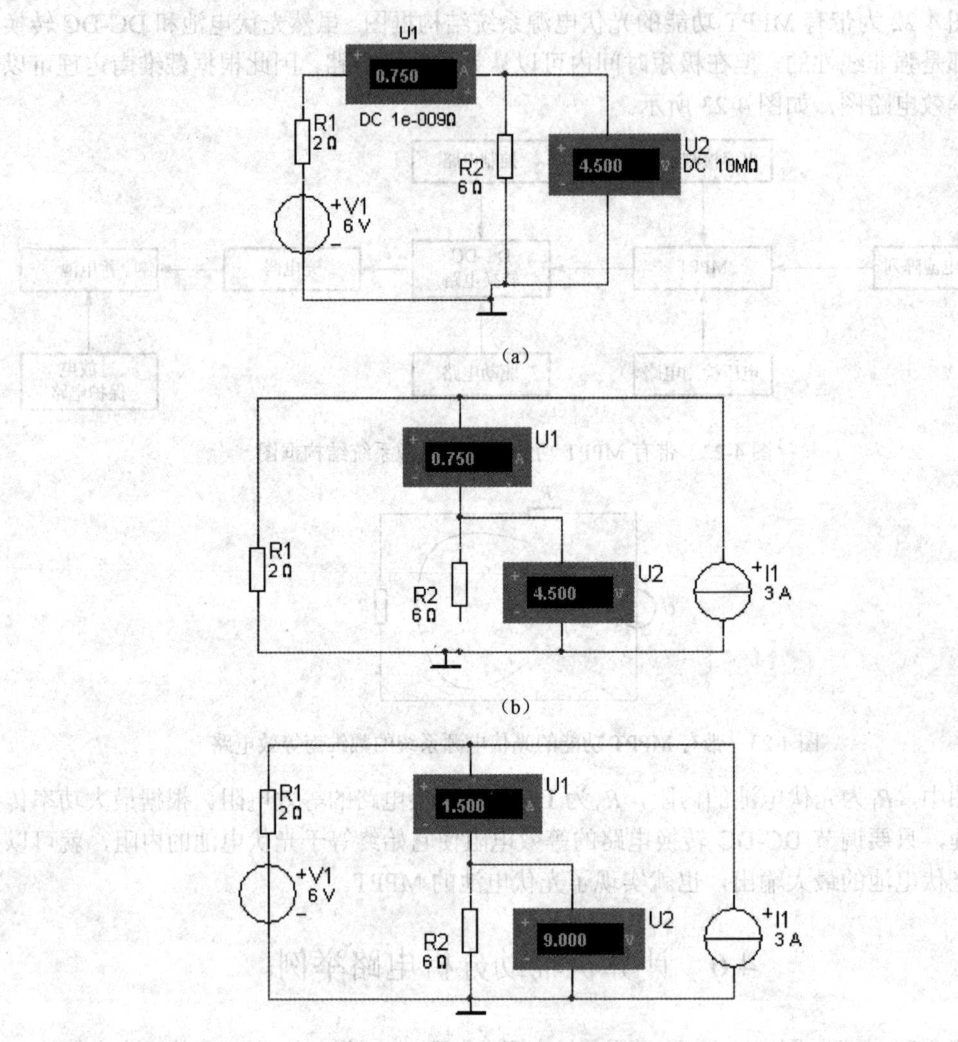

图 4-25　例 4.9 题解图

例 4.10　电路如图 4-26 所示，试用戴维南定理求流过电阻 R_L 的电流。

解：图 4-27（a）中电压表的读数为开路电压。图 4-27（b）中数字万用表的读数为等效电阻。图 4-27（c）中电流表的读数为戴维南等效前流经电阻 R_L 的电流。图 4-27（d）中电流表的读数为戴维南等效后流经电阻 R_L 的电流。可见，戴维南等效前后流经电阻 R_L 的电流相等，从而验证了戴维南定理。

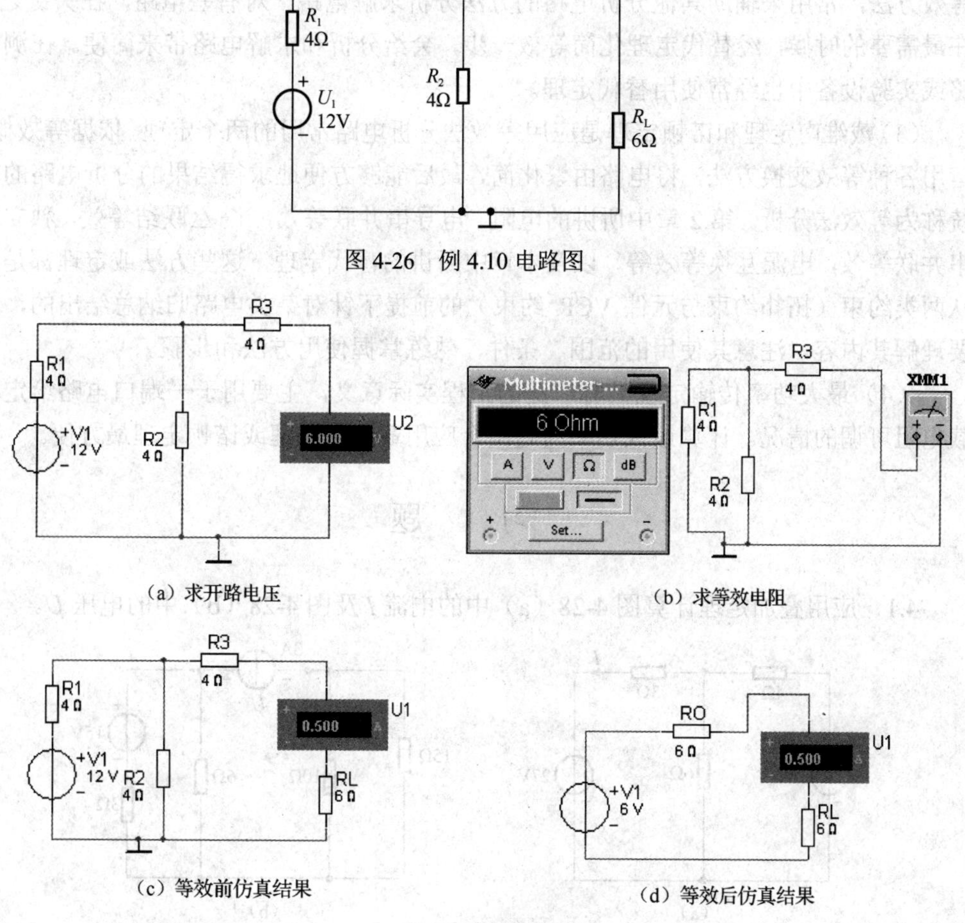

图 4-26　例 4.10 电路图

（a）求开路电压

（b）求等效电阻

（c）等效前仿真结果

（d）等效后仿真结果

图 4-27　例 4.10 图解

小　结

本章主要讨论了电路分析中常用的一些重要定理，包括叠加定理、替代定理、戴维南定理、诺顿定理和最大功率传输定理。

（1）叠加定理是线性电路叠加特性的概括表征，它的重要性不仅在于可用叠加法分析电路本身，更在于它为线性电路的定性分析和一些具体的计算方法提供了理论依据。叠加定理作为电路分析方法的基本思想是“化整为零”，即先将多个独立电源作用的较复杂的电路分解为一个一个或一组一组独立电源作用的较简单的电路，然后在各分解图中分别计算，最后代数和相加求出结果。若电路含有受控电源，则在作分解图时受控电源不要单独作用，而要在每一个分解图中保留。齐性定理是表征线性电路齐次性（均匀性）的一个重要定理，它常用来辅助叠加定理、戴维南定理、诺顿定理分析求解电路。

（2）替代定理是集总参数电路理论中的一个重要定理，它本身也是一种常用的电路等效方法，常用来辅助其他分析电路的方法分析求解电路。对有些电路，在关键之处、在最需要的时候，经替代定理化简等效一步，会给分析和求解电路带来简便。在测试电路或实验设备中也经常使用替代定理。

（3）戴维南定理和诺顿定理是应用等效法分析电路常用的两个定理。依据等效概念，运用各种等效变换方法，将电路由繁化简，最后能够方便地求得结果的分析电路的方法统称为等效法分析。第 2 章中所讲的电阻、电导串并联等效，Y-△联结等效，独立电源串并联等效，电源互换等效等，以及本章中所讲的替代定理，这些方法或定理都是在遵从两类约束（拓扑约束与元件 VCR 约束）的前提下针对某类电路归纳总结出的，因而要理解其内容，注意其使用的范围、条件，熟练掌握使用方法和步骤。

（4）最大功率传输定理具有广泛的工程实际意义，主要用于一端口电路给定且负载电阻可调的情况。计算最大功率问题结合应用戴维南定理或诺顿定理最方便。

习　题

4.1　应用叠加定理计算图 4-28（a）中的电流 I 及图 4-28（b）中的电压 U。

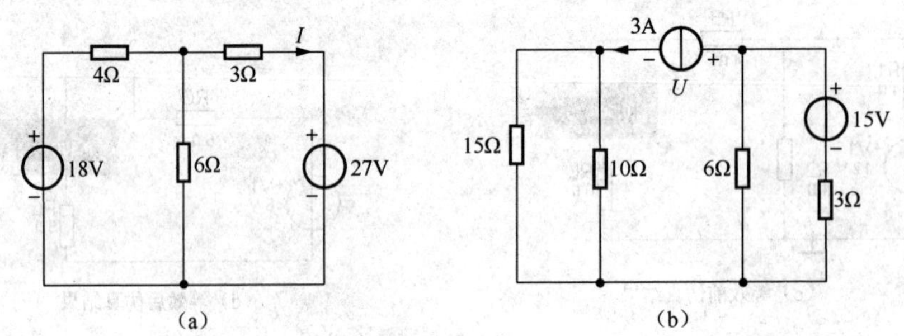

图 4-28　题 4.1 图

4.2　应用叠加定理计算图 4-29 所示电路中的电压 u。

4.3　应用叠加定理计算图 4-30 所示电路中的电压 u_2。

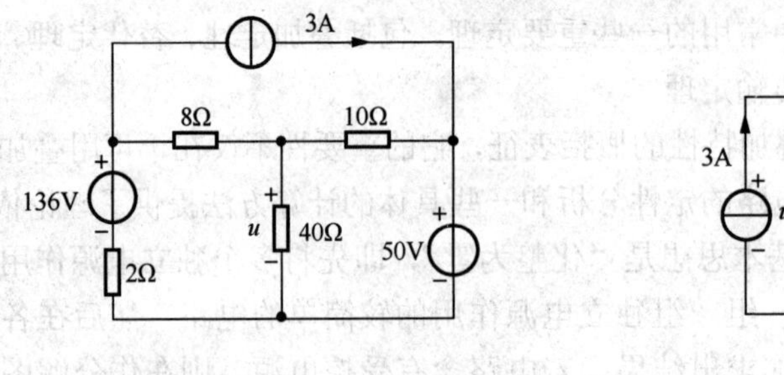

图 4-29　题 4.2 图

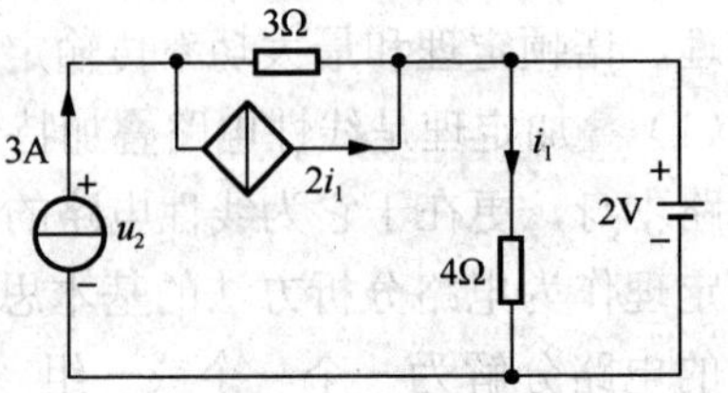

3Ω
3A
u_2
$2i_1$
i_1
4Ω
2V

图 4-30　题 4.3 图

4.4　电路如图 4-31 所示，试用叠加定理求电压 u 和电流 i。

4.5　电路如图 4-32 所示，试用叠加定理求 3A 电流源两端的电压 u 和电流 i。

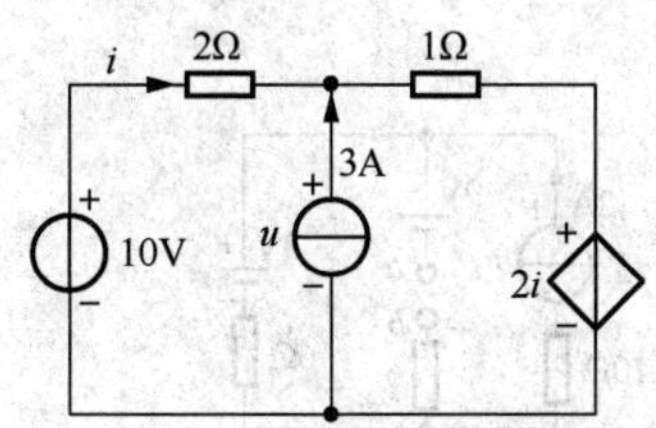

图 4-31　题 4.4 图

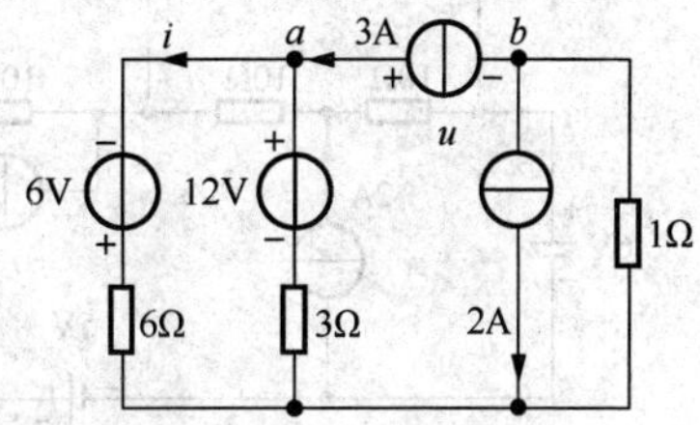

图 4-32　题 4.5 图

4.6　电路如图 4-33 所示，已知 $u_{ab}=0$，用替代定理求电阻 R 的值。

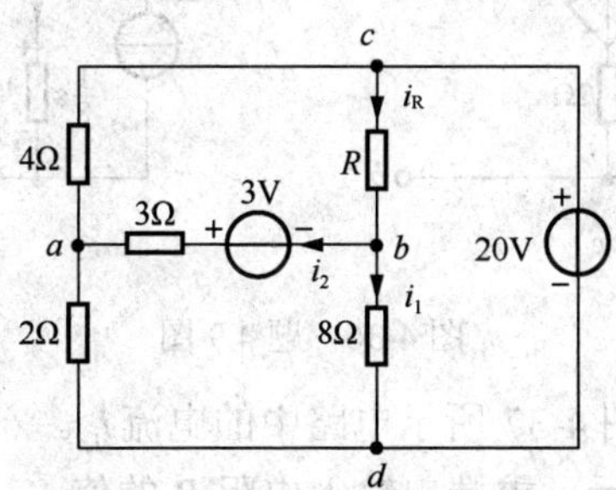

图 4-33　题 4.6 图

4.7　电路如图 4-34 所示，开关 S 置于 a 时安培表读数为 5A；开关 S 置于 b 时安培表读数为 8A。试问当开关 S 置于 c 时安培表读数为多少？

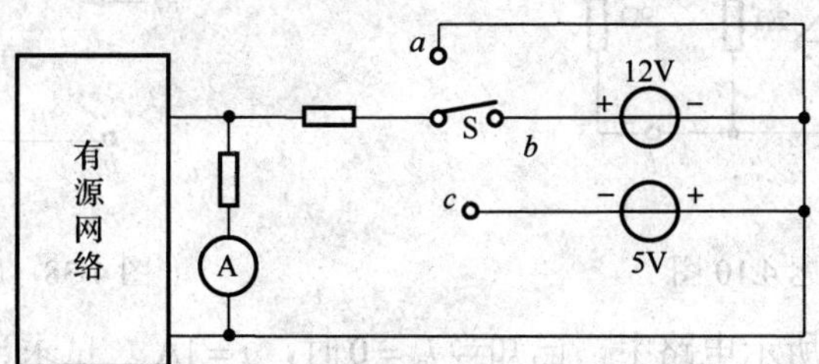

图 4-34　题 4.7 图

4.8　试求图 4-35 所示电路的戴维南等效电路。

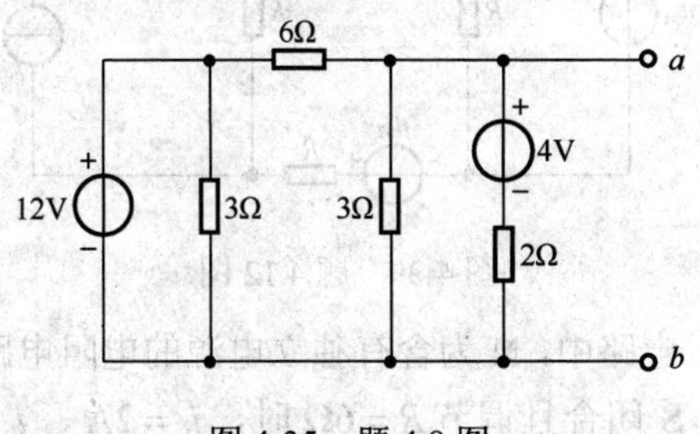

图 4-35　题 4.8 图

4.9　试求图 4-36 所示各电路的戴维南等效电路或诺顿等效电路。

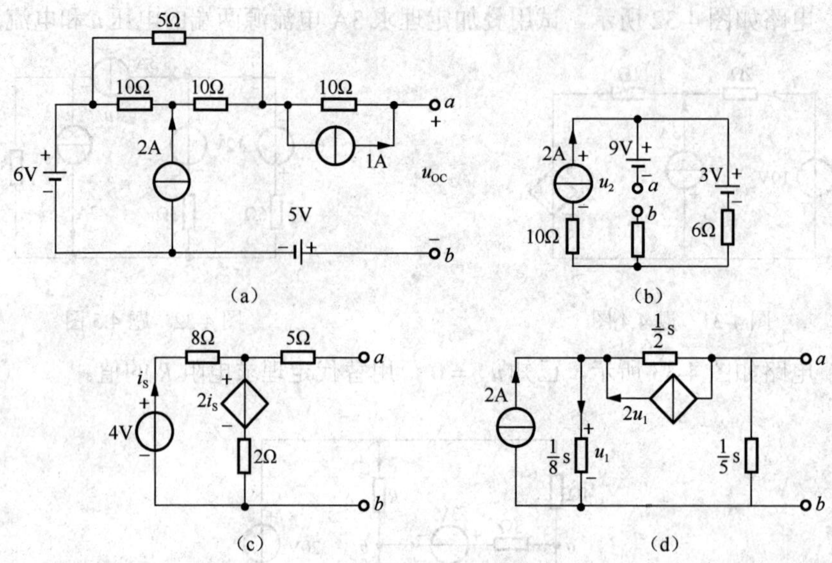

图 4-36　题 4.9 图

4.10　用戴维南定理求图 4-37 所示电路中的电流 i_L。

4.11　电路如图 4-38 所示，求端口输入电阻 R_i 的值。

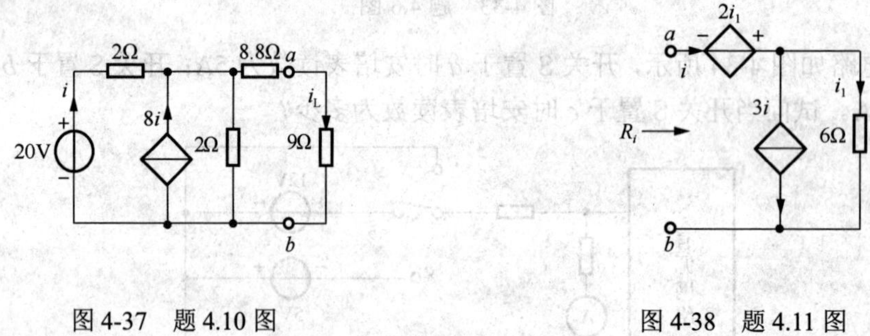

图 4-37　题 4.10 图　　　　图 4-38　题 4.11 图

4.12　在图 4-39 所示电路中，已知当 $i_S = 0$ 时，$i = 1A$。试求当 $i_S = -2A$ 时 i 的值。

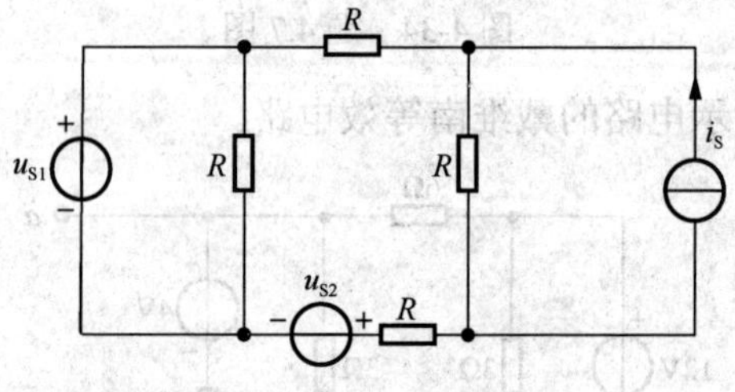

图 4-39　题 4.12 图

4.13　在图 4-40 所示电路中，N 为含有独立电源的电阻电路。当 S 打开时，$i_1 = 1A$，$i_2 = 5A$，$u_{OC} = 10V$；当 S 闭合且调节 $R = 6\Omega$ 时，$i_1 = 2A$，$i_2 = 4A$；当 S 闭合且调节

$R = 4\Omega$ 时，R 获得最大功率。试求调节 R 到何值时可使 $i_1 = i_2$。（提示：综合运用等效电源定理、替代定理、叠加定理）

4.14　电路如图 4-41 所示，用等效电源定理求电流 I。

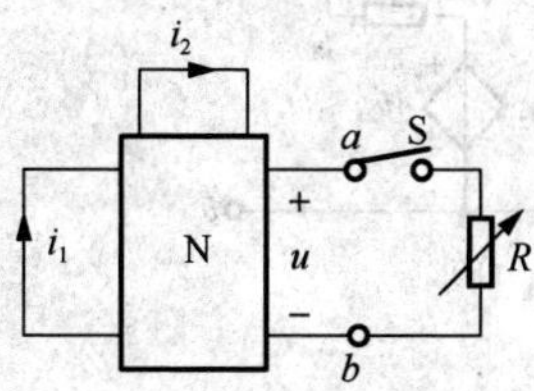

图 4-40　题 4.13 图

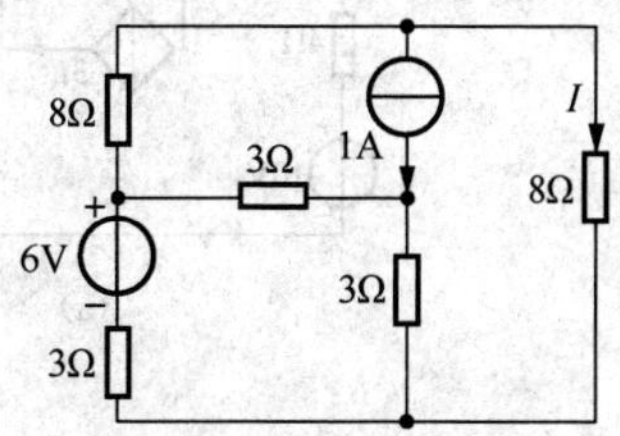

图 4-41　题 4.14 图

4.15　试求图 4-42 所示电路中的电阻 R 的阻值。

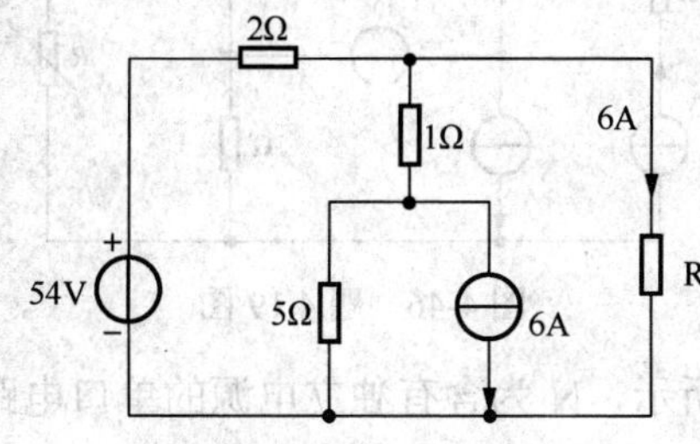

图 4-42　题 4.15 图

4.16　电路如图 4-43 所示，试用戴维南定理计算各电路中的电流 I。

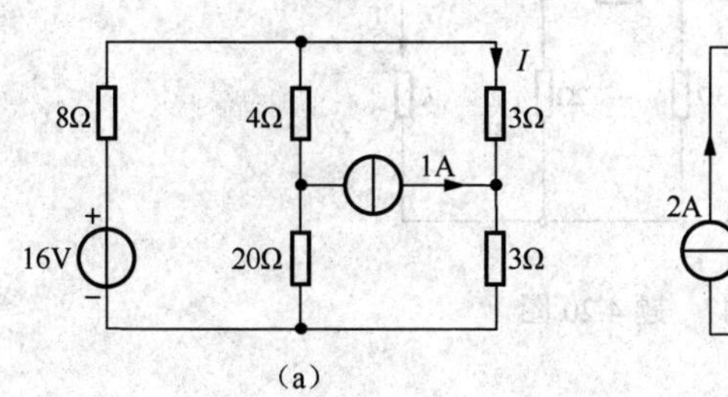

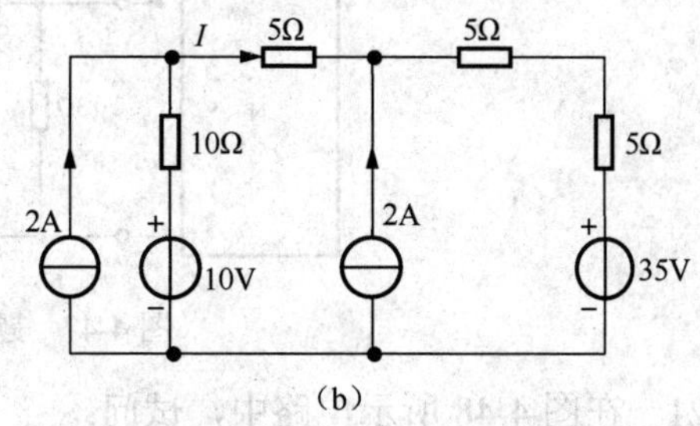

图 4-43　题 4.16 图

4.17　试求图 4-44 所示电路的戴维南等效电路和诺顿等效电路。

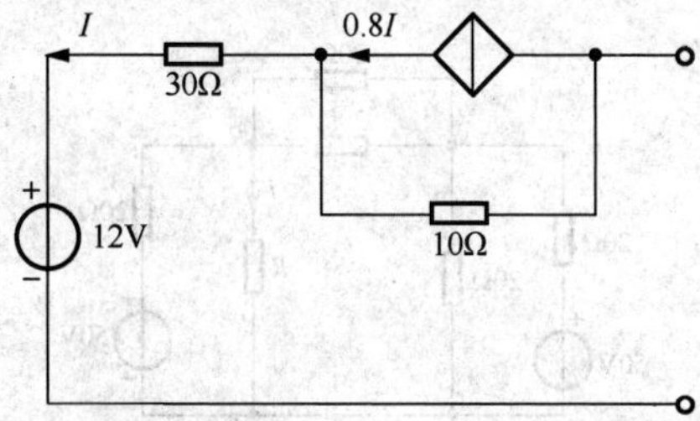

图 4-44　题 4.17 图

4.18　试求图 4-45 所示两个一端口的戴维南等效电路或诺顿等效电路，并解释所得结果。

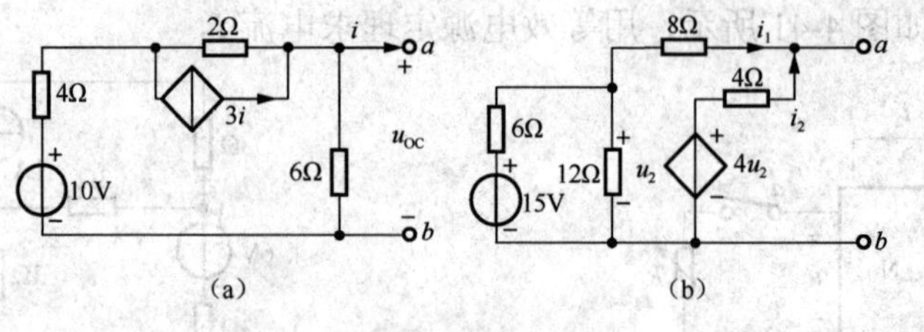

图 4-45　题 4.18 图

4.19　电路如图 4-46 所示，求 R 为何值时它能够获得最大功率 P_m，并求出 P_m 的值？

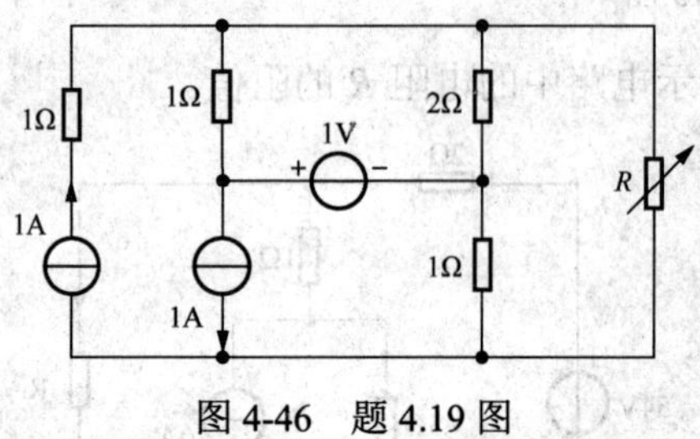

图 4-46　题 4.19 图

4.20　电路如图 4-47 所示，N 为含有独立电源的单口电路。已知其端口电流为 i，今欲使 R 中的电流为$\frac{1}{3}i$，求 R 的值。

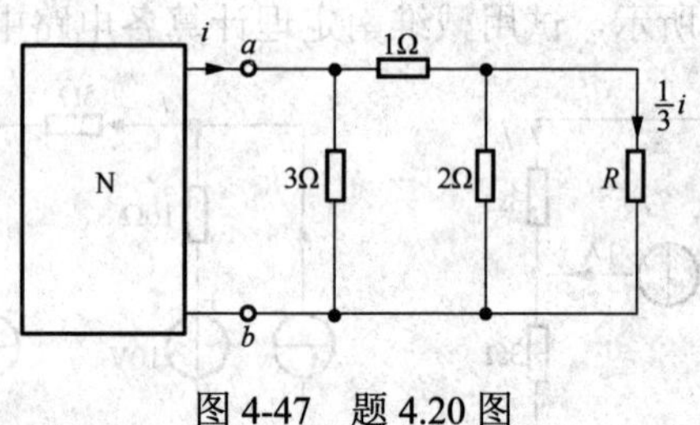

图 4-47　题 4.20 图

4.21　在图 4-48 所示电路中，试问：

（1）R 为何值时吸收的功率最大？求此最大功率。

（2）若 $R=80\Omega$，欲使 R 中电流为零，则 a，b 之间应并联何种元件，其参数为多少？画出电路图。

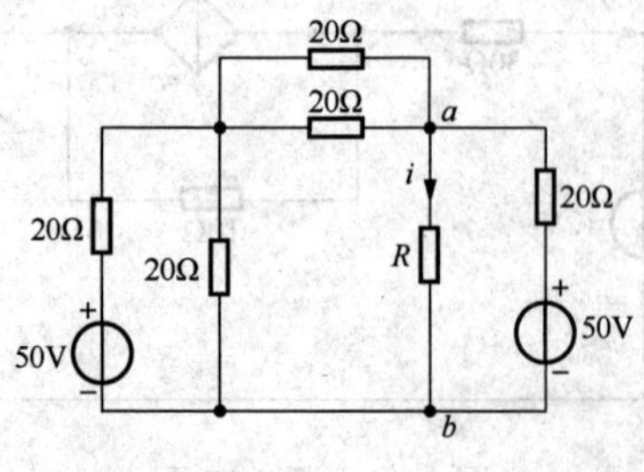

图 4-48　题 4.21 图

4.22 用 Multisim 软件仿真测量习题 4.3 中的电流 i_1 和电压 u_2。

4.23 根据戴维南定理，借助 Multisim 仿真测量习题 4.16 各电路中的电流 I。

4.24 用 Multisim 软件仿真测量习题 4.18 两个一端口的戴维南等效电路或诺顿等效电路，并将仿真结果与习题 4.18 的计算结果进行比较。

第5章 电容元件与电感元件

本章讨论电容元件和电感元件的定义、VCR 特性及其储能情况，同时还将介绍电容及电感的串并联计算方法。本章知识为动态电路的分析奠定基础。

5.1 电 容 元 件

电容是表征电容器容纳电荷本领大小的物理量。电容器的两极板间的电势差每增加1V所需的电量叫作电容器的电容。从物理学上讲，电容器是一种静态电荷存储介质（就像一只水桶一样，可以存储电荷，在没有放电回路的情况下，除非介质有漏电情况，电荷将会永久存在，这是它的特征），它的用途较广，是电子、电力领域中不可缺少的电子元件，主要用于电源滤波、信号滤波、信号耦合、谐振、隔直流等电路中。

电容器的种类很多，主要有电解电容器、固态电容器、陶瓷电容器、钽电解电容器、云母电容器、玻璃釉电容器、聚苯乙烯电容器、玻璃膜电容器、合金电解电容器、涤纶电容器、聚丙烯电容器、泥电解电容器、极性有机薄膜电容器、铝电解电容器。

电容元件的定义为：一个二端元件，如果在任一时刻t，其端点间的电压（简称端电压）$u(t)$和通过其中的电流$i(t)$之间的关系可以用q-u平面上的一条曲线所确定，那么此二端元件称为二端电容元件（简称二端电容）。二端电容元件的电路符号如图5-1所示。

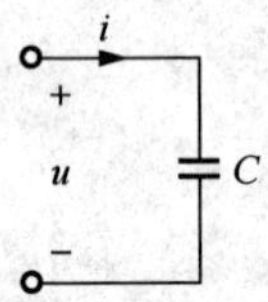

图5-1 二端电容元件的电路符号

与电阻情况类似，二端电容也可分为非线性时变电容器、非线性时不变电容器、线性时变电容器和线性时不变电容器，它们的库伏特性曲线如图5-2所示。本书只介绍线性非时变电容。

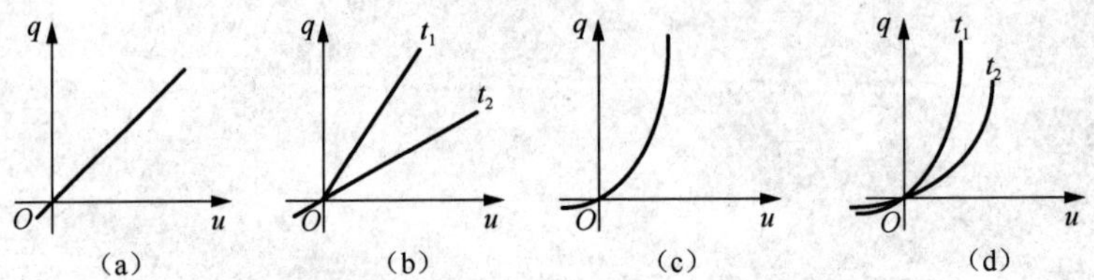

图5-2 二端电容元件的库伏特性曲线

其中，图5-2（a）与图5-2（b）是线性电容元件的库伏特性；图5-2（c）与图5-2（d）是非线性电容元件（某些陶瓷电容和半导体器件中的电容）的库伏特性。当电容上的电

压与电荷的参考极性一致时，电容的库伏特性可用线性方程表述为

$$q(t) = Cu(t) \tag{5-1}$$

式中，参数 C 称为电容，其单位是法[拉]（F）。实际应用中常以微法（$1\mu F = 10^{-6} F$）或皮法（$1\mu F = 10^{-12} F$）作单位。

电容元件上电压与电流的关系，可由库伏特性及式（5-1）求出。对于线性电容，有

$$i = \frac{dq}{dt} = C\frac{du}{dt} \tag{5-2}$$

这里电流的参考方向是从电容假定的（+）极注入，因此是充电电流。上式说明，线性时不变电容器在某一时刻 t 的电流值取决于同一时刻电压的变化率。因此，电容器是一种动态元件。显然，某一时刻通过电容元件的端电流不是取决于这一时刻的电压值，而是取决于这一时刻电压变动的速率。

例 5.1　电压 u_C 如图 5-3（a）所示，将其施加于一个 $C = 500\mu F$ 电容上，如图 5-3（b）所示。试求 $i(t)$，并绘出波形图。

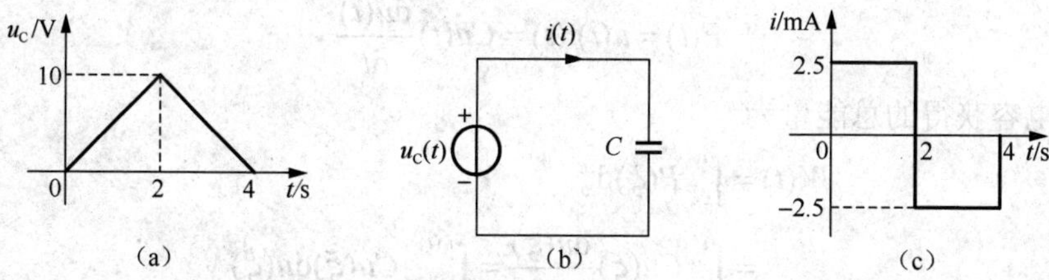

图 5-3　例 5.1 电路图

解：根据 $u_C(t)$ 波形图，写出 $u_C(t)$ 的表达式为

$$u_C(t) = \begin{cases} 5t & (0 \leqslant t \leqslant 2) \\ -5t + 20 & (2 < t \leqslant 4) \\ 0 & (t > 4) \end{cases}$$

若 $u_C(t)$、$i(t)$ 取关联方向，则

$$i(t) = C\frac{du_C(t)}{d(t)}$$

因此

$$i(t) = \begin{cases} 2.5\text{mA} & (0 \leqslant t \leqslant 2) \\ -2.5\text{mA} + 20 & (2 < t \leqslant 4) \\ 0\text{mA} & (t > 4) \end{cases}$$

$i(t)$ 波形图如图 5-3（c）所示。

线性时不变电容具有如下基本性质：

（1）电容电压具有记忆特性，即电容具有记忆其电流的特性。对式（5-2）从 $-\infty$ 到 t 进行积分，并设定 $u(-\infty) = 0$，可得

$$u(t) = \frac{1}{C}\int_{-\infty}^{t} i(\xi)d\xi \tag{5-3}$$

上式说明，线性时不变电容在某一时刻 t 的电压值与该时刻以前电流的“全部历史”有关。因此，电容元件是一种记忆元件。式（5-2）和式（5-3）分别称为电容的微分形式和积分形式。

（2）电容电压具有连续特性。一个线性时不变电容元件，在 $[t_0,t]$ 区间，若电流为有限量，则电容的端电压不能跳变，或认为电容可以阻止其两端的电压突变，即满足换路定律（该定律在后续章节中详细介绍），则

$$u(t_{0-})=u(t_{0+}) \tag{5-4}$$

由图 5-3（b）与图 5-3（c）可知，当 $t=2\mathrm{s}$ 时，尽管电流出现跳变，但由于电容上的电流为有限量，因而电容上的电压是连续的。

（3）只有在初始电压为零的条件下，线性时不变电容的电压和电流之间才呈线性关系。

（4）线性电容元件是一个无源元件。

任一时刻，线性时不变电容的功率为

$$P(t)=u(t)i(t)=Cu(t)\frac{\mathrm{d}u(t)}{\mathrm{d}t}$$

则 t 时刻电容获得的总能量为

$$\begin{aligned}W(t)&=\int_{-\infty}^{t}P(\xi)\mathrm{d}\xi\\&=\int_{-\infty}^{t}Cu(\xi)\frac{\mathrm{d}u(\xi)}{\mathrm{d}\xi}=\int_{u(-\infty)}^{u(t)}Cu(\xi)\mathrm{d}u(\xi)\\&=\frac{1}{2}Cu^2(t)-\frac{1}{2}Cu^2(-\infty)=\frac{1}{2}Cu^2(t)\end{aligned}$$

由计算结果可知，在任一时刻，从外界输入电容的能量总和均大于或等于零。

5.2 电容元件的串联和并联

5.2.1 电容的串联

线性时不变电容与电阻一样，在电路中有串联和并联两种基本的连接方式。图 5-4（a）为电容 C_1、C_2 串联的形式，两个电容的端电流为同一电流，其等效电路图如图 5-4（b）所示。

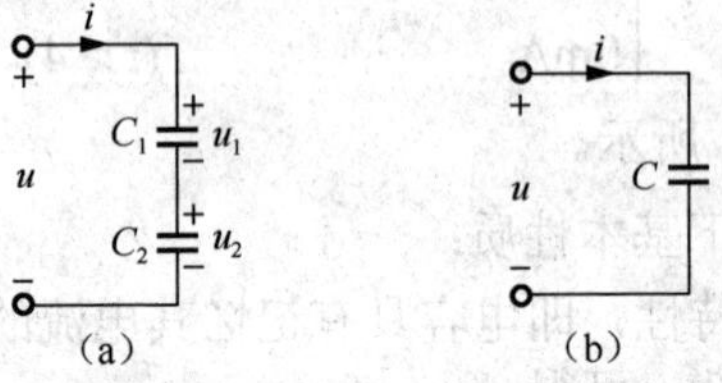

图 5-4　线性时不变电容的串联

根据电容元件的 VAR 形式，则有

$$u_1=\frac{1}{C_1}\int_{-\infty}^{t} i(\xi)\,\mathrm{d}\xi,\quad u_2=\frac{1}{C_2}\int_{-\infty}^{t} i(\xi)\,\mathrm{d}\xi \tag{5-5}$$

由 KVL 可得端口电压

$$u=u_1+u_2=\left(\frac{1}{C_1}+\frac{1}{C_2}\right)\int_{-\infty}^{t} i(\xi)\,\mathrm{d}\xi=\frac{1}{C}\int_{-\infty}^{t} i(\xi)\,\mathrm{d}\xi \tag{5-6}$$

式中

$$\frac{1}{C}=\frac{1}{C_1}+\frac{1}{C_2}\text{ 或 }C=\frac{C_1C_2}{C_1+C_2} \tag{5-7}$$

式（5-7）可以扩展成 n 个电容相串联，其等效电容为

$$\frac{1}{C}=\frac{1}{C_1}+\frac{1}{C_2}+\cdots+\frac{1}{C_n}=\sum_{k=1}^{n}\frac{1}{C_k} \tag{5-8}$$

由式（5-6）可知

$$\int_{-\infty}^{t} i(\xi)\,\mathrm{d}\xi=Cu \tag{5-9}$$

将式（5-9）代入式（5-5）中，可得两电容电压与端口总电压的关系如下：

$$\begin{cases} u_1=\dfrac{C}{C_1}u=\dfrac{C_2}{C_1+C_2}u \\ u_2=\dfrac{C}{C_2}u=\dfrac{C_1}{C_1+C_2}u \end{cases}$$

可见，两个串联电容上电压的大小与其电容值成反比。电容的串联关系运算方法和电阻的并联关系运算方法相同。

5.2.2　电容的并联

图 5-5（a）为电容 C_1、C_2 并联的形式，两电容两端的电压相同且都等于端口电压，其等效电路图如图 5-5（c）所示。

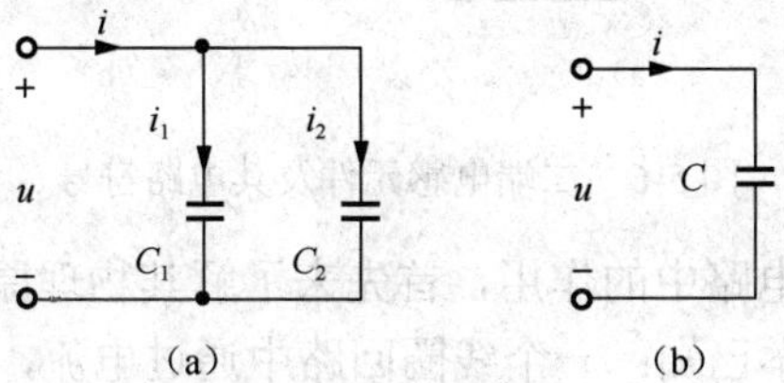

图 5-5　电容并联

根据电容 VAR 的微分形式，则有

$$i_1=C_1\frac{\mathrm{d}u}{\mathrm{d}t},\quad i_2=C_2\frac{\mathrm{d}u}{\mathrm{d}t} \tag{5-10}$$

由 KCL 可得

$$i=i_1+i_2=(C_1+C_2)\frac{\mathrm{d}u}{\mathrm{d}t}=C\frac{\mathrm{d}u}{\mathrm{d}t} \tag{5-11}$$

式中，$C=C_1+C_2$，C 称为C_1、C_2并联时的等效电容，其等效电路如图 5-5（b）所示。同理，式（5-11）可以扩展成 n 个电容相并联，其等效电容为

$$C=C_1+C_2+\cdots+C_n=\sum_{k=1}^{n}C_k \tag{5-12}$$

可见，电容的并联关系运算方法与电阻的串联关系运算方法相同。

由式（5-2）可知

$$\frac{\mathrm{d}u}{\mathrm{d}t}=\frac{1}{C}i \tag{5-13}$$

将式（5-13）代入式（5-10）中，可得两电容电流与端口电流的关系如下：

$$\begin{cases} i_1=\dfrac{C_1}{C}i=\dfrac{C_1}{C_1+C_2}i \\ i_2=\dfrac{C_2}{C}i=\dfrac{C_2}{C_1+C_2}i \end{cases} \tag{5-14}$$

式（5-14）表明，并联电容中流过的电流与其电容值成反比。

5.3 电 感 元 件

电路中另一种理想二端元件是电感元件。电感元件是电路模型中构成各种电感线圈所必需的一种理想电路元件。电感元件及其电路符号如图 5-6 所示。将导线绕成 N 匝螺线管即构成一个电感线圈，如图 5-6（a）所示，其电路符号如图 5-6（b）所示。

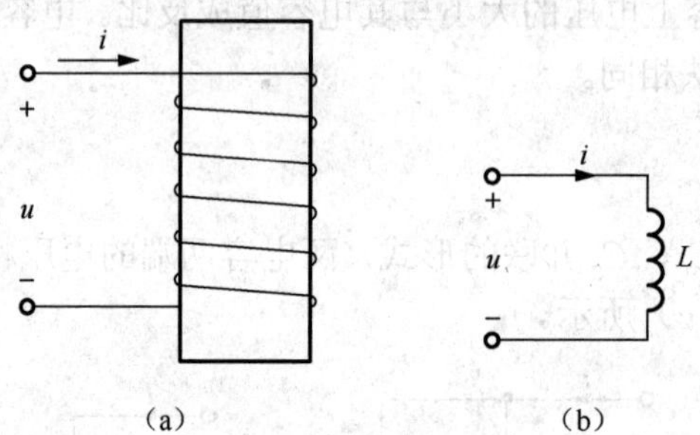

图 5-6 二端电感元件及其电路符号

为了说明电感元件在电路中的作用，首先来了解其物理原型——线圈。线圈通常是用导线绕制而成的。物理学已知：一个线圈回路中通过电流，在此回路所包围的面积上将形成磁通（磁链）Ψ。磁通是连续的，电流也是连续的，磁场方向和电流方向之间符合右手螺旋定则。磁通或磁链的单位为韦伯（Wb）。

电感元件的定义：一个二端元件，如果在任一时间 t，它的磁通$\Psi(t)$和通过它的电流$i(t)$之间的关系由Ψ-i 平面或i-Ψ 平面上的一条曲线所确定，那么此二端元件称为二端电感。

二端电感也可分为线性时变电感、线性时不变电感、非线性时变电感和非线性时不变电感。

图 5-7 中画出了电感的韦安特性曲线。其中，图 5-7（c）与图 5-7（d）是非线性电感的韦安特性，韦安特性是一条通过原点的直线，这种电感是线性的，本章主要介绍线性电感元件。例如，由于铁磁材料磁导率的非线性，具有饱和铁心的线圈形成了这种非线性韦安特性。线性电感的磁通与形成磁通的电流成正比：

$$\Psi(t)=Li(t) \tag{5-15}$$

式中，参数 L 为电感，是一个正值。前面已经约定 Ψ 的方向与 i 的参考方向之间遵循右手螺旋定则，因此上式中 L 前带正号。由式（5-15）可知，电感的单位是亨利（H）。实际上常取毫亨（$1\text{mH}=10^{-3}\text{H}$）或微亨（$1\mu\text{H}=10^{-6}\text{H}$）作单位。

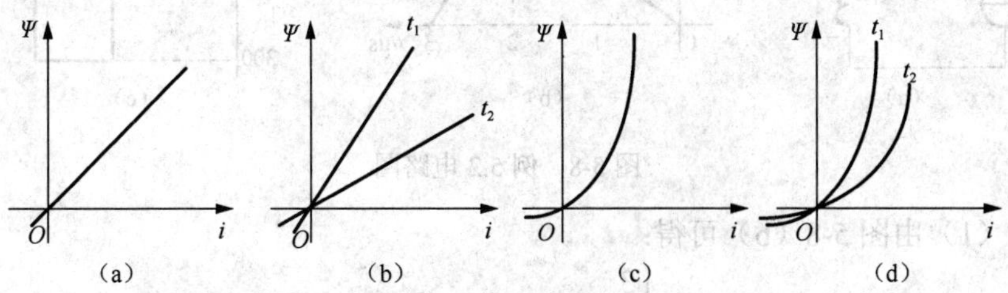

图 5-7　二端电感元件的韦安特性曲线

根据电磁感应定律，当线圈中的磁通随时间 t 变化时，在线圈回路中引起感应电动势。电动势的方向是电位升高的方向，取其参考方向和电流的参考方向一致，即它与磁通的参考方向之间符合右手螺旋定则，则感应电动势为

$$\varepsilon(t)=-\frac{\mathrm{d}\Psi}{\mathrm{d}t} \tag{5-16}$$

上式中（-）号是楞次定律的反映，表明感应电动势总是反抗磁通的变化。当 Ψ 为正值减小时，得 ε 为正值，表明 ε 的实际方向和 i 的方向相同，反抗 Ψ 的减小。

需要知道电路理论中电感元件的电压与电流的关系。电压是电位降，其实际方向恰好与电动势相反，则有

$$u(t)=\frac{\mathrm{d}\Psi}{\mathrm{d}t} \tag{5-17}$$

须注意电感元件的电压的参考方向仍与电流的参考方向一致，因而它和磁通的参考方向之间也符合右手螺旋定则。对于线性时不变电感元件而言，可以得到

$$u(t)=L\frac{\mathrm{d}i}{\mathrm{d}t} \tag{5-18}$$

式（5-18）说明，线性时不变电感元件在某一时刻 t 的电压值取决于同一时刻电流的变化率。因此，电感元件是一种动态元件。某一瞬间电感元件的端电压不是取决于这一时刻的电流值，而是取决于这一时刻电流变化的速率。

电路理论中常将元件划分为静态元件与动态元件。元件的静态与动态的划分取决于用什么变量来描述该类元件。若描述元件特性的变量之间的关系为代数方程，则称为静态（无记忆）元件，否则称之为动态（有记忆）元件。对于电感元件而言，若选用（Ψ，i）来描述它的特性，则为静态元件，因为这两个变量之间的关系满足定义该类元件的代数方程 $\Psi=Li$；若选用（u，i）描述其变量，则称之为动态元件，因为这两个变量之间满

足微分关系或积分关系。实际工作中人们通常关注电感元件的 u-i 关系，因此一般称电感元件为动态元件。对电容元件也可得出类似的讨论结果。

例 5.2　电路如图 5-8（a）所示，已知电感 $L=100\text{mH}$，其电流如图 5-8（b）所示。

（1）计算并绘出 $t \geqslant 0$ 时的电压 $u_{\mathrm{L}}(t)$。

（2）求出 $t=1\mu\text{s}$ 时电感元件的功率。

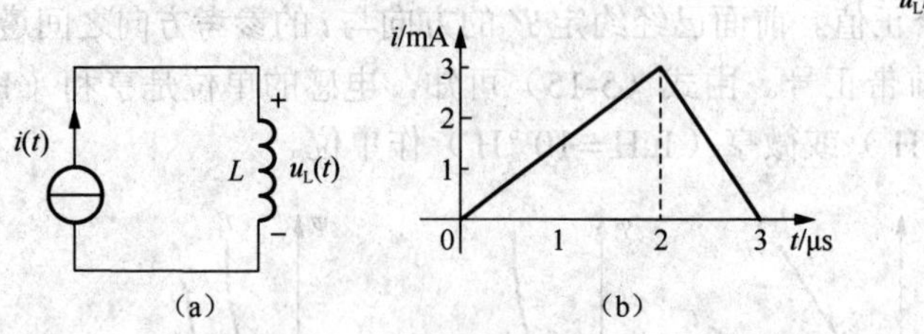

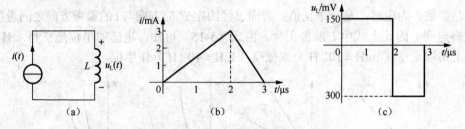

图 5-8　例 5.2 电路图

解：（1）由图 5-8（b）可得：

$$i(t)=\begin{cases}\dfrac{3}{2}t & (0\leqslant t\leqslant 2)\\ -3t+9 & (2<t\leqslant 3)\\ 0 & (t>3)\end{cases}$$

由

$$u_{\mathrm{L}}(t)=L\frac{\mathrm{d}i(t)}{\mathrm{d}t}$$

可得

$$u(t)=\begin{cases}150\text{mV} & (0\leqslant t\leqslant 2)\\ -300\text{mV} & (2<t\leqslant 3)\\ 0\,\text{mV} & (t>3)\end{cases}$$

电压 $u_{\mathrm{L}}(t)$ 的波形如图 5-8（c）所示。

（2）$P(1\mu\text{s})=u_{\mathrm{L}}(t)i(t)=225\times10^{-6}$（W）。

实际电路中使用的电感线圈类型很多，电感的范围变化很大。例如，高频电路中使用的线圈的容量可以小到几个微亨，低频滤波电路中使用的扼流圈的电感可以大到几亨。实际电感线圈可以用一个电感或一个电感与电阻的串联作为它的电路模型。在工作频率很高的情况下，还需要增加一个电容来构成线圈的电路模型，如图 5-9 所示。

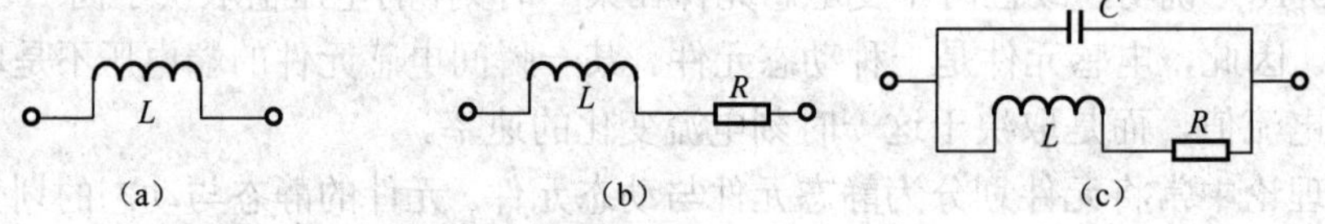

图 5-9　实际电感的电路模型

线性时不变电感具有如下基本性质：

（1）电感电流具有记忆特性，即电感电流具有记忆其电压的特性。

若已知电感电压，则可由式（5-15）及式（5-17）得到电流

$$i(t)=\frac{\Psi}{L}=\frac{1}{L}\int_{-\infty}^{t}u(\tau)\mathrm{d}\tau \tag{5-19}$$

由式（5-19）可知，电感元件在某一瞬间的磁通或电流的量值，与该瞬间以前电压的“历史累积”有关，因而它是一种记忆元件。这一点与电阻元件完全不同。

（2）电感电流具有连续特性。一个线性时不变电感元件，在所研究的时间区间内，若其端电压均为有限量，则流过该电感元件的电流为连续量，即电感元件的电流不能跳变，满足换路定律，则

$$i(t_{0-})=i(t_{0+}) \tag{5-20}$$

由图 5-8（b）与图 5-8（c）可知，在 $t=2\mu\mathrm{s}$ 时，尽管电压出现跳变，但由于电感端电压为有限量，因而电感上的电流是连续的。

（3）一个线性时不变电感元件只有在其初始电流为零的条件下，流经该电感元件的电流 $i(t)$ 才是电压 $u(t)$ 波形的线性函数。

（4）线性时不变电感是一个无源元件。任一时刻，线性时不变电感的功率为

$$P(t)=u(t)i(t)=Li(t)\frac{\mathrm{d}i(t)}{\mathrm{d}t} \tag{5-21}$$

对式（5-21）从 $-\infty$ 到 t 进行积分，并设定 $i(-\infty)=0$，则 t 时刻电感获得的总能量为

$$W(t)=\int_{-\infty}^{t}P(\xi)\mathrm{d}\xi=L\int_{-\infty}^{t}i(\xi)\frac{\mathrm{d}i(\xi)}{\mathrm{d}\xi}\mathrm{d}\xi=L\int_{i(-\infty)}^{i(t)}i(\xi)\mathrm{d}i(\xi)=\frac{1}{2}Li^2(t) \tag{5-22}$$

由计算结果可知，在任一时刻，从外界输入电感的能量总和均大于或等于零。换言之，从全过程来看，电感元件本身不能提供任何能量，它也是一种无源元件。这里要注意的是，电感和电阻虽然同属无源元件，但是两者有本质差异：电阻是一种耗能元件，而电感元件中的能量并没有消耗；电感是一种储能元件，输入的电能储藏在与此元件相关的磁场中。在一定条件下，储能元件可以把所储藏的能量释放出来，但充其量也只能把全部储能放完。

5.4　电感元件的串联和并联

5.4.1　电感的串联

电感器 L_1 与 L_2 相串联的电路如图 5-10（a）所示。

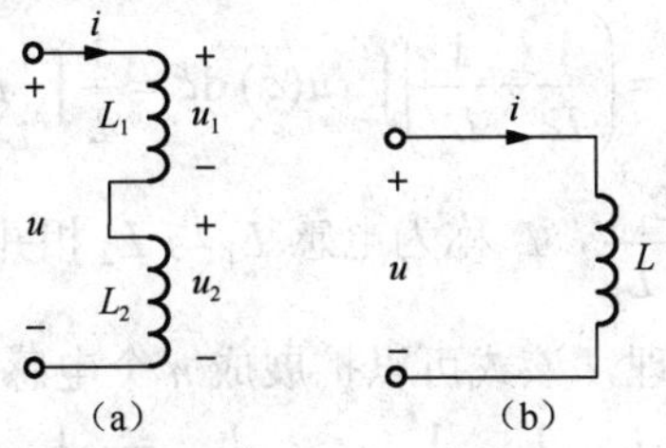

图 5-10　电感串联

流过两个电感的电流为同一电流i。根据电感的微分形式和KVL，可知

$$u_1 = L_1\frac{\mathrm{d}i}{\mathrm{d}t},\quad u_2 = L_2\frac{\mathrm{d}i}{\mathrm{d}t} \tag{5-23}$$

$$u = u_1 + u_2 = (L_1 + L_2)\frac{\mathrm{d}i}{\mathrm{d}t} = L\frac{\mathrm{d}i}{\mathrm{d}t} \tag{5-24}$$

式中，$L = L_1 + L_2$，L称为电感L_1与L_2相串联时的等效电感，其等效电路如图5-10（b）所示。同理，该式可以扩展成n个电感相串联，其等效电感为

$$L = L_1 + L_2 + \cdots + L_n = \sum_{k=1}^{n} L_k \tag{5-25}$$

由式（5-24）可知

$$\frac{\mathrm{d}i}{\mathrm{d}t} = \frac{1}{L}u \tag{5-26}$$

将式（5-26）代入式（5-23）中，可得两个电感电压与端口电压的关系如下：

$$\begin{cases} u_1 = \dfrac{L_1}{L}u = \dfrac{L_1}{L_1 + L_2}u \\ u_2 = \dfrac{L_2}{L}u = \dfrac{L_2}{L_1 + L_2}u \end{cases} \tag{5-27}$$

可见，串联电感上电压的大小与其电感值成正比。

5.4.2 电感的并联

电感L_1与L_2相并联的电路如图5-11（a）所示。

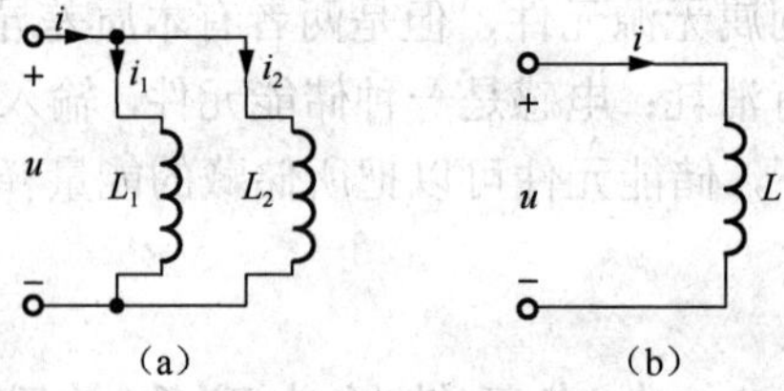

图5-11　电感并联

两个电感电压相同且等于端口电压，根据VAR的积分形式和KCL，则有

$$i_1 = \frac{1}{L_1}\int_{-\infty}^{t} u(\xi)\,\mathrm{d}\xi,\quad i_2 = \frac{1}{L_2}\int_{-\infty}^{t} u(\xi)\,\mathrm{d}\xi \tag{5-28}$$

$$i = i_1 + i_2 = \left(\frac{1}{L_1} + \frac{1}{L_2}\right)\int_{-\infty}^{t} u(\xi)\,\mathrm{d}\xi = \frac{1}{L}\int_{-\infty}^{t} u(\xi)\,\mathrm{d}\xi \tag{5-29}$$

式中，$\dfrac{1}{L} = \dfrac{1}{L_1} + \dfrac{1}{L_2}$或$L = \dfrac{L_1 L_2}{L_1 + L_2}$，$L$称为电感$L_1$与$L_2$相并联时的等效电感，其等效电路图如图5-11（b）所示。同理，该式可以扩展成n个电感相并联，其等效电感为

$$\frac{1}{L} = \frac{1}{L_1} + \frac{1}{L_2} + \cdots + \frac{1}{L_n} = \sum_{k=1}^{n}\frac{1}{L_k} \tag{5-30}$$

由式（5-29）可知

$$\int_{-\infty}^{t} u(\xi)\,\mathrm{d}\xi = Li \tag{5-31}$$

将式（5-31）代入式（5-28），可得两个电感中的电流与端口电流的关系如下：

$$\begin{cases} i_1 = \dfrac{L}{L_1} i = \dfrac{L_2}{L_1 + L_2} i \\ i_2 = \dfrac{L}{L_2} i = \dfrac{L_1}{L_1 + L_2} i \end{cases} \tag{5-32}$$

式（5-32）表明，并联电感中电流的大小与电感值成反比。

5.5 应用实例

电容是存储和释放电荷的电子元器件，电容的基本工作原理就是充放电原理。电容通常在电路中起到整流、振荡的作用。例如，电容在电源电路中起到旁路、去耦、滤波和储能作用。电容在电力系统中是提高功率因数的重要器件；在电子电路中是获得振荡、滤波、相移、旁路、耦合等作用的主要元件。电感的基本作用是滤波、振荡、延迟、陷波等，即具有“通直流、阻交流”的作用。

例 5.3　音频输出电路如图 5-12 所示，简述电容在电路中的作用。

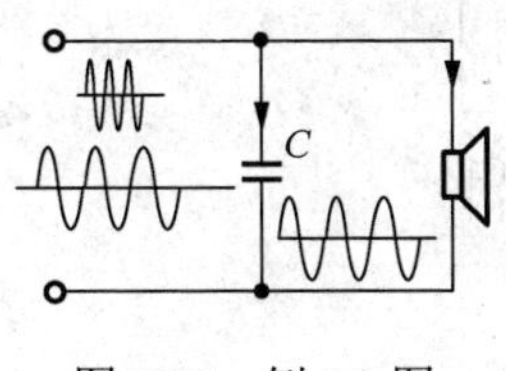

图 5-12　例 5.3 图

在音频输出电路中，音频信号中的低频成分和高频成分在同时输入扬声器时应该有一个适当的比例，若高频成分占比过大，则使扬声器发出的声音尖锐刺耳。电容 C 的作用是使高频成分适当衰减，使其在声音信号中占有一个适当的比例。对电容 C 要进行适当的选择和测试，这是因为电容 C 过大会使高频成分损失过多，导致低频成分占比过大，使扬声器发出的声音太闷；电容 C 过小则起不到高频旁路作用。

例 5.4　图 5-13 所示，简述电路中的电容 C_1、C_2 和电感 L 的作用。

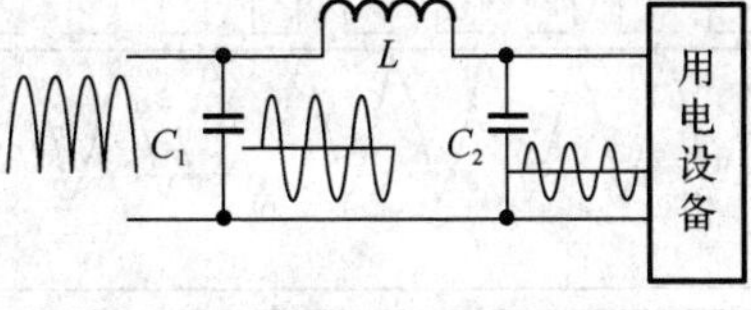

图 5-13　例 5.4 图

大量的电子电路都需要直流供电，用干电池供电，电流小且供电时间短，因而许多用电器的直流电源都是将 50Hz 的交流电通过变压器降压，再经过整流电路使交流电转变为直流电，这种直流电虽然电流方向不变，但大小却在不断变化，可以将这种单向脉动电流看作由直流成分和 50Hz 低频交流成分合成的。

图 5-13 中的电容和电感组成了常用的π 型滤波电路，该电路能够将单向脉动电流中的交流成分滤去。电容 C_1 通交流、隔直流，为低频交流电建立了一条通路，滤去部分交流成分的电流在通过电感 L 时，由于电感起“通直流、阻交流”的作用，直流成分通过，交流成分被阻碍而减弱；电容 C_2 又成为通过电感 L 后剩余的交流成分的通路，并将剩余的交流成分再次滤去。这样，通过用电器的电流基本上是恒定电流了。该电流中难免还有少量的交流成分，如档次不高的收音机在使用交流电源时有轻微的“嗡嗡”声，这通常是因为电源交流成分未能全部滤去。

5.6 计算机辅助分析电路举例

例 5.5 利用 Multisim 软件观察电容的充放电情况。在 Multisim 软件中构建电容电路如图 5-14 所示，输入方波电流观察电压的波形。信号源选择方波，频率为 500Hz，占空比为 50%，具体参数设置如图 5-15 所示。

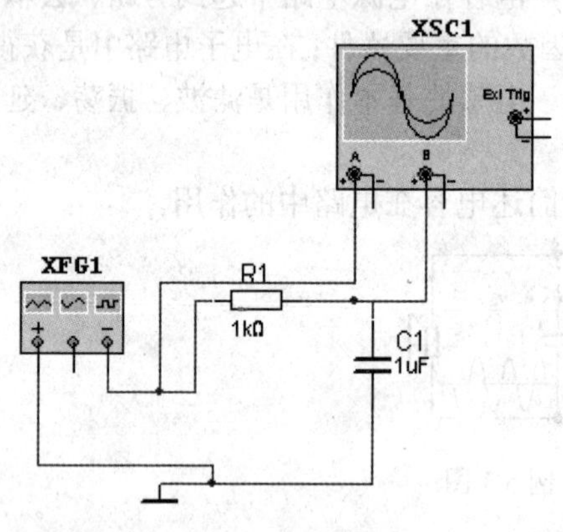

图 5-14 例 5.5 电路图

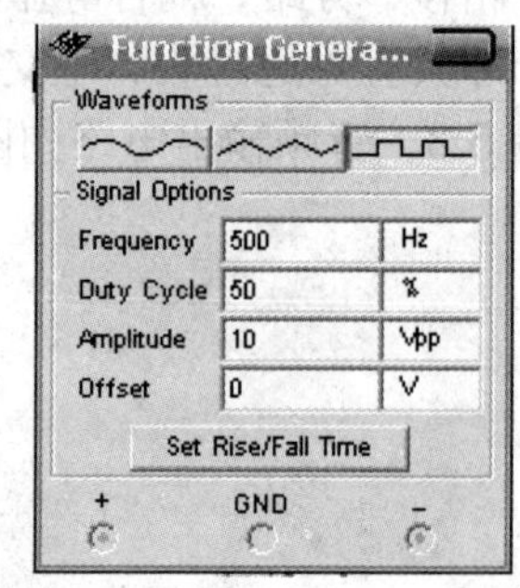

图 5-15 例 5.5 信号源的参数设置

观察示波器电容的充放电过程，示波器显示的波形如图 5-16 所示。

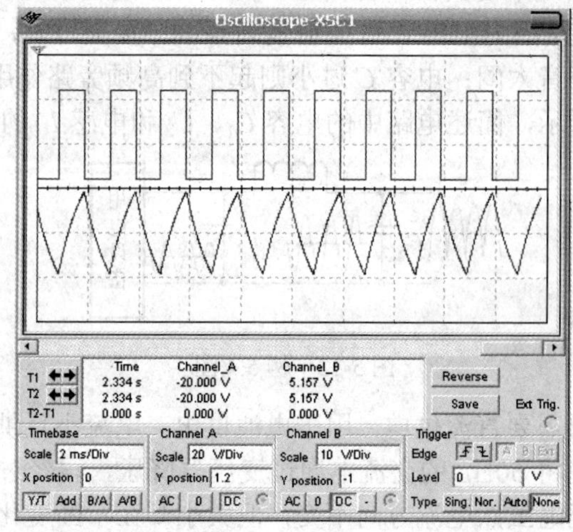

图 5-16 示波器显示的波形

例 5.6　利用 Multisim 软件观察电感的充放电情况。在 Multisim 软件中构建电感电路如图 5-17 所示，输入方波电流，图中可以通过 J_1 开关的切换完成方波的输入，观察电感电压的波形。

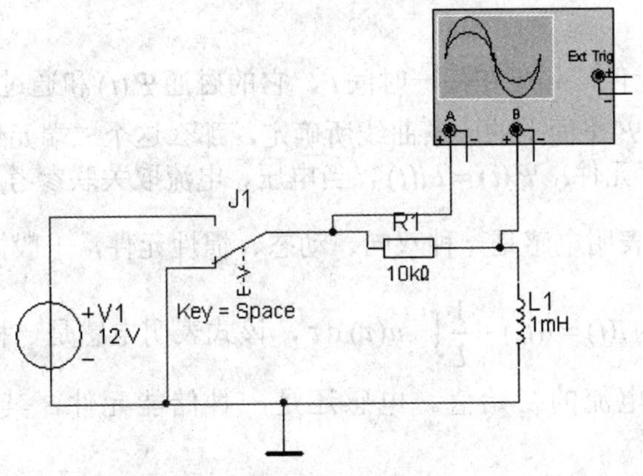

图 5-17　例 5.6 电感电路

电感电压波形如图 5-18 所示。

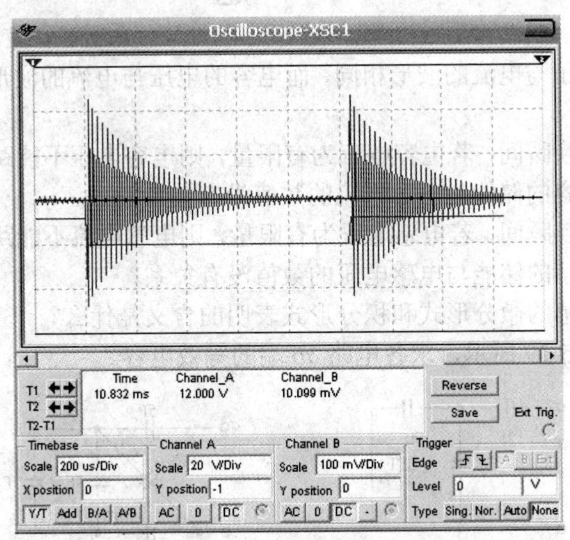

图 5-18　例 5.6 电感电压波形

小　结

（1）一个二端元件，如果在任一时刻 t 所积聚的电荷 $q(t)$ 与端电压 $u(t)$ 之间的关系可以用 q-u 平面上的一条曲线来描述，那么这个二端元件称为电容。

线性非时变电容元件：$q(t)=Cu(t)$，当电压、电流取关联参考方向时，其微分形式为 $i(t)=C\dfrac{\mathrm{d}u(t)}{\mathrm{d}t}$，该式表明电容是一种双向、动态、惯性元件，一般情况下电容电压不能跳变；其积分形式为$u(t)=u(t_0)+\dfrac{1}{C}\int_{-\infty}^{t} i(\xi)\mathrm{d}\xi$，该式表明电容是一种记忆元件，实际运算中必须已知电容电压的初始值。电容还是一种储能元件，其储存的电场能量为$\dfrac{1}{2}Cu^2(t)$。

（2）一个二端元件，如果在任一时间t，它的磁通$\varPsi(t)$和通过它的电流$i(t)$之间的关系由$\varPsi$-i平面或i-$\varPsi$平面上的一条曲线所确定，那么这个二端元件称为二端电感。

线性非时变电感元件：$\varPsi(t)=Li(t)$，当电压、电流取关联参考方向时，其微分形式为$u(t)=\dfrac{\mathrm{d}\varPsi}{\mathrm{d}t}$，该式表明电感是一种双向、动态、惯性元件，一般情况下电感电流不能跳变；其积分形式为$i(t)=i(t_0)+\dfrac{1}{L}\int_{-\infty}^{t} u(\tau)\,\mathrm{d}\tau$，该式表明电感是一种记忆元件，实际运算中必须已知电感电流的初始值。电感还是一种储能元件，其储存的磁场能量为$\dfrac{1}{2}Li^2(t)$。

习　题

5.1　电阻的电压与电流的波形相同，而电容的电压与电流的波形不完全相同，这是为什么？

5.2　在开关转换瞬间，若电容电流为有限量，则电容电压不能跳变，这是为什么？

5.3　为什么电容的储能与电容电流的数值没有关系？

5.4　在开关转换瞬间，若电感电压为有限量，则电感电流不能跳变，这是为什么？

5.5　为什么电感的储能与电感电压的数值没有关系？

5.6　电容及电感的微分形式和积分形式表明的含义是什么？

5.7　电路如图 5-19 所示，求各电路 ab 端的等效电容。

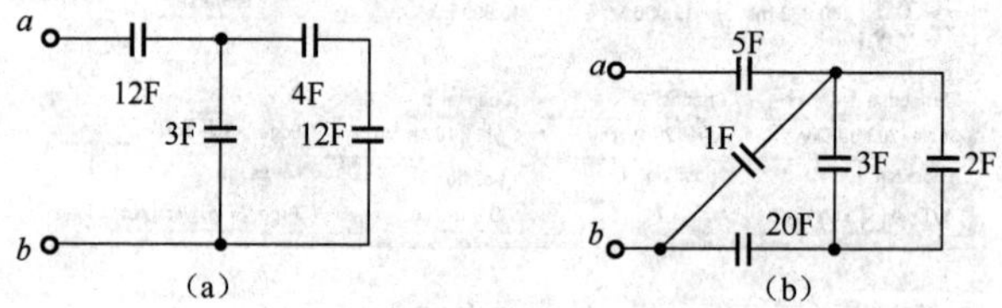

图 5-19　习题 5.7 图

5.8　电路如图 5-20 所示，求各电路 ab 端的等效电感。

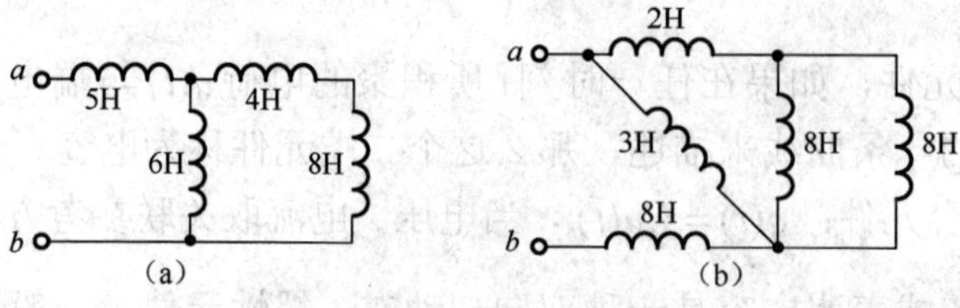

图 5-20　习题 5.8 图

5.9　电容元件与电感元件中电压、电流参考方向如图 5-21 所示，已知 $u_C(0)=0$，$i_L(0)=0$。

（1）写出电压用电流表示的性能方程。

（2）写出电流用电压表示的性能方程。

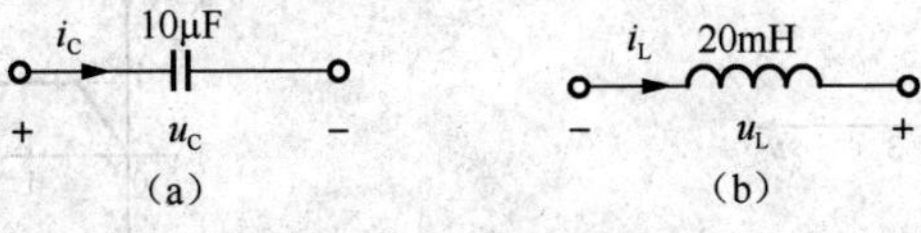

图 5-21　习题 5.9 图

5.10　图 5-22（a）中 $C=2\text{F}$ 且 $u_C(0)=0$，电容电流 i_C 的波形如图 5-22（b）所示。试求 $t=1\text{s}$、$t=2\text{s}$ 和 $t=4\text{s}$ 时的电容电压 u_C。

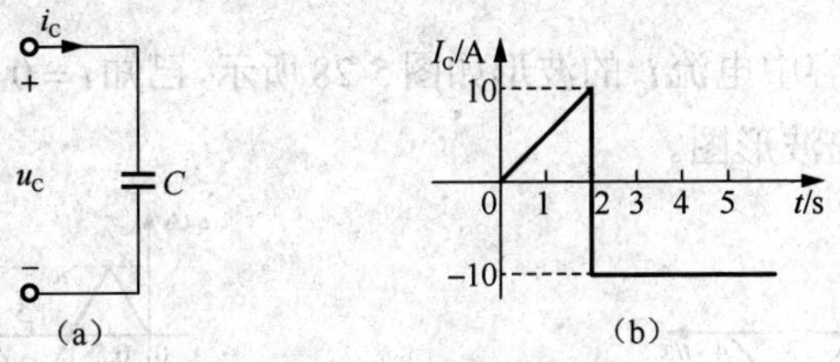

图 5-22　习题 5.10 图

5.11　图 5-23（a）中 $C=2\text{F}$ 且 $u_C(0)=0$，电容电流 i_C 的波形如图 5-23（b）所示。

（1）求 $t\geqslant 0$ 时的电容电压 $u_C(t)$，并画出其波形。

（2）计算 $t=2\text{s}$ 时电容吸收的功率 $P(2)$。

（3）计算 $t=2\text{s}$ 时电容的储能 $W_C(2)$。

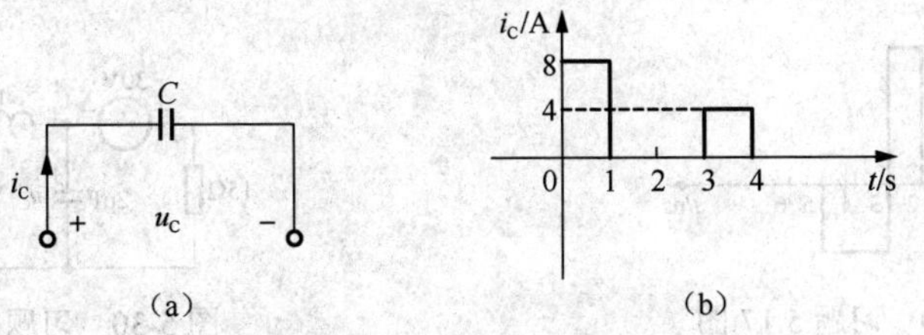

图 5-23　习题 5.11 图

5.12　电感元件如图 5-24（a）所示，已知 $L=10\text{mH}$，通过电感的电流 $i_L(t)$ 的波形如图 5-24（b）所示，求电感 L 两端的电压 $u_L(t)$，并画出它的波形。

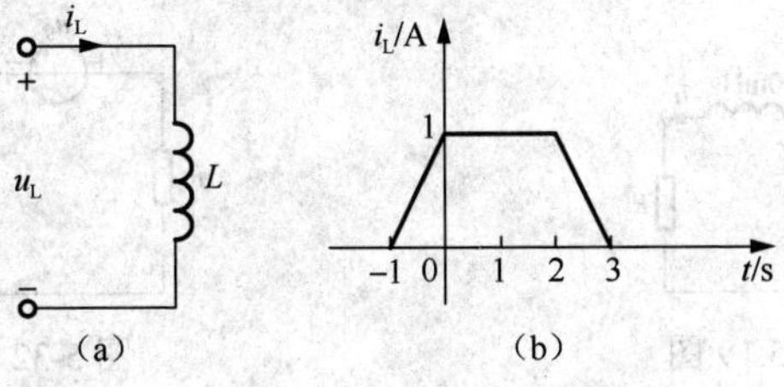

图 5-24　习题 5.12 图

5.13　已知电容 $C = 1\text{mF}$，无初始储能，通过电容的电流的波形如图 5-25 所示。试求与电流参考方向关联的电容电压，并画出波形图。

5.14　已知 $C = 1\mu\text{F}$ 电容上的电压波形如图 5-26 所示。试求电容电流，并画出波形图。

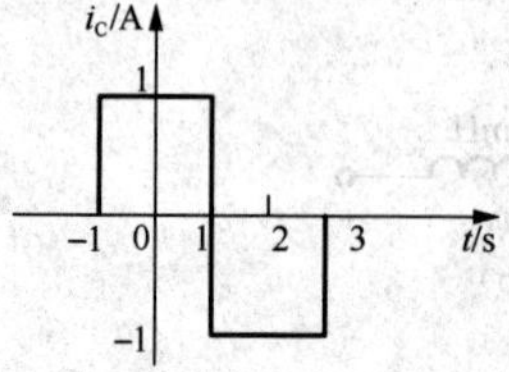

图 5-25　习题 5.13 图

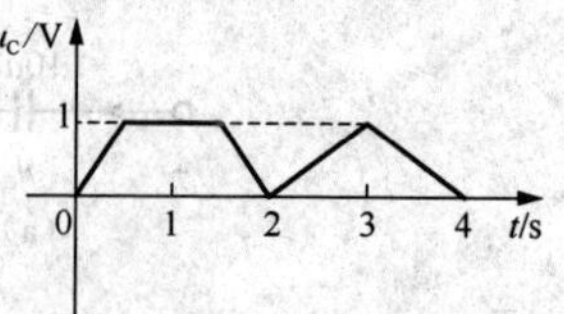

图 5-26　习题 5.14 图

5.15　已知 $L = 0.5\text{H}$ 电感上的电流波形如图 5-27 所示。试求电感电压，并画出波形图。

5.16　$C = 1\text{mF}$ 电容中电流 i_C 的波形如图 5-28 所示，已知 $t = 0$ 时的电容电压等于零。试求电容电压，并画出波形图。

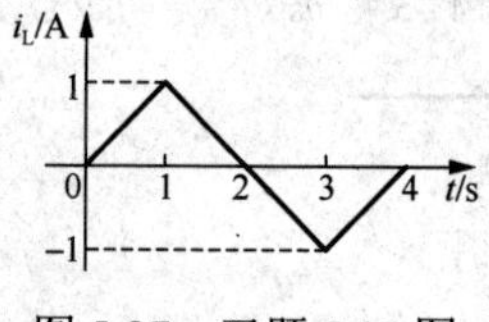

图 5-27　习题 5.15 图

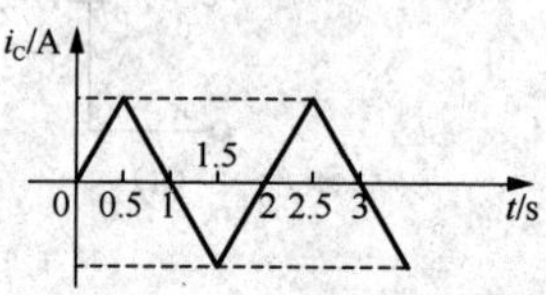

图 5-28　习题 5.16 图

5.17　$C = 2\text{pF}$ 电容中的电流波形如图 5-29 所示，已知 $u_C(0_-) = -1\text{mV}$。试求电容电压，并画出其波形。

5.18　图 5-30 所示电路处于直流稳态，计算电容和电感储存的能量。

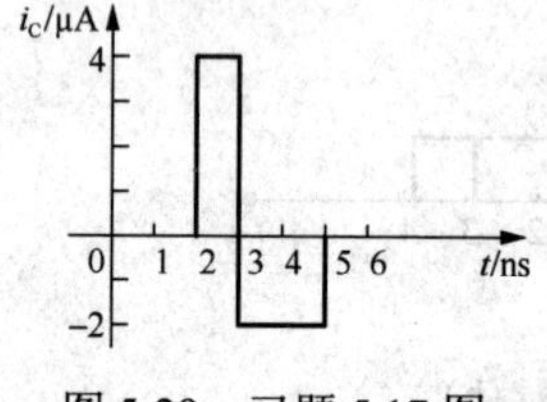

图 5-29　习题 5.17 图

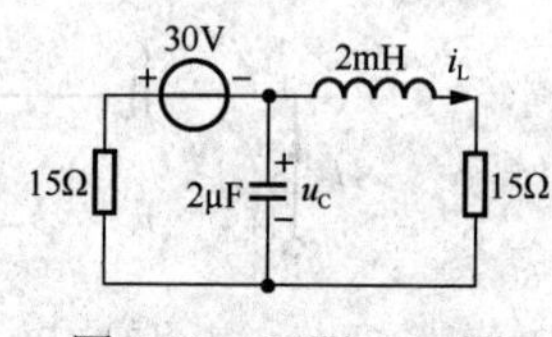

图 5-30　习题 5.18 图

5.19　图 5-31 所示电路处于直流稳态。试选择电阻 R 的电阻值，使得电容和电感储存的能量相同。

5.20　电路如图 5-32 所示，列写出以电感电流为变量的一阶微分方程。

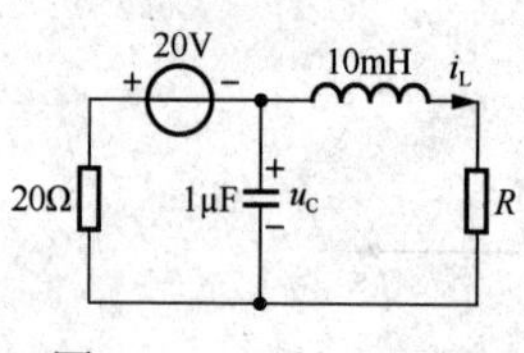

图 5-31　习题 5.19 图

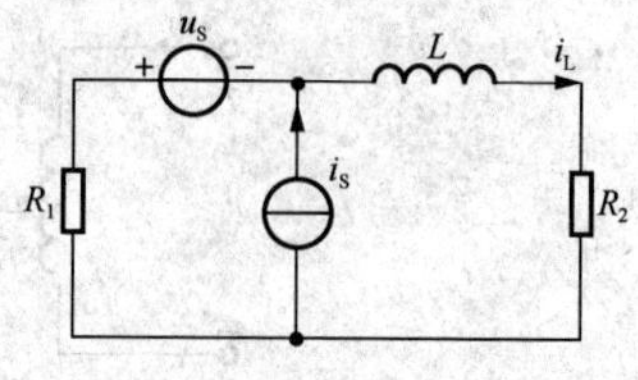

图 5-32　习题 5.20 图

5.21　电路如图 5-33 所示，列写出以电容电压为变量的二阶微分方程。

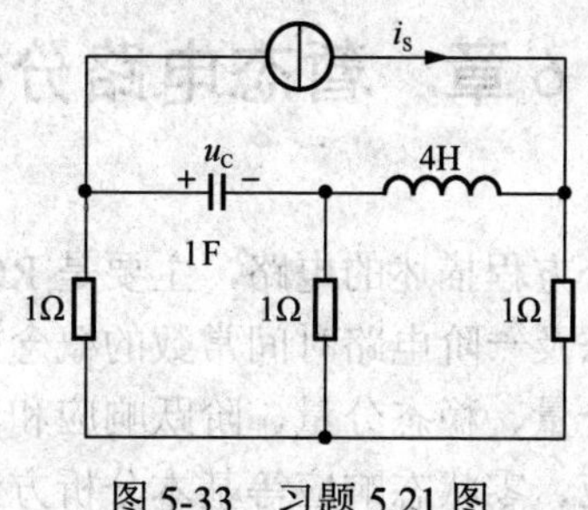

图 5-33　习题 5.21 图

5.22　利用 Multisim 仿真软件仿真习题 5.14 所示电路图，利用示波器观察电容电压波形。

5.23　利用 Multisim 仿真软件仿真习题 5.16 所示电路图，利用示波器观察电感电压波形。

5.24　利用 Multisim 仿真软件仿真习题 5.17 所示电路图，利用示波器观察电容电压波形。

5.25　利用 Multisim 仿真软件仿真习题 5.18 所示电路图，利用示波器观察电容电压波形。

5.26　图 5-34 中 $C = 2\text{F}$ 且 $u_C(0) = 0$，电容电流 i_C 的波形为 $i_C(t) = 20\sin\omega t$，利用示波器观察电容电压波形。

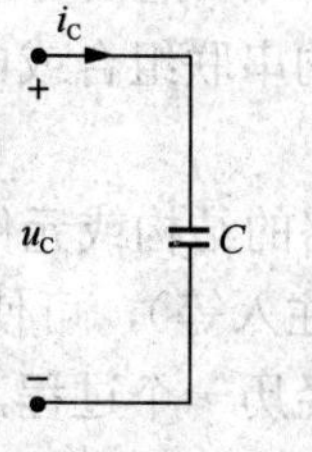

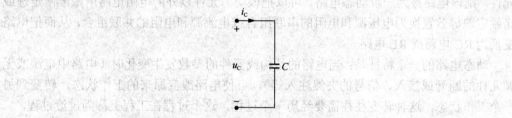

图 5-34　习题 5.26 图

第 6 章 暂态电路分析

本章讨论可以用一阶微分方程描述的电路，主要是 RC 电路和 RL 电路。除介绍求解一阶电路过渡过程的经典法及一阶电路时间常数的概念外，本章还介绍零输入响应、零状态响应、全响应、瞬态分量、稳态分量、阶跃响应和冲激响应等重要概念。同时，简单介绍二阶电路零输入响应、零状态响应等基本分析方法。

6.1 动态电路的初始条件

在第 5 章中介绍了电容元件和电感元件，这两种动态元件的电压和电流的约束关系是通过导数或积分表达的。当电路中含电容和电感时，根据 KVL 和 KCL 及元件的 VAR 建立的电路方程是以电流和电压为变量的微分方程或微分-积分方程，这不同于电阻电路。

对于含有一个电容和一个电阻或一个电感和一个电阻的电路而言，当电路中的无源元件都是线性时不变时，电路方程将是一阶线性常微分方程，相应的电路称为一阶电阻电容电路（简称 RC 电路）或一阶电阻电感电路（简称 RL 电路）。若电路仅含一个动态元件，则该电路称为一阶动态电路。可以把该动态元件以外的电阻电路用戴维南定理或诺顿定理等效置换为电压源和电阻的串联组合或电流源和电阻的并联组合，从而把电路变换为 RC 电路或 RL 电路。

动态电路的一个特征是：当电路的结构或元件的参数发生变化时（电路中电源或无源元件的断开或接入、信号的突然注入等），可使电路改变原来的工作状态，转变到另一个工作状态，这种转变往往需要经历一个过程，这个过程在工程上称为过渡过程。

电路理论中把动态电路结构或参数变化引起的电路变化统称为“换路”，并认为换路是在 $t=0$ 时刻进行的。为了叙述方便，把换路前的最终时刻记为 $t=0_-$，把换路后的最初时刻记为 $t=0_+$，换路经历的时间为 0_- 到 0_+。

分析动态电路过渡过程的方法之一是经典法：根据 KCL、KVL 和支路的 VCR 建立描述电路的方程，该方程是以时间为自变量的线性常微分方程，求解常微分方程，从而得到电路所求变量（电压或电流）。这是一种在时间域中进行的分析方法。

用经典法求解常微分方程时，必须根据电路的初始条件确定解答中的积分常数。设描述电路动态过程的微分方程为 n 阶。初始条件是指电路中所求变量（电压或电流）及其（$n-1$）阶导数在 $t=0$ 时的值，也称初始值。电容电压 u_C 和电感电流 i_L 的初始值 $u_{C(0+)}$ 和 $i_{L(0+)}$ 即称为独立的初始条件，其他的称为非独立的初始条件。

6.1.1 换路定律

电路理论中把电路中支路的接通、切断、短路，电源或电路参数的突然改变，以及电路连接方式的其他改变，统称为“换路”，并认为换路是即时完成的。换路过程被认为是在 $t=0$ 时刻瞬间完成的。显然，在 $t=0$ 之前，电路是一种状态；在 $t=0$ 之后，电路是另一种状态。为了叙述方便，规定：$t=0_-$ 表示换路前的时刻，它与 $t=0$ 时刻的间隔趋于 0；$t=0_+$ 表示换路后的时刻，它与 $t=0$ 时刻的间隔也趋于 0。设 $t=0$ 时刻电路发生换路，根据电容元件、电感元件的伏安关系，$t=0_+$ 时的电容电压 u_C 和电感电流 i_L 可分别表示为

$$\begin{cases} u_C(0_+)=u_C(0_-)+\dfrac{1}{C}\displaystyle\int_{0_-}^{0_+} i_C(\xi)\mathrm{d}\xi \\ i_L(0_+)=i_L(0_-)+\dfrac{1}{L}\displaystyle\int_{0_-}^{0_+} u_L(\xi)\mathrm{d}\xi \end{cases} \tag{6-1}$$

若在无穷小的时间区间（$0_- < t < 0_+$）内，电容电流 i_C 和电感电压 u_L 均为有限值，则式（6-1）中的积分结果为零，上式可以写成

$$\begin{cases} u_C(0_+)=u_C(0_-) \\ i_L(0_+)=i_L(0_-) \end{cases} \tag{6-2}$$

由此可知，除了电容电压及其电荷量和电感电流及其磁链不能跃变以外，其他的参量（电容电流、电感电压、电阻的电流和电压、电压源的电流、电流源的电压等）在换路瞬间都是可以跃变的。

6.1.2　变量初始值的计算

响应在换路后的最初一瞬间（t=0₊时刻）的值称为初始值。初始值组成求解电路微分方程的初始条件。电容电压的初始值 $u_{C(0+)}$ 和电感电流的初始值 $i_{L(0+)}$ 可由换路定律确定，称为独立初始值。其他可以跃变的参量的初始值可由独立初始值求出，称为相关初始值。

动态电路中电流与电压初始值的求法和步骤如下。

1. 求出 $t=0_-$ 时电感电流与电容电压的值

画出换路前 $t=0_-$ 时刻的电路。对于直流电路而言，当电路已处稳态（$i_C=0$，$u_L=0$）时，电容可用开路替代，电感可用短路替代；独立电源、电阻、受控电源保持不变，得到 $t=0_-$ 时刻的等效电路——特殊的电阻电路。由此电路求出 $u_C(0_-)$ 和 $i_L(0_-)$。对于正弦交流电路而言，则用相量法求出换路前正弦稳态电路的电容电压相量和电感电流相量，然后把电容电压相量和电感电流相量还原成时间函数 $u_C(t)$ 和 $i_L(t)$，代入 $t=0_-$，求出 $u_C(0_-)$ 和 $i_L(0_-)$。

2. 求出 $t=0_+$ 时电感电流与电容电压的值

根据式（6-2）的换路定律，求出电感电流与电容电压在 $t=0_+$ 的值，即

$$u_C(0_+)=u_C(0_-)\text{，}\quad i_L(0_+)=i_L(0_-)$$

3. $u_L(0_+)$、$i_C(0_+)$、$i_R(0_+)$、$u_R(0_+)$ 初始值的确定

（1）对较为复杂的电路可以画出换路后初始时刻 $t=0_+$ 的电路，电容用电压为 $u_C(0_+)$ 的电压源替代；电感用电流为 $i_L(0_+)$ 的电流源替代；受控电源和电阻不变；独立电压源及电流源的电压和电流取其在 $t=0_+$ 时的值，电源性质不变。由此得到 $t=0_+$ 时刻的等效电路——特殊的电阻电路。

（2）在 $t=0_+$ 等效电路中，应用 KCL、KVL 和欧姆定律等电阻电路的求解方法，即可求出 $u_L(0_+)$、$i_C(0_+)$、$i_R(0_+)$、$u_R(0_+)$ 等物理量的初始值。

例 6.1　电路如图 6-1 所示，已知 $u_S=20\text{V}$，$R=10\Omega$，$u_C(0_-)=0$，$i_L(0_-)=0$。当 $t=0$ 时闭合开关 S 后，试求 $i(0_+)$、$i_L(0_+)$、$i_C(0_+)$ 及 $u_C(0_+)$ 的值。

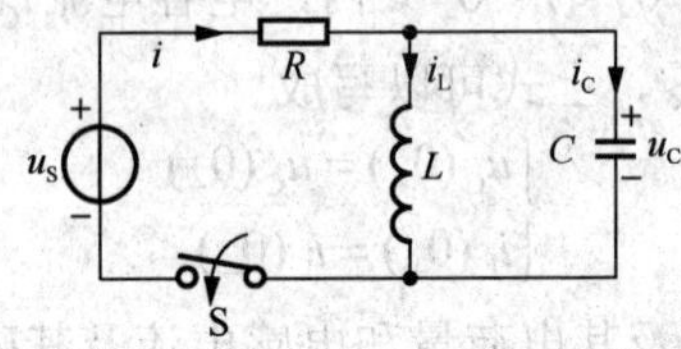

图 6-1　例 6.1 电路图

解：换路瞬间，根据换路定律，有

$$\begin{cases} u_C(0_+)=u_C(0_-)=0 \\ i_L(0_+)=i_L(0_-)=0 \end{cases}$$

电阻上的电压为

$$u_R(0_+)=u_S-u_C(0_+)=u_S=20\text{（V）}$$

则

$$i(0_+)=\frac{u_R(0_+)}{R}=\frac{u_S}{R}=\frac{20}{10}=2\text{（A）}$$

电容支路的电流为

$$i_C(0_+)=i(0_+)-i(0_-)=2\text{（A）}$$

例 6.2　电路如图 6-2 所示，开关 S 闭合前电路已处于稳态，电容 C 中无储能。已知 $u_S=20\text{V}$，$R_1=R_2=5\Omega$，$i_S=14\text{A}$，试确定开关 S 闭合后电压 u_C、u_L 和电流 i_1、i_C、i_L 的初始值。

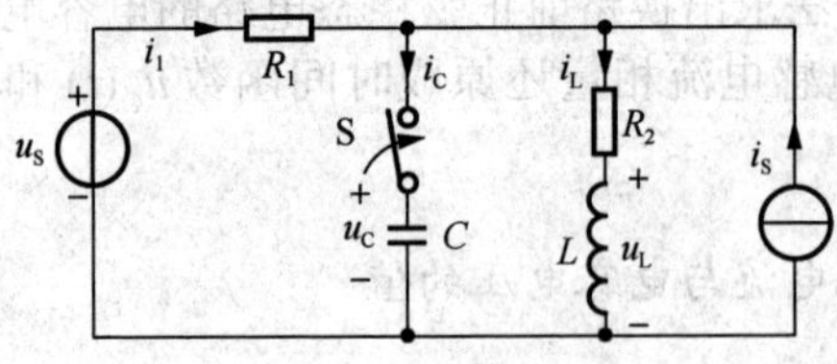

图 6-2　例 6.2 电路图

解：根据换路定律求出如下初始值：

$$u_C(0_+)=u_C(0_-)=0$$

$$i_{\rm L}(0_+)=i_{\rm L}(0_-)=\frac{u_{\rm S}}{R_1+R_2}=\frac{R_1}{R_1+R_2}i_{\rm S}=9\text{（A）}$$

$$i_1(0_+)=\frac{u_{\rm S}}{R_1}=\frac{20}{5}=4\text{（A）}$$

$$i_{\rm C}(0_+)=i_1(0_+)+i_{\rm S}-i_{\rm L}(0_+)=4+14-9=9\text{（A）}$$

$$u_{\rm L}(0_+)=-i_{\rm L}(0_+)R_2=-9\times5=-45\text{（A）}$$

6.2　一阶电路的零输入响应

可用一阶微分方程描述的电路称为一阶电路。除电源（电压源或电流源）及电阻元件外，只含有一个储能元件（电容或电感）的电路都是一阶电路。

含有储能元件的电路与电阻性电路不同。电阻性电路中没有独立电源就没有响应，而含有储能元件时，即使没有独立电源，只要储能元件的初始储能不为零，就由其初始储能引起响应。由于在这种情况下电路中并无外电源输入，即输入为零，因而电路中引起的电压或电流就称为电路的零输入响应。

6.2.1　一阶 RC 电路的零输入响应

一阶电路仅有一个动态元件（电容或电感），如果在换路瞬间动态元件已储存能量（电能或磁能），那么即使电路中无外加激励电源，换路后，电路中的动态元件将通过电路放电在电路中产生响应（电流或电压），即零输入响应。

图 6-3 所示电路中，在 $t<0$ 时开关 S 在位置 1，电容被电流源充电，电路已经处于稳态，电容电压 $u_{\rm C}(0_-)=R_0I_{\rm S}$；在 $t=0$ 时开关 S 由位置 1 扳向位置 2，这样在 $t\geqslant0$ 时电容将对电阻 R 放电，从而在电路中形成电流 i。在 $t\geqslant0$ 后，电路中无电源作用，电路的响应均是由电容的初始储能产生的，电容元件储存的能量逐渐被电阻 R 消耗，属于零输入响应。

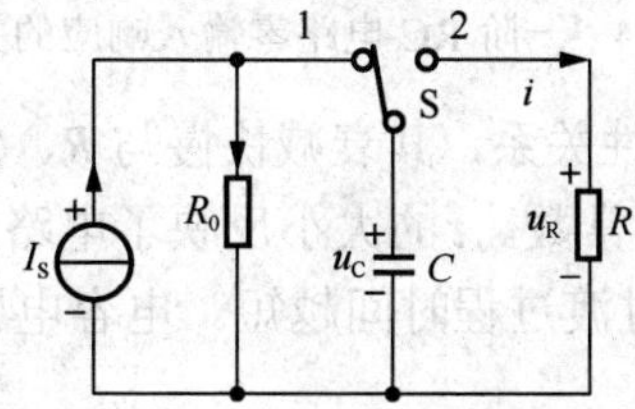

图 6-3　一阶 RC 电路的零输入响应

换路前电路已经处于稳定状态，电容充电完毕，此时 $u_{\rm C}(0_-)=R_0I_{\rm S}=U_0$。

换路后，根据 KVL，有

$$-u_{\rm R}+u_{\rm C}=0 \tag{6-3}$$

将 $i=-C\dfrac{{\rm d}u_{\rm C}}{{\rm d}t}$ 代入式（6-3）中，可得微分方程如下：

$$\begin{cases} RC\dfrac{du_C}{dt}+u_C=0 \\ u_C(0_+)=R_0I_S=U_0 \end{cases}$$

特征方程为

$$RCp+1=0$$

其特征根为

$$p=-\frac{1}{RC}$$

则方程的通解为

$$u_C=Ae^{pt}=Ae^{-\frac{1}{RC}t}$$

代入初始值得

$$A=u_C(0_+)=U_0$$

因此，电容电压为

$$u_C=u_C(0_+)e^{-\frac{t}{RC}}=U_0e^{-\frac{t}{RC}} \qquad (t\geqslant 0)$$

放电电流为

$$i=\frac{u_C}{R}=\frac{U_0}{R}e^{-\frac{t}{RC}} \qquad (t\geqslant 0)$$

综合以上各式可以得出如下结论：

（1）电压、电流是随时间按同一指数规律衰减的函数，如图 6-4 所示。

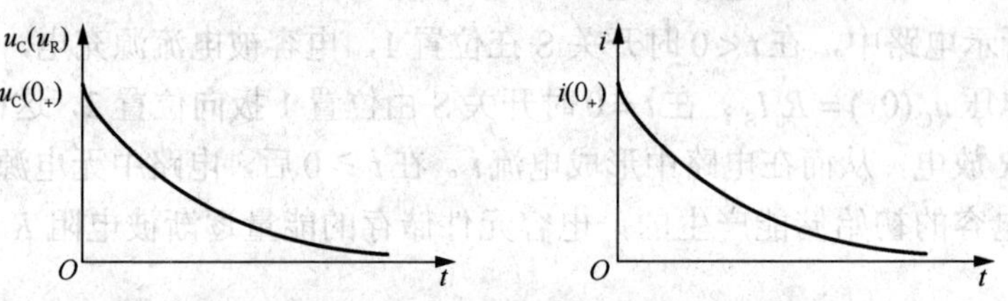

图 6-4　一阶 RC 电路零输入响应的关系

（2）响应与初始状态成线性关系，其衰减快慢与 R、C 有关。令 $\tau=RC$，τ 的量纲为秒，τ 称为一阶 RC 电路的时间常数。τ 的大小反映了电路过渡过程时间的长短，τ 越大，过渡过程时间越长；τ 越小，过渡过程时间越短。电容电压与 τ 的关系见表 6-1。

表 6-1　电容电压与 τ 的关系

t	0	τ	2τ	3τ	5τ
$u_C=u_0e^{-\frac{t}{\tau}}$	u_0	u_0e^{-1}	u_0e^{-2}	u_0e^{-3}	u_0e^{-5}
	u_0	$0.368u_0$	$0.135u_0$	$0.05u_0$	$0.007u_0$

表中的数据表明，经过一个时间常数 τ，电容电压衰减到原来电压的 36.8%。因此，工程上认为经过 3τ～5τ 过渡过程结束。

（3）在放电过程中，电容不断放出能量被电阻所消耗，最后储存在电容中的电场能量全部被电阻吸收而转换成热能，即

$$W_R = \int_0^\infty i^2 R\mathrm{d}t = \int_0^\infty \left(\frac{U_0}{R}\mathrm{e}^{-\frac{t}{RC}}\right)^2 R\mathrm{d}t = \frac{U_0^2}{R}\left(-\frac{RC}{2}\mathrm{e}^{-\frac{t}{RC}}\right)\Bigg|_0^\infty = \frac{1}{2}CU_0^2$$

例 6.3　图 6-5（a）所示电路中，开关 S 原在位置 1 且电路已达稳态。在 $t=0$ 时开关由位置 1 合向位置 2，试求 $t \geqslant 0$ 时的电流 $i(t)$。

解：首先求得

$$u_C(0_-) = \frac{10\times 4}{2+4+4} = 4\text{（V）}$$

$$u_C(0_+) = u_C(0_-) = 4\text{（V）}$$

换路后，电路如图 6-5（b）所示。电容通过电阻 R_1、R_2 放电，由于 R_1、R_2 为并联，设等效电阻为 R'，则有

$$R' = \frac{R_1 R_2}{R_1 + R_2} = 2\text{（Ω）}$$

$$\tau = R'C = 2\text{（s）}$$

则

$$u_C = u_C(0_+)\mathrm{e}^{-\frac{t}{\tau}} = 4\mathrm{e}^{-0.5t}\text{（V）}$$

$$i = -\frac{u_C(t)}{4} = -\mathrm{e}^{-0.5t}\text{（A）}$$

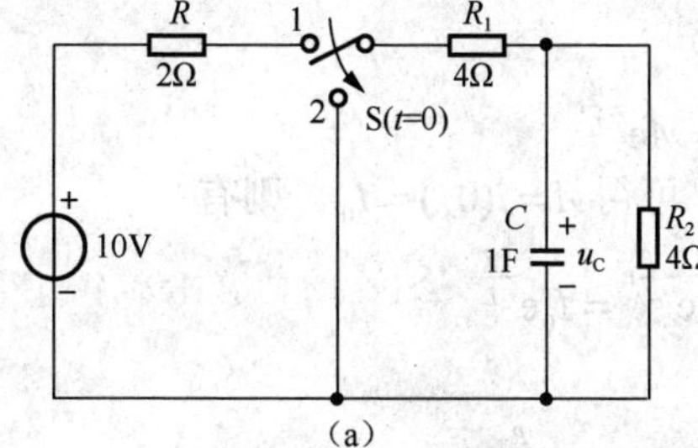

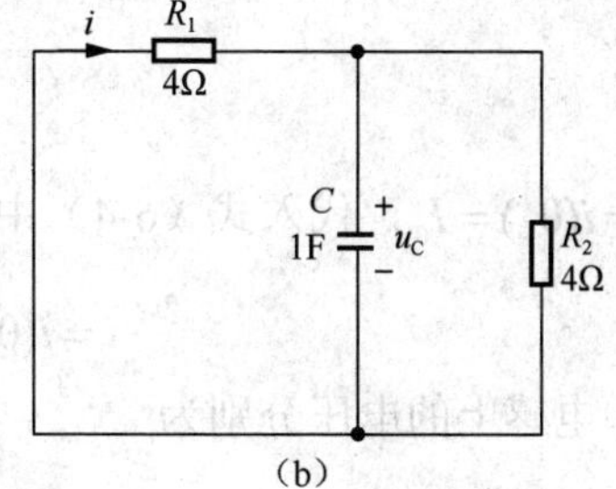

图 6-5　例 6.3 图

6.2.2　一阶 RL 电路的零输入响应

图 6-6（a）所示电路中，在开关 S 动作之前，电路的电压和电流恒定不变，电感电流 $I_0 = \frac{U_0}{R_0} = i(0_-)$。在 $t=0$ 时开关由位置 1 合到位置 2，具有初始电流 I_0 的电感 L 和电阻 R 相连接，构成一个闭合回路，如图 6-6（b）所示。在 $t>0$ 时，放电回路中的电流及电压均是由电感 L 的初始储能产生的，电感元件储存的能量逐渐被电阻 R 消耗，属于零输入响应。

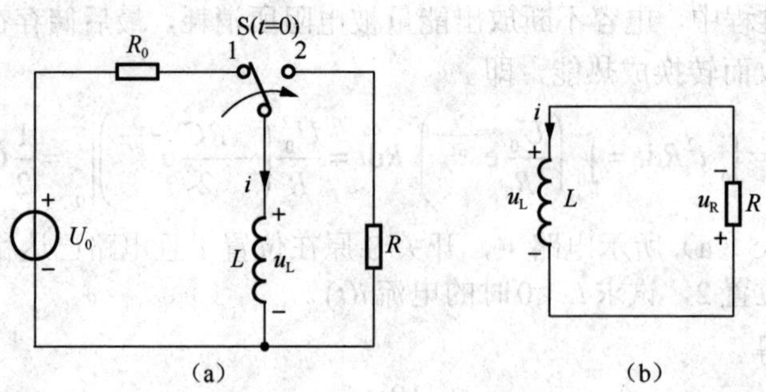

图 6-6　一阶 RL 电路的零输入响应

根据 KVL，有

$$u_R + u_L = 0$$

而 $u_R = Ri$，$u_L = L\dfrac{di}{dt}$，则电路的微分方程为

$$L\frac{di}{dt} + Ri = 0$$

上式是一个一阶齐次微分方程。令 $i = Ae^{pt}$，得到相应的特征方程为

$$Lp + R = 0$$

其特征根为

$$p = -\frac{R}{L}$$

则电流为

$$i = Ae^{-\frac{R}{L}t} \tag{6-4}$$

$i(0_+) = i(0_-) = I_0$，代入式（6-4）中，可得 $A = i(0_+) = I_0$，则有

$$i = i(0_+)e^{-\frac{R}{L}t} = I_0e^{-\frac{R}{L}t}$$

电阻和电感上的电压分别为

$$u_R = Ri = RI_0e^{-\frac{R}{L}t}$$

$$u_L = L\frac{di}{dt} = -RI_0e^{-\frac{R}{L}t}$$

与 RC 电路类似，令 $\tau = \dfrac{L}{R}$，τ 称为一阶 RL 电路的时间常数，则上述各式可改写为

$$i = I_0e^{-\frac{t}{\tau}}$$

$$u_R = RI_0e^{-\frac{t}{\tau}}$$

$$u_L = -RI_0e^{-\frac{t}{\tau}}$$

图 6-7 所示曲线分别为 i、u_L 和 u_R 随时间变化的曲线。

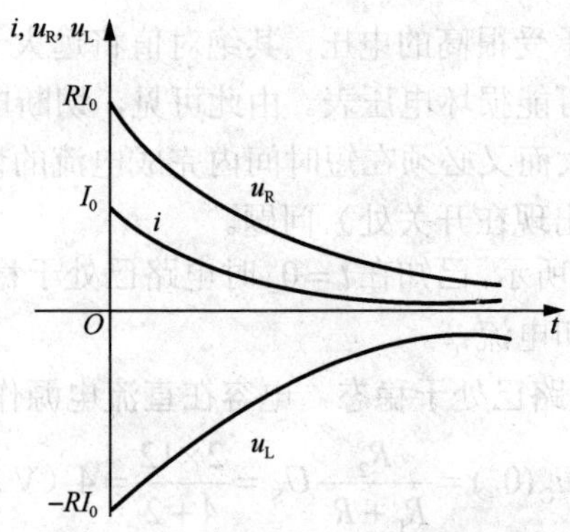

图 6-7　RL 电路的零输入响应曲线

例 6.4　图 6-8 所示是一台 300kW 汽轮发电机的励磁回路。已知励磁绕组的电阻 R=0.189Ω，电感 L=0.398H，直流电压 U=35V。电压表的量程为 50V，内阻 R_V=5kΩ。开关未断开时，电路中电流已经恒定不变。在 t=0 时，断开开关。试求：

（1）电阻电感回路的时间常数。

（2）电流 i 的初始值和开关断开后电流 i 的最终值。

（3）电流 i 和电压表处的电压 u_V。

（4）开关刚断开时电压表处的电压。

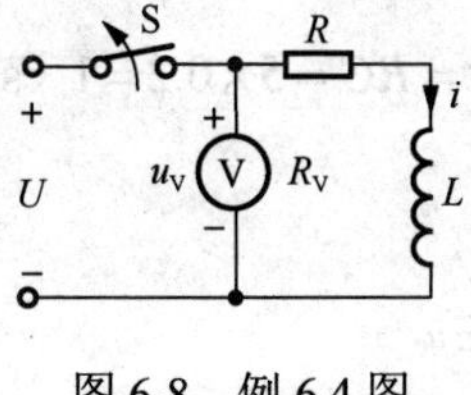

图 6-8　例 6.4 图

解：（1）时间常数为

$$\tau = \frac{L}{R+R_V} = \frac{0.398}{0.189+5\times10^3} = 79.6\text{（μs）}$$

（2）开关断开前，由于电流已经恒定不变，电感 L 两端的电压为零，则

$$i(0_-) = \frac{U}{R} = \frac{35}{0.189} = 185.2\text{（A）}$$

由于电感电流不能跃变，电流的初始值为

$$i(0_+) = i(0_-) = 185.2\text{（A）}$$

（3）由 $i = i(0_+)\mathrm{e}^{-\frac{t}{\tau}}$，可得

$$i = 185.2\mathrm{e}^{-12563t}\text{（A）}$$

电压表处的电压为

$$u_V = -R_V i = -5\times10^3\times185.2\mathrm{e}^{-12563t}\text{（V）} = -926\mathrm{e}^{-12563t}\text{（kV）}$$

（4）开关刚断开时，电压表处的电压为

$$u_V(0_+) = -926\text{（kV）}$$

在这个时刻电压表要承受很高的电压，其绝对值将远大于直流电源的电压 U，而且初始瞬间的电流也很大，可能损坏电压表。由此可见，切断电感电流时必须考虑磁场能量的释放。若磁场能量较大而又必须在短时间内完成电流的切断，则必须考虑如何避免因此而出现的电弧（一般出现在开关处）问题。

例 6.5　电路如图 6-9 所示，已知在 $t=0_-$ 时电路已处于稳态，在 $t=0$ 时开关 S 打开。求 $t\geqslant 0$ 时的电压 u_C、u_R 和电流 i_C。

解：已知在 $t=0_-$ 时电路已处于稳态，电容在直流电源作用下相当于开路，则

$$u_C(0_-)=\frac{R_2}{R_1+R_2}U_S=\frac{2\times 12}{4+2}=4\ (\text{V})$$

由换路定律，得

$$u_C(0_+)=u_C(0_-)=4\ (\text{V})$$

作出 $t\geqslant 0$ 等效电路图如图 6-10 所示，电容用 4V 电压源代替。

由此可得

$$i_C(0_+)=-\frac{u_C(0_+)}{R_2+R_3}=-\frac{4}{2+3}=-0.8\ (\text{A})$$

回路中的等效电阻为

$$R=R_2+R_3=3+2=5\ (\Omega)$$

时间常数为

$$\tau=RC=5\times 0.2=1\ (\text{s})$$

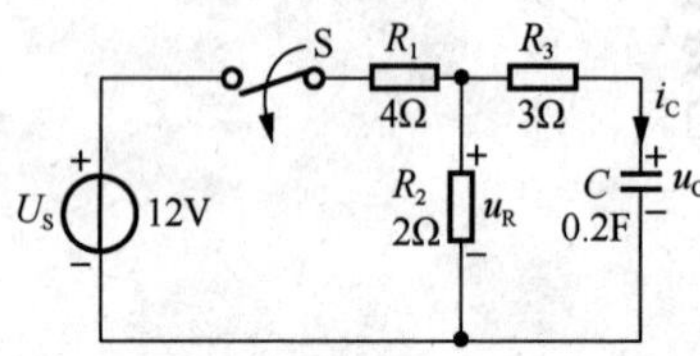

图 6-9　例 6.5 电路图

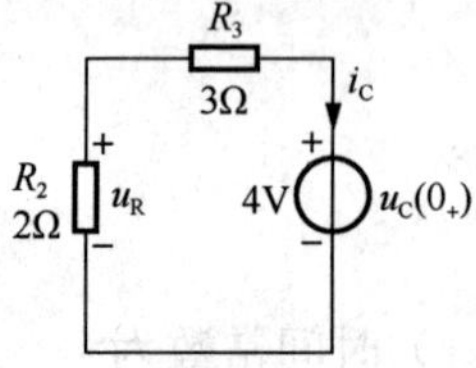

图 6-10　$t\geqslant 0$ 等效电路

计算零输入响应，得

$$u_C=u_C(0_+)e^{-\frac{t}{\tau}}=4e^{-t}\ (\text{V})\qquad (t\geqslant 0)$$

$$u_R=\frac{u_C}{R_2+R_3}\times R_2=\frac{4e^{-t}}{2+3}\times 2=1.6e^{-t}\ (\text{V})\qquad (t\geqslant 0)$$

$$i_C=-\frac{u_C}{R_2+R_3}=\frac{4e^{-t}}{2+3}=-0.8e^{-t}\ (\text{V})\qquad (t\geqslant 0)$$

通过以上分析，可得出如下结论。

（1）一阶电路的零输入响应是由储能元件的初始值引起的响应，都是由初始值衰减为零的指数衰减函数，其一般表达式可以写为

$$y_x(t)=y_x(0_+)e^{-\frac{t}{\tau}}\qquad (t\geqslant 0)\tag{6-5}$$

式中，$y_x(0_+)$ 表示零输入响应的初始值；一阶 RC 电路 $\tau=RC$，一阶 RL 电路 $\tau=L/R$；R

为与动态元件相连的一端口电路的等效电阻。

（2）零输入响应的衰减快慢取决于时间常数τ，τ越大，电路零输入响应衰减越慢，暂态过程进展就越慢，$t \to \infty$，暂态过程结束，电路达到新的稳态。

（3）同一电路中所有响应具有相同的时间常数。

（4）一阶电路的零输入响应和初始值成正比，称为零输入线性。

用经典法求解一阶电路零输入响应的步骤：

（1）根据基尔霍夫定律和元件特性列写出换路后的电路微分方程，该方程为一阶线性齐次常微分方程。

（2）由特征方程求出特征根。

（3）根据初始值确定积分常数，从而得到方程的解。

总结分析一阶 RC 电路和一阶 RL 电路的零输入响应，得出求解一阶电路零输入响应的规律如下：

① 从物理意义上说，零输入响应是在零输入时非零初始状态下产生的，它取决于电路的初始状态，也取决于电路的特性。对一阶电路来说，它是通过时间常数τ或电路固有频率来体现的。

② 从数学意义上说，零输入响应就是线性齐次常微分方程在非零初始条件下的解。

③ 在激励为零时，线性电路的零输入响应与电路的初始状态成线性关系，初始状态可以看作电路的“激励”或“输入信号”。若初始状态增大 A 倍，则零输入响应也增大 A 倍，这种关系称为零输入线性。

6.3　一阶电路的零状态响应

一阶电路的零状态响应是指动态元件初始能量为零，$t>0$ 后由电路中外加输入激励作用所产生的响应。用经典法求一阶电路零状态响应的步骤与求一阶电路零输入响应的步骤相似，区别在于零状态响应的方程是非齐次的。

6.3.1　一阶 RC 电路的零状态响应

电路如图 6-11 所示，在$t=0$时开关闭合，问i、u_R、u_C如何变化？

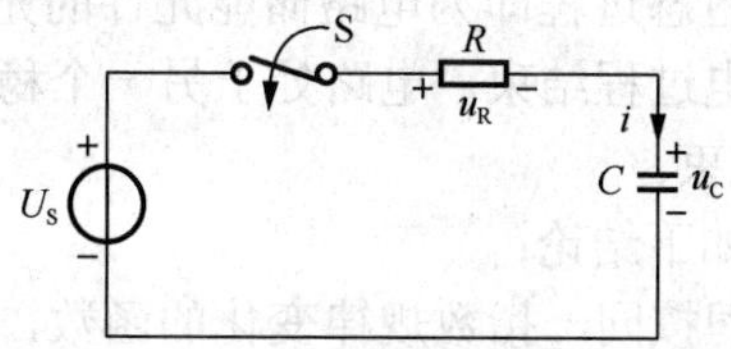

图 6-11　一阶 RC 电路的零状态响应

物理过程分析如下：

$u_C(0_+)=u_C(0_-)=u_C(0)=0$。这就是说，当$t=0$时电容相当于短路，直流电压全部落在电阻 R 上，电流$i(0_+)=\dfrac{U_S}{R}$。但是电流一经流动，就必然在电容极板上产生电荷堆积，$q=Cu_C$。然而总电压U_S不变，电阻 R 上压降必然减小，从而电流$i=\frac{u_R}{R}$减小……最终，$u_C \to U_S$，$i \to 0$，充电停止，电路达到另外一个稳态，此时电容相当于开路。

图 6-11 所示 RC 充电电路在开关闭合前处于零初始状态，即电容电压$u(0_-)=0$，开关闭合后，根据 KVL，可得

$$u_R + u_C = U_S \tag{6-6}$$

把$i=C\frac{du_C}{dt}$，$u_R=Ri$代入式（6-6）中，可得微分方程：

$$RC\frac{du_C}{dt}+u_C=U_S$$

其解答形式为

$$u_C=u_C'+u_C''$$

式中，u_C''为特解，也称强制分量或稳态分量，是与输入激励的变化规律有关的量。通过设微分方程中的导数项等于 0，可以得到任何微分方程的直流稳态分量，上述方程满足$u_C''=U_S$。另一个计算直流稳态分量的方法是在直流稳态条件下，把电感看成短路、电容视为开路，再加以求解。u_C'为齐次方程的通解，也称自由分量或暂态分量。方程$RC\frac{du_C}{dt}+u_C=0$的通解为

$$u_C'=Ae^{-\frac{t}{RC}}$$

则

$$u_C(t)=u_C'+u_C''=U_S+Ae^{-\frac{t}{RC}}$$

由初始条件$u_C(0_+)=u_C(0_-)=u_C(0)=0$，得积分常数$A=-U_S$。

则

$$u_C=U_S-U_Se^{-\frac{t}{RC}}=U_S(1-e^{-\frac{t}{RC}}) \qquad (t \geqslant 0) \tag{6-7}$$

$$i=C\frac{du_C}{dt}=\frac{U_S}{R}e^{-\frac{t}{RC}}$$

从上式可以求得电流。

实际上，零状态响应的暂态过程即为电路储能元件的充电过程。当时间$t\to\infty$时，电容电压趋近于充电值，充电过程结束，电路处于另一个稳态。在工程中，常常认为电路经过3τ～5τ时间后充电结束。

综合以上各式可以得出如下结论：

（1）电压、电流是随时间按同一指数规律变化的函数，电容电压由两部分构成：稳态分量（强制分量）+暂态分量（自由分量）。

（2）响应变化的快慢，由时间常数$\tau=RC$决定。τ大，充电慢；τ小，充电快。电路进入新的稳态后，电容视为开路，电流$i_C(\infty)=0$，电压$u_C(\infty)=U_S$。

（3）响应与外加激励成线性关系。

特别注意：在整个充电过程中，电源提供的能量、电阻消耗的能量、电容储存的能

量有下列关系：

$$W_S = \int_0^{\infty} U_S i \mathrm{d}i = \frac{U_S^2}{R}\int_0^{\infty} \mathrm{e}^{-\frac{t}{\tau}} \mathrm{d}t = CU_S^2$$

$$W_R = \int_0^{\infty} U_R i \mathrm{d}i = \frac{U_S^2}{R}\int_0^{\infty} \mathrm{e}^{-\frac{2t}{\tau}} \mathrm{d}t = \frac{1}{2}CU_S^2$$

$$\begin{aligned} W_C &= \int_0^{\infty} U_C i \mathrm{d}i = \frac{U_S^2}{R}\int_0^{\infty} \mathrm{e}^{-\frac{t}{\tau}}(1-\mathrm{e}^{-\frac{t}{\tau}}) \mathrm{d}t \\ &= \frac{U_S^2}{R}\int_0^{\infty} \mathrm{e}^{-\frac{t}{\tau}} \mathrm{d}t - \frac{U_S^2}{R}\int_0^{\infty} \mathrm{e}^{-2\frac{t}{\tau}} \mathrm{d}t \\ &= W_S - W_R = \frac{1}{2}CU_S^2 \end{aligned}$$

以上各式说明，不论电容 C 和电阻 R 的取值有多大，在充电过程中，电源提供的一半能量转变成电场能量存储于电容中，另一半则被电阻 R 消耗掉了，即充电效率仅有 50%。

6.3.2　一阶 RL 电路的零状态响应

用类似方法分析图 6-12 所示的 RL 电路。

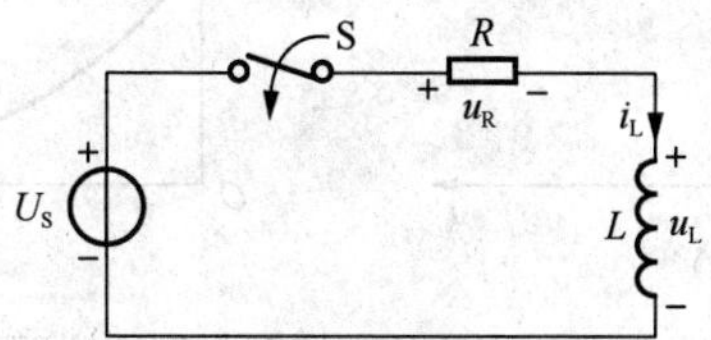

图 6-12　一阶 RL 电路的零状态响应

电路在开关闭合前处于零初始状态，即电感电流 $i_L(0_-)=0$。开关闭合后，根据 KVL，可得

$$u_R + u_L = U_S$$

物理过程分析如下：

在有限电压前提下，电流不能跃变，$i_L(0_+)=i_L(0_-)=i_L(0)=0$，即 $u_R(0_+)=Ri_L(0_+)=0$。换路瞬间，U_S 全部落在电感 L 上，即 $u_L(0_+)=U_S$。换句话说，此时 L 相当于开路。但是电流一经流动，就必然在电阻 R 上产生压降，总电压 U_S 不变，L 上压降必然减小。最终，电流趋于最大值 U_S/R，U_S 全部降在 R 上，此时电感相当于短路，电路达到另外一个稳态。

换路后，根据 KVL 列写回路方程为

$$u_L + u_R = U_S \tag{6-8}$$

把 $u_L = L\dfrac{\mathrm{d}i_L}{\mathrm{d}t}$，$u_R = Ri_L$ 代入式（6-8）中，可得微分方程如下：

$$L\frac{\mathrm{d}i_L}{\mathrm{d}t} + Ri_L = U_S$$

其解答形式为

$$i_L = i_L' + i_L''$$

令导数为零，得稳态分量为

$$i_L'' = \frac{U_S}{R}$$

则

$$i_L = \frac{U_S}{R} + A\mathrm{e}^{-\frac{R}{L}t}$$

由初始条件 $i_L(0_+) = 0$，得积分常数 $A = -\frac{U_S}{R}$，则

$$i_L = \frac{U_S}{R}\left(1 - \mathrm{e}^{-\frac{R}{L}t}\right) = \frac{U_S}{R}\left(1 - \mathrm{e}^{-\frac{t}{\tau}}\right), \quad u_L = L\frac{\mathrm{d}i_L}{\mathrm{d}t} = U_S\mathrm{e}^{-\frac{R}{L}t} = U_S\mathrm{e}^{-\frac{t}{\tau}}$$

此时时间常数 $\tau = \frac{L}{R}$，单位是秒。

电感的电流和电压波形图如图 6-13 所示。

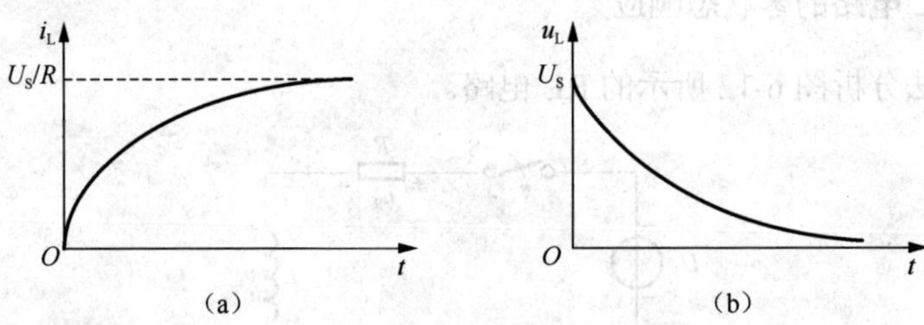

图 6-13 电感的电流和电压波形图

可见，在换路后的瞬间，$i_L(0_+) = i_L(0_-) = 0$，电感相当于开路，$u_L(0_+) = U_S$，$u_R(0_+) = 0$。随着时间的增长，充电电流按指数规律增大，u_R 也随之增大，但 u_L 逐渐减小。在经过 $3\tau \sim 5\tau$ 时间后，充电过程结束，电路达到新的稳态。此时电感相当于短路，其电流 $i_L(\infty) = \frac{U_S}{R}$，电压 $u_L(\infty) = 0$，$u_R(\infty) = U_S$。实际上，零状态响应的暂态过程即为电路储能元件的充电过程。当时间 $t \to \infty$ 时，电感电流趋近于充电值，充电过程结束，电路处于另一个稳态。在工程中，常常认为电路经过 $3\tau \sim 5\tau$ 时间后充电结束。

若用 $y_x(t)$ 表示电路的零状态响应，并将电路达到新的稳态时记为 $y_x(\infty)$，则一阶电路的零状态响应可统一表示为

$$y_x(t) = y_x(\infty)\left(1 - \mathrm{e}^{-\frac{t}{\tau}}\right)$$

总结分析一阶 RC 电路和一阶 RL 电路的零状态响应，得出求解一阶电路零状态响应的规律如下：

① 从物理意义上说，电路的零状态响应是由外加激励和电路特性决定的。一阶电路零状态响应反映的物理过程，实质上是动态元件的储能从无到有逐渐增加的过程，电容电压或电感电流都是从零值开始按指数规律上升到稳态值，上升的快慢由时间常数 τ 决定。

② 从数学意义上说，零状态响应就是线性非齐次常微分方程在零初始条件下的解。

③ 当系统的起始状态为零时，线性电路的零状态响应与外加激励成线性关系，即激励增大到 A 倍，响应也增大到 A 倍。在多个独立电源作用时，总的零状态响应为各独立电源分别作用的响应的总和，这就是“零状态线性”。

例 6.6　如图 6-14 所示电路，在 $t=0$ 时闭合开关 S，已知 $u_C(0)=0$，试求：（1）电容电压和电流。（2）电容充电至 $u_C=80\text{V}$ 时所花费的时间 t。

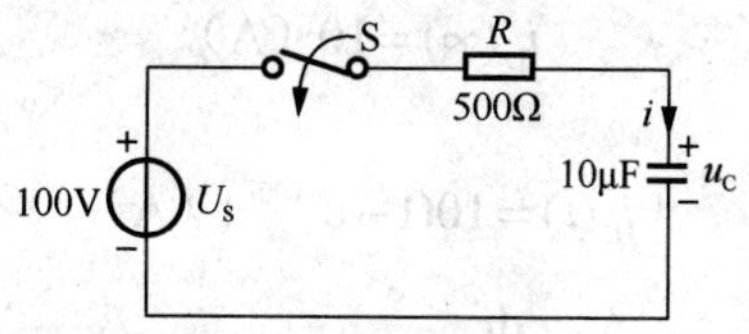

图 6-14　例 6.6 图

解：（1）这是一个 RC 电路零状态响应问题，时间常数为

$$\tau = RC = 500\times10^{-5}\text{（s）}$$

$$u_C(\infty)=U_S=100\text{（V）}$$

$t>0$ 后，电容电压为

$$u_C = u_C(\infty)\left(1-e^{-\frac{t}{RC}}\right)=U_S\left(1-e^{-\frac{t}{RC}}\right)=100(1-e^{-200t})\text{（V）}\qquad(t\geqslant0)$$

充电电流为

$$i=C\frac{du_C}{dt}=\frac{U_S}{R}e^{-\frac{t}{RC}}=0.2e^{-200t}\text{（A）}$$

（2）设经过 t_1 秒，$u_C=80\text{V}$，则有

$$80=100(1-e^{-200t_1})$$

解得 $t_1=8.045\text{ms}$。

例 6.7　图 6-15 所示电路原本处于稳定状态，在 $t=0$ 时打开开关 S，求 $t\geqslant0$ 后 i_L 和 u_L 的变化规律。

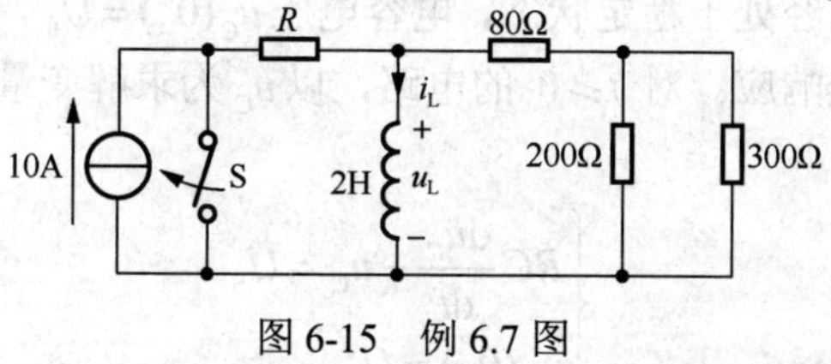

图 6-15　例 6.7 图

解：这是一个 RL 电路零状态响应问题，$t\geqslant0$ 后的等效电路图如图 6-16 所示。

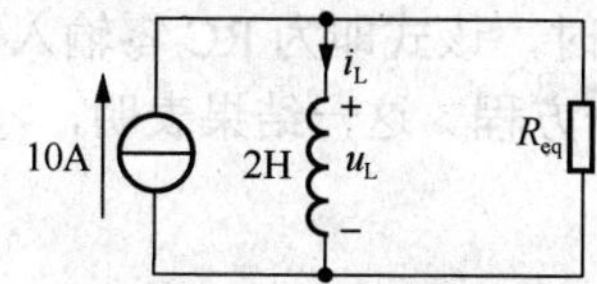

图 6-16　$t\geqslant0$ 后的等效电路图

其中

$$R_{\mathrm{eq}} = 80 + 200 // 300 = 200\ (\Omega)$$

因此时间常数为

$$\tau = \frac{L}{R_{\mathrm{eq}}} = \frac{2}{200} = 0.01\ (\mathrm{s})$$

把电感短路，得到电感电流的稳态解为

$$i_{\mathrm{L}}(\infty) = 10\ (\mathrm{A})$$

则

$$i_{\mathrm{L}}(t) = 10(1 - \mathrm{e}^{-100t})\ (\mathrm{A})$$

$$u_{\mathrm{L}} = L\frac{\mathrm{d}i_{\mathrm{L}}}{\mathrm{d}t} = 2000\mathrm{e}^{-100t}\ (\mathrm{V})$$

6.4 一阶电路的全响应

由电路动态元件的初始状态和外加激励共同作用而产生的响应，称为全响应。

6.4.1 电路求解过程

一阶 RC 全响应电路图如图 6-17 所示。

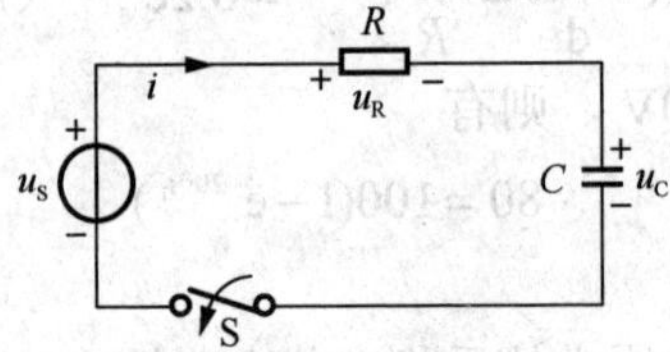

图 6-17 一阶 RC 全响应电路图

开关闭合前电路已经处于稳定状态，电容电压 $u_{\mathrm{C}}(0_-) = U_0$，在 $t = 0$ 时开关闭合，显然电路中的响应属于全响应。对 $t \geqslant 0$ 的电路，以 u_{C} 为求解变量可以列写出描述电路的微分方程如下：

$$\begin{cases} RC\dfrac{\mathrm{d}u_{\mathrm{C}}}{\mathrm{d}t} + u_{\mathrm{C}} = U_{\mathrm{S}} \\ u_{\mathrm{C}}(0_+) = U_0 \end{cases} \tag{6-9}$$

将式（6-9）与描述零状态电路的微分方程进行比较，两者仅有初始条件不同。分析式（6-9）可知，当 $U_{\mathrm{S}} = 0$ 时，该式即为 RC 零输入电路的微分方程；当 $U_0 = 0$ 时，该式即为 RC 零状态电路的微分方程。这一结果表明，零输入响应和零状态响应都是全响应的一种特殊情况。

具体求解过程如下：

电路微分方程为

$$RC\frac{\mathrm{d}u_{\mathrm{C}}}{\mathrm{d}t}+u_{\mathrm{C}}=U_{\mathrm{S}}$$

方程的解为

$$u_{\mathrm{C}}(t)=u_{\mathrm{C}}'+u_{\mathrm{C}}''$$

令微分方程的导数为零，得到稳态解为

$$u_{\mathrm{C}}''=U_{\mathrm{S}}$$

暂态解为

$$u_{\mathrm{C}}'=A\mathrm{e}^{-\frac{t}{\tau}}$$

其中，$\tau=RC$，则

$$u_{\mathrm{C}}=U_{\mathrm{S}}+A\mathrm{e}^{-\frac{t}{\tau}}\quad(t\geqslant 0)\tag{6-10}$$

由初始值确定常数 A。已知电容原本充有电压，则有

$$u_{\mathrm{C}}(0_-)=u_{\mathrm{C}}(0_+)=U_0$$

代入方程（6-10）中，可得

$$u_{\mathrm{C}}(0_+)=A+U_{\mathrm{S}}=U_0$$

解得

$$A=U_0-U_{\mathrm{S}}$$

因此电路的全响应为

$$u_{\mathrm{C}}=U_{\mathrm{S}}+A\mathrm{e}^{-\frac{t}{\tau}}=U_{\mathrm{S}}+(U_0-U_{\mathrm{S}})\mathrm{e}^{-\frac{t}{\tau}}\qquad(t\geqslant 0)\tag{6-11}$$

6.4.2　全响应的两种分解方式

（1）式（6-11）的第一项是电路的稳态解，第二项是电路的暂态解，因此一阶电路的全响应可以看作稳态解加暂态解，即

全响应=强制分量（稳态解）+自由分量（暂态解）

（2）式（6-11）可改写为

$$u_{\mathrm{C}}=U_{\mathrm{S}}\left(1-\mathrm{e}^{-\frac{t}{\tau}}\right)+U_0\mathrm{e}^{-\frac{t}{\tau}}\qquad(t\geqslant 0)$$

显然上式的第一项是电路的零状态解，第二项是电路的零输入解，因此一阶电路的全响应也可以看作零状态解和零输入解的叠加，即

全响应 ＝ 零状态响应 ＋ 零输入响应

电路的激励有两种，外加的输入信号和储能元件的初始储能。根据线性电路的叠加性，电路的响应是这两种激励各自产生响应的叠加。

此种分解方式便于叠加计算，如图 6-18 所示。

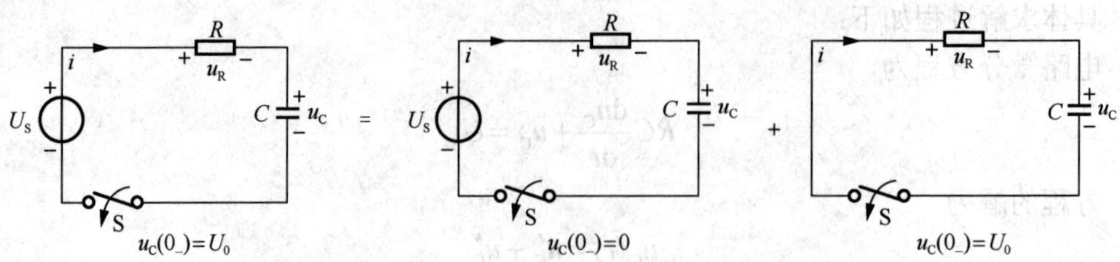

图 6-18　一阶 RC 全响应电路图的叠加

6.4.3　三要素法分析一阶电路

三要素法是对一阶电路的求解方法及其响应形式进行归纳后得出的一个通用法则。由该法则能够较为迅速地求得一阶电路的全响应。

求解全响应与求解零状态响应一样，都可以通过求解电路的微分方程解决。在这两种情况下，电路的微分方程相同，表达式求解也相同，区别只是电路的初始储能或初始条件不同，方程解中待定常数 A 值不同。若用 $y(t)$ 表示方程变量，则全响应可表示为

$$\begin{aligned} y(t) &= y_p(t) + y_h(t) \\ &= y(\infty) + Ae^{-\frac{t}{\tau}} \end{aligned} \tag{6-12}$$

式中，$y_p(t)$ 为常量，是 $t \to \infty$ 电路达到稳定状态时的响应值，记为 $y(\infty)$；齐次解 $y_h(t)$ 是含有待定常数的指数函数。在直流电源作用下，设一阶电路全响应初始值为 $y(0_+)$，则由式（6-12）可得

$$y(0_+) = y(\infty) + A$$

则有

$$A = y(0_+) - y(\infty) \qquad (t \geqslant 0)$$

将 A 代入式（6-12）中，可得三要素公式为

$$y(t) = y(\infty) + [y(0_+) - y(\infty)]e^{-\frac{t}{\tau}} \qquad (t \geqslant 0) \tag{6-13}$$

式中，初始值 $y(0_+)$、稳态值 $y(\infty)$ 和时间常数 τ 称为三要素。把按三要素公式求解响应的方法称为三要素法。由于零输入响应和零状态响应是全响应的特殊情况，因此三要素公式适用求解一阶电路的任何一种响应，具有普遍适用性。

用三要素法求解直流电源作用下的一阶电路的响应，其求解步骤如下：

（1）确定初始值 $y(0_+)$。初始值 $y(0_+)$ 是指任一响应在换路后瞬间 $t = 0_+$ 时的数值，与本章前面所讲的初始值的确定方法是一样的。

（2）确定稳态值 $y(\infty)$。作 $t \to \infty$ 电路。瞬态过程结束后，电路进入了新的稳态，用此时的电路确定各变量的稳态值 $u(\infty)$、$i(\infty)$。在此电路中，电容 C 视为开路，电感 L 用短路线代替，可按一般电阻性电路求各变量的稳态值。

（3）求时间常数 τ。RC 电路中，$\tau = RC$；RL 电路中，$\tau = L/R$。其中，R 是将电路中所有独立电源置零后，从 C 或 L 两端看进去的等效电阻（戴维南等效源中的 R_0）。

例 6.8　如图 6-19 所示电路，原本处于稳定状态，$t = 0$ 时开关闭合，求 $t \geqslant 0$ 后的电容电压 u_C，并画出波形图。

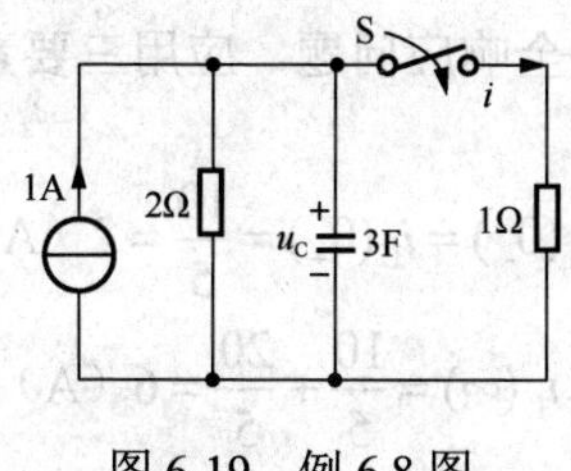

图 6-19　例 6.8 图

解：这是一个一阶 RC 电路全响应问题，应用三要素法，求解过程如下：
电容电压的初始值为

$$u_C(0_-) = u_C(0_+) = 2\text{（V）}$$

稳态值为

$$u_C(\infty) = (2 /\!/ 1) \times 1 = \frac{2}{3}\text{（V）}$$

时间常数为

$$\tau = R_{eq}C = \frac{2}{3} \times 3 = 2\text{（s）}$$

代入三要素公式，可得

$$\begin{aligned} u_C(t) &= u_C(\infty) + [u_C(0_+) - u_C(\infty)]e^{-\frac{t}{\tau}} \\ &= \frac{2}{3} + \left(2 - \frac{2}{3}\right)e^{-0.5t} \\ &= \frac{2}{3} + \frac{4}{3}e^{-0.5t}\text{（V）} \quad (t \geqslant 0) \end{aligned}$$

u_C 波形图如图 6-20 所示。

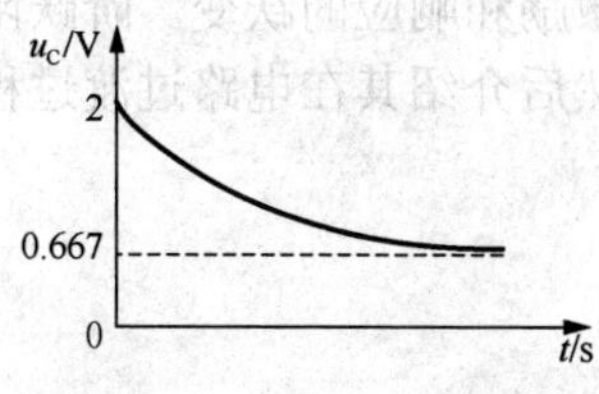

图 6-20　u_C 波形图

例 6.9　图 6-21 所示电路原本处于稳定状态，$t = 0$ 时开关闭合，求 $t \geqslant 0$ 后各支路的电流。

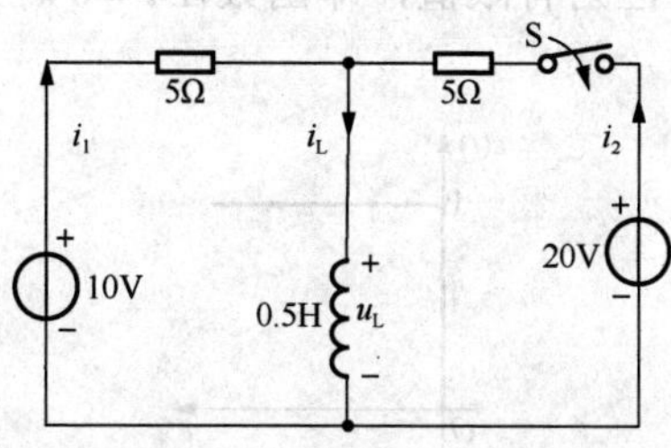

图 6-21　例 6.9 电路图

解：这是一个一阶 RL 电路全响应问题，应用三要素法，求解过程如下：

三要素为

$$i_L(0_-)=i_L(0_+)=\frac{10}{5}=2\text{（A）}$$

$$i_L(\infty)=\frac{10}{5}+\frac{20}{5}=6\text{（A）}$$

$$\tau=\frac{L}{R}=\frac{0.5}{5\,//\,5}=0.2\text{（s）}$$

代入三要素公式，可得

$$i_L(t)=i_L(\infty)+[i_L(0_+)-i_L(\infty)]e^{-\frac{t}{\tau}}$$

则

$$i_L(t)=6+(2-6)e^{-5t}=6-4e^{-5t}\text{（A）}$$

$$u_L(t)=L\frac{di}{dt}=0.5\times(-4e^{-5t})\times(-5)=10e^{-5t}\text{（V）}$$

支路电流为

$$i_1(t)=\frac{10-u_L}{5}=2-2e^{-5t}\text{（A）}$$

$$i_2(t)=\frac{20-u_L}{5}=4-2e^{-5t}\text{（A）}$$

6.5　一阶电路的阶跃响应和冲激响应

电路在过渡工作状态经常会遇到电压或电流的跃变，因而在电路分析中常常利用阶跃函数及冲激函数描述电路中激励和响应的跃变。阶跃函数和冲激函数属于奇异函数。本节先介绍阶跃函数的性质，然后介绍其在电路过渡过程中的应用。

6.5.1　一阶电路的阶跃响应

1. 单位阶跃函数简介

单位阶跃函数是一种奇异函数，可定义为

$$\varepsilon(t)=\begin{cases}0 & (t<0)\\ 1 & (t>0)\end{cases}$$

当 $t=0$ 时，其值不定，但为有限值，即函数在 $t=0$ 时发生了阶跃，单位阶跃函数波形图如图 6-22 所示。

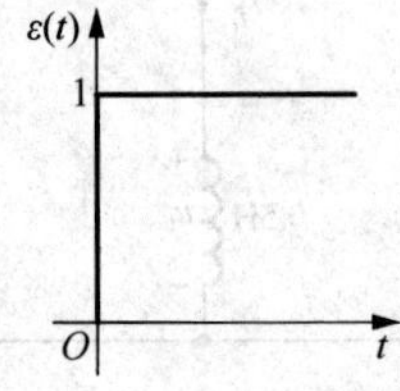

图 6-22　单位阶跃函数波形图

若定义一个新的时间变量 $t_1 = t - t_0$，则单位阶跃函数变为

$$\varepsilon(t) = \begin{cases} 0 & (t < t_0) \\ 1 & (t > t_0) \end{cases}$$

当 $t = t_0$ 时，其值不定，但为有限值，即函数在 $t = t_0$ 时发生了阶跃，称为延迟的阶跃函数，其波形图如图 6-23 所示。

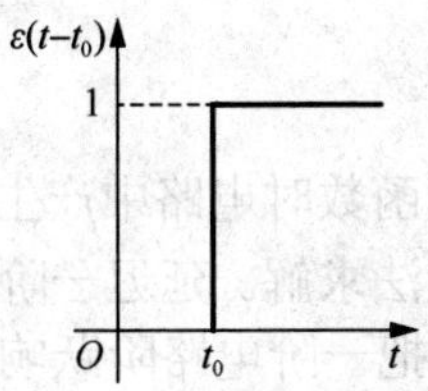

图 6-23　延迟的阶跃函数波形图

2. 单位阶跃函数的作用

（1）阶跃函数可以用来描述开关的动作。实际上在电路中常常会遇到阶跃函数，如图 6-24 中的例子。

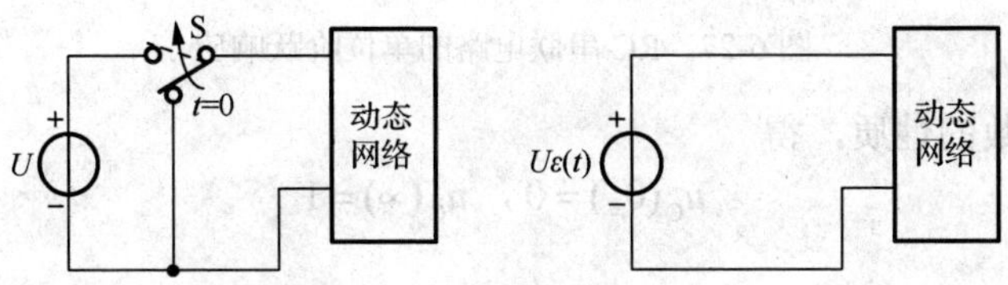

图 6-24　阶跃函数用来描述开关动作

（2）阶跃函数可以用来起始任一函数。图 6-25 所示为单位阶跃函数起始一个三角波函数。

$$f(t)\varepsilon(t - t_0) = \begin{cases} 0 & (t \leqslant t_0) \\ f(t) & (t > t_0) \end{cases}$$

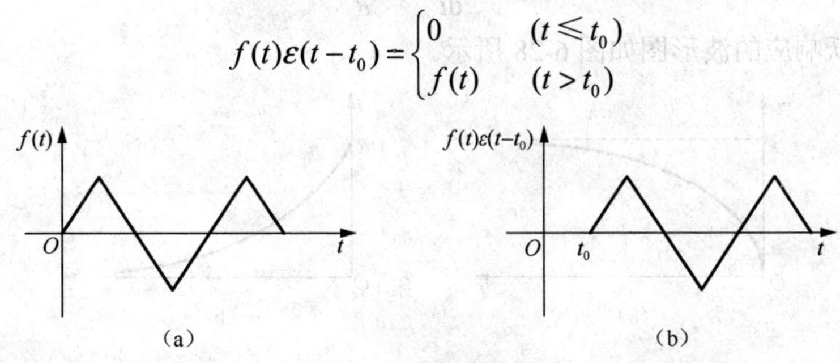

图 6-25　单位阶跃函数起始一个三角波函数

（3）可以用来表示复杂的或特殊的信号。函数如图 6-26 所示，脉冲信号分解为两个阶跃信号叠加，其响应可以直接用阶跃响应的叠加来计算。

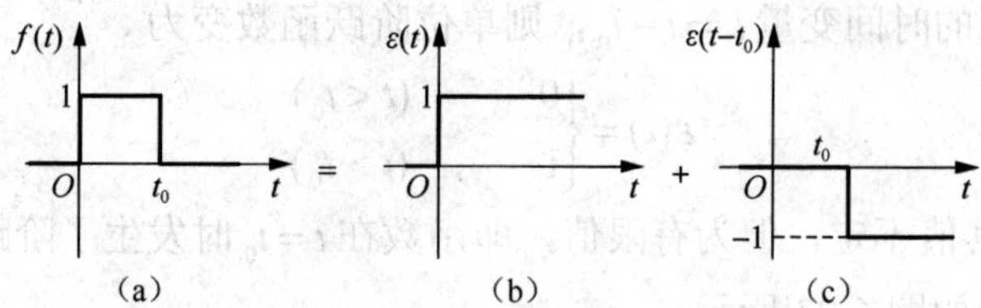

图 6-26　脉冲信号的分解

3．单位阶跃响应

阶跃响应是指激励为单位阶跃函数时电路中产生的零状态响应。因此，一阶电路的阶跃响应可采用一阶电路的三要素法求解。延迟一阶电路的阶跃响应，可以先用三要素法求出一阶电路的阶跃响应，然后把一阶电路阶跃响应的时间全部用（$t-t_0$）表示；其求法与前述的求解零状态响应的方法相同，只要把电源记为$\varepsilon(t)$即可。以 RC 串联电路的单位阶跃响应为例，加以说明，如图 6-27 所示。

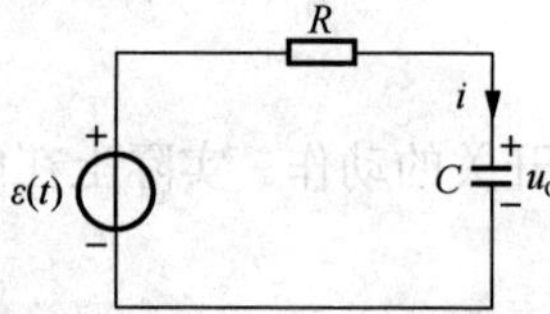

图 6-27　RC 串联电路的单位阶跃响应

根据阶跃函数的性质，得

$$u_C(0_-)=0\text{，}\ u_C(\infty)=1$$

阶跃响应为

$$u_C(t)=(1-\mathrm{e}^{-\frac{t}{RC}})\varepsilon(t)$$

$$i(t)=C\frac{\mathrm{d}u_C}{\mathrm{d}t}=\frac{\mathrm{e}^{-\frac{t}{RC}}}{R}\varepsilon(t)$$

单位阶跃响应的波形图如图 6-28 所示。

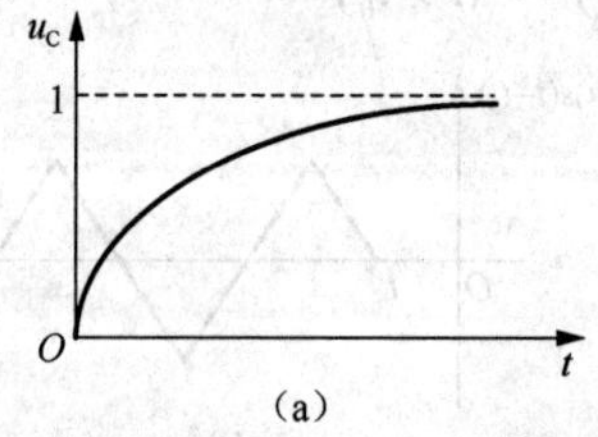

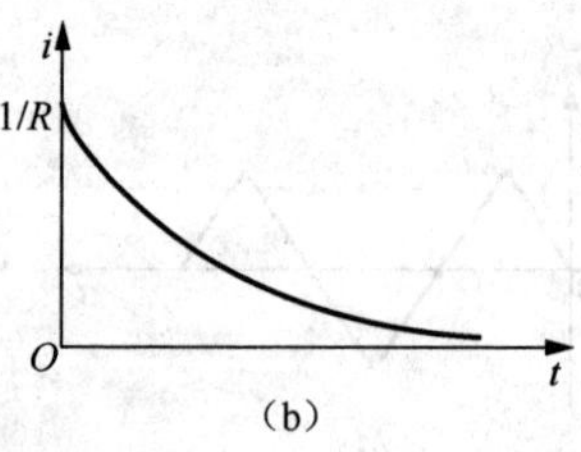

图 6-28　单位阶跃响应的波形图

若上述激励在$t=t_0$时加入，则响应从$t=t_0$开始。

$$u_C(t)=(1-\mathrm{e}^{-\frac{t-t_0}{RC}})\varepsilon(t-t_0)$$

$$i(t) = C\frac{\mathrm{d}u_C}{\mathrm{d}t} = \frac{\mathrm{e}^{-\frac{t-t_0}{RC}}}{R}\varepsilon(t-t_0)$$

注意：上式为延迟的阶跃响应，不要写为$u_C(t) = (1-\mathrm{e}^{-\frac{t}{RC}})\varepsilon(t-t_0)$和$i(t) = C\frac{\mathrm{d}u_C}{\mathrm{d}t} = \frac{\mathrm{e}^{-\frac{t}{RC}}}{R}\varepsilon(t-t_0)$。

例 6.10　求图 6-29（a）所示电路中的电流i_C，已知电压源波形如图 6-29（b）所示。

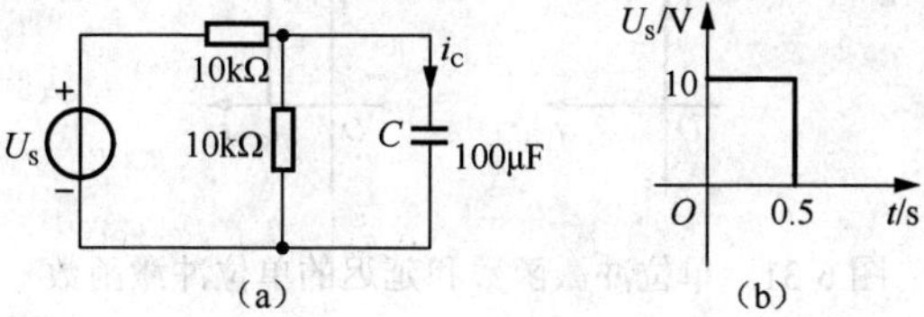

图 6-29　例 6.10 电路图

解：时间常数为

$$\tau = RC = 100\times10^{-6}\times5\times10^3 = 0.5\text{（s）}$$

等效电路的阶跃响应为

$$u_C(t) = (1-\mathrm{e}^{-2t})\varepsilon(t)$$

电压源波形可以用阶跃函数表示为

$$u_S(t) = 10\varepsilon(t) - 10\varepsilon(t-0.5)$$

由上式可知，电源可以看作阶跃激励和延迟的阶跃激励的叠加，因此等效电路可以用图 6-30（b）、（c）表示。

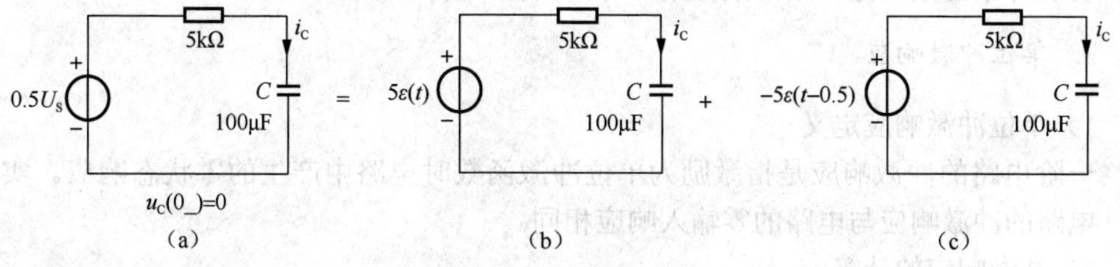

图 6-30　等效电路图

由齐次性和叠加性求得实际响应为

$$\begin{aligned} i_C &= 5\left[\frac{1}{5}\mathrm{e}^{-2t}\varepsilon(t) - \frac{1}{5}\mathrm{e}^{-2(t-0.5)}\varepsilon(t-0.5)\right] \\ &= \mathrm{e}^{-2t}\varepsilon(t) - \mathrm{e}^{-2(t-0.5)}\varepsilon(t-0.5)\text{（mA）} \end{aligned}$$

6.5.2　一阶电路的冲激响应

1. 单位冲激函数简介

单位冲激函数也是一种奇异函数。函数在$t=0$处发生冲激，而在其他处为零，可定

义为

$$\begin{cases}\int_{-\infty}^{\infty}\delta(t)\mathrm{d}t=1 & (t=0)\\ \delta(t)=0 & (t\neq 0)\end{cases}$$

该定义表明，冲激函数是一个具有无穷大振幅和零持续时间的脉冲，这样的抽象模型类似于点电荷、点质量概念，其严格的数学定义在本书中不作介绍。单位冲激函数如图 6-31 所示。

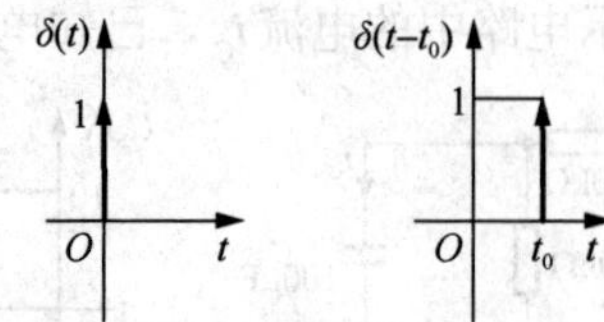

图 6-31　单位冲激函数和延迟的单位冲激函数

2. 单位冲激函数的特性

（1）$\delta(t)$ 与 $\varepsilon(t)$ 之间互为微分和积分关系，即

$$\int_{-\infty}^{t}\delta(\tau)\mathrm{d}\tau=\varepsilon(t)\text{，}\quad \frac{\mathrm{d}\varepsilon(t)}{\mathrm{d}t}=\delta(t)$$

（2）单位冲激函数的筛分性质。对任意在时间 $t=0$ 连续的函数 $f(t)$，有

$$\int_{-\infty}^{\infty}f(t)\delta(t)\mathrm{d}t=f(0)\int_{-\infty}^{\infty}\delta(t)\mathrm{d}t=f(0)$$

同理，对任意在时间 $t=t_0$ 连续的函数 $f(t)$，有

$$\int_{-\infty}^{\infty}f(t)\delta(t-t_0)\mathrm{d}t=f(t_0)$$

说明冲激函数有把一个函数在某一时刻的值“筛”出来的本领。

3. 单位冲激响应

1）单位冲激响应定义

一阶电路的冲激响应是指激励为单位冲激函数时电路中产生的零状态响应。实质上，电路的冲激响应与电路的零输入响应相同。

2）冲激响应的计算

冲激信号实质上为电路建立了一个初始状态。因此冲激响应的计算除了在初始值计算方面有一定的特殊性之外，其他方面的计算分析与零输入响应的计算完全相同。

采用分段分析方法。第一段：从 $t=0_-$ 到 $t=0_+$，冲激函数使电容电压或电感电流发生跃变；第二段：$t>0_+$ 时，冲激函数为零，但电容电压或电感电流的初始值不为零。电路中将产生相当于初始状态引起的零输入响应。

例 6.11　如图 6-32 所示，RC 电路受单位冲激函数激励，求 u_C 和 i_C。

解：根据阶跃函数的性质，得

$$u_C(0_-)=0\text{，}\quad u_C(\infty)=1$$

分两个时间段考虑冲激响应。

（1）t 在 $0_- \to 0_+$ 时间区间，电容充电，电路方程为

$$C\frac{\mathrm{d}u_C}{\mathrm{d}t}+\frac{u_C}{R}=\delta(t)$$

对方程积分并应用冲激函数的性质，得

$$\int_{0_-}^{0_+}C\frac{\mathrm{d}u_C}{\mathrm{d}t}\mathrm{d}t+\int_{0_-}^{0_+}\frac{u_C}{R}\mathrm{d}t=\int_{0_-}^{0_+}\delta(t)\mathrm{d}t=1$$

u_C 不是冲激函数，否则电路的 KVL 方程中将出现冲激函数的导数项使方程不成立，因此上式的第一项积分为零，得

$$C[u_C(0_+)-u_C(0_-)]=1$$

$$u_C(0_+)=\frac{1}{C}\neq u_C(0_-)$$

说明电容上的冲激电流使电容电压发生跃变。

（2）$t>0_+$ 后冲激电源为零，等效电路为一阶 RC 零输入响应电路，如图 6-33 所示。

$$u_C=u_C(0_+)\mathrm{e}^{-\frac{t}{RC}}=\frac{1}{C}\mathrm{e}^{-\frac{t}{RC}}\quad(t>0_+)$$

$$i_C=-\frac{u_C}{R}=-\frac{1}{RC}\mathrm{e}^{-\frac{t}{RC}}\quad(t>0_+)$$

上式也可以表示为

$$u_C=\frac{1}{C}\mathrm{e}^{-\frac{t}{RC}}\varepsilon(t)\text{，}\ i_C=\delta(t)-\frac{1}{RC}\mathrm{e}^{-\frac{t}{RC}}\varepsilon(t)$$

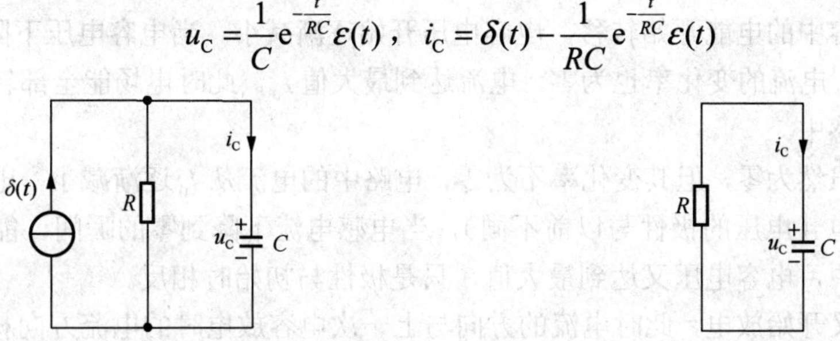

图 6-32　例 6.11 电路图　　　　图 6-33　$t>0_+$ 的等效电路

6.6　二阶电路分析简介

本节将在一阶电路的基础上，用经典法分析二阶电路的过渡过程，并通过简单实例，阐明二阶动态电路的零输入响应、零状态响应、全响应、阶跃响应和冲激响应等基本概念。

6.6.1 二阶电路的零输入响应

用二阶微分方程描述的动态电路称为二阶电路。在二阶电路中，给定的初始条件应有两个，它们由储能元件的初始值决定。

1. 二阶电路中的能量振荡

在具体研究二阶电路的零输入响应之前，一般仅以含电容与电感的理想二阶电路（$R=0$，无阻尼情况）来讨论二阶电路零输入时的电量及能量变化情况。LC 电路中能量的振荡如图 6-34 所示。

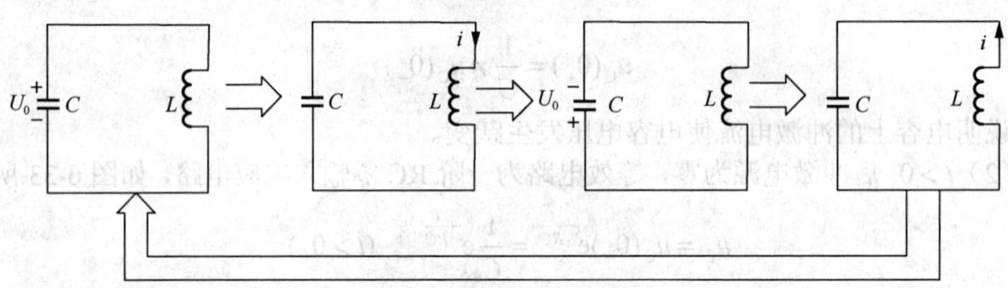

图 6-34 LC 电路中能量的振荡

设电容的初始电压为U_0，电感的初始电流为零。在初始时刻，能量全部存储于电容中，电感中没有储能。此时电流为零，电流的变化率不为零，这样电流将不断增大，原来存储在电容中的电能开始转移，电容电压开始逐渐减小。当电容电压下降到零时，电感电压为零，电流的变化率也为零，电流达到最大值I_0。此时电场能全部转化为电磁能，存储在电感中。

电容电压虽然为零，但其变化率不为零，电路中的电流从I_0逐渐减小，电容在电流的作用下被充电（电压的极性与以前不同），当电感电流下降到零的瞬间，能量再度全部存储在电容中，电容电压又达到最大值，只是极性与初始时相反。

之后电容又开始放电，此时电流的方向与上一次电容放电时的电流方向相反，与刚才的过程相同，能量再次从电场能转化为电磁能，直到电容电压的大小、极性与初始状态一致，电路回到初始状态。

上述过程将不断重复，电路中的电压与电流形成周而复始的等幅振荡。

电路中存在耗能元件的情况有两种：

（1）电阻较小，电路仍然可以形成振荡，但能量在电场能与电磁能之间转化时不断地被电阻元件消耗掉，因此形成的振荡为减幅振荡，即幅度随着时间衰减到零。

（2）电阻较大，电容存储的能量在第一次转移时就有大部分能量被电阻消耗掉，电路中的能量已经不可能在电场能与电磁能之间往返转移，电压、电流将直接衰减到零。

2. 二阶电路的微分方程

RLC 串联二阶电路如图 6-35 所示，电容电压的初始值为$u_C(0_+)=u_C(0_-)=U_0$，电感电流的初始值为$i_L(0_+)=i_L(0_-)=0$。

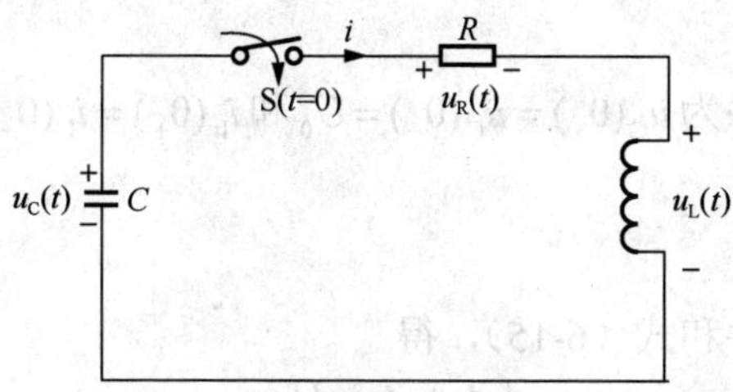

图 6-35　RLC 串联二阶电路

根据 KVL 列写电路方程为

$$-u_C+u_R+u_L=0$$

其电路电流为

$$i=-C\frac{du_C}{dt}$$

则

$$u_R=Ri=-RC\frac{du_C}{dt}，\quad u_L=L\frac{di}{dt}=-LC\frac{d^2u_C}{dt^2}$$

电路方程可表示为

$$LC\frac{d^2u_C}{dt^2}+RC\frac{du_C}{dt}+u_C=0 \tag{6-14}$$

3. 二阶电路微分方程的求解

式（6-14）是以电容电压为未知量的 RLC 串联电路放电过程的微分方程。这是一个线性常系数二阶齐次微分方程。求解这类方程时，仍然先设$u_C=Ae^{pt}$，然后再确定其中的p和A。

将$u_C=Ae^{pt}$代入式（6-14）中，整理得到的特征方程为

$$LCp^2+RCp+1=0$$

解出特征根为

$$p=-\frac{R}{2L}\pm\sqrt{\left(\frac{R}{2L}\right)^2-\frac{1}{LC}}$$

根号前有正负两个符号，因此p有两个值。为了兼顾这两个值，电压u_C可写为

$$u_C=A_1e^{p_1t}+A_2e^{p_2t} \tag{6-15}$$

其中

$$\begin{cases}p_1=-\dfrac{R}{2L}+\sqrt{\left(\dfrac{R}{2L}\right)^2-\dfrac{1}{LC}}\\[2ex] p_2=-\dfrac{R}{2L}-\sqrt{\left(\dfrac{R}{2L}\right)^2-\dfrac{1}{LC}}\end{cases} \tag{6-16}$$

由式（6-16）可知，特征根 p_1 和 p_2 仅与电路参数和结构有关，而与激励和初始储能无关。

现在给定的初始条件为 $u_C(0_+)=u_C(0_-)=U_0$ 和 $i_L(0_+)=i_L(0_-)=0$。由于 $i_L=-C\dfrac{du_C}{dt}$，因此 $\dfrac{du_C}{dt}=0$。

根据这两个初始条件和式（6-15），得

$$\begin{cases}A_1+A_2=U_0\\ p_1A_1+p_2A_2=0\end{cases} \tag{6-17}$$

联立求解式（6-17），即可求得常数 A_1 和 A_2，则有

$$A_1=\frac{p_2U_0}{p_2-p_1}$$

$$A_2=\frac{p_1U_0}{p_2-p_1}$$

将解得的 A_1、A_2 代入式（6-15）就可以得到 RLC 串联电路零输入响应的表达式。

电容电压和回路电流分别为

$$u_C=\frac{U_0}{p_2-p_1}(p_2e^{p_1t}-p_1e^{p_2t})$$

$$i=-C\frac{du_C}{dt}=\frac{U_0}{L(p_1-p_2)}(p_2e^{p_1t}-p_1e^{p_2t})$$

由于电路中参数 R、L、C 的量值不同，特征根有三种可能的情况：①两个不等的负实根；②一对实部为负的共轭复根；③一对相等的负实根。下面将分别加以讨论。

1）$R>2\sqrt{\dfrac{L}{C}}$，非振荡放电过程（过阻尼情况）

在这种情况下，特征根 p_1 和 p_2 是两个不等的负实数。

电容电压为

$$u_C=\frac{U_0}{p_2-p_1}(p_2e^{p_1t}-p_1e^{p_2t})$$

回路电流为

$$i=-C\frac{du_C}{dt}=\frac{U_0}{L(p_1-p_2)}(p_2e^{p_1t}-p_1e^{p_2t})$$

电感电压为

$$u_L=L\frac{di}{dt}=\frac{U_0}{(p_1-p_2)}(p_1e^{p_1t}-p_2e^{p_2t})$$

u_C、i、u_L 随时间变化的曲线如图 6-36 所示。从图中可知，u_C、i 始终不改变方向，且有 $u_C\geqslant 0$ 和 $i\geqslant 0$，这表明电容在整个过程中一直释放储存的电能，因此称为非振荡放电，又称过阻尼放电。当 $t=0_+$ 时，$i(0_+)=0$，当 $t\to\infty$ 时放电过程结束，$i(\infty)=0$，因此在放电过程中电流必然要经历从小到大再趋于零的变化。电流达到最大值的 t_m 时刻

可由 $\frac{\mathrm{d}i}{\mathrm{d}t}=0$ 决定，则 t_m 为

$$t_\mathrm{m}=\frac{\ln\frac{p_2}{p_1}}{p_1-p_2}$$

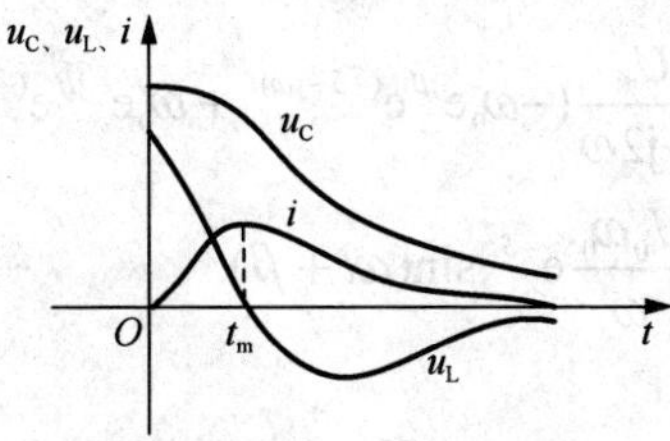

图 6-36　非振荡放电过程中 u_C、i、u_L 随时间变化的曲线

当 $t<t_\mathrm{m}$ 时，电感吸收能量，建立磁场；当 $t>t_\mathrm{m}$ 时，电感释放能量，磁场逐渐衰减，趋于消失；当 $t=t_\mathrm{m}$ 时，电感电压为零。

2）$R<2\sqrt{\frac{L}{C}}$，振荡放电过程（欠阻尼情况）

在这种情况下，特征根 p_1 和 p_2 是一对共轭复数。

$$p_{1,2}=-\frac{R}{2L}\pm\sqrt{\left(\frac{R}{2L}\right)^2-\frac{1}{LC}}$$
$$=-\frac{R}{2L}\pm\mathrm{j}\sqrt{\frac{1}{LC}-\left(\frac{R}{2L}\right)^2}$$

若令

$$\delta=\frac{R}{2L}，\quad \omega=\sqrt{\frac{1}{LC}-\left(\frac{R}{2L}\right)^2}$$

得到

$$p_1=-\delta+\mathrm{j}\omega，\quad p_2=-\delta-\mathrm{j}\omega$$

令

$$\omega_0=\sqrt{\frac{1}{LC}}，\quad \beta=\arctan\frac{\omega}{\delta}$$

则有

$$p_1=-\delta+\mathrm{j}\omega=-\omega_0\mathrm{e}^{-\mathrm{j}\beta}$$
$$p_2=-\delta-\mathrm{j}\omega=-\omega_0\mathrm{e}^{\mathrm{j}\beta}$$

式中，δ 是正实数，它决定响应的衰减特性，称为衰减常数；ω_0 是电路固有振荡角频率，称为谐振角频率；ω 决定电路响应的衰减振荡特性，称为阻尼振荡角频率。

此时，p_1 和 p_2 是一对负实部的共轭复数。将 p_1 和 p_2 代入下列各式：

$$u_\mathrm{C}=\frac{U_0}{p_2-p_1}(p_2\mathrm{e}^{p_1t}-p_1\mathrm{e}^{p_2t})$$

$$i=-C\frac{\mathrm{d}u_C}{\mathrm{d}t}=\frac{U_0}{L(p_1-p_2)}(\mathrm{e}^{p_1t}-\mathrm{e}^{p_2t})$$

$$u_L=L\frac{\mathrm{d}i}{\mathrm{d}t}=\frac{U_0}{(p_1-p_2)}(p_1\mathrm{e}^{p_1t}-p_2\mathrm{e}^{p_2t})$$

可得电容电压为

$$\begin{aligned}u_C&=\frac{U_0}{-\mathrm{j}2\omega}(-\omega_0\mathrm{e}^{\mathrm{j}\beta}\mathrm{e}^{(-\delta+\mathrm{j}\omega)t}+\omega_0\mathrm{e}^{-\mathrm{j}\beta}\mathrm{e}^{(-\delta-\mathrm{j}\omega)t})\\&=\frac{U_0\omega_0}{\omega}\mathrm{e}^{-\delta t}\sin(\omega t+\beta)\end{aligned}$$

回路电流为

$$i(t)=\frac{U_0}{\omega L}\mathrm{e}^{-\delta t}\sin\omega t$$

电感电压为

$$u_L(t)=-\frac{U_0\omega_0}{\omega}\mathrm{e}^{-\delta t}\sin(\omega t-\beta)$$

从上述电容电压、回路电流及电感电压的表达式可知，在整个过程中，它们的波形衰减振荡的状态，将周期性地改变方向，储能元件也将周期性地交换能量。电容电压是一个振幅按指数规律衰减的正弦函数，因此电路的这种过程称为振荡放电过程。电容电压振幅衰减的快慢取决于δ，δ数值越小，幅值衰减越慢；当$\delta=0$时，即电阻为零时，幅值就不会衰减了，电容电压波形实际上就是一个等幅振荡波形。ω为阻尼振荡角频率，ω越大，振荡周期越小。可见，当$R<2\sqrt{\dfrac{L}{C}}$时，电路响应的衰减振荡为欠阻尼。

3）$R=2\sqrt{\dfrac{L}{C}}$，临界非振荡过程（临界阻尼情况）

在这种情况下，特征方程具有重根，即

$$p_1=p_2=-\frac{R}{2L}=-\delta$$

微分方程式（6-14）的通解为

$$u_C=(A_1+A_2t)\mathrm{e}^{-\beta t}$$

根据初始条件，可得

$$A_1=U_0$$

$$A_2=\delta U_0$$

则

$$u_C=U_0(1+\delta t)\mathrm{e}^{-\beta t}$$

$$i=-C\frac{\mathrm{d}u_C}{\mathrm{d}t}=\frac{U_0}{L}t\mathrm{e}^{-\beta t}$$

$$u_L=L\frac{\mathrm{d}i}{\mathrm{d}t}=U_0\mathrm{e}-\delta t(1-\delta t)$$

由以上各式可知，$R=2\sqrt{\frac{L}{C}}$ 时的过渡过程中，电容电压、回路电流及电感电压不作振荡变化，具有非振荡性质。因此这种过渡过程是振荡过程与非振荡过程的分界线，称为临界非振荡过程。这时的电阻称为临界电阻。电阻大于临界电阻的电路称为过阻尼电路，电阻小于临界电阻的电路称为欠阻尼电路。

6.6.2　二阶电路的零状态响应和阶跃响应

二阶电路的初始储能为零（电容两端的电压和电感中的电流都为零），仅由外加激励引起的响应称为二阶电路的零状态响应。

图 6-37 所示为 GCL 并联电路，当 $u_C(0_-)=0$，$i_L(0_-)=0$ 时，开关 S 打开。

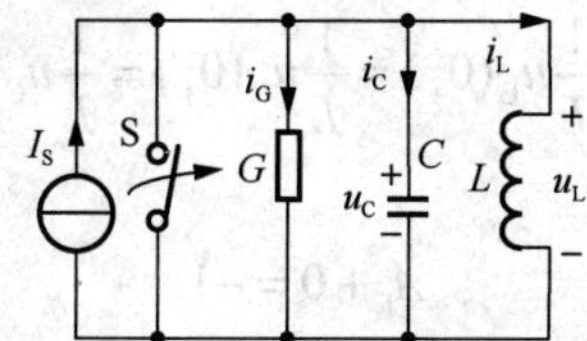

图 6-37　二阶电路的零状态响应

根据 KVL，有

$$i_C+i_G+i_L=I_S$$

以 i_L 为待求变量，可得

$$LC\frac{\mathrm{d}^2 i_L}{\mathrm{d}t^2}+GL\frac{\mathrm{d}i_L}{\mathrm{d}t}+i_L=I_S$$

这是二阶线性非齐次方程，它的解答形式由特解和对应齐次方程的通解组成，即

$$i_L=i_L'+i_L''$$

取稳态解 i_L' 为特解，而通解 i_L'' 与零输入响应形式相同，再根据初始条件确定积分常数，从而得到全解。

二阶电路在阶跃激励下的零状态响应称为二阶电路的阶跃响应，其求解方法与零状态响应的求解方法相同。

若二阶电路具有初始储能，又接入外加激励，则电路的响应称为全响应。全响应是零输入响应和零状态响应的叠加，可以通过求解二阶非齐次方程求得全响应。

例 6.12　图 6-37 所示电路中，$u_C(0_-)=0$，$i_L(0_-)=0$，$G=2\times10^{-3}\text{s}$，$C=1\mu\text{F}$，$L=1\text{H}$，$I_S=1\text{A}$，当 $t=0$ 时开关 S 打开。试求阶跃响应 i_L、u_C 和 i_C。

解：开关 S 的动作使外加激励 I_S 相当于单位阶跃电流，即 $I_S=\varepsilon(t)\text{A}$。为了求解电路的零状态响应，列出电路的微分方程：

$$LC\frac{\mathrm{d}^2 i_L}{\mathrm{d}t^2}+GL\frac{\mathrm{d}i_L}{\mathrm{d}t}+i_L=I_S$$

特征方程为

$$p^2+\frac{G}{C}p+\frac{1}{LC}=0$$

代入数据后求得特征根为

$$p_1 = p_2 = p = -10^3$$

由于 p_1、p_2 是重根，因而为临界阻尼状态，其解为

$$i_L = i_L' + i_L''$$

式中，i_L' 为特解（强制分量），且 $i_L' = 1\text{A}$；i_L'' 为对应齐次方程的解，且 $i_L'' = (A_1 + A_2 t)e^{pt}$（A）。则通解为

$$i_L = [1 + (A_1 + A_2 t)e^{-10^3 t}]\ (\text{A})$$

$t = 0_+$ 时的初始值为

$$i_L(0_-) = i_L(0_+) = 0$$

$$\left(\frac{di_L}{dt}\right)_0 = \frac{1}{L}u_L(0_+) = \frac{1}{L}u_C(0_+) = \frac{1}{L}u_C(0_-) = 0$$

代入初始条件，可得

$$A_1 + 0 = -1$$

$$-10^3 A_1 + A_2 = 0$$

解得

$$A_1 = -1$$

$$A_2 = -10^3$$

则求得阶跃响应为

$$i_L = [1 - (1 + 10^3 t)e^{-10^3 t}]\varepsilon(t)\ (\text{A})$$

$$u_C = L\frac{di_L}{dt} = 10^6 te^{-10^3 t}\varepsilon(t)\ (\text{V})$$

$$i_C = C\frac{du_C}{dt} = (1 - 10^3 t)e^{-10^3 t}\varepsilon(t)\ (\text{A})$$

过渡过程是临界阻尼状态，具有非振荡性质。

6.7 应用实例

一阶电路在电子器件中广泛应用，它可构成比例器、延时器、积分微分器等。由于简单的 RC 电路能够产生短时间的大电流脉冲，因而这一类电路还可用于电子电焊机、电火花加工机床和雷达发射管等装置中。

例 6.13　汽车点火电路图如图 6-38 所示，简述电路工作原理。

汽车点火时，该点火电路的工作原理与 RLC 电路暂态响应的工作原理相同。在点火电路中，通过开关的动作使电感线圈中产生一个快速变化的电流，该电感线圈通常称作点火线圈。由图 6-38 可知，点火线圈由两个串联的耦合线圈组成，因而又称自耦合变压器。其中，与电池相连的线圈称作一次侧线圈，与火花塞相连的线圈称为二次侧线圈，一次侧线圈上电流的快速变化通过磁耦合（互感）使二次侧线圈上产生一个高电压，

其峰值可达 20～40kV，这一高电压在火花塞的间隙间产生一个电火花，从而点燃气缸中的油气混合物。

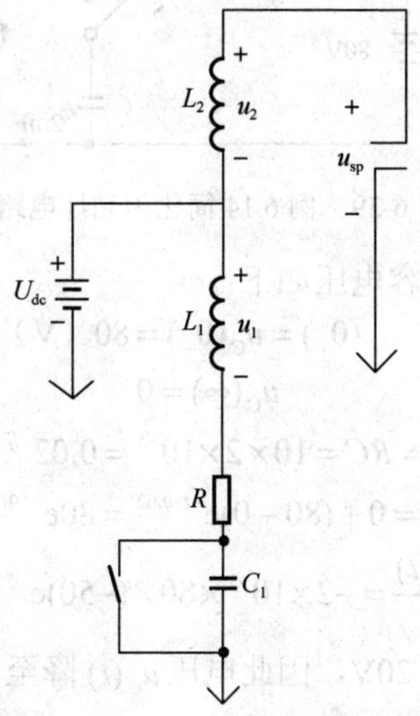

图 6-38　例 6.13 图

首先，火花塞上的最大有效电压U_{sp}必须足够高，可以点燃汽油；其次，电容两端的电压不能很高，防止在开关或分电器的触点上产生电弧；最后，自耦变压器一次侧线圈的电流必须产生足够的能量存储在电路中，用来点燃气缸中的油气混合物。存储在电路中的能量在开关动作的瞬间与初始电流的平方成正比，即

$$\omega_0 = 0.5Li^2(0)$$

求火花塞上的最大电压，可先求电路上的电压。假设开关动作时一次侧线圈的电流达到最大可能值，二次侧线圈电压与一次侧线圈电压的比值等于匝数比。令二次侧线圈开路，可得两者比值（比值=$M/L=a$）。当开关断开时，在参数 R、L、C 的作用下，一次侧线圈上的电流响应为欠阻尼响应，可得一次侧线圈的电流方程，进一步得电容端电压，$U_{sp} = U_{dc} + u_2$，求出 t_{max} 即可求出 $U_{sp}(t_{max})$。

通过对点火系统的分析，可以解释为什么现在的汽车已经用电子开关取代了机械开关。考虑汽油的经济性和废气的排放，这个电流需要一个宽间隔的火花塞，也就是说，需要一个较高的有效火花塞电压，这个电压不可能通过机械开关获得，电子开关允许自耦变压器的一次侧线圈上有较大的初始电流，这就意味着系统中可以存储较高的能量，因此对油气混合物及行驶条件的要求也就更宽一些。电子开关消除了对点接触的要求，即消除了系统中点接触电弧的不利影响。

例 6.14　自动定时闪光灯电路，如图 6-39 所示。已知闪光灯的电阻 R=10Ω，电容 C=2mF，电压源的电压 U_s=80V，换路前电路已经处于稳态，闪光灯的截止电压为 20V。求闪光灯的闪光时间和流经闪光灯的平均电流。

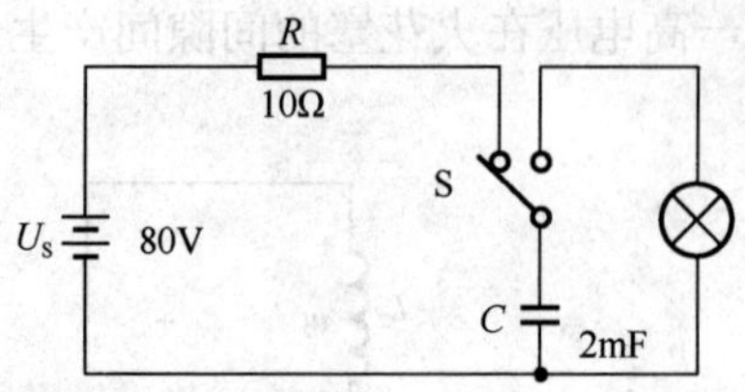

图 6-39　例 6.14 简化闪光灯电路图

解：根据三要素法求解电容电压如下：

$$u_C(0_+) = u_C(0_-) = 80\text{（V）}$$

$$u_C(\infty) = 0$$

$$\tau = RC = 10 \times 2 \times 10^{-3} = 0.02\text{（s）}$$

$$u_C(t) = 0 + (80-0)e^{-t/0.02} = 80e^{-50t}\text{（V）}$$

$$i(t) = -C\frac{du_C(t)}{dt} = -2 \times 10^{-3} \times 80 \times (-50)e^{-50t} = 8e^{-50t}\text{（A）}$$

由于闪光灯的截止电压为 20V，因此电压 $u_C(t)$ 降至 20V 所需的时间 T 就是闪光灯的闪光时间，即

$$u_C(T) = 20 = 80e^{-50t}\text{（V）}$$

解得

$$T = 0.0277\text{（s）}$$

流经闪光灯的平均电流为

$$I = \frac{1}{T}\int_0^T i(t)dt = \frac{1}{0.0277}\int_0^{0.0277} 80^{-50t}dt = 6\text{（A）}$$

例 6.15　简述图 6-40 日光灯电路的工作原理。

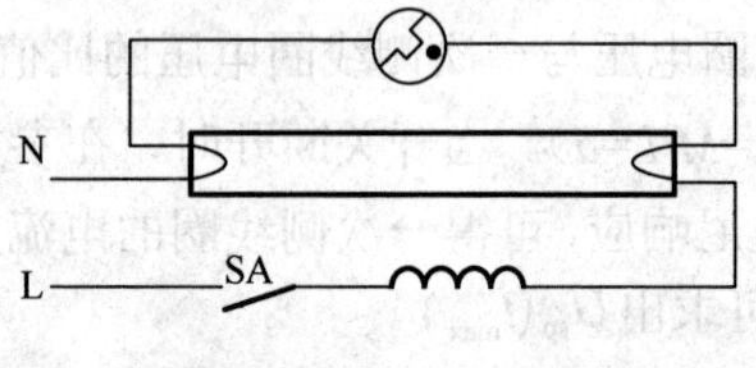

图 6-40　例 6.15 图

日光灯电路其实是 RL 电路。镇流器是绕在铁心上的线圈，自感系数很大；辉光启动器是由封在玻璃泡中的静触片和 U 形动触片组成的，玻璃泡中充有氖气。在两个触片之间加上一定电压时，氖气导电且发光、发热。动触片是用粘合在一起的双层金属片制成的，受热后两层金属膨胀不同，动触片稍稍伸开一些与静触片接触。辉光启动器不再发光，这时双金属片冷却，动触片形状复原，两个触点重新分开。闭合开关后，电压通过日光灯的灯丝加在辉光启动器的两端，辉光启动器如上所述发热—触点接触—冷却—触点断开。在触点断开的瞬间，镇流器 L 中的电流急剧减小，产生很高的感应电动势。感应电动势和电源电压叠加起来加在灯管两端的灯丝上，把灯管点燃。实际使用的辉光启动器中常有一个电容器并联在玻璃泡的两端，它能使两个触片在分离时不产生火花，

以免烧坏触点，同时还能减轻对附近无线电设备的干扰。没有电容器时，辉光启动器也能工作。

灯管开始点燃时需要一个高电压，正常发光时只允许通过较小的电流，这时灯管两端的电压低于电源电压。这个高电压就由辉光启动器提供。接通电源时，由于辉光启动器玻璃泡内的双金属片没有接通，电源击穿氖气导电，这时玻璃泡发光、氖气发热，玻璃泡内的双金属片（弯曲的那根）在受热后弯曲度降低，同时接通两个电极，通过较大的电流，达到日光灯启动时要求的高电压。之后，由于双金属片接通后玻璃泡中的氖气不再导电发光，温度迅速下降，双金属片恢复原状，迅速切断电源，这时镇流器的电流从较大值突然变为 0，产生很高的自感电动势，足以击穿日光灯的水银蒸气，使水银蒸气电离导电产生紫外线而激发荧光粉发光。日光灯管导电后，灯管两端的电压约降至 100V，不能再使玻璃导电（玻璃的击穿电压约为 150V）而发光，双金属片也不再接通，这时日光灯就能连续发光了。

6.8　计算机辅助分析电路举例

一阶电路仅有一个动态元件（电容或电感），如果在换路瞬间动态元件已经储存能量，那么即使电路中无外加激励电源，电路中的动态元件也将通过电路放电，在电路中产生响应，即零输入响应。

例 6.16　电路如图 6-41 所示，当开关 J_1 闭合时，电容通过 R_1 充电，电路达到稳定状态，电容储存能量。当开关 J_1 打开时，电容通过 R_2 放电，在电路中产生响应，即零输入响应，试用示波器观察电容两端的电压波形。

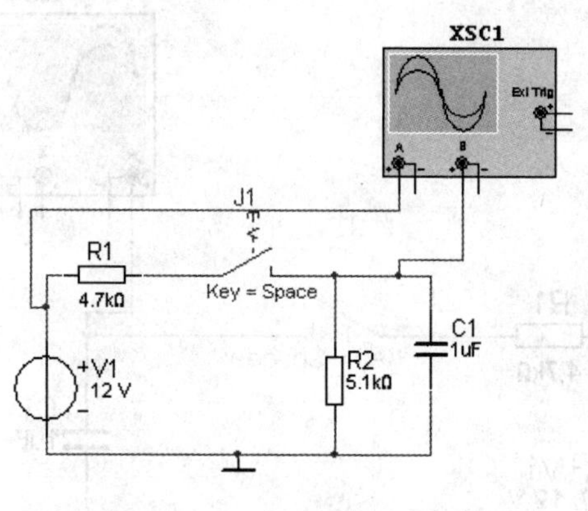

图 6-41　零输入响应电路

通过按键 Space 打开或关闭开关 J_1，可以得到电容的波形如图 6-42 所示。示波器的 A 通道为直流电源波形，B 通道为电容的波形，图中的波形是开关多次断开闭合的结果。

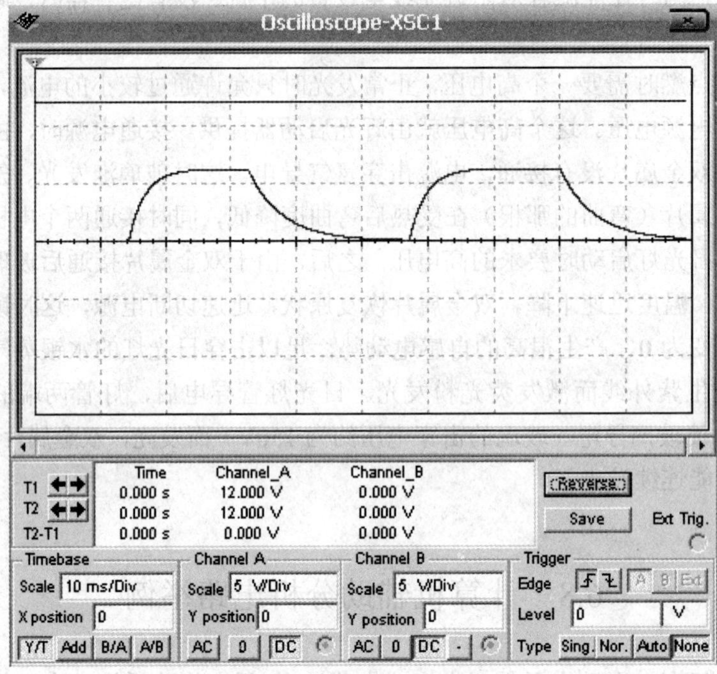

图 6-42　例 6.16 波形图

例 6.17　当动态电路初始储能为零（初始状态为零）时，仅由外加激励产生的响应就是零状态响应。对于图 6-43 所示的电路而言，若电容 C_1 的初始储能为零，当开关 J_1 闭合时电容通过 R_1 充电，响应仅由外加激励产生，即零状态响应，其仿真波形图如图 6-44 所示。

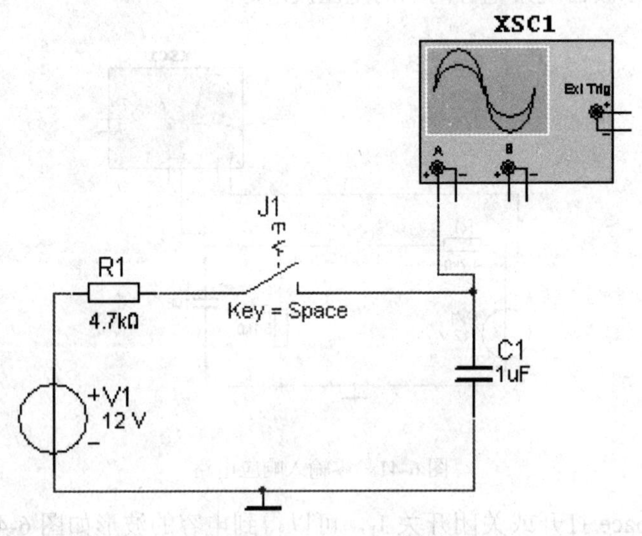

图 6-43　零状态响应

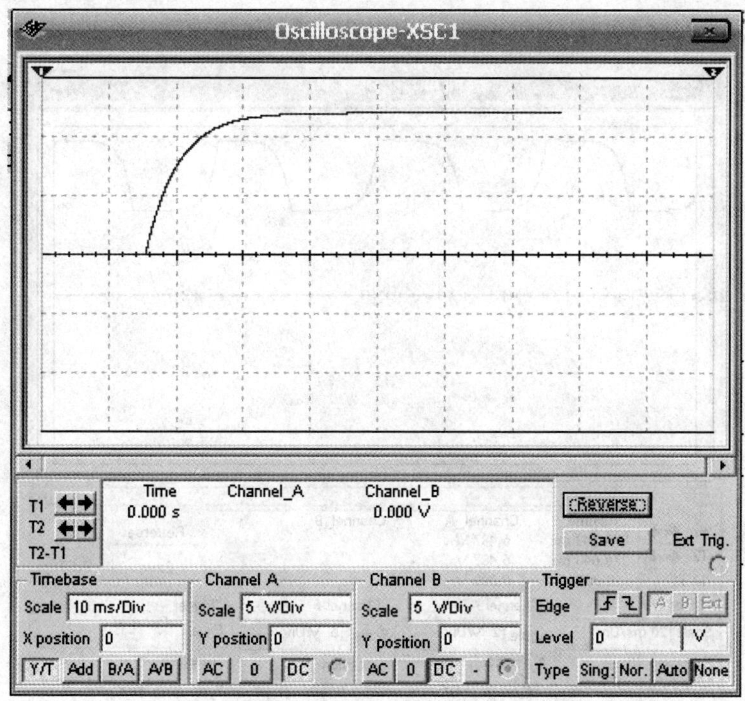

图 6-44　例 6.17 波形图

例 6.18　当一个非零初始状态的电路受到激励时，电路的响应称为全响应。对于线性电路而言，全响应是零输入响应和零状态响应之和。全响应电路如图 6-45 所示，试用 Multisim 仿真该电路的全响应波形。

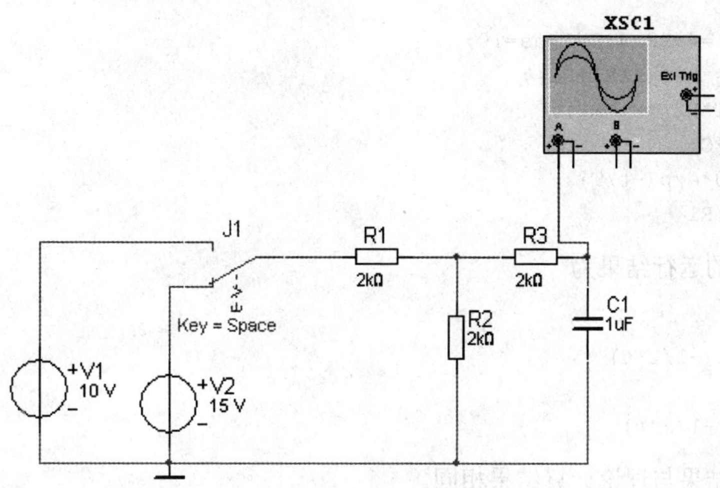

图 6-45　全响应电路图

该电路有两个电压源 U_1 和 U_2，当 U_2 接入电路时电容充电，当 U_1 接入电路时电容放电，因而其响应是初始储能和外加激励同时作用的结果，即全响应。反复按下空格键使开关 J_1 反复打开和闭合，通过 Multisim 仿真软件中的示波器就可观察到该电路的全

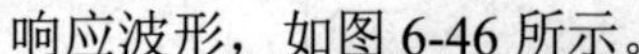

响应波形，如图 6-46 所示。

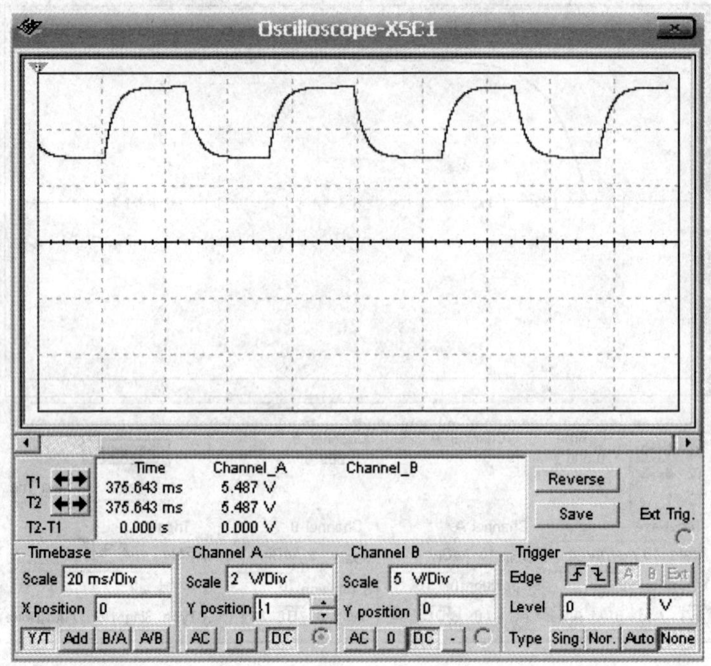

图 6-46　例 6.18 波形图

例 6.19　利用 MATLAB 仿真例 6.3。

解：换路后，电路如图 6-5（b）所示，该题可由以下 MATLAB 程序求解：

```
syms t
R=2;R1=4;R2=4;C=1;us=10;
uc0=us*R2/(R+R1+R2);
Req=R1*R2/(R1+R2);
T=Req*C;
uc=uc0*exp(-t/T)
i=-uc/R1
```

该程序的运行结果为

```
uc =
 4*exp(-1/2*t)
i =
 -exp(-1/2*t)
```

该仿真结果与理论计算结果相同。

例 6.20　利用 MATLAB 仿真例 6.6。

解：该题可由以下 MATLAB 程序求解：

```
syms t
R=500;C=10e-6;us=100;
```

```
display('解问题（1）');
T=R*C;ucf=us;
uc=ucf*(1-exp(-(t/T)))
i=C*diff(uc)
display('解问题（2）');
t1=solve('100*(1-exp(-200*t1))=80','t1')
```

该程序的运行结果为

解问题（1）:

```
uc =
100-100*exp(-200*t)
i =
1/5*exp(-200*t)
```

解问题（2）:

```
t1 =
1/200*log(5)
```

该仿真结果与理论计算结果相同。

小　结

电感元件和电容元件因其电压和电流的关系为微分关系，称为动态元件。含有动态元件（电感和电容）的电路为动态电路。对含有动态元件的电路列写方程求解时，若列写的方程为一阶微分方程，则动态电路为一阶电路。

初始值分为独立初始值和非独立初始值。独立初始值包括电感电流和电容电压，它们根据换路定律求解。换路定律如下：

$u_C(0_+)=u_C(0_-)$，在 $t=0$ 时刻流过电容的电流为零。

$i_L(0_+)=i_L(0_-)$，在 $t=0$ 时刻电感两端的电压为零。

非独立初始值根据 $t=0_+$ 等效电路求解。

RC 电路的时间常数 $\tau=RC$；RL 电路的时间常数 $\tau=\dfrac{L}{R}$。

响应的特解就是换路后电路最终达到稳定状态时的解。对直流电流而言，把电感看作短路、电容看作开路来求解响应对应微分方程的特解；对交流电路而言，特解根据相量法求解。

一阶电路的响应与三个要素有关，三个要素分别为响应的初始值、电路的时间常数和该响应的特解。这种利用三个要素写出电路解的形式叫作电路的“三要素法”。

一阶电路的响应分为电路的零输入响应、零状态响应和全响应三种情况讨论。一阶电路的全响应不仅可以分解为自由分量与强制分量之和，也可以分解为零输入响应与零状态响应之和。

一阶电路的阶跃响应实质上相当于直流输入下的零状态响应。

一阶电路的冲激响应可以采用分段分析方法。第一段：从 $t=0_-$ 到 $t=0_+$，冲激函数使电容电压或电感电流发生跃变；第二段：$t>0_+$ 时，冲激函数为零，但电容电压或电感电流的初始值不为零。电路中将产生相当于初始状态引起的零输入响应。

习　题

6.1　什么是电路的过渡过程？存在过渡过程的电路包含哪些元件？

6.2　什么是换路定律？一阶 RC 电路和一阶 RL 电路的时间常数分别是什么？

6.3　电路如图 6-47 所示，当 $t<0$ 时已经处于稳态。当 $t=0$ 时开关 S 打开，试求电路的初始值 $u_C(0_+)$ 和 $i_C(0_+)$。

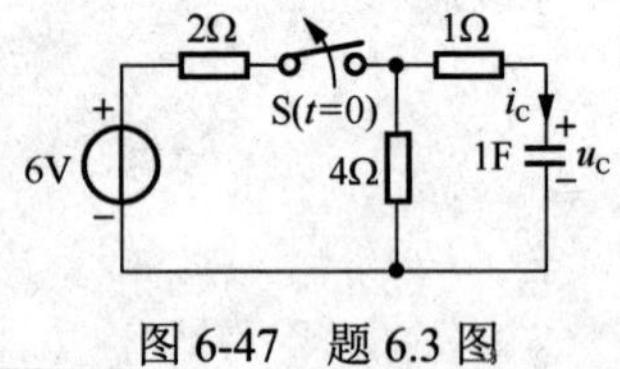

图 6-47　题 6.3 图

6.4　如图 6-48 所示，各电路在换路前都处于稳态，求换路后电流 i 的初始值和稳态值。

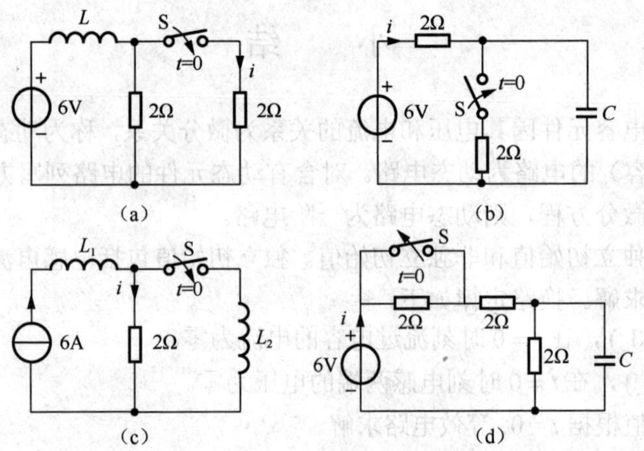

图 6-48　题 6.4 图

6.5　在图 6-49 所示电路中，S 闭合前电路处于稳态，求 u_L、i_C 和 i_R 的初始值。

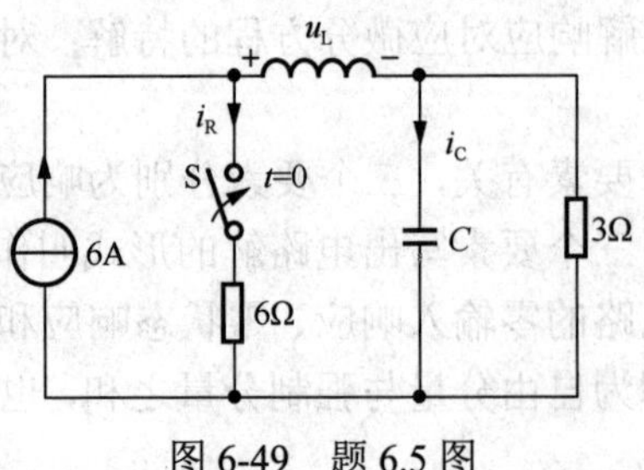

图 6-49　题 6.5 图

6.6　电路如图 6-50 所示，求换路后 u_L 和 i_C 的初始值。设换路前电路已经处于稳态。

6.7　电路如图 6-51 所示，当 $t<0$ 时已经处于稳态。当 $t=0$ 时开关 S 由位置 1 合向位置 2，试求电路的初始值 $i_L(0_+)$ 和 $u_L(0_+)$。

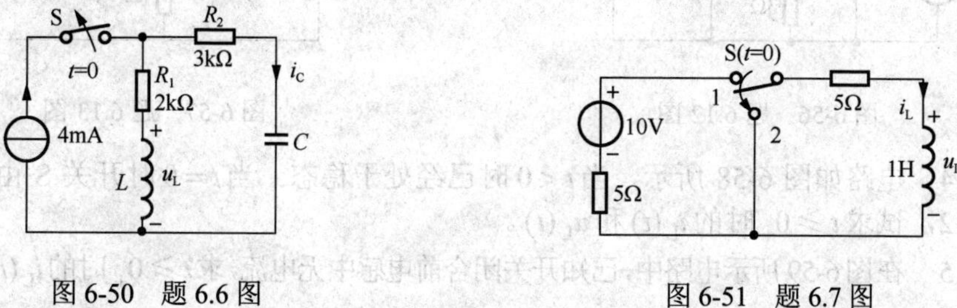

图 6-50　题 6.6 图　　　　图 6-51　题 6.7 图

6.8　电路如图 6-52 所示，当 $t<0$ 时已经处于稳态。当 $t=0$ 时开关 S 闭合，试求电路的初始值 $u_L(0_+)$、$i_C(0_+)$ 和 $i(0_+)$。

6.9　在图 6-53 所示电路中，换路前电路已经处于稳态，求换路后的 i、i_L 和 u_L。

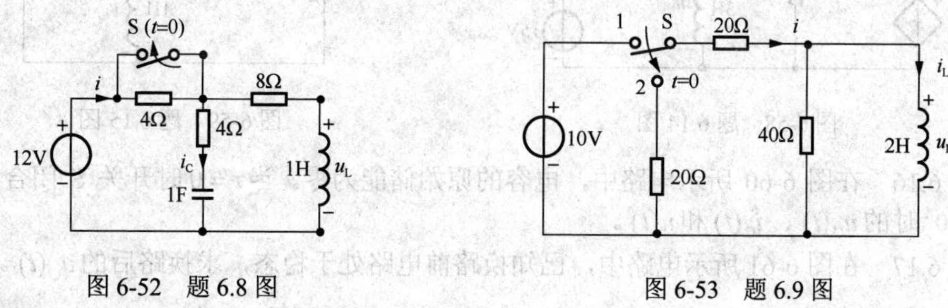

图 6-52　题 6.8 图　　　　图 6-53　题 6.9 图

6.10　在图 6-54 所示电路中，换路前电路已经处于稳态，求换路后的 u_C 和 i。

6.11　在图 6-55 所示电路中，换路前电路已经处于稳态，试求开关 S 由位置 1 合向位置 2 时的 $i(0_+)$。

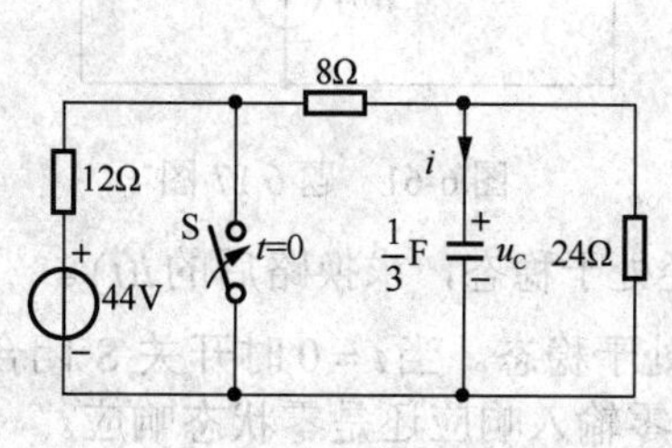

图 6-54　题 6.10 图

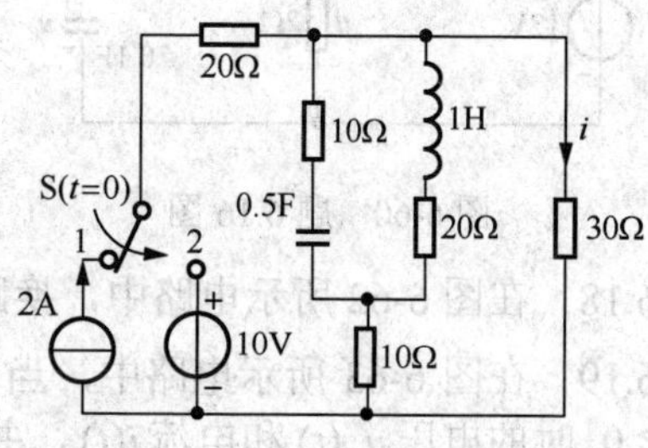

图 6-55　题 6.11 图

6.12　电路如图 6-56 所示，当 $t<0$ 时已经处于稳态。当 $t=0$ 时开关 S 由位置 1 合向位置 2，试求 $t\geqslant 0_+$ 时的 $i(t)$。

6.13　电路如图 6-57 所示，当 $t<0$ 时已经处于稳态。当 $t=0$ 时开关 S 由位置 1 合向位置 2，试求 $t\geqslant 0_+$ 时的 $i_L(t)$ 和 $u_L(t)$。

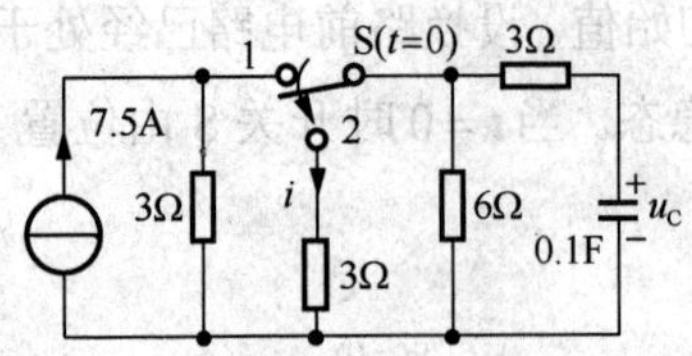

图 6-56　题 6.12 图

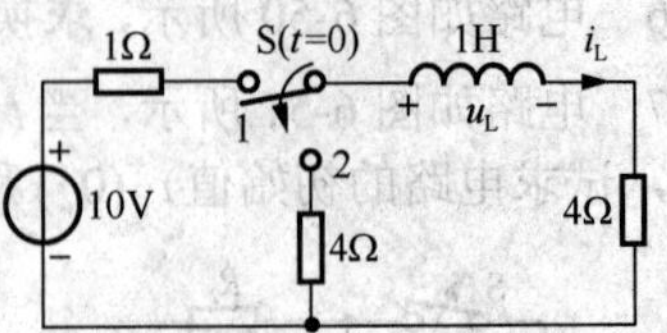

图 6-57　题 6.13 图

6.14　电路如图 6-58 所示，当 $t<0$ 时已经处于稳态。当 $t=0$ 时开关 S 由位置 1 合向位置 2，试求 $t\geqslant 0_+$ 时的 $i_L(t)$ 和 $u_L(t)$。

6.15　在图 6-59 所示电路中，已知开关闭合前电感中无电流，求 $t\geqslant 0_+$ 时的 $i_L(t)$ 和 $u_L(t)$。

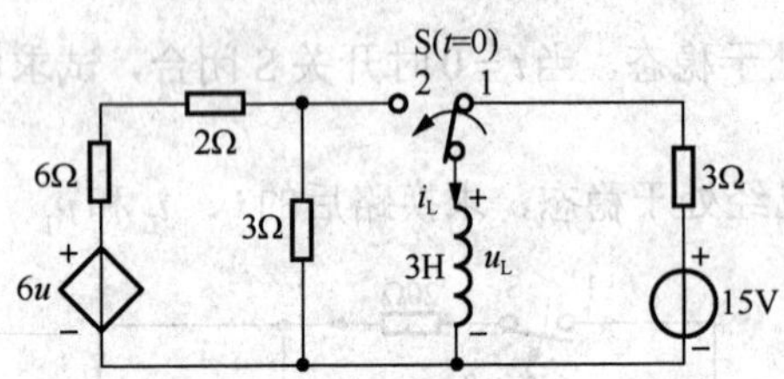

图 6-58　题 6.14 图

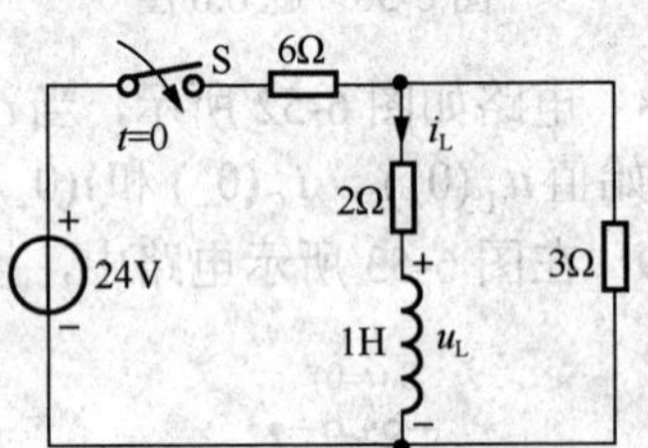

图 6-59　题 6.15 图

6.16　在图 6-60 所示电路中，电容的原始储能为零。当 $t=0$ 时开关 S 闭合，试求 $t\geqslant 0_+$ 时的 $u_C(t)$、$i_C(t)$ 和 $u(t)$。

6.17　在图 6-61 所示电路中，已知换路前电路处于稳态，求换路后的 $u_C(t)$。

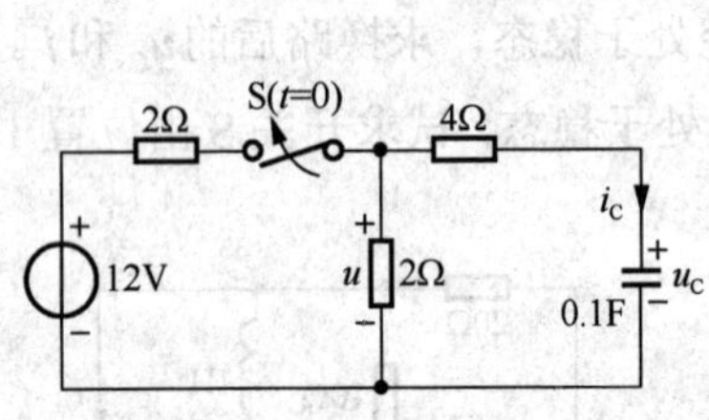

图 6-60　题 6.16 图

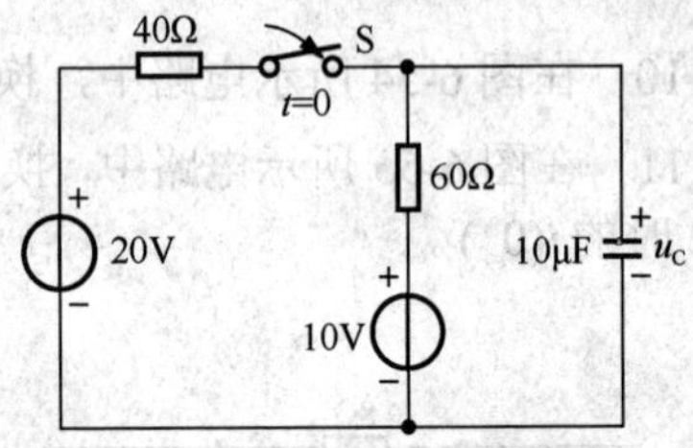

图 6-61　题 6.17 图

6.18　在图 6-62 所示电路中，换路前电路已经处于稳态，求换路后的 $i(t)$。

6.19　在图 6-63 所示电路中，当 $t<0$ 时已经处于稳态。当 $t=0$ 时开关 S 闭合，试求 $t\geqslant 0_+$ 时的电压 $u_C(t)$ 和电流 $i(t)$，并区分电路是零输入响应还是零状态响应。

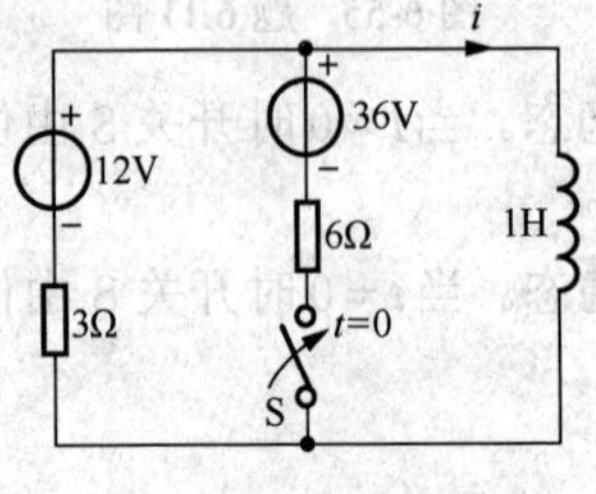

图 6-62　题 6.18 图

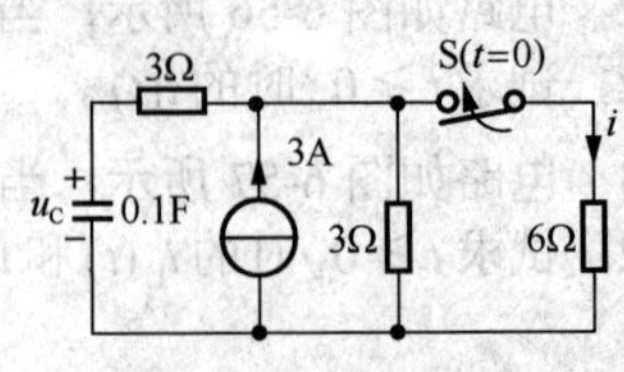

图 6-63　题 6.19 图

6.20　电路如图 6-64 所示，当 $t<0$ 时已经处于稳态。当 $t=0$ 时开关 S 打开，试求 $t\geqslant 0_+$ 时的电流 $i_L(t)$ 和电压 $u_L(t)$ 。

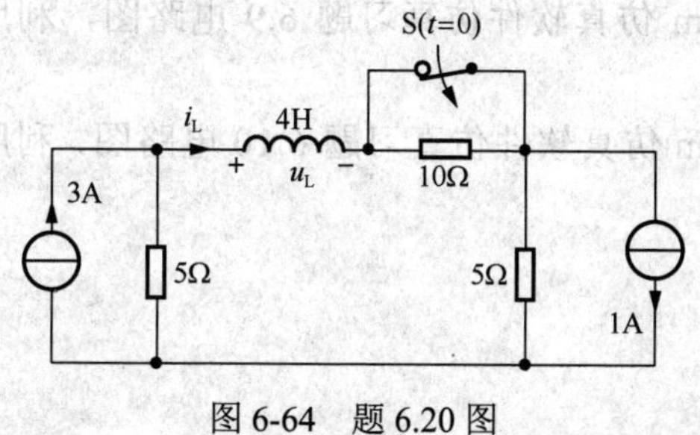

图 6-64　题 6.20 图

6.21　在图 6-65 所示电路中，已知 $i_L(0_-)=0$ ，$u_S(t)$ 的波形如图 6-65（b）所示，试求电流 $i_L(t)$ 。

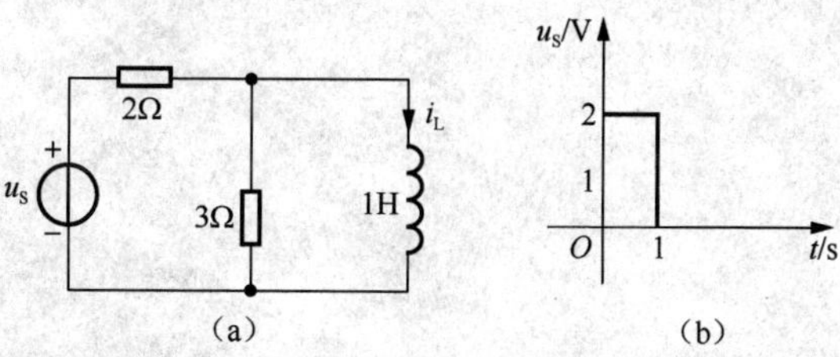

图 6-65　题 6.21 图

6.22　电路如图 6-66 所示，试求 $u_C(0_+)$ 和 $i_L(0_+)$ 。

6.23　在图 6-67 所示电路中，已知 $i_L(0_-)=0$ ，外加激励 $u_S(t)=[50\varepsilon(t)+2\delta(t)]\text{V}$ ，试求 $t\geqslant 0_+$ 时的电流 $i_L(t)$ 。

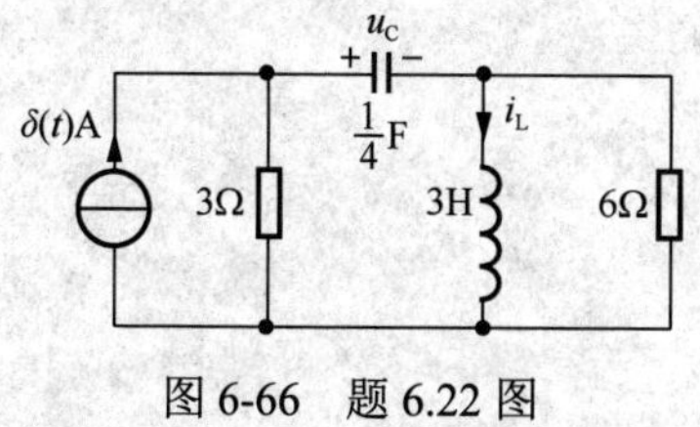

图 6-66　题 6.22 图

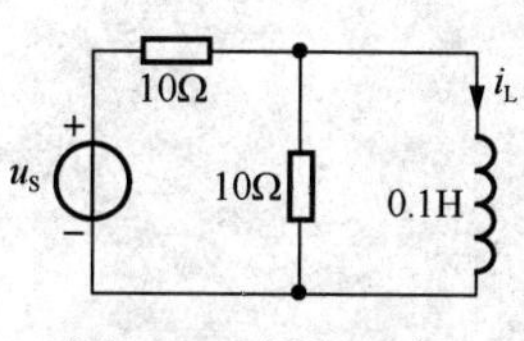

图 6-67　题 6.23 图

6.24　用 Multisim 仿真软件搭建图 6-68 所示电路，用示波器观察电容电压的充电波形。

6.25　用 Multisim 仿真软件搭建图 6-69 所示电路，已知换路前电路已经处于稳态，反复打开及闭合开关，利用示波器观察电容电压的波形。

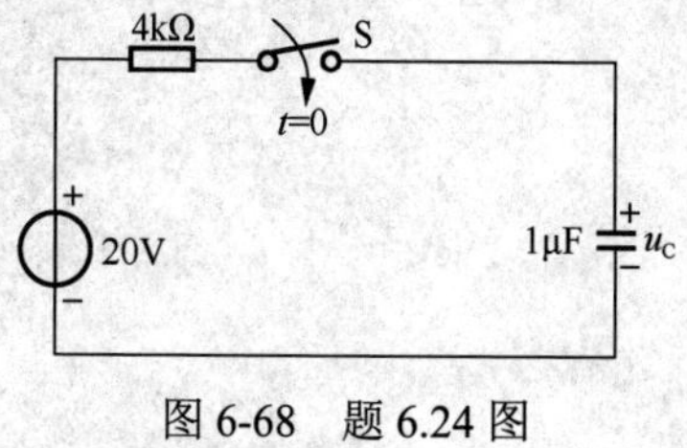

图 6-68　题 6.24 图

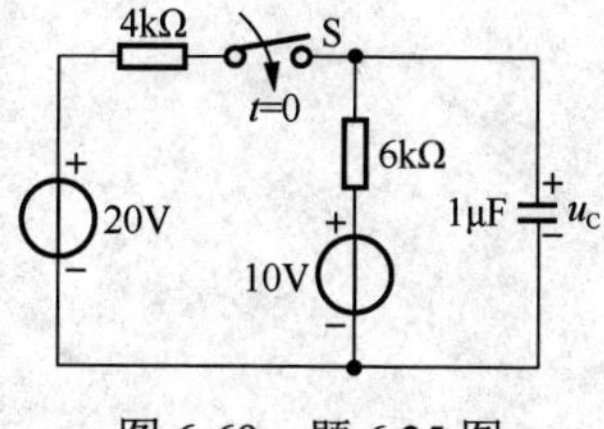

图 6-69　题 6.25 图

6.26　利用 Multisim 仿真软件仿真习题 6.3 电路图，利用示波器观察电容电压的波形。

6.27　利用 Multisim 仿真软件仿真习题 6.9 电路图，利用示波器观察电感电流的波形。

6.28　利用 Multisim 仿真软件仿真习题 6.10 电路图，利用示波器观察电容电压的波形。

第 7 章　单一元件的正弦交流电路

在电气工程中，周期函数是一种重要函数，其波形分为正弦和非正弦两大类。其中，正弦波形是周期函数中最常见和重要的一种波形。例如，电力系统及家庭用电的电压波形是正弦波形；在实验室中，音频信号与高频信号发生器的输出波形是正弦波形；在通信及广播系统中，高频载波是正弦波形；一个非正弦周期函数经过傅里叶级数的分解，可变成一系列不同频率的正弦量之和，等等。因此，在电路中研究正弦量是极为重要的。本章首先介绍正弦量的含义，然后在此基础上介绍相量法及单一元件正弦交流电路的相量分析。

前面章节学习的是直流电路中的电压和电流不随时间变化而变化，本章讨论的正弦交流电路与直流电路不同，交流电路中的电压和电流是随时间变化的，这给分析计算带来困难。本章介绍正弦量的相量形式，利用正弦稳态电路中所有电压和电流均是同频率正弦量的特点，将电路分析的问题转换到相量域中进行。

7.1　正弦量的含义

正弦信号作为典型信号在电路中应用极为广泛。实际应用的正弦信号既可以用正弦函数形式表示，也可以用余弦函数形式表示，但统称为正弦函数，本书用正弦函数形式表示。正弦电压或正弦电流的值随时间按正弦规律作周期性变化。正弦电流波形图如图 7-1 所示。

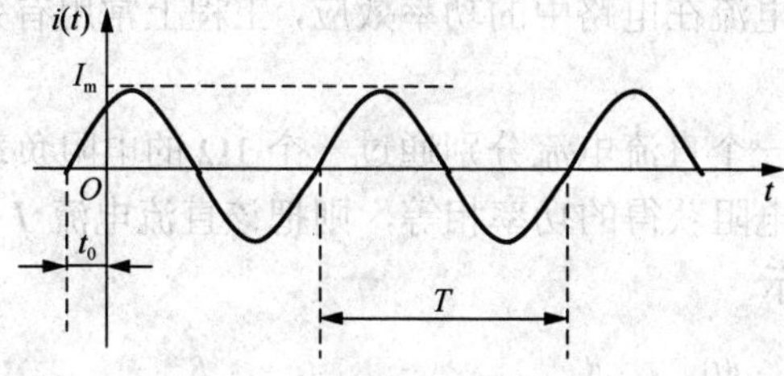

图 7-1　正弦电流的波形图

正弦电流的三角函数表达式为

$$i(t)=I_{\mathrm{m}}\sin\frac{2\pi}{T}(t+t_0)=I_{\mathrm{m}}\sin\left(\frac{2\pi}{T}t+\frac{2\pi}{T}t_0\right) \tag{7-1}$$

即

$$i(t)=I_{\mathrm{m}}\sin(\omega t+\theta) \tag{7-2}$$

式中，$i(t)$ 为正弦电流瞬时值；I_{m} 为正弦电流的振幅或最大值；T 为正弦电流的周期；变量 $\omega t+\theta$ 是随时间变化的弧度或角度，称为正弦电流的瞬时相位；$\omega=\dfrac{2\pi}{T}$ 是相位随时间变化的速率，称为角频率，单位是弧度每秒（rad/s），当ω是定值时，图 7-1 中的时间轴也可用角度坐标ωt表示；$\theta=\dfrac{2\pi}{T}t_0$是时间$t=0$时的相位，称为初始相位，简称初相，其单位是弧度（rad）。I_m、ω、θ称为正弦电流的三要素。如果想要完整地表示一个正弦量，就需要确定其三要素。

7.1.1 周期和频率

周期函数的周期（重复变化一次所需的时间）用T表示，单位为秒（s）；周期函数的频率（单位时间内变化的次数）用f表示，单位为赫兹（Hz）。当频率较高时，还可以用千赫（kHz）或者兆赫（MHz）为单位，它们之间的换算关系为

$$1\text{MHz}=10^3\text{kHz}=10^6\text{Hz} \tag{7-3}$$

由周期函数的周期和频率的定义可知，周期和频率互为倒数，即

$$f=\frac{1}{T} \tag{7-4}$$

由此可见，$1\text{Hz}=1\text{s}^{-1}$。

正弦量在一个周期内相位变化2π弧度，故正弦量的周期、频率和角频率的关系为

$$\omega=\frac{2\pi}{T}=2\pi f \tag{7-5}$$

7.1.2 幅值和有效值

正弦量的瞬时值（任一瞬间的值）用小写字母表示，如i、u分别表示电流、电压的瞬时值。正弦量的峰值（最大值）称为振幅或幅值，用大写字母加下标 m 表示，如I_m、U_m分别表示电流、电压的振幅。正弦量的瞬时值和幅值均是某一特定时刻的取值，为了表征正弦电压或正弦电流在电路中的功率效应，工程上常用有效值来衡量正弦电压或正弦电流的大小。

将一个交流电流和一个直流电流分别通过一个 1Ω 的电阻负载，经过一个相同的时间周期T，若它们使此电阻获得的功率相等，则把该直流电流I的大小作为交流电流i的有效值，如图 7-2 所示。

图 7-2　有效值推导示意图

因此有

$$\frac{1}{T}\int_0^T i^2\mathrm{d}t=I^2$$

交流电流的有效值为

$$I=\sqrt{\frac{1}{T}\int_0^T i^2\mathrm{d}t} \tag{7-6}$$

由上式可知，正弦量的有效值等于它的瞬时值的平方在一个周期内的平均值的开

方，因此有效值也称均方根值。对于正弦电流 $i(t)=I_{\mathrm{m}}\sin(\omega t+\theta)$，则有

$$I=\sqrt{\frac{1}{T}\int_0^T I_{\mathrm{m}}^2\sin^2(\omega t+\theta)\mathrm{d}t}=\sqrt{\frac{I_{\mathrm{m}}^2}{T}\int_0^T\frac{1-\cos2(\omega t+\theta)}{2}\mathrm{d}t}$$

即

$$I=\sqrt{\frac{I_{\mathrm{m}}^2}{T}\cdot\frac{1}{2}\cdot T}=\frac{I_{\mathrm{m}}}{\sqrt{2}}$$

正弦电流的有效值和幅值之间的关系为

$$I=\frac{I_{\mathrm{m}}}{\sqrt{2}}=0.707I_{\mathrm{m}}，\ I_{\mathrm{m}}=\sqrt{2}I=1.414I \tag{7-7}$$

同理，可得正弦电压的有效值和幅值之间的关系为

$$U=\frac{U_{\mathrm{m}}}{\sqrt{2}}=0.707U_{\mathrm{m}}，\ U_{\mathrm{m}}=\sqrt{2}U=1.414U \tag{7-8}$$

一般常用的交流电压表、交流电流表的读数均指有效值。若无特殊说明，则以后所说的交流电压或交流电流的大小均指有效值。

7.1.3　相位和相位差

正弦电压 $u(t)$ 和正弦电流 $i(t)$ 的波形图如图 7-3 所示。

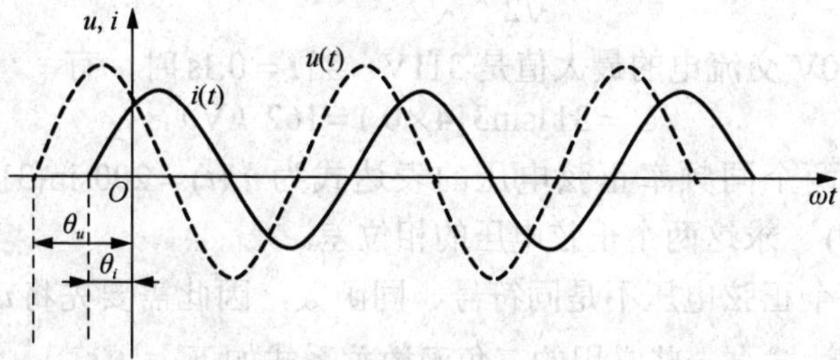

图 7-3　正弦电压与电流波形图

正弦量的初相与所取计时起点有关。由于正弦量的相位是以 2π 为周期变化的，因此初相的取值范围为 $-\pi\leqslant\theta\leqslant\pi$。在一般的线性单电源电路中，所有电压与电流是同频率变化的，但两者的初相不一定相同。设 $u(t)=U_{\mathrm{m}}\sin(\omega t+\theta_u)$，$i(t)=I_{\mathrm{m}}\sin(\omega t+\theta_i)$。

两个同频率变化的正弦量的相位之差称为相位差，用字母 φ 表示。图中，u、i 的相位差为

$$\varphi=(\omega t+\theta_u)-(\omega t+\theta_i)=\theta_u-\theta_i \tag{7-9}$$

由此可见，两个同频率正弦量的相位差就是它们的初相之差。由初相的取值范围可知，相位差的取值范围也为 $-\pi\leqslant\varphi\leqslant\pi$。从图可知，由于 $\theta_u>\theta_i$，因此在 $-\pi\leqslant\omega t\leqslant\pi$ 区间 u 比 i 先达到峰值，称在相位上电压超前电流 φ 角，或者说电流滞后电压 φ 角。

若两个正弦量的相位差 $\varphi=0$，则称两个正弦量同相；若 $\varphi=\pm\pi$，则称两个正弦量反相；若 $\varphi=\pm\pi/2$，则称两个正弦量正交。在比较两个正弦量的相位时，需要强调如下几点：

（1）同频率。只有相同频率的正弦量才有不随时间变化的相位差。

（2）同函数。只有函数名称相同才能用式（7-9）计算相位差。在数学表示上，正弦量既可以用正弦函数表示，也可以用余弦函数表示。在计算相位差时，正弦量必须用同一函数名称表示。

（3）同符号。只有正弦量数学表达式前的符号同为正或同为负，才能正确计算相位差。因为符号不同，相位相差±π。

在分析计算正弦交流电路时，往往以某个正弦量为参考量，先假设该参考量的相位为零，然后求其他正弦量与该参考量的相位关系。

例 7.1 已知某正弦量的频率 $f = 100\text{Hz}$，求其周期 T 和角频率 ω。

解：由式（7-5）可得

$$\omega = 2\pi f = 2\times 3.14\times 100 = 628\ (\text{rad/s})$$

$$T = \frac{1}{f} = \frac{1}{100} = 0.01\ (\text{s})$$

例 7.2 某正弦电压表达式为 $u(t) = 311\sin 314t$（V），求其有效值 U 和 $t = 0.1\text{s}$ 时的瞬时值。

解：由式（7-8）可得

$$U = \frac{U_{\text{m}}}{\sqrt{2}} = \frac{311}{\sqrt{2}} \approx 220\ (\text{V})$$

由此可见，220V 交流电的最大值是 311V。当 $t = 0.1\text{s}$ 时，有

$$U = 311\sin 314\times 0.1 = 162\ (\text{V})$$

例 7.3 已知两个同频率正弦电压的表达式为 $u_1(t) = 200\sin(314t + 45^\circ)$，$u_2(t) = -100\cos(314t + 30^\circ)$。求这两个正弦电压的相位差。

解：由于这两个正弦电压不是同符号、同函数，因此需要先将 $u_2(t)$ 化成与 $u_1(t)$ 同符号、同函数的表达式。一些常用的三角函数关系式如下：

$$-\sin\omega t = \sin(\omega t \pm \pi)$$

$$-\cos\omega t = \cos(\omega t \pm \pi)$$

$$\cos\omega t = \sin(\omega t + \pi/2)$$

则

$$u_2(t) = -100\cos(314t + 30^\circ) = -100\sin(314t + 30^\circ + 90^\circ)$$

$$= 100\sin(314t + 120^\circ - 180^\circ) = 100\sin(314t - 60^\circ)$$

相位差为

$$\varphi = 45^\circ - (-60^\circ) = 105^\circ$$

由此可见，u_1 比 u_2 超前 105°，或者说 u_2 比 u_1 滞后 105°。

例 7.4 某正弦交流电流的有效值 $I = 10\text{A}$，频率 $f = 50\text{Hz}$，初相 $\theta = \pi/4$，求该电流 i 的表达式及 $t = 2\text{ms}$ 时的瞬时值。

解：首先确定正弦交流电流的振幅和角频率，则有

$$I_{\text{m}} = \sqrt{2}I = \sqrt{2}\times 10 = 10\sqrt{2}\ (\text{A})$$

$$\omega = 2\pi f = 2\times 3.14\times 50 = 314\ (\text{rad/s})$$

已知初相 $Q=\pi/4$，则该电流 i 的表达式为

$$i(t)=I_{\mathrm{m}}\sin(\omega t+\theta)=10\sqrt{2}\sin(314t+\pi/4)\text{（A）}$$

当 $t=2\mathrm{ms}$ 时，i 的瞬时值为

$$i=10\sqrt{2}\sin\left(314\times2\times10^{-3}+\pi/4\right)\approx14\text{（A）}$$

7.2 相　量　法

当激励作用于非零初始状态的动态电路时，其产生的电路响应为全响应。若电路响应能够渐近稳定，则电路响应中的暂态分量将逐渐衰减为零，而使电路响应中仅存稳态分量。大多数实际装置设计在稳态情况下工作，因此在较多场合主要关心它的稳态响应。在求解线性时不变电路的正弦稳态响应时，电路的变量 u 和 i 可用相量来表示，这时电路方程就可转换成相量形式的代数方程，因而可用前面介绍的方法求解，而不用解电路微分方程，这正是相量法最大的优点。因为相量法计算是复数运算，所以本节将介绍复数及其运算。

7.2.1 复数及其运算（四则运算，微分、积分运算）

1. 复数及其表示形式

1）复数的定义

设 a 和 b 是两个实数，则 a、b 的有序组合 $A=a+\mathrm{j}b$ 称为复数。

复数表达式为

$$A=a+\mathrm{j}b \tag{7-10}$$

式中，a 为复数 A 的实部；b 为复数 A 的虚部；$\mathrm{j}=\sqrt{-1}$，是虚数单位。其中，$a=\mathrm{Re}[A]$，$b=\mathrm{Im}[A]$；符号 $\mathrm{Re}[A]$ 表示取复数 A 的实部，符号 $\mathrm{Im}[A]$ 表示取复数 A 的虚部。

2）复平面

复平面是一个直角坐标平面，横轴表示实数轴，纵轴表示虚数轴，如图 7-4 所示。

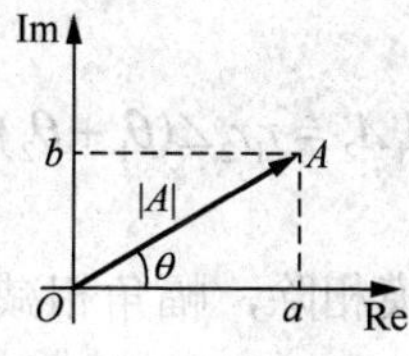

图 7-4　复平面

3）复数的表示形式

（1）代数式。$A=a+\mathrm{j}b$ 称为复数的代数式或直角坐标形式。该复数可以用复平面上的一点 A 表示，或用一个矢量 $\overrightarrow{OA}$ 表征，如图 7-4 所示。复平面上的一点 A，或一个矢量 $\overrightarrow{OA}$，它们与复数 A 之间是一一对应关系。

由图可列出下列关系式：

$$a=|A|\cos\theta，\ b=|A|\sin\theta，\ |A|=\sqrt{a^2+b^2}，\ \theta=\tan^{-1}\frac{b}{a}$$

式中，$|A|$称为复数 A 的模；θ 称为幅角。

复数 A 又可写成

$$A=|A|\cos\theta+\mathrm{j}|A|\sin\theta \tag{7-11}$$

（2）指数式。根据欧拉公式

$$\mathrm{e}^{\mathrm{j}\theta}=\cos\theta+\mathrm{j}\sin\theta$$

得到复数 A 的指数形式，即

$$A=|A|\mathrm{e}^{\mathrm{j}\theta} \tag{7-12}$$

（3）极坐标式。复数的指数形式也常写成极坐标形式，即

$$A=|A|\angle\theta \tag{7-13}$$

（4）共轭复数。复数 $A=a+\mathrm{j}b$ 的共轭复数为 $A^*=a-\mathrm{j}b$。复数 A 的模$|A|$与共轭复数 A^* 的模$|A^*|$相等。

2. 复数运算

1）加减法

复数的加减法是实部与实部相加减，虚部与虚部相加减。设 $A_1=a_1+\mathrm{j}b_1$，$A_2=a_2+\mathrm{j}b_2$，则

$$A_1\pm A_2=(a_1\pm a_2)+\mathrm{j}(b_1\pm b_2) \tag{7-14}$$

2）乘法

（1）代数式相乘。代数式相乘法则与多项式相乘法则相同，但要注意

$$\mathrm{j}^2=-1，\ \mathrm{j}^3=-\mathrm{j}，\ \mathrm{j}^4=1 \tag{7-15}$$

设 $A_1=a_1+\mathrm{j}b_1$，$A_2=a_2+\mathrm{j}b_2$，则

$$A_1A_2=(a_1+\mathrm{j}b_1)(a_2+\mathrm{j}b_2)=(a_1a_2-b_1b_2)+\mathrm{j}(a_1b_2+a_2b_1) \tag{7-16}$$

（2）极坐标形式相乘。复数的极坐标形式乘法运算是模相乘，幅角相加。设 $A_1=r_1\angle\theta_1$，$A_2=r_2\angle\theta_2$，则

$$A_1A_2=r_1r_2\angle(\theta_1+\theta_2) \tag{7-17}$$

3）除法

复数的极坐标形式除法运算是模相除，幅角相减。设 $A_1=r_1\angle\theta_1$，$A_2=r_2\angle\theta_2$，则

$$\frac{A_1}{A_2}=\frac{r_1\angle\theta_1}{r_2\angle\theta_2}=\frac{r_1}{r_2}\angle(\theta_1-\theta_2) \tag{7-18}$$

4）复数相等

两个复数相等的充要条件是：实部与实部相等，虚部与虚部相等。设 $A_1=a_1+\mathrm{j}b_1$，$A_2=a_2+\mathrm{j}b_2$，若

$$a_1=a_2，\ b_1=b_2$$

则

$$A_1 = A_2$$

反之，亦成立。

7.2.2　相量的表示法及相量图

在一个电阻支路上施加一个正弦电压，其电流仍是角频率为ω的正弦量，与电压不同的只是振幅；将同样电压施加在一个电容上，其电流$i(t)$仍是角频率为ω的正弦量，不同的是振幅和初相；将同样电压施加在电感支路上也是类似情形。由此可见，对一个正弦量进行微分、积分、相加、乘以或除以某个常数，都不会改变其角频率，能够改变的只是振幅和初相。这是正弦量在时域中运算的特点。

设正弦量为$i(t) = I_{\mathrm{m}}\sin(\omega t + \theta)$，根据欧拉公式$\mathrm{e}^{\mathrm{j}\theta} = \cos\theta + \mathrm{j}\sin\theta$，正弦量$i(t)$可以写成如下形式：

$$i(t) = I_{\mathrm{m}}\sin(\omega t + \theta) = \mathrm{Im}\left[I_{\mathrm{m}}\mathrm{e}^{\mathrm{j}(\omega t + \theta)}\right] \tag{7-19}$$

式中，Im 表示取虚部。此式表明，正弦量与复指数函数一一对应，等于对复指数函数取虚部。

如前所述，复数表现为直角坐标平面中的一个矢量，矢量的大小对应复数的模，矢量与横轴的夹角对应复数的幅角。若矢量的幅角为$\omega t + \theta$，矢量的长度为I_{m}，则该矢量以角速度ω按逆时针方向旋转，在$t = 0$时旋转矢量的幅角为θ。这样的旋转矢量在虚轴上的投影正是正弦量$i(t)$，如图 7-5 所示。

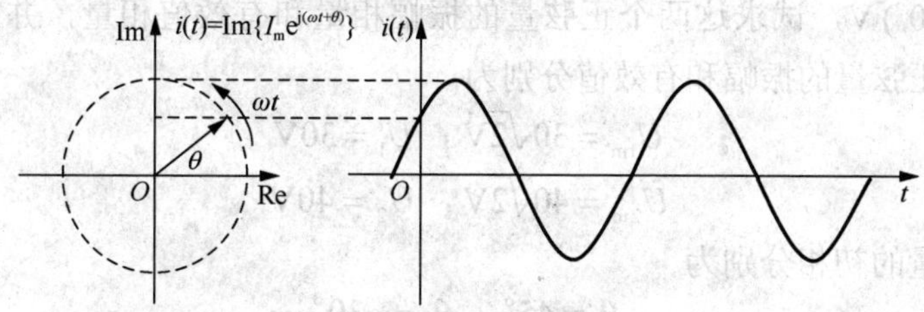

图 7-5　正弦量的旋转矢量表示

定义这样一个复常数，$\dot{I}_{\mathrm{m}} = I_{\mathrm{m}}\mathrm{e}^{\mathrm{j}\theta} = I_{\mathrm{m}}\angle\theta$，若它对应旋转矢量在$t = 0$时的表达，则

$$i(t) = I_{\mathrm{m}}\sin(\omega t + \theta) = \mathrm{Im}\left[\dot{I}_{\mathrm{m}}\mathrm{e}^{\mathrm{j}\omega t}\right] \tag{7-20}$$

式中，$\mathrm{e}^{\mathrm{j}\omega t}$为旋转因子，反映旋转矢量按逆时针方向旋转的角速度，对应正弦量随时间变化的快慢。可以发现，这个复常数的幅度即为正弦量的振幅，幅角即为正弦量的初相，因此这个复常数$\dot{I}_{\mathrm{m}}$称为正弦量$i(t)$的振幅相量。

考虑正弦函数在时域中运算的特点，设想能否对相量进行运算以替代正弦函数运算呢？答案是可以。因为对复指数函数进行微分、积分、相加、乘以或除以某个常数，也不会改变其角频率，能够改变的只有相量的幅度和幅角。

在电路分析中也常使用正弦量的有效值相量$\dot{I}$，则

$$\dot{I}=I\mathrm{e}^{\mathrm{j}\theta}=I\angle\theta=\frac{1}{\sqrt{2}}\dot{I}_{\mathrm{m}} \tag{7-21}$$

正弦量与相量之间的对应关系为

$$I_{\mathrm{m}}\sin(\omega t+\theta)\leftrightarrow\dot{I}_{\mathrm{m}}=I_{\mathrm{m}}\mathrm{e}^{\mathrm{j}\theta}=\sqrt{2}I\mathrm{e}^{\mathrm{j}\theta}=\sqrt{2}\dot{I} \tag{7-22}$$

当频率一定时，可以用相量表征正弦量。注意：用相量可以唯一地表征一个频率已知的正弦量。还要注意上式中双箭头的左边是正弦函数的时间函数，双箭头的右边是相量即复常数，它们之间是对应关系而不是相等关系。若已知正弦函数表达式，则可求得相应的相量；反之，若已知相量和原正弦函数的角频率ω，则也可求得原正弦函数表达式。

将同频率正弦量对应的相量画在同一复平面中称为相量图。从相量图中可以方便地看出各个正弦量的大小及其相互关系。为方便起见，相量图中一般省略极坐标轴而仅画出代表相量的矢量，如图 7-6 所示。

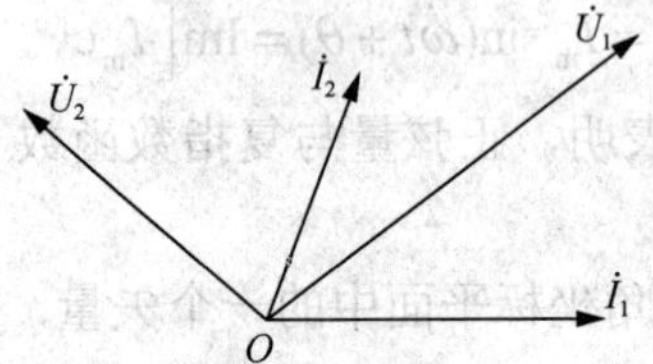

图 7-6　正弦量的相量图

例 7.5　已知两个同频率正弦量的表达式为$u_1(t)=30\sqrt{2}\sin(\omega t+45^\circ)$ V，$u_2(t)=40\sqrt{2}\sin(\omega t-30^\circ)$ V，试求这两个正弦量的振幅相量和有效值相量，并画出相量图。

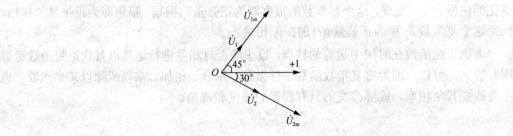

解：两个正弦量的振幅和有效值分别为

$$U_{1\mathrm{m}}=30\sqrt{2}\mathrm{V}，\ U_1=30\mathrm{V}$$

$$U_{2\mathrm{m}}=40\sqrt{2}\mathrm{V}，\ U_2=40\mathrm{V}$$

两个正弦量的初相分别为

$$\theta_1=45^\circ，\ \theta_2=-30^\circ$$

则两个正弦量的振幅相量和有效值相量分别为

$$\dot{U}_{1\mathrm{m}}=U_{1\mathrm{m}}\mathrm{e}^{\mathrm{j}45^\circ}=30\sqrt{2}\mathrm{e}^{\mathrm{j}45^\circ}\text{（V）},\ \dot{U}_1=U_1\mathrm{e}^{\mathrm{j}45^\circ}=30\mathrm{e}^{\mathrm{j}45^\circ}\text{（V）}$$

$$\dot{U}_{2\mathrm{m}}=U_{2\mathrm{m}}\mathrm{e}^{-\mathrm{j}30^\circ}=40\sqrt{2}\mathrm{e}^{-\mathrm{j}30^\circ}\text{（V）},\ \dot{U}_2=U_2\mathrm{e}^{-\mathrm{j}30^\circ}=40\mathrm{e}^{-\mathrm{j}30^\circ}\text{（V）}$$

相量图如图 7-7 所示。

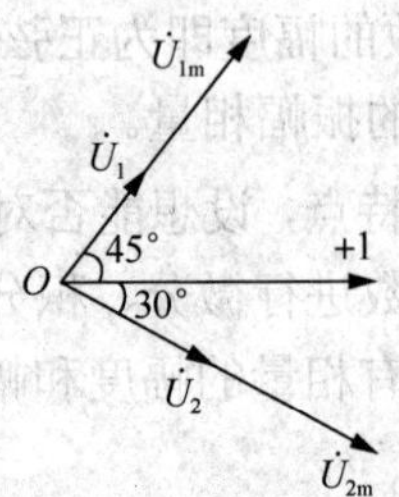

图 7-7　例 7.5 相量图

例 7.6　已知正弦电流 $i_1(t)=12\sqrt{2}\sin(\omega t+30^\circ)\,\text{A}$，$i_2(t)=8\sqrt{2}\sin(\omega t+60^\circ)\,\text{A}$，求电流 $i(t)=i_1(t)+i_2(t)$。

解：用相量运算替代正弦函数运算，使计算变得简便。已知正弦量分别用有效值相量表示为

$$\dot{I}_1=I_1\text{e}^{\text{j}30^\circ}=12\text{e}^{\text{j}30^\circ}=12(\cos30^\circ+\text{j}\sin30^\circ)=10.4+\text{j}6\ (\text{A})$$

$$\dot{I}_2=I_2\text{e}^{\text{j}60^\circ}=8\text{e}^{\text{j}60^\circ}=8(\cos60^\circ+\text{j}\sin60^\circ)=4+\text{j}6.9\ (\text{A})$$

则

$$\dot{I}=\dot{I}_1+\dot{I}_2=(10.4+\text{j}6)+(4+\text{j}6.93)=14.4+\text{j}12.9=19.3\angle41.9^\circ$$

$$i(t)=i_1(t)+i_2(t)=\text{Im}\left[\sqrt{2}\dot{I}\text{e}^{\text{j}\omega t}\right]=19.3\sqrt{2}\sin(\omega t+41.9^\circ)\ (\text{A})$$

综合以上分析，需要强调以下几点：

（1）同频率正弦量经过线性运算（加、减、乘以或除以某个常数）后得到一个新的同频率正弦量，新正弦量的相量等于原正弦量相量线性运算的结果。

（2）相量在数学上的运算规律就是复数的运算规律；相量图符合矢量运算的几何规则，可用矢量加（减）的平行四边形法则求相量和。

（3）相量只是表示正弦量，而不是等于正弦量。正弦量具有振幅、频率和初相三个特征参数，而正弦量的相量只有模和幅角两个参数，只能表示正弦量的振幅和初相，不能表示其频率。

（4）相量（复数）有多种表示形式，在进行复数运算时，乘除法宜采用极坐标形式，加减法宜采用直角坐标形式。

（5）在单一频率正弦电源线性电路中，所有稳态响应（电压和电流）均为与激励同频率的正弦量，其频率是已知的或者特定的，因此对正弦稳态电路的分析正是对同频率正弦量之间关系的分析。借助相量，可以将正弦函数的线性运算转化为相量的线性运算，使分析过程大为简化。

7.3　单一元件电路的相量形式

在直流电路中，激励电源不随时间变化，电容元件等效为开路，电感元件等效为短路，因而只需考虑电阻元件的作用。但在正弦交流电路中，激励电源随时间按正弦规律变化，因而必须考虑电容和电感的作用。电阻 R、电感 L 和电容 C 是交流电路中的三个基本无源元件（理想元件）。掌握这三个元件在正弦交流电路中的电压与电流的关系、能量的转换及功率，是分析各种正弦交流电路的基础。

假设元件两端的电压与电流为关联参考方向，则它们的正弦表达式分别为

$$u=\sqrt{2}U\sin(\omega t+\theta_u),\quad i=\sqrt{2}I\sin(\omega t+\theta_i)$$

相量分别为

$$\dot{U}=\sqrt{2}U\angle\theta_u,\quad \dot{I}=\sqrt{2}I\angle\theta_i$$

7.3.1 电阻元件的相量模型

理想线性电阻电路如图 7-8 所示。

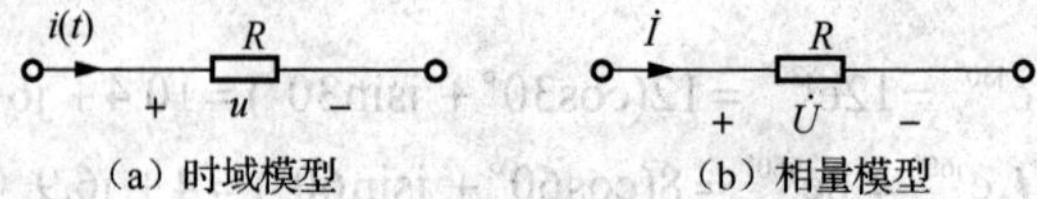

图 7-8 电阻元件的相量模型

根据欧姆定律，电阻元件两端的电压 u 与流过的电流 i 的关系式为

$$u = Ri = RI_{\mathrm{m}}\sin(\omega t+\theta_i) = U_{\mathrm{m}}\sin(\omega t+\theta_u) \tag{7-23}$$

由此可见，电阻元件上的电压和电流有如下关系：

（1）电压与电流是同频率的正弦量。

（2）电压和电流的初相相同，即 $\theta_i = \theta_u$。

（3）电压和电流的代数关系为

$$U = RI \quad 或 \quad U_{\mathrm{m}} = RI_{\mathrm{m}} \tag{7-24}$$

（4）电压和电流的相量关系为

$$\dot{U} = R\dot{I} \tag{7-25}$$

式（7-25）称为电阻元件欧姆定律的相量形式。式中，R 称为电阻元件的相量模型，其值与直流电路中电阻的阻值相同，与频率无关。电阻电路中电压与电流的相量图，如图 7-9 所示。

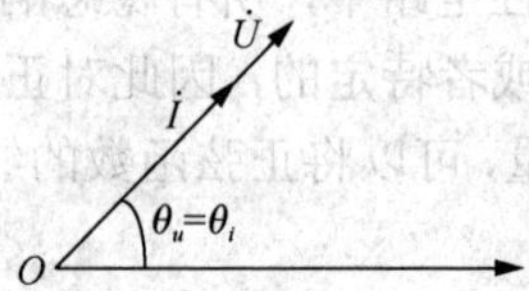

图 7-9 电阻电路中电压与电流的相量图

例 7.7 电阻电路如图 7-8（a）所示，已知 $u(t) = 4\sqrt{2}\sin(50t+20^\circ)\mathrm{V}$，电阻 R=2Ω，求电流 i。

解：已知正弦电压的相量为

$$\dot{U} = 4\angle 20^\circ$$

根据相量关系进行计算，得

$$\dot{U} = R\dot{I} \leftrightarrow \dot{I} = \frac{\dot{U}}{R} = \frac{4\angle 20^\circ}{2} = 2\angle 20^\circ$$

根据相量写出对应的正弦交流电的解析表达式，则有

$$i = 2\sqrt{2}\sin(50t+20^\circ)\ \text{（A）}$$

例 7.8 有一个额定值为 220V、1000W 的电阻炉，将其接在 220V、50Hz 的交流电源上，求流过该电阻炉的电流及电阻炉的电阻？假设电源电压的有效值不变，若频率改为 100Hz，则此时流过电阻炉的电流又是多少？

解：电阻炉在额定状态下工作，因此流过电阻炉的电流为

$$I=\frac{P_{\mathrm{N}}}{U}=\frac{1000}{220}=4.55\text{（A）}$$

电阻炉的电阻为

$$R=\frac{U}{I}=\frac{220}{4.55}=48.35\text{（Ω）}$$

电阻炉是纯电阻元件，其电阻值与频率无关。因此当频率改变时，若电压有效值不变，则其流过电流的有效值也不变。

7.3.2　电容元件的相量模型

纯电容元件交流电路如图 7-10 所示。

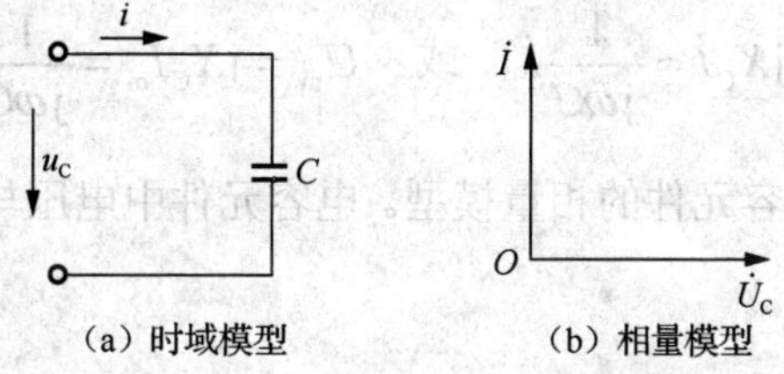

（a）时域模型　　（b）相量模型

图 7-10　纯电容元件的相量模型

设电容两端的电压 $u=\sqrt{2}U\sin\left(\omega t+\theta_u\right)$，则电容元件两端的电压 u 与流过的电流 i 的关系式为

$$i=C\frac{\mathrm{d}u}{\mathrm{d}t}=C\frac{\mathrm{d}\left[\sqrt{2}U\sin(\omega t+\theta_u)\right]}{\mathrm{d}t}=\sqrt{2}\omega CU\sin\left(\omega t+\theta_u+90^\circ\right)=\sqrt{2}I\sin(\omega t+\theta_i)\tag{7-26}$$

由上式可知，电容元件上电压与电流之间有如下关系：

（1）电压与电流是同频率的正弦量。

（2）在相位上，$\theta_i=\theta_u+90^\circ$，电压滞后电流 90°，或者电流超前电压 90°。

（3）电压与电流的代数关系为

$$I=\omega CU=\frac{1}{X_{\mathrm{C}}}U\quad \text{或}\quad I_{\mathrm{m}}=\omega CU_{\mathrm{m}}=\frac{1}{X_{\mathrm{C}}}U_{\mathrm{m}}\tag{7-27}$$

式中

$$X_{\mathrm{C}}=\frac{1}{\omega C}=\frac{1}{2\pi fC}\tag{7-28}$$

（4）电压和电流的相量关系。

由于 $\dot{U}=\sqrt{2}U\angle\theta_u$，$\dot{I}=\sqrt{2}I\angle\theta_i=\sqrt{2}I\angle(\theta_u+90^\circ)$，则有

$$\frac{\dot{U}}{\dot{I}}=\frac{\sqrt{2}U\angle\theta_u}{\sqrt{2}I\angle(\theta_u+90^\circ)}=\frac{U}{I}\angle-90^\circ=\mathrm{j}X_{\mathrm{C}}$$

其中

$$X_C = -\frac{1}{\omega C} = -\frac{1}{2\pi f C} \tag{7-29}$$

X_C 称为电容元件的电抗，简称容抗，单位为欧姆（Ω）。X_C 表征了电容对交流电流的阻碍作用，它与频率 f 、电容 C 成反比。在相同电压下，电容 C 越大，所容纳的电荷量越多，电容的阻碍作用越小，电流就越大；频率 f 越高，电容充放电的速度越快，电容的阻碍作用越小，电流就越大。由此可见，相同容量的电容对不同频率的正弦电流呈现不同的阻碍能力，容抗随频率变化而变化。对于直流电而言，若频率 $f=0$ ，则 $X_C \to \infty$，阻碍作用无穷大，电容相当于开路。频率越高，容抗越小，电流越大，因此，电容具有“通交隔直”的作用。

由式（7-29）可得

$$\dot{U} = \mathrm{j}X_C\dot{I} = \frac{1}{\mathrm{j}\omega C}\dot{I} \quad 或 \quad \dot{U}_m = \mathrm{j}X_C\dot{I}_m = \frac{1}{\mathrm{j}\omega C}\dot{I}_m \tag{7-30}$$

式中，$\mathrm{j}X_C = \frac{1}{\mathrm{j}\omega C}$ 称为电容元件的相量模型。电容元件中电压与电流的相量图如图 7-11 所示。

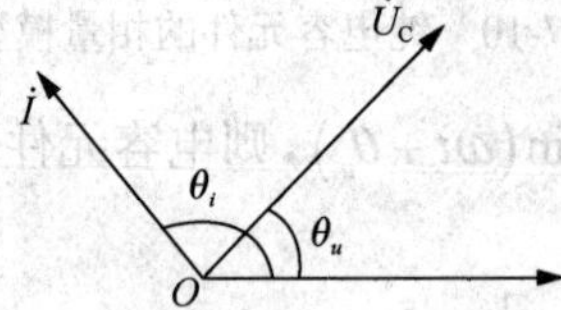

图 7-11　电容元件中电压与电流的相量图

例 7.9　在纯电容元件电路中，已知 $C=4.7\mu F$ ，$f=50Hz$ ，$i=0.2\sqrt{2}\sin(\omega t+30^\circ)$ A，求 $\dot{U}$ 并作出相量图。若频率改为 $f=100Hz$ ，再求 $\dot{U}$ 。

解：容抗值为

$$X_C = -\frac{1}{2\pi f C} = -\frac{1}{2\times3.14\times50\times4.7\times10^{-6}} = -677.6（\Omega）$$

由于 $\dot{I}=0.2\angle30^\circ$，则有

$$\dot{U} = \mathrm{j}X_C\dot{I} = 1\angle90^\circ\times(-677.6)\times0.2\angle30^\circ = 135.52\angle-60^\circ \text{（V）}$$

作出相量图，如图 7-12 所示。

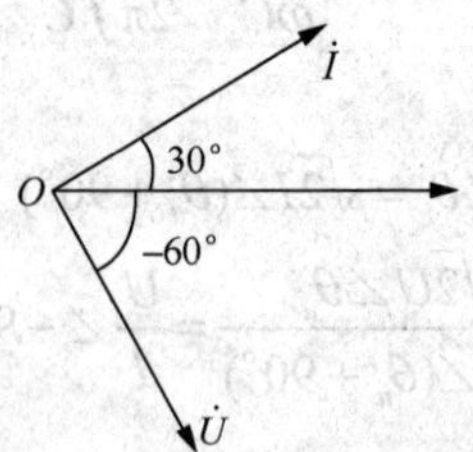

图 7-12　例 7.9 相量图

若电源频率改为 $f=100\text{Hz}$，则容抗值变为

$$X_C=-\frac{1}{2\pi fC}=\frac{1}{2\times3.14\times100\times4.7\times10^{-6}}=-338.8\ (\Omega)$$

则

$$\dot{U}=\text{j}X_C\dot{I}=1\angle90^\circ\times(-338.8)\times0.2\angle30^\circ=67.76\angle-60^\circ\ (\text{V})$$

由此可见，当电流和电容一定时，频率越高，电容两端的电压越小。

7.3.3　电感元件的相量模型

纯电感元件交流电路如图 7-13 所示。

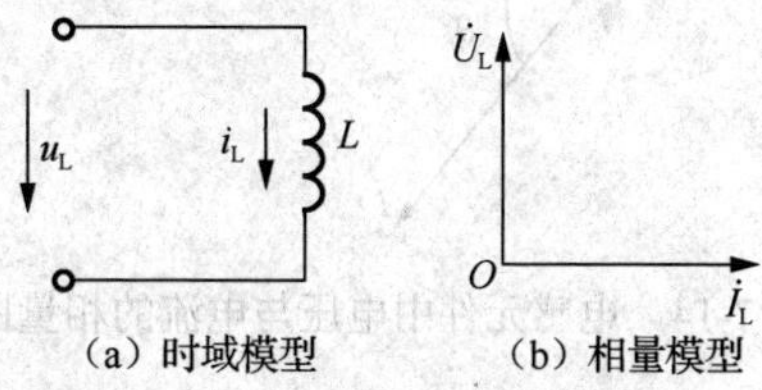

图 7-13　电感元件的相量模型

设流过电感的电流 $i=\sqrt{2}I\sin(\omega t+\theta_i)$，则电感元件两端的电压 u 与电感电流 i 的关系式为

$$u=L\frac{\text{d}i}{\text{d}t}=L\frac{\text{d}\left[\sqrt{2}I\sin(\omega t+\theta_i)\right]}{\text{d}t}=\sqrt{2}\omega LI\sin(\omega t+\theta_i+90^\circ)=\sqrt{2}U\sin(\omega t+\theta_u)\quad(7\text{-}31)$$

由上式可知，电感元件上电压与电流之间有如下关系：

（1）电压与电流是同频率的正弦量。

（2）在相位上，$\theta_u=\theta_i+90^\circ$，电压超前电流 90°，或者电流滞后电压 90°。

（3）电压与电流的代数关系为

$$U=\omega LI=X_L I\quad\text{或}\quad U_m=\omega LI_m=X_L I_m\qquad(7\text{-}32)$$

其中

$$X_L=\omega L=2\pi fL\qquad(7\text{-}33)$$

X_L 称为电感元件的电抗，简称感抗，单位为欧姆（Ω）。X_L 表征了电感对交流电流的阻碍作用，它与频率 f 、电感 L 成正比。在相同电压下，电感 L 越大，感抗越大，阻碍作用越大，电流就越小；频率 f 越高，感抗越大，阻碍作用越大，电流就越小。由此可见，同样大小的电感对不同频率的正弦电流呈现不同的阻碍能力，感抗随频率变化而变化。对于直流电而言，若频率 $f=0$，则 $X_L=0$，阻碍作用等于零，电感相当于短路。频率越高，感抗越大，电流越小。

（4）电压和电流的相量关系。

由于 $\dot{I}=\sqrt{2}I\angle\theta_i$，$\dot{U}=\sqrt{2}U\angle\theta_u=\sqrt{2}U\angle(\theta_i+90^\circ)$，则有

$$\frac{\dot{U}}{\dot{I}}=\frac{\sqrt{2}U\angle(\theta_i+90^\circ)}{\sqrt{2}I\angle\theta_i}=\frac{U}{I}\angle90^\circ=\text{j}X_L$$

即

$$\dot{U}=\mathrm{j}X_{\mathrm{L}}\dot{I} \quad 或 \quad \dot{U}_m=\mathrm{j}X_{\mathrm{L}}\dot{I}_{\mathrm{m}} \tag{7-34}$$

式中，$\mathrm{j}X_{\mathrm{L}}=\mathrm{j}\omega L$ 称为电感元件的相量模型。电感元件中电压与电流的相量图，如图 7-14 所示。

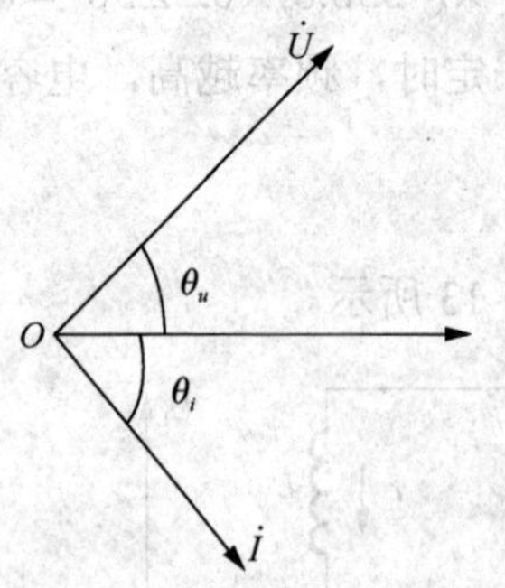

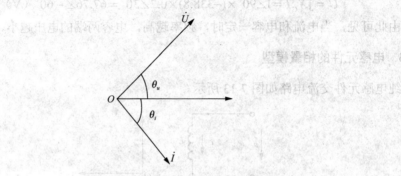

图 7-14　电感元件中电压与电流的相量图

例 7.10　在纯电感元件电路中，已知 $L=1\mathrm{H}$，$f=50\mathrm{Hz}$，$u=220\sqrt{2}\sin(\omega t+30^\circ)$ A，求 $\dot{I}$ 并作出相量图。若电源频率改为 $f=100\mathrm{Hz}$，电压有效值不变，再求 $\dot{I}$。

解：感抗值为

$$X_{\mathrm{L}}=2\pi fL=2\times3.14\times50\times1=314\text{（}\Omega\text{）}$$

由于 $\dot{U}=220\angle30^\circ$，则有

$$\dot{I}=\frac{\dot{U}}{\mathrm{j}X_{\mathrm{L}}}=\frac{220\angle30^\circ}{1\angle90^\circ\times314}=0.7\angle-60^\circ\text{（A）}$$

作出相量图，如图 7-15 所示。

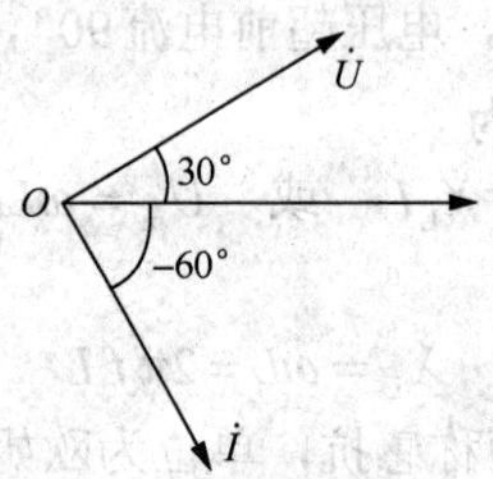

图 7-15　例 7.10 相量图

若电源频率改为 $f=100\,\mathrm{Hz}$，则感抗值变为

$$X_{\mathrm{L}}=2\pi fL=2\times3.14\times100\times1=628\text{（}\Omega\text{）}$$

电感电流相应地变为

$$\dot{I}=\frac{\dot{U}}{\mathrm{j}X_{\mathrm{L}}}=\frac{220\angle30^\circ}{1\angle90^\circ\times628}=0.35\angle-60^\circ\text{（A）}$$

由此可知，当电压和电感一定时，频率越高，通过电感元件的电流越小。

分析以上三种理想元件的相量模型，可得如下结论：

① 电阻上的电压和电流同相。

② 电感上的电压超前电流 90°，或者说电感上的电流滞后电压 90°。

③ 电容上的电压滞后电流 90°，或者说电容上的电流超前电压 90°。

将上述结论总结成“三字经”，即阻同相、感压前、容压后。电阻、电感、电容在单一元件参数电路中的基本关系见表 7-1。

表 7-1　单一元件参数电路中的基本关系

参数	阻抗	基本关系	相量式
R	R	$u=Ri$	$\dot{U}=R\dot{I}$
L	$\mathrm{j}X_{\mathrm{L}}=\mathrm{j}\omega L$	$u=L\dfrac{\mathrm{d}i}{\mathrm{d}t}$	$\dot{U}=\mathrm{j}X_{\mathrm{L}}\dot{I}$
C	$\mathrm{j}X_{\mathrm{C}}=-\dfrac{1}{\mathrm{j}\omega C}=-\mathrm{j}\dfrac{1}{\omega C}$	$i=C\dfrac{\mathrm{d}u}{\mathrm{d}t}$	$\dot{U}=\mathrm{j}X_{\mathrm{C}}\dot{I}$

7.4　KCL和KVL电路的相量形式

基尔霍夫定律（KCL 和 KVL）是电路的基本定律。其中，KCL 表达了电流连续性原理，指出在任一瞬间对任一结点都有

$$\sum i=0$$

而 KVL 表达了能量守恒原理，它表示在任一瞬间对任一电路都有

$$\sum u=0$$

由 7.3 节分析可知，在正弦交流电路中，各电流和电压都是与电源同频率的正弦量。同频率的正弦量加减可以用对应的相量形式来进行计算，将这些正弦量分别用相量表示，可以得到 KCL 和 KVL 的相量形式，即

$$\sum \dot{I}=0 \tag{7-35}$$

$$\sum \dot{U}=0 \tag{7-36}$$

注意：一般情况下，在正弦交流电路中，有效值 $\sum I\neq 0$，$\sum U\neq 0$，而且有效值不能直接相加减，只能先转换成相量模型，再进行相量加减运算。

例 7.11　已知正弦电压 $u_1(t)=220\sqrt{2}\sin\omega t$（V），$u_2(t)=220\sqrt{2}\sin(\omega t-120°)$（V），求 $u(t)=u_1(t)+u_2(t)$ 和 $u'(t)=u_1(t)-u_2(t)$。

解：根据 KCL 和 KVL 定律的相量形式，将已知正弦量分别用有效值相量表示为

$$\dot{U}_1=U_1\mathrm{e}^{\mathrm{j}0°}=220\mathrm{e}^{\mathrm{j}0°}=220(\cos 0°+\mathrm{j}\sin 0°)=(220+\mathrm{j}0)\text{（V）}$$

$$\dot{U}_2=U_2\mathrm{e}^{\mathrm{j}(-120°)}=220\mathrm{e}^{\mathrm{j}(-120°)}=220(\cos(-120°)+\mathrm{j}\sin(-120°))=(-110-\mathrm{j}110\sqrt{3})\text{（V）}$$

则

$$\dot{U}=\dot{U}_1+\dot{U}_2=(220+\mathrm{j}0)+(-110-\mathrm{j}110\sqrt{3})=(110-\mathrm{j}110\sqrt{3})=220\angle-60°\text{（V）}$$

$$\dot{U}=\dot{U}_1-\dot{U}_2=(220+\mathrm{j}0)-(-110-\mathrm{j}110\sqrt{3})=(330+\mathrm{j}110\sqrt{3})=381\angle 60°\text{（V）}$$

$$u(t) = u_1(t) + u_2(t) = 220\sqrt{2}\sin(\omega t - 60^\circ)\text{（V）}$$

$$u'(t) = u_1(t) - u_2(t) = 381\sqrt{2}\sin(\omega t + 60^\circ)\text{（V）}$$

例 7.12　已知 R、L、C 并联，如图 7-6 所示，$u(t) = 60\sqrt{2}\sin(100t + 90^\circ)\text{V}$，$R$=15Ω，$L$=300mH，$C$=833μF，求总电流 $i(t)$。

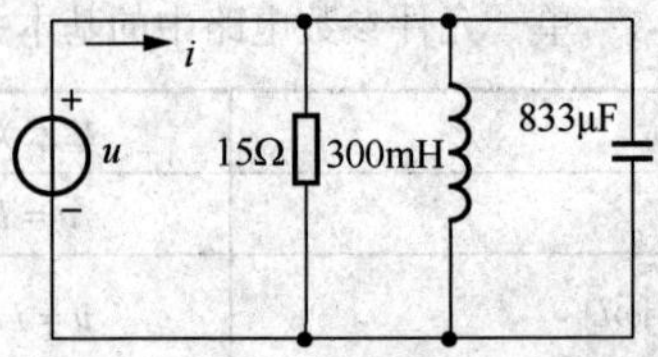

图 7-16　R、L、C 并联电路

解： 因为 R、L、C 并联，所以各元件两端的电压相等。先用相量法求出 $\dot{I}_R$、$\dot{I}_L$、$\dot{I}_C$，再用 KCL 求解。RLC 并联电路相量模型如图 7-17 所示。

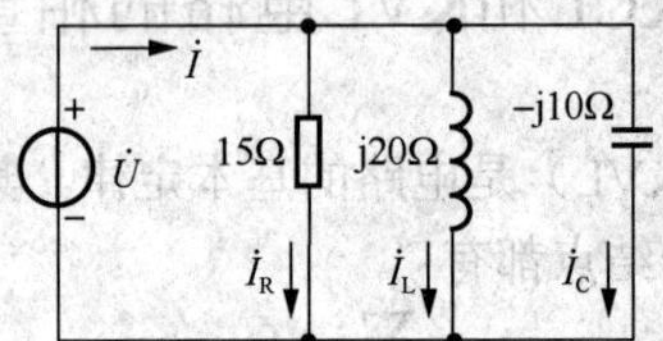

图 7-17　R、L、C 并联电路相量模型

已知 $\dot{U} = 60\angle 90^\circ$，则

对于 R，有

$$\dot{I}_R = \frac{\dot{U}}{R} = \frac{60\angle 90^\circ}{15} = 4\angle 90^\circ = \text{j}4\text{（A）}$$

对于 C，有

$$\dot{I}_C = \frac{\dot{U}}{\dfrac{1}{\text{j}\omega C}} = \text{j}\omega C\dot{U} = \text{j}100 \times 833 \times 10^{-6} \times 60\angle 90^\circ = 5\angle 180^\circ = -5\text{（A）}$$

对于 L，有

$$\dot{I}_L = \frac{\dot{U}}{\text{j}\omega L} = \frac{60\angle 90^\circ}{\text{j}100 \times 300 \times 10^{-3}} = 2\text{（A）}$$

$$\dot{I} = \dot{I}_R + \dot{I}_C + \dot{I}_L = \text{j}4 + (-5) + 2 = -3 + \text{j}4 = 5\angle 127^\circ\text{（A）}$$

则

$$i(t) = 5\sqrt{2}\sin(100t + 127^\circ)\text{（A）}$$

例 7.13　已知 R、L、C 串联，如图 7-18 所示，$i(t) = 5\sqrt{2}\sin(10^6 t + 30^\circ)\text{A}$，$R$=15Ω，$L$=1μH，$C$=0.2μF，求总电压 $u(t)$。

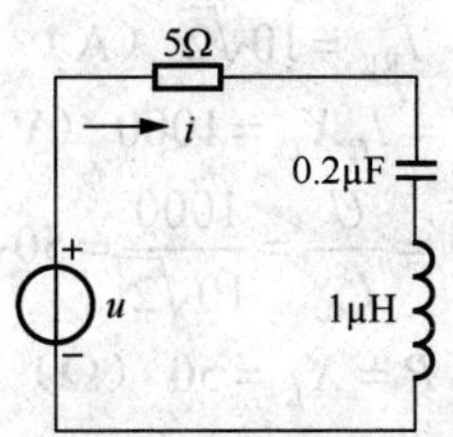

图 7-18　R、L、C 串联电路

解：因为 R、L、C 串联，所以流过各元件的电流相等。先用相量法求出 $\dot{U}_{\mathrm{R}}$、$\dot{U}_{\mathrm{L}}$、$\dot{U}_{\mathrm{C}}$，再用 KVL 求解。RLC 串联电路相量模型如图 7-19 所示。

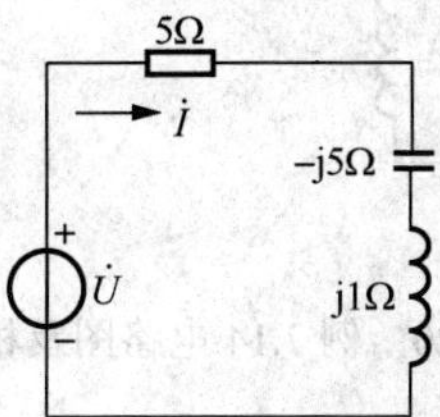

图 7-19　R、L、C 串联电路相量模型

已知 $\dot{I}=5\angle 30^\circ$，则

对于 R，有

$$\dot{U}=\dot{I}R=5\angle 30^\circ\times 15=75\angle 30^\circ=\left(37.5+\mathrm{j}37.5\sqrt{3}\right)\text{（V）}$$

对于 C，有

$$\dot{U}_{\mathrm{C}}=\dot{I}\frac{1}{\mathrm{j}\omega C}=\frac{5\angle(30^\circ-90^\circ)}{10^6\times 0.2\times 10^{-6}}=25\angle -60^\circ=\left(12.5-\mathrm{j}12.5\sqrt{3}\right)\text{（V）}$$

对于 L，有

$$\dot{U}_{\mathrm{L}}=\mathrm{j}\omega L\dot{I}=5\times 10^6\times 10^{-6}\angle 90^\circ=\mathrm{j}5\text{（V）}$$

$$\dot{U}=\dot{U}_{\mathrm{R}}+\dot{U}_{\mathrm{C}}+\dot{U}_{\mathrm{L}}=37.5+\mathrm{j}37.5\sqrt{3}+12.5-\mathrm{j}12.5\sqrt{3}+\mathrm{j}5=(50+\mathrm{j}30)\text{（V）}=58\angle 53^\circ$$

则

$$u(t)=58\sqrt{2}\sin(100t+53^\circ)\text{（A）}$$

7.5　应 用 举 例

例 7.14　电路如图 7-20（a）所示。已知 R=X_{L}，X_{C}=100Ω，I_{C}=10A，$\dot{U}$ 与 $\dot{I}$ 同相位。求 I、I_{RL}、U、R、X_{L}。

解：对并联电路，通常以电压为参考相量并画出相量图，如图 7-20（b）所示。

由相量图可知

$$I=10\text{（A）}$$

$$I_{\rm RL}=10\sqrt{2}\ （{\rm A}）$$

$$U=I_{\rm C}X_{\rm C}=1000\ （{\rm V}）$$

$$\sqrt{R^2+X_{\rm L}^2}=\frac{U}{I_{\rm RL}}=\frac{1000}{10\sqrt{2}}=50\sqrt{2}\ （\Omega）$$

则

$$R=X_{\rm L}=50\ （\Omega）$$

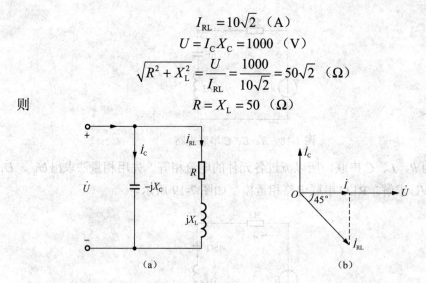

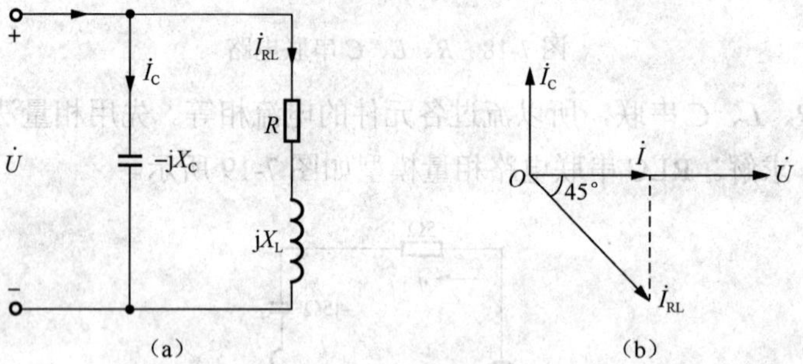

图 7-20　例 7.14 电路图及相量图

例 7.15　电路如图 7-21（a）所示。已知 $I_1=I_2=10$A，$U=100$V，$\dot{U}$ 与 $\dot{I}$ 同相位。求 I、R、$X_{\rm C}$、$X_{\rm L}$。

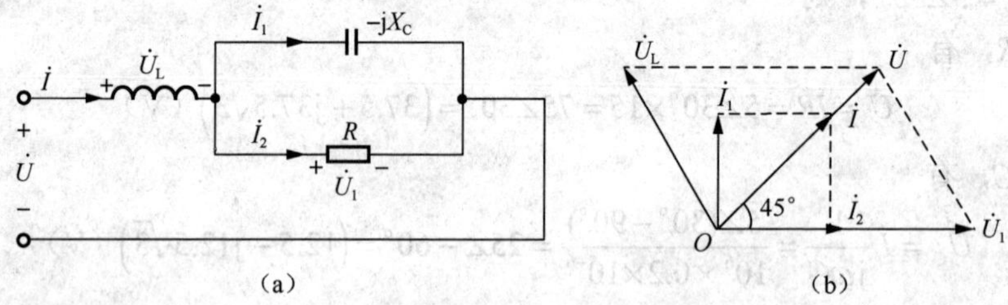

图 7-21　例 7.15 电路图及相量图

解：对既有串联也有并联的电路，通常取并联支路的电压 $\dot{U}_1$ 作为参考相量并画出相量图，如图 7-21（b）所示。

根据相量图，得

$$I=10\sqrt{2}\ （{\rm A}）$$

$$U_{\rm L}=U=100\ （{\rm V}）$$

$$U_1=\sqrt{2}U=100\sqrt{2}\ （{\rm V}）$$

$$X_{\rm C}=R=\frac{100\sqrt{2}}{10}=10\sqrt{2}\ （\Omega）$$

$$X_{\rm L}=\frac{U_{\rm L}}{I}=\frac{100}{10\sqrt{2}}=5\sqrt{2}\ （\Omega）$$

例 7.16　图 7-22（a）所示为 RLC 并联正弦稳态电路，图中各电流表为理想电流表。已知电流表 A1、A2、A3 的读数分别为 6A、3A、11A。试求电流表 A 的读数应为多少？

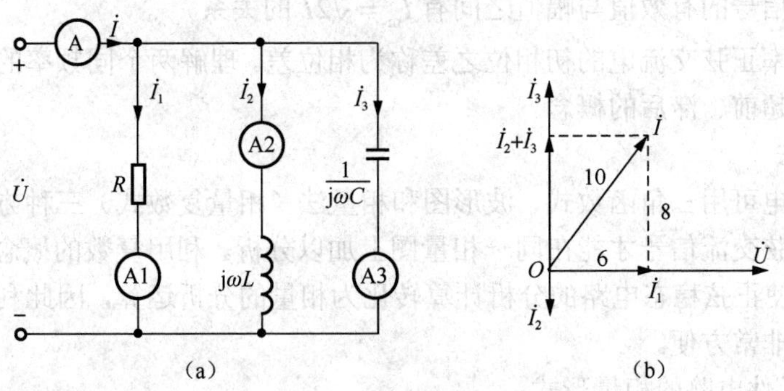

图 7-22　例 7.16 电路图及相量图

解： 正弦稳态交流电路中，电流表或电压表的读数一般是有效值。求解这类问题时，选取一个参考相量较为方便。参考相量即假定该相量的初相位为 0°。对于并联电路而言，电路中各元件承受的是同一电压，因此常选取电压相量作为参考相量；对于串联电路而言，流经电路中各元件的电流是同一电流，因此常选取电流相量作为参考相量。本题选取 $\dot{U}$ 作为参考相量，即

$$\dot{U} = U\angle 0° \text{（V）}$$

设电流 $\dot{I}$、$\dot{I}_1$、$\dot{I}_2$、$\dot{I}_3$ 的参考方向如图 7-22（a）所示。根据 R、L、C 元件相量关系并代入已知电流数值，得

$$\dot{I}_1 = \frac{\dot{U}}{R} = \frac{U}{R}\angle 0° = 6\angle 0° \text{（A）}$$

$$\dot{I}_2 = \frac{\dot{U}}{j\omega L} = \frac{U}{\omega L}\angle -90° = 3\angle -90° \text{（A）}$$

$$\dot{I}_3 = j\omega C\dot{U} = \omega CU\angle 90° = 100\angle 90° \text{（A）}$$

$$\dot{I} = \dot{I}_1 + \dot{I}_2 + \dot{I}_3 = (6 - j3 + j11) = 10\angle 53.1° \text{（A）}$$

因此可知电流表 A 的读数为 10A。各电流及电压 $\dot{U}$ 的相量图如图 7-22（b）所示。这类问题的求解也可根据上述分析，先作出相量图，再根据相量图求相量的代数和（平行四边形法则），从而得到所求结果。

小　结

正弦交流电应用广泛，其基本概念、分析计算方法是本章的重点。本章主要介绍了正弦量的三要素、相量法的基本概念（复数的概念及运算、相量表示法及相量图）、单一元件电路的相量形式（电阻、电容、电感的相量模型）及 KCL 和 KVL 电路的相量形式。

1）正弦量的三角函数表达式为 $i = \sqrt{2}I\sin(\omega t + \theta_i)$

正弦量可由振幅 I_m、角频率 ω（或频率 f，或周期 T，且 $T = 1/f$，$\omega = 2\pi f$）和初相位 θ_i 来描述它的大小、变化快慢及 $t = 0$ 时初始时刻的大小和变化进程。

正弦交流信号的有效值与幅值之间有 $I_m = \sqrt{2}I$ 的关系。

两个同频率正弦交流电的初相位之差称为相位差。理解两个同频率的正弦交流信号同相、反相、超前、滞后的概念。

2）相量法

正弦交流电可用三角函数式、波形图和相量法（相量复数式）三种方法来表示。只有同频率的正弦交流信号才能在同一相量图上加以分析。利用复数的概念，将正弦量用复数表示，可使正弦稳态电路的分析计算转化为相量的分析运算，因此利用相量图分析正弦交流电路非常方便。

3）单一元件电路的相量形式

电阻、电容、电感各参数对比见表 7-2。

表 7-2　单一元件各参数对比

参数	电阻	电感	电容
基本关系式	$u = Ri$	$u_L = L\dfrac{di}{dt}$	$i_C = C\dfrac{du_C}{dt}$
有效值	$U_R = IR$	$U_L = IX_L$，$X_L = \omega L$	$U_C = IX_C$，$X_C = \dfrac{1}{\omega C}$
相位差	$\dot{I}$ 与 $\dot{U}$ 同相	$\dot{I}_L$ 滞后 $\dot{U}_L$ 90°	$\dot{I}_C$ 超前 $\dot{U}_C$ 90°
相量式	$\dot{U} = R\dot{I}$	$\dot{U} = jX_L\dot{I} = j\omega L\dot{I}$	$\dot{U} = jX_C\dot{I} = -j\dfrac{1}{\omega C}\dot{I}$
相量图	$\dot{I}$　R　+ $\dot{U}$ −	$\dot{U}_L$　O　$\dot{I}_L$	$\dot{I}$　O　$\dot{U}_C$
平均功率	$P_R = U_RI = I^2R = \dfrac{U_R^2}{R}$	$P_L = 0$	$P_C = 0$
无功功率	$Q_C = 0$	$Q_L = U_LI = I^2X_L = \dfrac{U_L^2}{X_L}$	$Q_C = U_CI = I^2X_C = \dfrac{U_C^2}{X_C}$

习　　题

7.1　什么是相量法？

7.2　相量与正弦量有什么区别与联系？

7.3　相量的运算规律是怎样的？

7.4　不同频率的正弦量是否可以画在同一张相量图上？

7.5　写出下列正弦量的相量形式

（1）$i = 10\sqrt{2}\cos\omega t$A；（2）$u = 10\sqrt{2}\cos\left(\omega t + \dfrac{\pi}{2}\right)$V；

（3）$i=10\sqrt{2}\sin\left(\omega t-\dfrac{\pi}{2}\right)\text{A}$；（4）$u=-10\sqrt{2}\cos\left(\omega t-\dfrac{3\pi}{4}\right)\text{V}$。

7.6　已知相量 $\dot{I}_1=2\sqrt{3}+\text{j}2$（A），$\dot{U}_2=-2\sqrt{3}+\text{j}2$（V），$\dot{I}_3=2\sqrt{3}-\text{j}2$（A），$\dot{U}_4=2\sqrt{3}-\text{j}2$（V），试写出它们所表示的正弦量。

7.7　已知 $u_1=311\sin(\omega t+30^\circ)\text{V}$，$u_2=141.4\sin(\omega t+30^\circ)\text{V}$，求：

（1）u_1+u_2。（2）u_1-u_2。（3）画出相量图。

7.8　已知 $u_1=100\sin\omega t\text{V}$，$u_2=100\cos\omega t\text{V}$，求 u_1+u_2。

7.9　已知 $\dot{I}_1=(3+\text{j}4)\text{ A}$，$\dot{I}_2=4.24\sin(\omega t+45^\circ)\text{ A}$，求 $\dot{I}_1-\dot{I}_2$ 和 i_1+i_2。

7.10　4Ω 电阻两端的电压为 $u(t)=50\sqrt{2}\sin(100\pi t+60^\circ)\text{V}$，用相量法求解：

（1）写出 $u(t)$ 的相量表达式。

（2）利用 $\dot{U}=R\dot{I}$，求 $\dot{I}$。

（3）由 $\dot{I}$ 写出 $i(t)$。

7.11　流过 0.25F 电容的电流为 $i(t)=2\sqrt{2}\sin(100\pi t+30^\circ)\text{A}$，试用相量法求 $u(t)$，并画出相量图。

7.12　2H 电感元件两端的电压为 $u(t)=18\sqrt{2}\sin(\omega t+30^\circ)\text{V}$，$\omega=100\text{rad/s}$，求流过电感的电流 $i(t)$。

7.13　已知 R、L、C 并联，$u(t)=60\sqrt{2}\sin(100t+90^\circ)\text{V}$，$R$=15Ω，$L$=300mH，$C$=833μF，求 $i(t)$。

7.14　在一个两条支路并联的电路中，已知电流 $i_1(t)=3\sqrt{2}\sin(\omega t-30^\circ)\text{A}$，$i_2(t)=4\sqrt{2}\sin(\omega t+60^\circ)\text{A}$，求电路的总电流。

7.15　I_1、I_2、I_3 是汇集于电路某结点的同频率正弦电流的三个有效值，若这三个有效值满足 KCL，则它们的相位必须满足什么条件？

7.16　已知结点 A，$i_1(t)=5\sqrt{2}\sin(\omega t+30^\circ)\text{A}$，$i_2(t)=10\sqrt{2}\sin(\omega t-30^\circ)\text{A}$，求 $i_0(t)$。

7.17　已知正弦电压和正弦电流分别为 $u(t)=311\cos\left(314t-\dfrac{\pi}{6}\right)\text{V}$，$i(t)=0.2\cos\left(2\pi\times465\times10^3t+\dfrac{\pi}{3}\right)\text{A}$，求：

（1）正弦电压和正弦电流的振幅、角频率、频率和初相。

（2）画出正弦电压和正弦电流的波形图。

7.18　已知正弦电流 $i_1(t)=10\cos(4t)\text{A}$，$i_2(t)=20\left[\cos(4t)+\sqrt{3}\sin(4t)\right]\text{A}$。问 $i_1(t)$ 与 $i_2(t)$ 的相位关系如何？

7.19　已知正弦电流 $i_1(t)=4\cos(\omega t-80^\circ)\text{A}$，$i_2(t)=10\cos(\omega t+20^\circ)\text{A}$，$i_3(t)=8\sin(\omega t-20^\circ)\text{A}$，试求其相量。

7.20　电路如图 7-23 所示，已知 $u_\text{S}(t)=200\sqrt{2}\cos(100t)\text{V}$。试建立电路微分方程，并用相量法求正弦稳态电流 $i(t)$。

7.21　电路如图 7-24 所示，已知 $i_S(t)=10\sqrt{2}\cos(100t)\text{A}$。试建立电路微分方程，并用相量法求正弦稳态电压 $u_C(t)$。

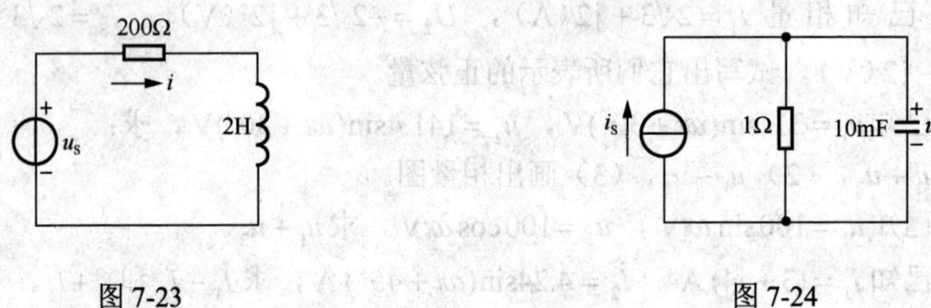

图 7-23　　　　图 7-24

第 8 章 正弦稳态电路的分析方法

电路的稳定状态（简称稳态）是指电路中的电压和电流在给定条件下达到某一稳定值或遵循某种稳定的变化规律。前面章节学习的是直流稳态电路，电路中的电压和电流不随时间变化而变化。本章讨论正弦稳态电路，电路中的激励（电压或电流）和电路中各部分所产生的响应（电压或电流）均按正弦规律变化。无论是在理论研究上还是在实际应用中，对正弦稳态电路进行分析和研究都具有十分重要的意义，它是变压器、交流电机及电子电路的理论基础。在实际应用中，许多电气设备性能指标的设计是按正弦稳态来考虑的，因此分析和计算正弦稳态电路是工程技术和科学研究中经常碰到的问题。需要说明一点，交流电路中的稳态是指电压和电流的函数规律稳定不变。

8.1 阻抗与导纳

对于单个元件而言，R、L、C 上欧姆定律相量表达式分别为

$$\dot{U}_{\mathrm{R}} = R\dot{I}$$

$$\dot{U}_{\mathrm{C}} = \mathrm{j}X_{\mathrm{C}}\dot{I}$$

$$\dot{U}_{\mathrm{L}} = \mathrm{j}X_{\mathrm{L}}\dot{I}$$

式中，$X_{\mathrm{L}} = \omega L$，$X_{\mathrm{C}} = -\dfrac{1}{\omega C}$，$X_{\mathrm{L}}$ 和 X_{C} 分别为感抗和容抗。

8.1.1 RLC 串联电路的复阻抗

设由 R、L、C 串联组成无源二端电路，如图 8-1 所示。流过各元件的电流为同一电流 i，各元件上的电压分别为 $u_{\mathrm{R}}(t)$、$u_{\mathrm{L}}(t)$、$u_{\mathrm{C}}(t)$，端口电压为 $u(t)$。对于正弦交流电路而言，同样遵循相量形式的欧姆定律。

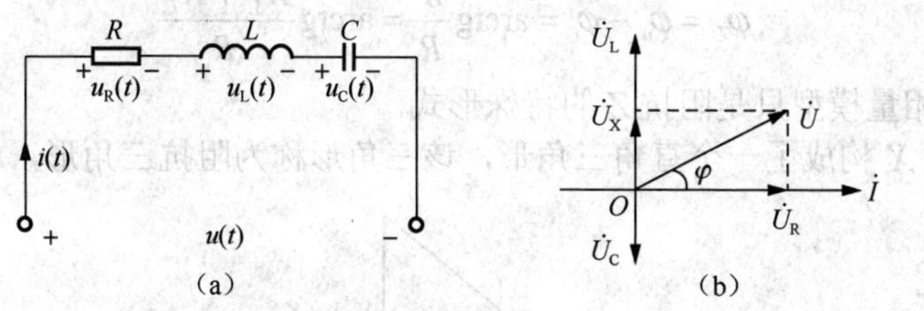

图 8-1 无源二端 RLC 电路

在图示参考方向下，任意时刻，无论电压和电流怎样变化，仍然遵循基尔霍夫定律。

$$i_R = i_L = i_C = i$$
$$u(t) = u_R(t) + u_L(t) + u_C(t)$$

当电流 i 按照正弦规律变化时，各理想元件上的电压 u_R 、u_L 、u_C 及它们之和 u 也都按照正弦规律变化，而且具有相同的频率。

根据基尔霍夫定律，则有

$$u(t) = u_R(t) + u_L(t) + u_C(t)$$

即

$$I_m[\sqrt{2}\dot{U}e^{j\omega t}] = I_m[\sqrt{2}\dot{U}_R e^{j\omega t}] + I_m[\sqrt{2}\dot{U}_L e^{j\omega t}] + I_m[\sqrt{2}\dot{U}_C e^{j\omega t}]$$
$$= I_m[\sqrt{2}(\dot{U}_R + \dot{U}_L + \dot{U}_C)e^{j\omega t}]$$

则

$$\begin{aligned}\dot{U} &= \dot{U}_R + \dot{U}_L + \dot{U}_C = R\dot{I} + \dot{I}(jX_C) + \dot{I}(jX_L) \\ &= \dot{I}[R + j(X_L + X_C)] \\ &= \dot{I}[R + jX] \\ &= \dot{I}Z\end{aligned}$$

即

$$\dot{I} = \frac{\dot{U}}{Z} \tag{8-1}$$

式（8-1）是正弦稳态电路相量形式的欧姆定律。Z 为该无源二端电路的复阻抗或阻抗，它等于端口电压相量与端口电流相量之比。当频率一定时，阻抗 Z 是一个复常数，可表示为指数型或代数型，即

$$Z = \frac{\dot{U}}{\dot{I}} = \frac{U}{I}e^{j(\varphi_u - \varphi_i)} = |Z|e^{j\varphi_Z} = R + jX \tag{8-2}$$

$$|Z| = \frac{U}{I} = \sqrt{R^2 + X^2} \tag{8-3}$$

式中，$|Z|$ 称为阻抗的模，单位为Ω；R 为电阻，单位为Ω；$X = X_L + X_C$，称为电抗，单位为Ω；辐角 φ_Z 称为阻抗角，它等于电压超前电流的相位角，即

$$\varphi_Z = \varphi_u - \varphi_i = \text{arctg}\frac{X}{R} = \text{arctg}\frac{X_L + X_C}{R} \tag{8-4}$$

单一元件相量模型只是阻抗 Z 的特殊形式。

R 、$|Z|$ 和 X 构成了一个直角三角形，该三角形称为阻抗三角形，如图 8-2 所示。

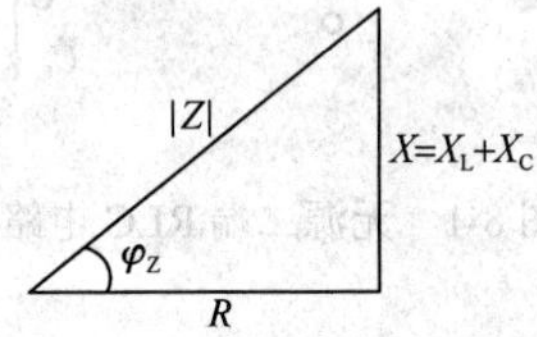

图 8-2　阻抗三角形

当 $X>0$ 时，$\varphi_Z>0$，$\dot{U}$ 超前 $\dot{I}$，电路为感性电路。若 $X_C=0$，则为 RL 串联，$Z=R+jX_L$。

当 $X<0$ 时，$\varphi_Z<0$，$\dot{U}$ 滞后 $\dot{I}$，电路为容性电路。若 $X_L=0$，则为 RC 串联，$Z=R+jX_C$。

当 $X=0$ 时，$\varphi_Z=0$，$\dot{U}$ 与 $\dot{I}$ 同相，电路为电阻性电路（串联谐振）。

需要注意的是，复阻抗既不是时间函数，也不是相量，而只是复数，这与电流相量、电压相量不同。

例 8.1　已知RLC串联电路如图 8-1 所示，电路端电压为$u(t)=220\sqrt{2}\sin(100\pi t+30°)\text{V}$，$R=30\Omega$，$L=445\text{mH}$，$C=32\mu\text{F}$。试求：

（1）电路中电流的大小。

（2）阻抗角 φ_Z。

（3）电阻、电感、电容的端电压。

解：（1）先计算感抗、容抗和阻抗

$$X_L=\omega L=2\pi fL=2\times3.14\times50\times0.445\approx140\ (\Omega)$$

$$X_C=-\frac{1}{\omega C}=-\frac{1}{2\pi fC}=-\frac{1}{2\times3.14\times50\times32\times10^{-6}}\approx-100\ (\Omega)$$

$$Z=R+j(X_L+X_C)=(30+j40)\ (\Omega)$$

$$|Z|=\sqrt{30^2+40^2}=50\ (\Omega)$$

电路电流为

$$I=\frac{U}{|Z|}=\frac{220}{50}=4.4\ (\text{A})$$

（2）根据阻抗角的定义，则有

$$\varphi_Z=\varphi_u-\varphi_i=\text{arctg}\frac{X_L+X_C}{R}=\text{arctg}\frac{140-100}{30}=53°$$

因为 $\varphi_Z>0$，所以电路呈感性，电路电流为

$$i=\sqrt{2}I\sin(\omega t+\varphi_i)=4.4\sqrt{2}\sin(100\pi t+30°-53°)=4.4\sqrt{2}\sin(100\pi t-23°)\text{A}$$

（3）根据题意，可写出欧姆定律的相量表达式为

$$\dot{U}_R=R\dot{I},\quad \dot{U}_C=jX_C\dot{I},\quad \dot{U}_L=jX_L\dot{I}$$

正弦电流的相量为

$$\dot{I}=4.4\angle-23°\ (\text{A})$$

则

$$\dot{U}_R=R\dot{I}=30\times4.4\angle-23°=132\angle-23°\ (\text{V})$$

$$u_R(t)=132\sqrt{2}\sin(100\pi t-23°)\ (\text{V})$$

$$\dot{U}_L=jX_L\dot{I}=4.4\times140\angle(-23°+90°)=616\angle67°\ (\text{V})$$

$$u_L(t)=616\sqrt{2}\sin(100\pi t+67°)\ (\text{V})$$

$$\dot{U}_C=jX_C\dot{I}=4.4\times100\angle(-23°-90°)=440\angle-113°\ (\text{V})$$

$$u_C(t) = 440\sqrt{2}\sin(100\pi t - 113^\circ) \text{（V）}$$

8.1.2 复阻抗的串并联

N 个阻抗串联的电路如图 8-3（a）所示。

根据 KVL 的相量形式及欧姆定律的相量表达式，则有

$$\begin{aligned} \dot{U} &= \dot{U}_1 + \dot{U}_2 + \cdots \dot{U}_N = \dot{I} \cdot Z_1 + \dot{I} \cdot Z_2 + \cdots + \dot{I} \cdot Z_N \\ &= \dot{I}(Z_1 + Z_2 + \cdots + Z_N) \end{aligned}$$

显然，上式表征的二端网络外特性与图 8-3（b）所示单一阻抗二端网络等效，二端网络的等效阻抗由下式确定，即

$$Z = Z_1 + Z_2 + \cdots + Z_N \tag{8-5}$$

N 个阻抗串联可以等效为一个阻抗，其等效阻抗值为各串联阻抗之和。每个串联阻抗两端的电压与端口电压的关系为

$$\dot{U}_k = \frac{Z_k}{Z}\dot{U} = \frac{Z_k}{Z_1 + Z_2 + \cdots + Z_N}\dot{U} \quad (k = 1, 2, \cdots, N) \tag{8-6}$$

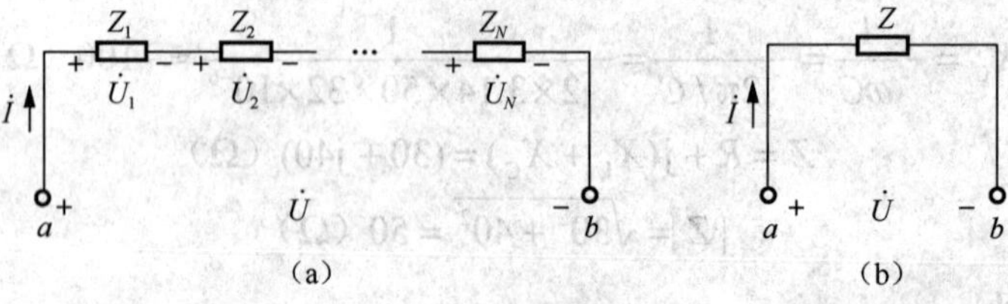

图 8-3 阻抗的串联及等效电路图

需要注意的是，上述分压公式是对相量而言的，计算在复数域中进行。同时还要考虑各个电压分量的相位关系。直流电阻电路中分电压总是低于端口总电压，交流电路中某一串联阻抗两端电压的数值可能高于端口总电压，而且各个分电压的有效值之和一般不等于端口电压的有效值。

复阻抗的串并联计算方法与直流电路的电阻串并联计算方法类似，只遵循相量运算规律。

N 个阻抗并联的电路如图 8-4 所示。

图 8-4（a）所示二端网络的端口电压与电流的关系为

$$\dot{I} = \dot{I}_1 + \dot{I}_2 + \cdots + \dot{I}_N = \frac{\dot{U}}{Z_1} + \frac{\dot{U}}{Z_2} + \cdots + \frac{\dot{U}}{Z_N} = \dot{U}\left(\frac{1}{Z_1} + \frac{1}{Z_2} + \cdots + \frac{1}{Z_N}\right)$$

显然，上式表征的二端网络外特性与图 8-4（b）所示单一阻抗二端网络等效，二端网络的等效阻抗由下式确定，则

$$\frac{1}{Z} = \frac{1}{Z_1} + \frac{1}{Z_2} + \cdots + \frac{1}{Z_N}$$

即

$$Z = \frac{1}{\dfrac{1}{Z_1} + \dfrac{1}{Z_2} + \cdots + \dfrac{1}{Z_N}} \tag{8-7}$$

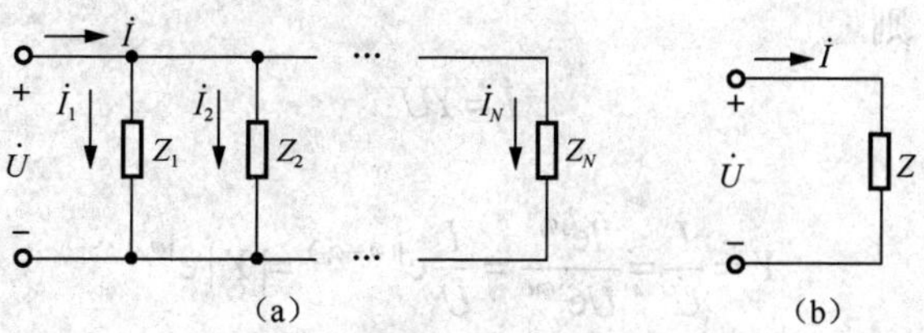

图 8-4　阻抗的并联及等效电路图

8.1.3　RLC 并联电路的复导纳

在正弦稳态交流电路中，对理想电阻元件也可以用电导表达相量形式的欧姆定律，即

$$\dot{I}_{\mathrm{R}}=\frac{\dot{U}}{R}=G\dot{U}$$

其中，G 为电导，单位为西门子（S）。

同理，对电感元件，有

$$\dot{I}_{\mathrm{L}}=\frac{\dot{U}}{\mathrm{j}X_{\mathrm{L}}}=\mathrm{j}B_{\mathrm{L}}\dot{U}$$

式中，B_{L} 为感纳，$B_{\mathrm{L}}=-\frac{1}{\omega L}$，单位为西门子（S）；$\mathrm{j}B_{\mathrm{L}}$ 为感纳的复数形式。电流相量滞后电压相量 90°。

对电容元件，有

$$\dot{I}_{\mathrm{C}}=\frac{\dot{U}}{\mathrm{j}X_{\mathrm{C}}}=\mathrm{j}B_{\mathrm{C}}\dot{U}$$

式中，B_{C} 为容纳，单位为西门子（S）；$\mathrm{j}B_{\mathrm{C}}$ 为容纳的复数形式。其中，$B_{\mathrm{C}}=\omega C$。电流相量超前电压相量 90°。

电导、感纳、容纳主要用于计算并联电路。RLC 并联电路模型如图 8-5 所示。

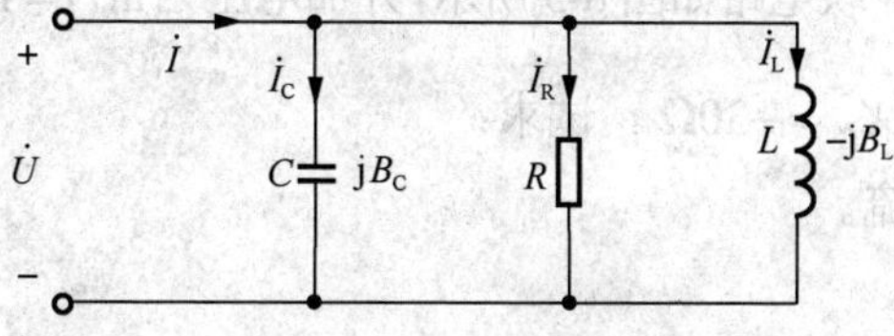

图 8-5　RLC 并联电路模型

根据电路的相量模型并以 KCL 的相量形式运用于每一条支路，有

$$\begin{aligned}
\dot{I}&=\dot{I}_{\mathrm{R}}+\dot{I}_{\mathrm{L}}+\dot{I}_{\mathrm{C}}\\
\dot{I}&=G\dot{U}_{\mathrm{R}}+(-\mathrm{j}B_{\mathrm{L}}\dot{U}_{\mathrm{L}})+\mathrm{j}B_{\mathrm{C}}\dot{U}_{\mathrm{C}}\\
&=G\dot{U}+(-\mathrm{j}B_{\mathrm{L}}\dot{U})+\mathrm{j}B_{\mathrm{C}}\dot{U}\\
&=[G+\mathrm{j}(B_{\mathrm{L}}-B_{\mathrm{C}})]\dot{U}\\
&=[G+\mathrm{j}B]\dot{U}
\end{aligned}$$

令 $Y=G+\mathrm{j}B$，则

$$\dot{I}=Y\dot{U}$$

可得

$$Y=\frac{\dot{I}}{\dot{U}}=\frac{I\mathrm{e}^{\mathrm{j}\varphi_i}}{U\mathrm{e}^{\mathrm{j}\varphi u}}=\frac{I}{U}\mathrm{e}^{\mathrm{j}(\varphi_i-\varphi_u)}=|Y|\mathrm{e}^{\mathrm{j}\varphi_y}$$

则

$$|Y|=\frac{I}{U}=\frac{I_{\mathrm{m}}}{U_{\mathrm{m}}}=\frac{1}{|Z|}，\ \varphi_y=\varphi_i-\varphi_u=-\varphi_{\mathrm{Z}} \tag{8-8}$$

以上几式中，Y 为无源二端网络的复导纳或导纳，实部 G 为导纳的电导部分，虚部 B 为电纳部分；$|Y|$ 为导纳模；φ_y 为导纳角。

显然，对于同一网络而言，导纳与阻抗互为倒数。

整理可得如下关系式：

$$Y=G+\mathrm{j}B=|Y|\angle\varphi_y \tag{8-9}$$

$$|Y|=\sqrt{G^2+B^2}=\sqrt{G^2+(B_{\mathrm{L}}+B_{\mathrm{C}})^2} \tag{8-10}$$

$$\varphi_y=\mathrm{arctg}\frac{B_{\mathrm{C}}+B_{\mathrm{L}}}{G} \tag{8-11}$$

由上式可知，导纳模等于电流、电压的有效值之比，也等于阻抗模的倒数；导纳角等于电流与电压的相位差，也等于负的阻抗角。

若 $\varphi_y>0$，则电流 $\dot{I}$ 超前电压 $\dot{U}$，导纳呈容性。

若 $\varphi_y<0$，则电流 $\dot{I}$ 滞后电压 $\dot{U}$，导纳呈感性。

若 $\varphi_y=0$，则 $B=0$，$Y=G$，导纳等效为电导，电流与电压同相。

并联电路复导纳的计算方法与直流电路中电导的计算方法相同，但要按照复数运算规律计算。

例 8.2 已知 RLC 并联电路如图 8-5 所示，外加电压为 $u(t)=120\sqrt{2}\sin\left(100\pi t+\frac{\pi}{6}\right)\mathrm{V}$，$R=40\Omega$，$X_{\mathrm{L}}=15\Omega$，$X_{\mathrm{C}}=-30\Omega$。试求：

（1）电路中的总电流。

（2）电路的总阻抗。

解：（1）

$$\dot{U}=120\angle\frac{\pi}{6}\ (\mathrm{V})$$

$$\dot{I}_{\mathrm{R}}=\frac{\dot{U}}{R}=\frac{120\angle\frac{\pi}{6}}{40}=3\angle\frac{\pi}{6}\ (\mathrm{A})=3\angle30^\circ\ (\mathrm{A})$$

$$\dot{I}_{\mathrm{L}}=\frac{\dot{U}}{\mathrm{j}X_{\mathrm{L}}}=\mathrm{j}B_{\mathrm{L}}\dot{U}=\frac{120\angle\frac{\pi}{6}}{\mathrm{j}\times15}=8\angle-60^\circ\ (\mathrm{A})$$

$$\dot{I}_C = \frac{\dot{U}}{jX_C} = jB_C\dot{U} = \frac{120\angle\frac{\pi}{6}}{-j\times 30} = 4\angle 120^\circ \text{（A）}$$

则

$$\begin{aligned}\dot{I} &= \dot{I}_R + \dot{I}_L + \dot{I}_C = 3\angle 30^\circ + 8\angle -60^\circ + 4\angle 120^\circ \\ &= 3\angle 30^\circ + 4\angle -60^\circ = 5\angle -23^\circ \text{（A）}\end{aligned}$$

（2）根据 $\dot{I} = Y\dot{U}$ 或 $\dot{I} = \dfrac{\dot{U}}{Z}$，则有

$$Z = \frac{\dot{U}}{\dot{I}} = \frac{120\angle\frac{\pi}{6}}{5\angle -23^\circ} = 24\angle(30^\circ + 23^\circ) = 24\angle 53^\circ \text{（Ω）}$$

$$|Z| = 24 \text{（Ω）}$$

8.1.4 复导纳的串并联

复导纳的串并联计算方法与直流电路的电导串并联计算方法类似，只遵循相量运算规律。

N 个导纳串联的电路图如图 8-6 所示。

图 8-6（a）所示二端网络的电压与电流的关系为

$$\begin{aligned}\dot{U} &= \dot{U}_1 + \dot{U}_2 + \cdots + \dot{U}_N = \frac{1}{Y_1} + \frac{1}{Y_2} + \cdots + \frac{1}{Y_N} \\ &= I\left(\frac{1}{Y_1} + \frac{1}{Y_2} + \cdots + \frac{1}{Y_N}\right)\end{aligned}$$

上式表征的二端网络外特性与图 8-6（b）所示单一导纳二端网络等效，二端网络的等效导纳由下式确定，即

$$Y = \frac{1}{\dfrac{1}{Y_1} + \dfrac{1}{Y_2} + \cdots + \dfrac{1}{Y_N}} \tag{8-12}$$

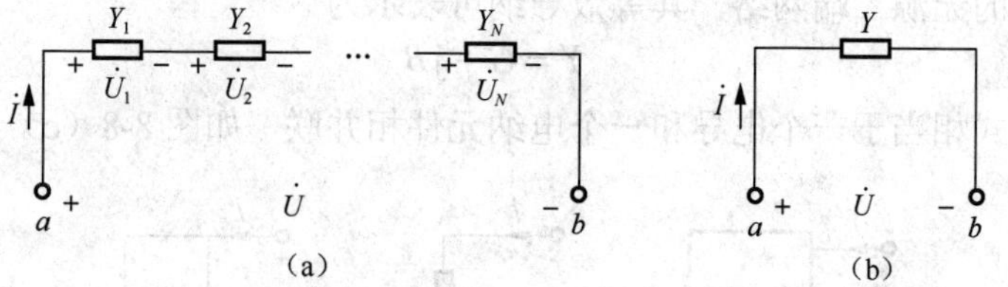

（a）　（b）

图 8-6　导纳的串联及等效

需要注意的是，上述分压公式是对相量而言的，计算在复数域中进行。

N 个导纳并联的电路如图 8-7 所示。

图 8-7（a）所示二端网络的端口电压与电流的关系为

$$\dot{I} = \dot{I}_1 + \dot{I}_2 + \cdots + \dot{I}_N = \dot{U}Y_1 + \dot{U}Y_2 + \cdots + \dot{U}Y_N = \dot{U}(Y_1 + Y_2 + \cdots + Y_N)$$

显然，上式表征的二端网络外特性与图 8-7（b）所示单一导纳二端网络等效，二端网络的等效导纳由下式确定，则

$$Y = Y_1 + Y_2 + \cdots + Y_N \tag{8-13}$$

N个导纳并联可以等效为一个导纳，其等效导纳值为各并联导纳之和。每个并联导纳支路的电流与二端网络端口电流的关系为

$$\dot{I}_k = \frac{Y_k}{Y}\dot{I} = \frac{Y_k}{Y_1 + Y_2 + \cdots + Y_N}\dot{I} \qquad (k = 1,2,\cdots,N) \tag{8-14}$$

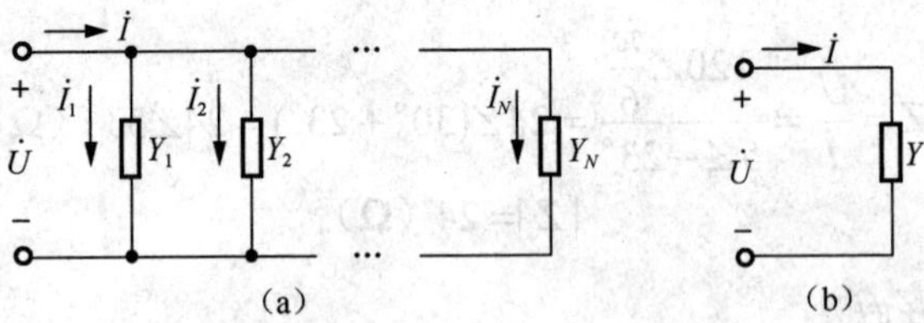

图 8-7　导纳的并联及等效

同样需要注意的是，上述分流公式也是对相量而言的，计算在复数域中进行。同时还要考虑各个电流分量的相位关系。直流电阻电路中分电流总是小于端口总电流，交流电路中某一并联支路中电流的数值可能大于端口总电流，而且各个分电流的有效值之和一般不等于端口电流的有效值。

8.1.5　混联电路的化简与分析

在实际电路中，串联电路与并联电路经常同时出现，这种电路称为混联电路。对混联电路，需要明确阻抗串联模型与并联模型的等效互换。

由上述分析可知，在正弦稳态电路中，一个无源二端网络［图 8-8（a）］两端间的等效阻抗可表示为

$$Z = R + \mathrm{j}X$$

其最简形式相当于一个电阻和一个电抗元件相串联，如图 8-8（b）所示。

对于同样的无源二端网络，其等效导纳可表示为

$$Y = G + \mathrm{j}B$$

其最简形式相当于一个电导和一个电纳元件相并联，如图 8-8（c）所示。

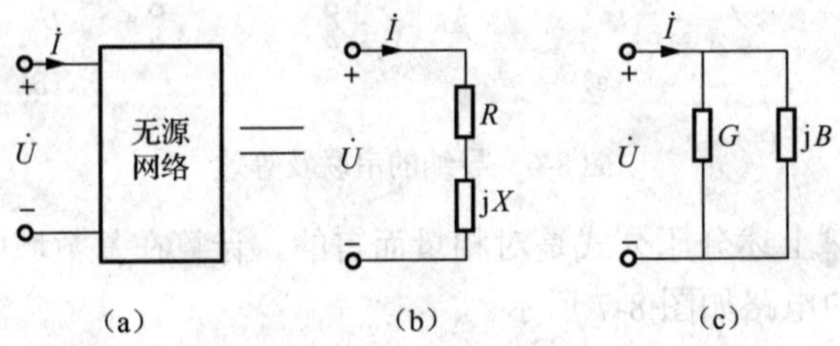

图 8-8　阻抗串联模型与并联模型等效

导纳 Y、阻抗 Z、电阻 R、电抗 X、电导 G 和电纳 B 之间的关系为

$$Y=\frac{1}{Z}=\frac{1}{R+\mathrm{j}X}=\frac{R}{R^2+X^2}-\mathrm{j}\frac{X}{R^2+X^2}=G+\mathrm{j}B$$

其中

$$\begin{cases}G=\dfrac{R}{R^2+X^2}\\ B=-\dfrac{X}{R^2+X^2}\\ R=\dfrac{G}{G^2+B^2}\\ X=-\dfrac{B}{G^2+B^2}\end{cases}\tag{8-15}$$

需要注意的是，等效并联电路中的电导 G 和电纳 B 并不是串联电路中电阻 R 和电抗 X 的倒数，但它们的数值均与电阻 R 和电抗 X 有关。R、X、G、B 都是 ω 的函数，只有在某一指定的频率下，才能确定 G、R 的数值和 B、X 的数值及其正负号。等效相量模型只用于计算该频率下的正弦稳态响应。

例 8.3　正弦稳态电路图如图 8-9 所示，已知 $R_1=R_2=100\Omega$，$L=1\mathrm{mH}$，$C=0.1\mathrm{F}$，$\omega=10^5\,\mathrm{rad/s}$。求 ad 间的等效阻抗。

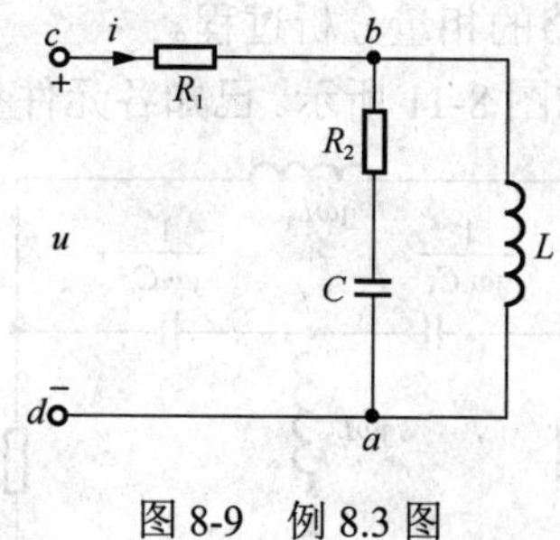

图 8-9　例 8.3 图

解：计算感抗和容抗为

$$X_\mathrm{L}=\omega L=10^5\times1\times10^{-3}\ (\Omega)$$

$$X_\mathrm{C}=-\frac{1}{\omega C}=-\frac{1}{10^5\times0.1\times10^{-3}}=-100\ (\Omega)$$

设电感支路的阻抗为 Z_1，则 R_2 与 C 串联支路的阻抗为 Z_2，则有

$$Z_1=\mathrm{j}X_\mathrm{L}=\mathrm{j}\omega L=\mathrm{j}100\ (\Omega)$$

$$Z_2=R_2+\mathrm{j}X_\mathrm{C}=(100-100\mathrm{j})\ (\Omega)$$

相量模型如图 8-10 所示。由阻抗串并联关系，得

$$Z_\mathrm{ba}=Z_1//Z_2=\frac{\mathrm{j}100\Omega\times(100-100\mathrm{j})}{\mathrm{j}100\Omega+100-100\mathrm{j}}=(100+\mathrm{j}100)\ (\Omega)$$

同理，可得

$$Z_\mathrm{ad}=R_1+Z_\mathrm{ba}=100+100+\mathrm{j}100=(200+\mathrm{j}100)\ (\Omega)$$

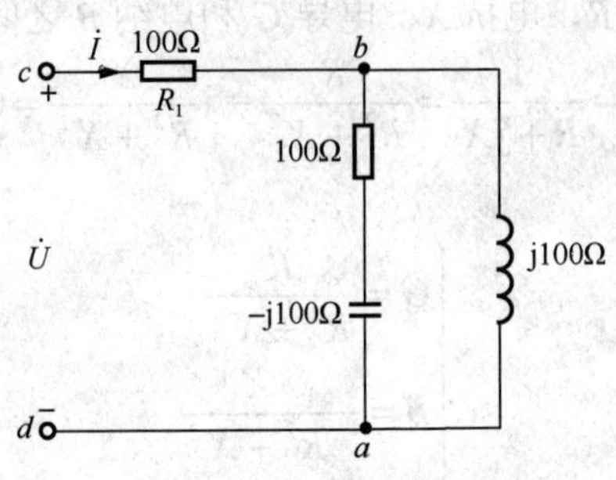

图 8-10　例 8.3 相量图

8.2　相量法分析正弦稳态电路

正弦稳态电路的分析计算需要借助相量法。用相量法分析比用时域法求解简单得多。应用相量形式的欧姆定律和基尔霍夫定律，建立相量形式的电路方程，求解电路方程，即可得到电路的正弦稳态响应，此方法称为相量法。与电阻电路方程一样，相量形式的电路方程也是线性代数方程，区别仅在于其方程式的系数一般是复数。因此，电阻电路中的各种公式、方法和定理及解题技巧都适用电路的相量分析法。用相量法分析正弦稳态电路，电路的基本变量是电压相量和电流相量，分析的对象是相量模型电路。下面通过例题来理解正弦稳态电路的相量分析过程。

例 8.4　正弦稳态电路图如图 8-11 所示。已知各元件参数，试列出各结点电压方程。

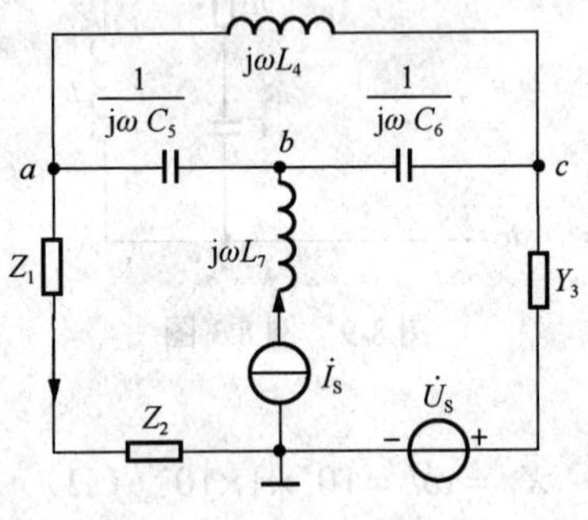

图 8-11　例 8.4 图

解： 此电路是正弦稳态电路的相量模型，部分支路以复数阻抗或复数导纳表示。需要注意的是，与电流源串联的支路电导不应计入。因此，可以依照电阻电路的方法直接列出各结点电压方程。设结点 a、b、c 的电压为变量，列出方程如下：

$$\left(\frac{1}{Z_1+Z_2}+\mathrm{j}\omega C_5+\frac{1}{\mathrm{j}\omega L_4}\right)\times\dot{U}_\mathrm{a}-\mathrm{j}\omega C_5\times\dot{U}_\mathrm{b}-\frac{1}{\mathrm{j}\omega L_5}\times\dot{U}_\mathrm{c}=0$$

$$(\mathrm{j}\omega C_5+\mathrm{j}\omega C_6)\times\dot{U}_\mathrm{a}-\mathrm{j}\omega C_5\times\dot{U}_\mathrm{a}-\mathrm{j}\omega C_6\times\dot{U}_\mathrm{c}=\dot{I}_\mathrm{S}$$

$$\left(\frac{1}{\mathrm{j}\omega L_4}+\mathrm{j}\omega C_6+Y_3\right)\times\dot{U}_\mathrm{c}-\mathrm{j}\omega C_6\times\dot{U}_\mathrm{b}-\frac{1}{\mathrm{j}\omega L_4}\times\dot{U}_\mathrm{a}=\dot{U}_\mathrm{S}Y_3$$

由此可见，电阻电路的结点分析法和一般分析方法可以直接应用于电路相量分析中。

例 8.5　电路图如图 8-12（a）所示。已知各元件参数，电压源的角频率 $\omega = 3\text{rad/s}$，求 $\dfrac{\dot{U}_2}{\dot{U}_S}$。

解：（1）网孔电流法。先画出相应的相量模型并设定网孔电流，如图 8-12（b）所示。

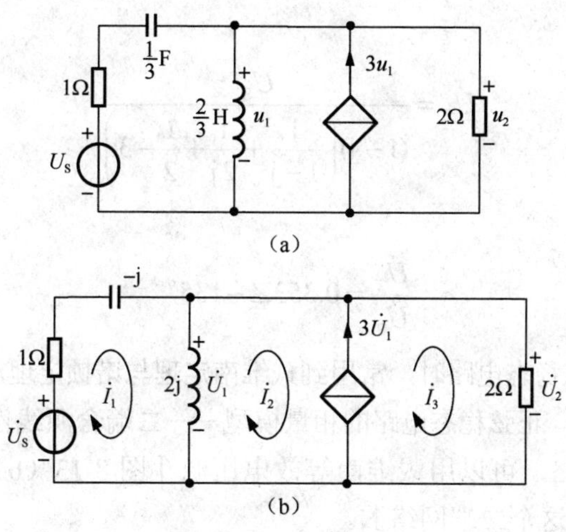

图 8-12　例 8.5 图

设控制量为 $\dot{U}_1$，它也是受控电流源两端的电压，且 $\dot{U}_1 = \dot{U}_2$，则列出网孔电流方程组如下：

$$\begin{cases}(1-\mathrm{j}+2\mathrm{j})\dot{I}_1 - 2\mathrm{j}\dot{I}_2 = \dot{U}_S \\ -2\mathrm{j}\dot{I}_1 + 2\mathrm{j}\dot{I}_2 = -\dot{U}_1 \\ 2\dot{I}_3 = \dot{U}_1\end{cases}$$

辅助方程为

$$\dot{I}_3 - \dot{I}_2 = 3\dot{U}_1$$

整理可得

$$\begin{cases}(1+\mathrm{j})\dot{I}_1 - 2\mathrm{j}\dot{I}_2 = \dot{U}_S \\ -2\mathrm{j}\dot{I}_1 + 2\mathrm{j}\dot{I}_2 + 2\dot{I}_3 = 0 \\ \dot{I}_2 + 5\dot{I}_3 = 0\end{cases}$$

求得

$$\dot{I}_3 = \frac{-\mathrm{j}\dot{U}_S}{4\mathrm{j}+4}$$

由于 $\dot{U}_2 = 2\dot{I}_3$，则

$$\frac{\dot{U}_2}{\dot{U}_S} = \frac{2\dot{I}_3}{\dot{U}_S} = \frac{-\mathrm{j}}{2+\mathrm{j}2} = 0.353\angle -135^\circ$$

电压比是一个复数，其模值表示U_2与U_S比值的大小，幅角表示两个电压的相位差。由上式可知，$\dot{U}_2$对$\dot{U}_S$的相移是$-135°$。

（2）结点电压法。如图 8-12（b）所示相量模型，设$\dot{U}_2$为结点电压变量，且$\dot{U}_1 = \dot{U}_2$，只需列出一个结点电压方程如下：

$$\left(\frac{1}{1-j}+\frac{1}{2j}+\frac{1}{2}\right)\dot{U}_2 = 3\dot{U}_2 + \frac{\dot{U}_S}{1-j}$$

解方程，得

$$\dot{U}_2 = \frac{\dot{U}_S}{(1-j)\left(\frac{1}{1-j}+\frac{1}{2j}+\frac{1}{2}-3\right)}$$

同理可得

$$\frac{\dot{U}_2}{\dot{U}_S} = 0.353\angle -135°$$

用相量法分析正弦稳态电路时，常用到戴维南定理与诺顿定理。下面阐述这两个定理在相量分析法中的应用。正弦稳态电路的相量模型——二端含源线性网络 N 如图 8-13（a）所示，类似于电阻电路，可以用戴维南等效电压源［图 8-13（b）］和诺顿等效电流源［图 8-13（c）］来等效这个二端网络 N。

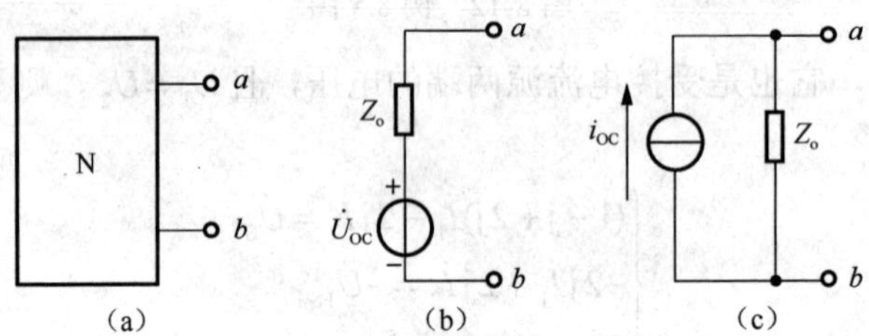

图 8-13　相量模型等效电源形式

例 8.6　正弦稳态电路图如图 8-14 所示。其中$\dot{U}_1 = 16\sqrt{2}\angle 45°\text{V}$，$\dot{U}_2 = 20\angle -20°\text{V}$，$\dot{U}_3 = 8\angle 90°\text{V}$，其他元件均已标明阻抗模值，试用戴维南定理求 A、B 之间的支路电流。

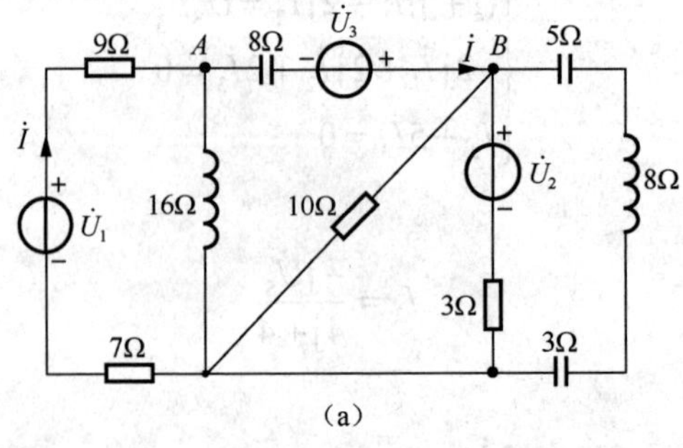

图 8-14　例 8.6 图

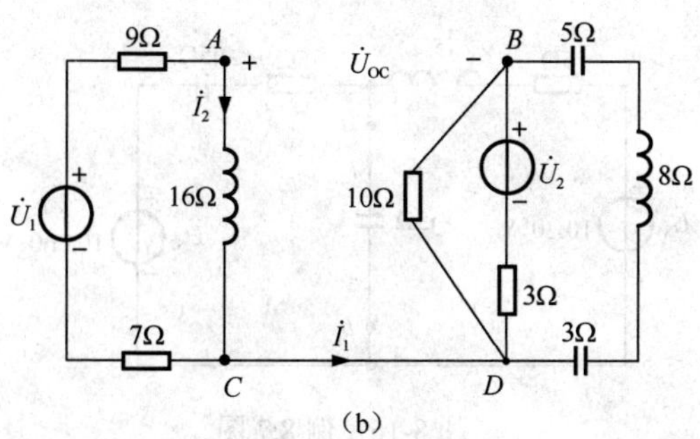

(b)

图 8-14（续）

解：此电路已经是相量模型。断开 A、B 间支路（电压源 $\dot{U}_3$ 和阻抗模值为 8Ω 的电容均断开）并将 10Ω 电阻画在右边电路上，如图 8-14（b）所示。可以判断 C、D 间电流 $\dot{I}_1=0$，左右两部分电路各自独立工作。

左侧回路电流为

$$\dot{I}_2=\frac{\dot{U}_1}{7+9+\text{j}16}=\frac{16\sqrt{2}\angle 45^\circ}{16\sqrt{2}\angle 45^\circ}=1\angle 0^\circ\ (\text{A})$$

右侧回路，D、B 间阻抗为

$$Z=\text{j}8-\text{j}5-\text{j}3=0$$

则 A、B 间开路电压为

$$\dot{U}_{OC}=\dot{I}_2\times \text{j}16=\text{j}16=16\angle 90^\circ\ (\text{V})$$

等效内阻抗为

$$Z_o=(9+7)\,//\,16=\frac{16\times \text{j}16}{16+\text{j}16}=\frac{\text{j}16}{1+\text{j}}=8\sqrt{2}\angle 45^\circ\ (\Omega)$$

由此可得戴维南定理等效电路，如图 8-15 所示。

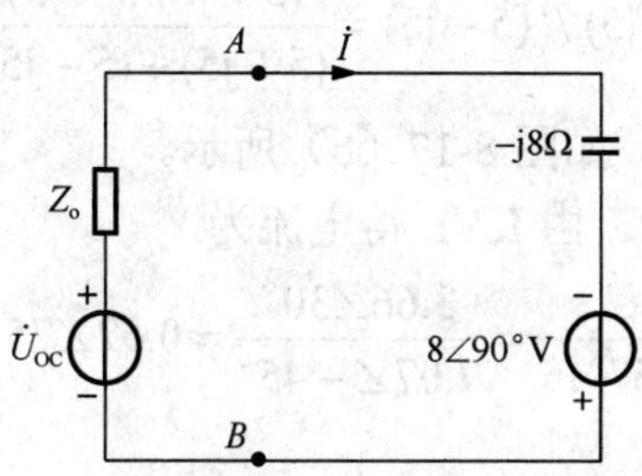

图 8-15　例 8.6 题解图

重新连接 A、B 间支路，计算电流，则

$$\dot{I}=\frac{\dot{U}_{OC}+\dot{U}_2}{Z_o-\text{j}8}=\frac{16\angle 90^\circ+8\angle 90^\circ}{8\sqrt{2}\angle 45^\circ-\text{j}8}=\frac{16\text{j}+8\text{j}}{8+\text{j}8-\text{j}8}=3\text{j}=3\angle 90^\circ\ (\text{A})$$

例 8.7　正弦稳态相量模型电路图如图 8-16 所示，求电流 $\dot{I}_C$。

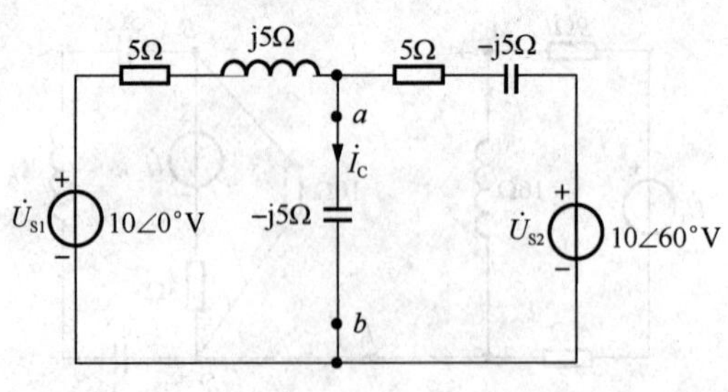

图 8-16　例 8.7 图

解：断开 a、b 间支路，如图 8-17（a）所示。设开路电压为 $\dot{U}_{OC}$，则

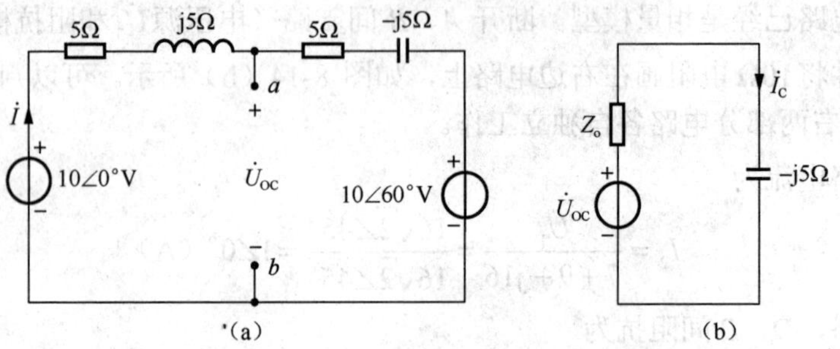

图 8-17　例 8.7 题解图

电流和开路电压为

$$\dot{I}=\frac{\dot{U}_{S1}-\dot{U}_{S2}}{5+j5+5-j5}=\frac{10-10\angle 60^\circ}{10}=1\angle-60^\circ\text{（A）}$$

$$\dot{U}_{OC}=(5-j5)\dot{I}+\dot{U}_{S2}=[(5-j5)1\angle-60^\circ+10\angle 60^\circ]=3.66\angle 30^\circ\text{（V）}$$

等效阻抗为

$$Z_o=(5+j5)//(5-j5)=\frac{(5+j5)(5-j5)}{(5+j5)+(5-j5)}=5\text{（Ω）}$$

画出戴维南等效电路图，如图 8-17（b）所示。

重新连接 a、b 间支路后，由 KVL 得电流为

$$\dot{I}_C=\frac{\dot{U}_{OC}}{5-j5}=\frac{3.66\angle 30^\circ}{7.07\angle-45^\circ}=0.52\angle 75^\circ\text{（A）}$$

8.3　正弦稳态电路的功率

正弦稳态电路中通常包含电感、电容等储能元件，因此正弦稳态电路的功率比电阻电路的功率复杂得多。本书介绍无源二端网络的功率。

8.3.1　瞬时功率

在交流电路的关联参考方向下，任意瞬间，电路元件上的电压瞬时值与电流瞬时值

的乘积称为该元件吸收或释放的瞬时功率，用小写字母 p 表示，即

$$p = ui \tag{8-16}$$

二端网络 N 如图 8-18 所示。二端网络既可以由一个元件组成，也可以由多个元件组成。

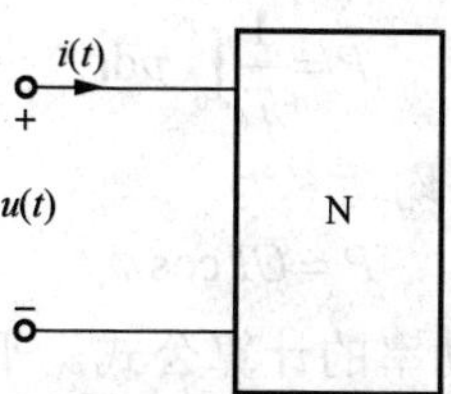

图 8-18　二端网络

设二端网络的端口电压为 $u(t)$，电流为 $i(t)$，采用关联参考方向表示如下：

$$u(t) = U_{\mathrm{m}} \cos(\omega t + \varphi_u)$$
$$i(t) = I_{\mathrm{m}} \cos(\omega t + \varphi_i)$$

根据功率的计算公式整理可得二端网络的瞬时功率，即

$$\begin{aligned} p = ui &= U_{\mathrm{m}} \cos(\omega t + \varphi_u) I_{\mathrm{m}} \cos(\omega t + \varphi_i) \\ &= \frac{1}{2} U_{\mathrm{m}} I_{\mathrm{m}} \cos(\varphi_u - \varphi_i) + \frac{1}{2} U_{\mathrm{m}} I_{\mathrm{m}} \cos(2\omega t + \varphi_u + \varphi_i) \\ &= UI\cos\varphi_{ui} + UI\cos(2\omega t + \varphi_u + \varphi_i) \end{aligned} \tag{8-17}$$

式中，$\varphi_{ui} = \varphi_u - \varphi_i$，即 φ_{ui} 是电压与电流的相位差。二端网络瞬时功率的波形图如图 8-19 所示。

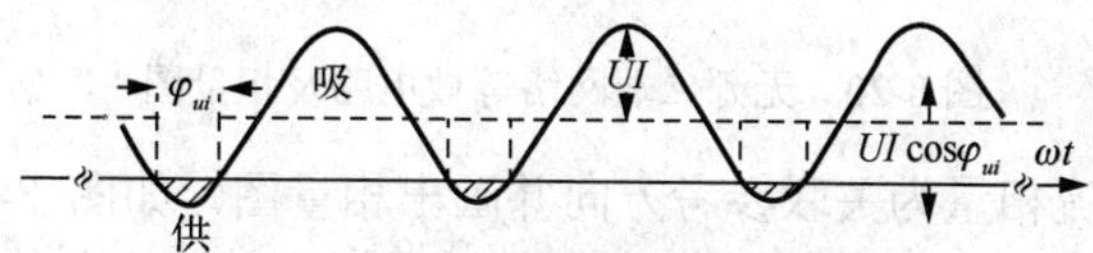

图 8-19　二端网络的瞬时功率波形图

式（8-17）中，第一项是定值，如图 8-19 中与 ωt 轴平行的虚线所示；第二项是时间的函数，两项相加的结果如图 8-19 中曲线所示。曲线是以 $UI\cos\varphi_{ui}$ 为中心线、以 UI 为振幅、频率为 $2\omega t$ 的正弦波。由波形图可知，瞬时值有正有负，反映无源二端网络 N 在正弦稳态电路中的物理现象，即在一段时间内二端网络 N 从外电路吸收功率，而在另一段时间内其又向外部电路释放功率。

若 $\varphi_{ui} = 0$，则二端网络 N 呈纯电阻性，$UI\cos\varphi_{ui} = UI$，p 曲线上升至阴影部分消失，表现出电阻总是吸收功率的特性。

若 $\varphi_{ui} = \pm 90^\circ$，则二端网络 N 呈纯电抗性（纯感抗或纯容抗），$UI\cos\varphi_{ui} = 0$，$p$ 曲线下降至以 ωt 轴为中心线的正弦波，表现出纯电抗网络总是从外电路吸收功率后又全部释放给外电路的特性。

若 $0 < \varphi_{ui} < 90^\circ$，则 $0 < UI\cos\varphi_{ui} < UI$，二端网络从外电路吸收的功率大于向外电路释放的功率。

8.3.2 平均功率

平均功率是指瞬时功率的平均值。瞬时功率具有周期性，因此平均功率可定义为瞬时功率在一个周期内的平均值，可用大写字母 P 表示，即

$$P=\frac{1}{T}\int_0^T p\mathrm{d}t$$

代入功率的计算公式，可得平均功率为

$$P=UI\cos\varphi_{ui} \tag{8-18}$$

上式就是无源二端网络平均功率的计算公式。平均功率实质上是电阻热效应的描述，因此平均功率也称有功功率，单位是瓦特（W）。无源二端网络的平均功率不仅与支路电压、电流的有效值有关，还与电压和电流的相位差有关。因此，网络为纯电阻性时，$P=UI$；网络为纯电抗性时，$P=0$。

若将无源二端网络等效为复阻抗 $Z=R+\mathrm{j}X$，则画出串联等效电路图如图 8-20（a）所示。

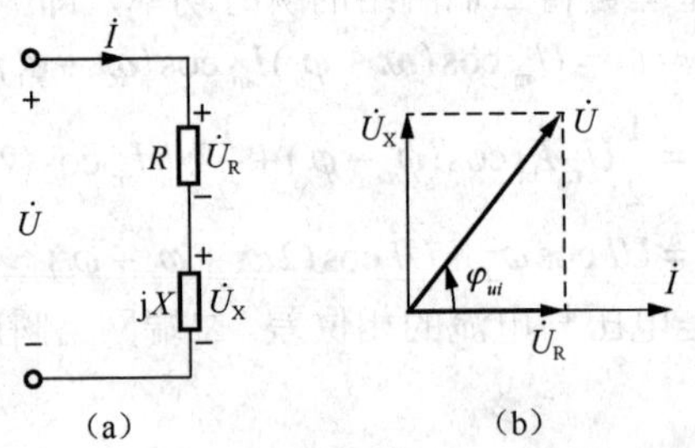

图 8-20　无源二端网络等效电路及相量图

设电压相量与电流相量为关联参考方向并画出相量图，如图 8-20（b）所示。假设图中阻抗 Z 为感性，则电压相量 $\dot{U}$ 超前于电流相量 $\dot{I}$，它们的夹角是 φ_{ui}。$\dot{U}$ 可以分解为两个分量，其中一个分量是与电流同相的电压 $\dot{U}_{\mathrm{R}}$，另一个分量是与电流垂直的电压 $\dot{U}_{\mathrm{X}}$，它们分别是等效阻抗的实部电压和虚部电压。由图中可知，$\dot{U}_{\mathrm{R}}$ 为 $\dot{U}$ 在电流相量方向的投影，即 $\dot{U}_{\mathrm{R}}=U\cos\varphi_{ui}$。与有功功率 $P=UI\cos\varphi_{ui}$ 相比较，二端网络的平均功率也可表示为

$$P=U_{\mathrm{R}}I=I^2R=\frac{U_{\mathrm{R}}^2}{R}=P_{\mathrm{R}} \tag{8-19}$$

上式说明二端网络的平均功率（有功功率）就是支路中电阻部分吸收的功率。

由能量守恒定律可知，二端网络吸收的总功率等于各个电阻吸收的功率之和，即 $P=\sum P_{\mathrm{R}}$。式（8-19）给出了计算平均功率的多个公式。

8.3.3 无功功率

电压 $\dot{U}$ 在电流 $\dot{I}$ 方向的分量 $\dot{U}_{\mathrm{R}}$ 与 $\dot{I}$ 产生有功功率，而电压 $\dot{U}$ 的另一个与电流 $\dot{I}$ 相互垂直的分量 $\dot{U}_{\mathrm{X}}$ 不能与电流 $\dot{I}$ 产生有功功率，但可以产生无功功率，用大写字母 Q 表

示，即

$$Q = UI\sin\varphi_{ui} \tag{8-20}$$

这是描述无源二端网络中电抗分量与外电路之间能量可逆的特性，其中电压分量 $\dot{U}_{\mathrm{X}} = U\sin\varphi_{ui}$。

当无源二端网络是纯电抗性时，无功功率 $Q = UI$ 达到最大值。此时瞬时功率的波形是以 ωt 轴为中心的正弦波，表现出纯电抗网络从外电路吸收功率后又全部释放给外电路的特征。从瞬时功率的计算公式可以推导出

$$\begin{aligned} p = ui &= U_{\mathrm{m}}\cos(\omega t + \varphi_u) I_{\mathrm{m}}\cos(\omega t + \varphi_i) \\ &= UI\cos\varphi_{ui}[1 + \cos 2(\omega t + \varphi_u)] + UI\sin\varphi_{ui}\sin 2(\omega t + \varphi_u) \end{aligned} \tag{8-21}$$

式中，第一项恒为正，即二端网络从外电路吸收功率；第二项反映出二端网络与外电路交换能量的特性，其振幅就是无功功率 $Q = UI\sin\varphi_{ui}$，由此可以理解无功功率的含义：无功功率 Q 是瞬时功率中可逆分量的最大值（幅值），反映了网络与电源往返交换能量的情况。无功功率也具有功率的量纲，但为了区别于有功功率，其基本单位是乏（Var）。纯电感支路无功功率 $Q = UI$，纯电容支路无功功率 $Q = -UI$，纯电阻支路无功功率 $Q = 0$。

8.3.4　视在功率和复功率

视在功率 S 是支路的电压有效值与电流有效值的乘积，即

$$S = UI \tag{8-22}$$

视在功率用来标志二端网络可能达到的最大功率。在实际应用中，用视在功率表示设备的容量。例如，一台发电机是按照一定的额定电压值和额定电流值来设计和使用的，在使用时，如果电压或电流超过额定值，发电机就可能遭到损坏。一般电器设备都以额定视在功率来表示它的容量。视在功率不是设备工作时真正消耗的功率，为了区别于平均功率，其单位用伏安（VA）表示。

根据平均功率、无功功率、视在功率的概念，可得它们之间的关系如下：

$$P = UI\cos\varphi = S\cos\varphi$$

$$Q = UI\sin\varphi = S\sin\varphi$$

$$S = \sqrt{P^2 + Q^2} = UI$$

$$\varphi = \mathrm{arctg}\frac{Q}{P}$$

这里，$\varphi = \varphi_{ui}$。P、Q、S 构成的直角三角形称为二端电路的功率三角形，如图 8-21 所示。

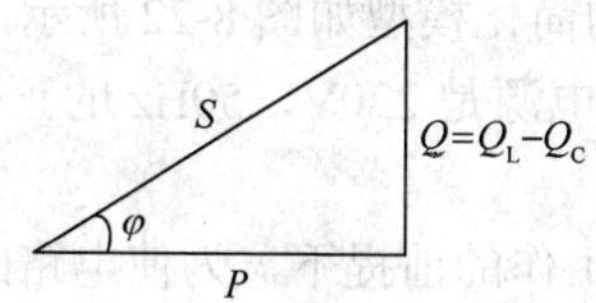

图 8-21　功率三角形

工程上为了计算方便，把有功功率作为实部、无功功率作为虚部组成复数，称为复功率，用 $\tilde{S}$ 表示，即

$$\tilde{S}=P+\mathrm{j}Q \tag{8-23}$$

根据平均功率、无功功率、视在功率公式，则有

$$\begin{aligned}\tilde{S}&=P+\mathrm{j}Q=UI\cos\varphi+\mathrm{j}UI\sin\varphi\\&=UI\angle\varphi=UI\angle(\varphi_u-\varphi_i)\\&=U\angle\varphi_u\times I\angle-\varphi_i\\&=\dot{U}\dot{I}^*\end{aligned} \tag{8-24}$$

式中，$\dot{I}^*$ 为电流相量 $\dot{I}$ 的共轭复数，$\dot{I}^*=I\angle-\varphi_i$。

可以证明，对于任何复杂的正弦稳态电路而言，总的有功功率是电路各部分有功功率的和，总的无功功率是电路各部分无功功率的和，因此复功率也是电路各部分复功率的和，即有功功率、无功功率、复功率是守恒的。视在功率可以证明是不守恒的，本节不作详细讨论。

复功率的极坐标形式中，幅值是视在功率 S，幅角是电压与电流的相位差，幅角的余弦是功率因数。复功率的代数形式中，实部是有功功率，虚部是无功功率。复功率无论是用来计算功率还是作为记忆都较为方便。应当指出，复功率是利用电压相量和电流相量的共轭量相乘来计算功率的，它本身既不是相量，也不是功率。引进复功率概念之后，正弦电路的相量分析法不仅可以研究正弦电路的电流，也可以研究正弦电路的功率。

8.3.5 功率因数及提高功率因数的方法

一般情况下平均功率小于视在功率，即视在功率上打一个折扣才能等于平均功率。平均功率与视在功率的比值定义为功率因数，用 λ 表示，即

$$\lambda=\frac{P}{S}=\frac{UI\cos\varphi}{UI}=\cos\varphi \tag{8-25}$$

从功率因数可知设备容量的使用情况。在动力系统中，为了充分利用电力，发电机提供的功率要尽可能地转化为负载的有功功率，这样功率因数就成为重要的参考指标。负载性质不同的电路有不同的功率因数值。只有在功率因数为 1 时，电源提供的视在功率才能全部转换为负载的有功功率，为此应当尽量提高功率因数。功率因数越大，表明电源所发出的电能转换为热能或机械能就越多，而与电感或电容之间相互交换的能量就越少，因此功率因数越大电源利用率越高。若同时在同一电压下输送同一功率，则功率因数越大线路中电流越小，线路中的损耗也就越小。

因为大多数设备是感性支路，所以在系统中配以适当的电容可以提高功率因数。

例 8.8 日光灯工作电路的简化模型如图 8-22 所示，L 为镇流器的理想模型，电阻 R 是 40W 日光灯的理想模型，电源是 220V、50Hz 的正弦电源。试求：

（1）电路中的电流。

（2）在保证日光灯管正常工作的前提下，为使电路的功率因数提高到 1，应当配以多大容量的电容器？

解：根据日光灯的瓦数及工作电压，可以求出电路的工作电流，即

$$I=\frac{P}{U_{\mathrm{R}}}=\frac{40}{110}=0.364\text{（A）}$$

这个电路的负载是电阻 R 与 L 串联的感性负载，计算可得其功率因数为

$$\cos\varphi=\frac{P}{S}=\frac{P}{U_{\mathrm{S}}I}=\frac{40}{220\times0.364}=0.5$$

在电源电压一定时，功率因数取决于作为负载的日光灯电路（RL 串联电路）。因此，需要设法使日光灯电路的功率因数提高到 1，即在不影响日光灯正常工作的前提下，设法使电源输出的视在功率等于有功功率。如果要做到这一点，就必须设法使电源的负载具有纯电阻性，即需要在电路中选用合适的电容。此外，为了不影响日光灯的正常工作电压，这个电容必须并联在日光灯工作电路上，如图 8-22（b）所示。

当功率因数为 1 时，电源电压和电源电流必定同相位，即 $\varphi=\varphi_{ui}=0$。根据这个特点画出其相量图，如图 8-22（c）所示。

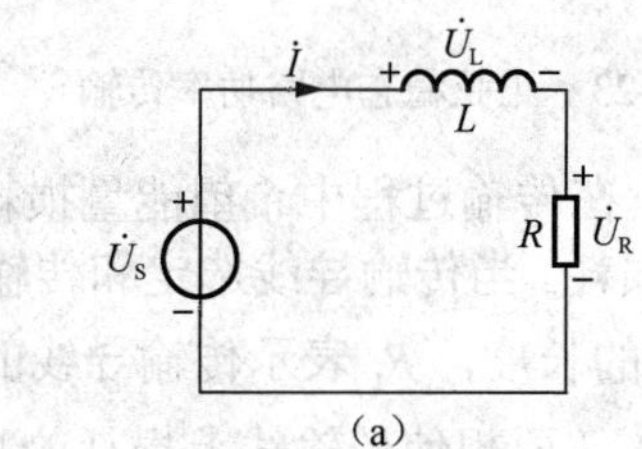

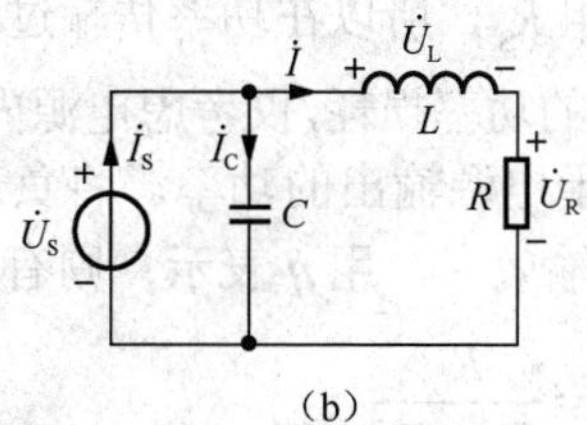

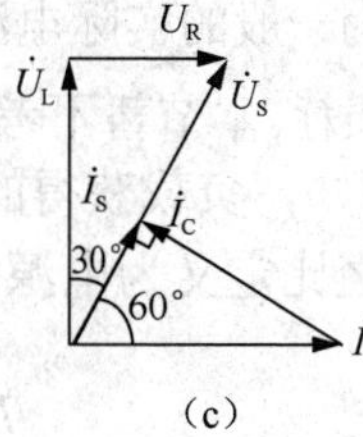

图 8-22　例 8.8 图

根据相量图中的直角关系，可得

$$I_{\mathrm{C}}=I\sin60^{\circ}=0.315\text{（A）}$$

由

$$\frac{1}{\omega C}=\frac{U_{\mathrm{S}}}{I_{\mathrm{C}}}$$

可得

$$C=\frac{I_{\mathrm{C}}}{\omega U_{\mathrm{S}}}=\frac{0.315}{2\pi\times50\times220}=4.56\text{（μF）}$$

因此，只要配以 4.56μF 的电容器，本例电路的功率因数即提高到 1，电源提供的视在功率也全部为有功功率。若将本例提高功率因数的方法应用于长距离供电线路，则其经济效益将十分显著。

8.4　最大功率传输

正弦稳态电路功率传输电路如图 8-23（a）所示。图中电源$\dot{U}_S$串联内阻抗R_S可认为是实际电源的电压源模型，也可视为线性含源二端网络的戴维南等效电源，如图 8-23（b）所示。图中Z_L是实际用电设备或用电器具的等效阻抗。电源的电能输送给负载Z_L，再转换为热能、机械能等供人们在生产生活中使用。

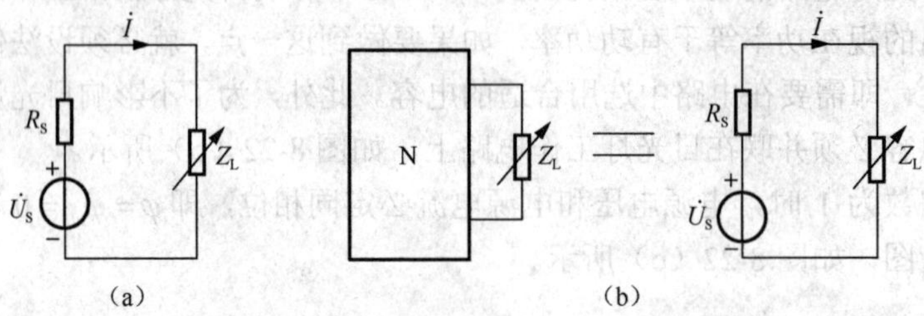

图 8-23　正弦稳态电路功率传输

电源的能量经传输到达负载，在传输过程中希望能量损耗越小越好。传输线上损耗的功率主要是传输线自身的电阻损耗。当传输导线选定和传输距离一定时，它的电阻R_L就是一定的。注意：l是传输导线的长度，R_L表示传输导线的等效阻抗。根据功率公式可知传输线上损耗的功率$P_L = I^2 R_L$，要想使传输线上损耗的功率小，就要设法减小传输线上的电流。因为一般的实际电源都存在着内阻R_S，所以在功率传输过程中还必须考虑电源内阻的功率损耗。本节暂不考虑传输线电阻的功率损耗，仅考虑电源内阻的功率损耗。

由图 8-23 可知，负载获得的功率P_L将小于电源输出的功率。将负载获得的功率与电源输出的功率之比定义为电源传输功率的传输效率，用η表示，则有

$$\eta = \frac{I^2 R_L}{I^2 (R_S + R_L)} = \frac{R_L}{R_S + R_L} \tag{8-26}$$

可见，为了提高传输效率，要尽量减小电源内阻R_S。提高传输效率是电子工业中的一个非常重要的问题。

在电源电压和内阻抗一定时，或者在线性有源二端网络的等效电路一定的情况下，端接负载获得功率的大小将随负载阻抗R_L的变化而变化。在一些弱电系统中，常常要求负载从给定的信号电源中获得尽可能大的功率，使负载从给定的电源中获得最大功率称为最大功率传输。

设电源内阻抗$Z_S = R_S + jX$，负载阻抗$Z_L = R_L + jX_L$，由图 8-23 可求得电流，即

$$\dot{I} = \frac{\dot{U}_S}{Z_S + Z_L} = \frac{\dot{U}_S}{R_S + jX_S + R_L + jX_L}$$

则电流有效值为

$$I = \frac{U_S}{\sqrt{(R_S + R_L)^2 + (X_S + X_L)^2}}$$

负载获得的功率为

$$P_{\mathrm{L}}=I^2R_{\mathrm{L}}=\frac{U_{\mathrm{S}}^2R_{\mathrm{L}}}{(R_{\mathrm{S}}+R_{\mathrm{L}})^2+(X_{\mathrm{S}}+X_{\mathrm{L}})^2} \tag{8-27}$$

式中，U_{S}、R_{S}、X_{S} 是常量；R_{L}、X_{L} 是变量。下面分两种情况讨论负载获得最大功率的条件，以及获得的最大功率。

1. 共轭匹配条件

设负载阻抗中的电阻 R_{L}、电抗 X_{L} 均可独立设置。由式（8-27）可知，当 R_{L} 不变时，因 $(X_{\mathrm{S}}+X_{\mathrm{L}})^2$ 是分母中非负值的相加项，显然只有当 $X_{\mathrm{S}}+X_{\mathrm{L}}=0$ 时，即 $X_{\mathrm{S}}=-X_{\mathrm{L}}$ 时，P_{L} 才能达到最大值，把这种条件下 P_{L} 的最大值记为 P_{L}'，则有

$$P_{\mathrm{L}}'=\frac{U_{\mathrm{S}}^2R_{\mathrm{L}}}{(R_{\mathrm{S}}+R_{\mathrm{L}})^2} \tag{8-28}$$

此时，P_{L}' 是 R_{L} 的一元函数。再改变 R_{L}，为求出 P_{L}' 的最大值，求 P_{L}' 对 R_{L} 的导数并令其为零，则有

$$\frac{\mathrm{d}p_{\mathrm{L}}'}{\mathrm{d}R_{\mathrm{L}}}=U_{\mathrm{S}}^2\frac{(R_{\mathrm{S}}+R_{\mathrm{L}})^2-2R_{\mathrm{L}}(R_{\mathrm{S}}+R_{\mathrm{L}})}{(R_{\mathrm{S}}+R_{\mathrm{L}})^2}=0$$

上式分母非零，则有

$$(R_{\mathrm{S}}+R_{\mathrm{L}})^2-2R_{\mathrm{L}}(R_{\mathrm{S}}+R_{\mathrm{L}})=0$$

解得

$$R_{\mathrm{L}}=R_{\mathrm{S}}$$

经判断，$R_{\mathrm{L}}=R_{\mathrm{S}}$ 是 P_{L}' 的极大值点。由此可知，当负载电阻和负载电抗均可独立改变时，负载获得最大功率的条件为

$$\begin{cases}X_{\mathrm{S}}=-X_{\mathrm{L}}\\R_{\mathrm{L}}=R_{\mathrm{S}}\end{cases} \tag{8-29}$$

或者写成

$$Z_{\mathrm{L}}=Z_{\mathrm{S}}^* \tag{8-30}$$

式（8-29）和式（8-30）即为负载获得最大功率的共轭匹配条件，将其代入式（8-27）中可得共轭匹配条件下负载的最大功率，即

$$P_{\mathrm{L\,max}}=\frac{U_{\mathrm{S}}^2}{4R_{\mathrm{S}}} \tag{8-31}$$

2. 模值匹配条件

设等效电源内阻抗 $Z_{\mathrm{S}}=R_{\mathrm{S}}+\mathrm{j}X_{\mathrm{S}}=\sqrt{R_{\mathrm{S}}^2+X_{\mathrm{S}}^2}\angle\varphi_{\mathrm{S}}$，负载阻抗 $Z_{\mathrm{L}}=R_{\mathrm{L}}+\mathrm{j}X_{\mathrm{L}}=\sqrt{R_{\mathrm{L}}^2+X_{\mathrm{L}}^2}\angle\varphi_{\mathrm{L}}$。若只改变负载阻抗的模值 $|Z_{\mathrm{L}}|$ 而不改变阻抗角 φ_{L}，则可以证明在这种限制条件下，当负载阻抗的模值等于电源内阻抗的模值时，负载阻抗可以获得最大功率，即

$$|Z_L| = |Z_S| = \sqrt{R_S^2 + X_S^2} \tag{8-32}$$

上式称为模值匹配条件。

在实际应用中，有时会碰到电源内阻抗是一个复阻抗而负载阻抗是一个纯电阻的情况。这时，若 R_L 可以任意改变，则可将求负载最大功率看作模值匹配的特殊情况。

根据模值匹配条件，则有

$$|R_L| = |Z_S| = \sqrt{R_S^2 + X_S^2}$$

若此时负载可以获得最大功率，则模值匹配条件下的负载最大功率为

$$P'_{L\max} = \frac{U_S^2 |Z_S|}{(R_S + |Z_S|)^2 + X_S^2} \tag{8-33}$$

从式（8-31）和式（8-33）相比较可知，模值匹配条件下负载获得的最大功率 $P'_{L\max}$ 比共轭匹配条件下负载的最大功率 $P_{L\max}$ 小。

例 8.9　电路如图 8-24 所示，左侧虚线框内是电源，其参数不可调；右侧虚线框内是负载，其参数也不可调。在电源与负载之间介入电感元件的目的是使负载获得最大功率，试求此电感量 L。

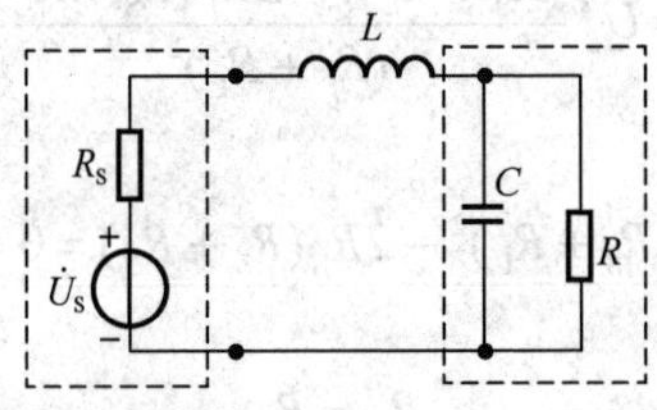

图 8-24　例 8.9 图

解：首先求出负载获得的平均功率。

由电路可知负载电流为

$$\dot{I} = \frac{\dot{U}_S}{(R_S + j\omega L) + \dfrac{1}{1/R + j\omega C}}$$

电阻的平均功率是将负载等效为串联电路时阻抗实部获得的功率。将 R、C 并联再与 L 串联的电路等效变换为串联电路时，负载变为

$$Z\frac{1}{\dfrac{1}{R} + j\omega C} + j\omega L = R_L + jX_L = \frac{\dfrac{1}{R}}{\left(\dfrac{1}{R}\right)^2 + (\omega C)^2} + j\left(\omega L - \frac{\omega C}{\left(\dfrac{1}{R}\right)^2 + (\omega C)^2}\right)$$

即

$$R_L = \frac{\dfrac{1}{R}}{\left(\dfrac{1}{R}\right)^2 + (\omega C)^2}, \quad X_L = \omega L - \frac{\omega C}{\left(\dfrac{1}{R}\right)^2 + (\omega C)^2}$$

由式（8-27）可求出负载获得的平均功率，即

$$P_L = \frac{U_S^2}{\left(R_S + \dfrac{\frac{1}{R}}{\left(\frac{1}{R}\right)^2 + (\omega C)^2}\right)^2 + \left(\omega L - \dfrac{\omega C}{\left(\frac{1}{R}\right)^2 + (\omega C)^2}\right)^2} \frac{\frac{1}{R}}{\left(\frac{1}{R}\right)^2 + (\omega C)^2}$$

根据最大功率传输的定义，为使负载获得最大功率，则有

$$\omega L - \frac{\omega C}{\left(\frac{1}{R}\right)^2 + (\omega C)^2} = 0$$

可得

$$L = \frac{C}{\left(\frac{1}{R}\right)^2 + (\omega C)^2} = 0$$

由上式可知，L 值与正弦电源的工作频率有关。因此，根据某个 ω 计算出的 L 值并不适合其他频率的正弦电源。

例 8.10　电路图如图 8-25 所示。设 $R_1 = 10\Omega$，$L = 10\text{mH}$，$u_S(t) = 10\sin(10^3 t)\text{V}$。为使 R_2 和 C 并联的负载获得最大功率，问 R_2 和 C 的值各为多少？

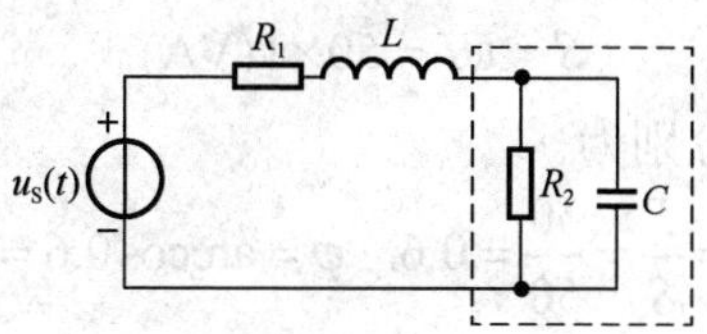

图 8-25　例 8.10 图

解： 由图可知

$$Z_S = R_1 + j\omega L = (10 + j10)\Omega$$

令 R_2 和 C 的并联阻抗为 Z_L，则

$$Z_L = \frac{R_2 \dfrac{1}{j\omega C}}{R_2 + \dfrac{1}{j\omega C}} = \frac{R_2}{1 + j\omega C R_2} = \frac{R_2}{1 + (\omega C R_2)^2} - j\frac{\omega C R_2^2}{1 + (\omega C R_2)^2}$$

根据共轭匹配条件 $Z_L = Z_S^*$，则有

$$Z_L = (10 - j10)\Omega$$

即

$$\begin{cases} \dfrac{R_2}{1 + (\omega C R_2)^2} = 10 \\ \dfrac{\omega C R_2^2}{1 + (\omega C R_2)^2} = 10 \end{cases}$$

解得

$$R_2 = 20\Omega$$
$$C = 50\mu F$$

8.5 应用举例

例 8.11 图 8-26 所示电路是测量电感线圈参数 R、L 的实验电路。已知各仪表的读数，其中电压表读数为 50V，电流表读数为 1A，功率表读数为 30W（P=30W），电源频率为 50Hz，试求电感参数 R、L 的值。

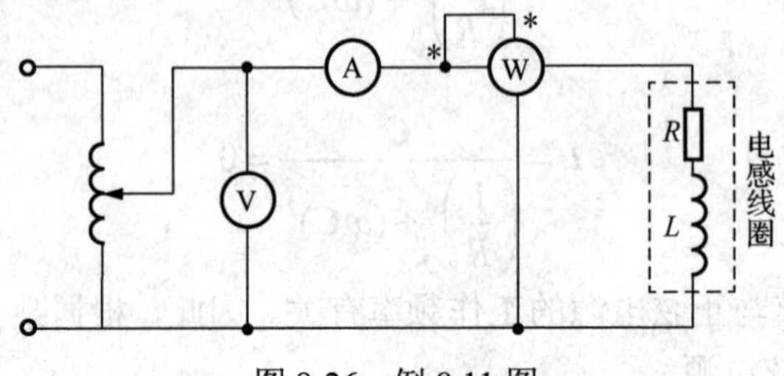

图 8-26　例 8.11 图

解：已知 $U = 50V$，$I = 1A$，$P = 30W$，$f = 50Hz$。

根据已知条件可得电路的视在功率，即

$$S = UI = 50\times1(VA)$$

电路的功率因数和幅角分别为

$$\cos\varphi = \frac{P}{S} = \frac{30}{50} = 0.6,\quad \varphi = \arccos 0.6 = 53.1^\circ$$

电路的阻抗为

$$Z = |Z|\angle\varphi = \frac{U}{I}\angle 53.1^\circ = 30 + j40 = R + jX_L$$

则

$$R = 30\Omega,\quad X_L = 40\Omega$$

解得

$$X_L = 2\pi f L = 40\,(\Omega),\quad L = \frac{40}{314} = 0.127\,(H) = 127\,(mH)$$

本题也可根据 $P = I^2R$ 求得 $R = 30\Omega$。再根据 $|Z| = \sqrt{R^2 + X_L^2} = 50\Omega$，求得 $X_L = \sqrt{50^2 - 30^2} = 40\Omega$，同理可求 R、L 的值。

例 8.12 某变电所输出的电压为 220V，额定视在功率为 220kVA。如果该变电所向电压为 220V、功率因数为 0.8、额定功率为 44kW 的工厂供电，试问能供几个这样的工厂用电？若用户把功率因数提高到 1，则该变电所又能供几个同样的工厂用电？

解：变电所输出的额定电流为

$$I_0 = \frac{S}{U} = \frac{220\times10^3}{220} = 1000\,(A)$$

当功率因数 $\lambda = 0.8$ 时，每个工厂所取的电流应为

$$I = \frac{P}{U\lambda} = \frac{44\times10^3}{220\times0.8} = 250\text{（A）}$$

则供给工厂的个数为

$$n = \frac{I_0}{I} = \frac{1000}{250} = 4\text{（个）}$$

当 $\lambda = 1$ 时，每个工厂所取的电流为

$$I = \frac{P}{U\lambda} = \frac{44\times10^3}{220\times1} = 200\text{（A）}$$

则供给工厂的个数为

$$n = \frac{I_0}{I} = \frac{1000}{200} = 5\text{（个）}$$

例 8.13　在图 8-27 所示电路中，电源电压相量的角频率为 $\omega = 10^3\,\text{rad/s}$，电源内阻抗 $Z_0 = R_0 + \text{j}X_0 = (50+\text{j}100)\Omega$，负载为电阻 $R_L = 100\Omega$，试设计一个匹配网络使负载获得最大功率。

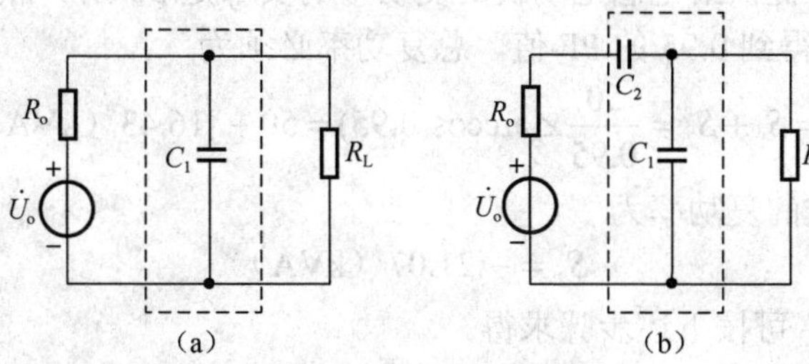

图 8-27　例 8.13 图

解：为了使负载获得最大功率，考虑在电源与负载之间接入一个匹配网络，由于电源内阻抗是电感性的，首先接入并联电容 C_1，如图 8-27（a）所示。

RC 并联支路阻抗为

$$Z_1 = \frac{\dfrac{R_L}{\text{j}\omega C_1}}{R_L + \dfrac{1}{\text{j}\omega C_1}} = \frac{\dfrac{R_L}{\omega^2 C_1^2}}{R_L^2 + \left(\dfrac{1}{\omega C_1}\right)^2} - \text{j}\frac{\dfrac{R_L^2}{\omega C_1}}{R_L^2 + \left(\dfrac{1}{\omega C_1}\right)^2} = R_1 + \text{j}X_1$$

令 Z_1 的实部等于内阻抗 Z_0 的实部，即

$$Z_1 = \frac{\dfrac{R_L}{\omega^2 C_1^2}}{R_L^2 + \left(\dfrac{1}{\omega C_1}\right)^2} = Z_0 = 50\text{（}\Omega\text{）}$$

解得 $C_1 = 10\mu\text{F}$。代入 Z_1 的虚部，计算可得 $X_1 = 50\Omega$。因为仍不能达到共轭匹配，所以再串联电容 C_2，如图 8-27（b）所示。若使

$$X_2 = \frac{1}{\omega C_2} = 50\text{（}\Omega\text{）}$$

则

$$C_2 = 20\mu F$$

此时满足共轭匹配条件

$$R_0 = R_1 = 50\Omega$$
$$X_0 = X_1 + X_2 = 100\text{（}\Omega\text{）}$$

便可在负载上获得最大功率。

由此可见，匹配网络的结构与参数要根据电路的具体情况设计。

例 8.14　一个工业用户在滞后 0.8PF 下运行 50kW（67.1hp）的电感电动机，电源电压为 230V。为获得较低的电力费用，用户希望将 PF 提高到 0.95 滞后。试确定一个合适的方案。

解：尽管可以在保持一定的无功功率的前提下通过增加有功功率来提高 PF 值，但这不会减少用户的账单支出，因此不会使用户感兴趣。在系统中加入纯电抗负载且与原负载并联，因为电感电动机上的电压并不改变，电路如图 8-28 所示，所以该方案是可行的。设 S_1 为电感电动机的复功率，S_2 为补偿器吸收的复功率。

根据题意可知，提供给电感电动机的复功率的实部是 50kW，相角 arccos（0.8）等于 36.9°。因此，为得到 0.95 的 PF 值，总复功率必须为

$$S = S_1 + S_2 = \frac{50}{0.95}\angle \arccos(0.95) = 50 + \mathrm{j}16.43\text{（kVA）}$$

即补偿负载吸收的复功率为

$$S_2 = -\mathrm{j}21.07\text{（kVA）}$$

所需负载阻抗 Z_2 可按下述步骤求得。

设电压源的相角为零，则 Z_2 吸收的电流为

$$\dot{I}_2^* = \frac{S_2}{\dot{U}} = \frac{-\mathrm{j}\,21070}{230} = -\mathrm{j}\,91.6\text{（A）}$$

或者

$$\dot{I}_2 = \mathrm{j}\,91.6\text{（A）}$$

则

$$Z_2 = \frac{\dot{U}}{\dot{I}_2} = \frac{230}{\mathrm{j}\,91.6} = -\mathrm{j}2.51\text{（}\Omega\text{）}$$

在 60Hz 工作频率下，该阻抗可由电感电动机和 1056μF 的电容并联实现，但是线路改造的初始费用、维护和折旧费用必须用电费账单节省的经费支付。

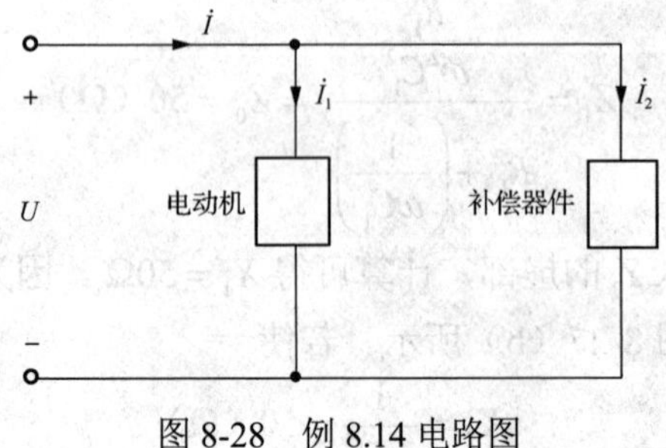

图 8-28　例 8.14 电路图

例 8.15　图 8-29（a）所示电路为日光灯电路模拟简图。图中 L 为铁心电感，称为镇流器。已知 $U = 220\text{V}$，$f = 50\text{Hz}$，日光灯功率为 40W，额定电流为 0.4A。试求：

（1）电感 L 和电感上的电压 U_L。

（2）若将功率因数提高到 0.8，则需在 RL 支路两端并联一个多大的电容 C？

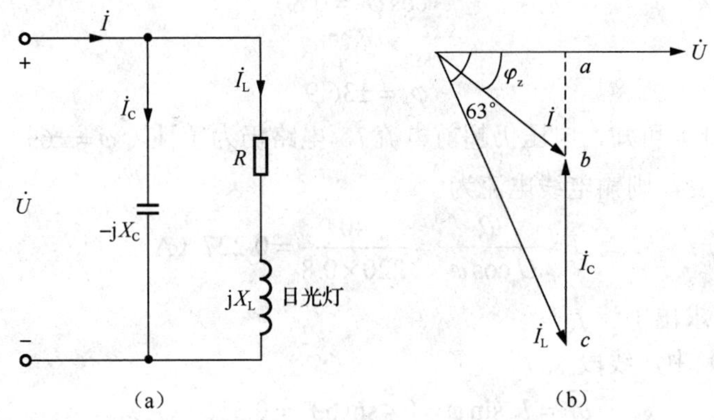

图 8-29　例 8.15 电路图及相量图

解：（1）求 L 和 U_L。已知 $U = 220\text{V}$，$I_L = 0.4\text{A}$，根据已知条件可以求出 RL 支路阻抗模，即

$$|Z| = \frac{U}{I_L} = \frac{220}{0.4} = 550\ (\Omega)$$

功率因数为

$$\cos\varphi = \frac{P}{UI_L} = \frac{40}{220\times 0.4} = 0.45$$

由图 8-29（b）可知 $\varphi = \pm 63°$。

根据题意取 $\varphi = 63°$，则 RL 支路阻抗为

$$Z = |Z|\angle\varphi = 550\angle 63° = (250 + \text{j}490)\ (\Omega)$$

则

$$R = 250\Omega,\quad X_L = 490\Omega,\quad L = \frac{X_L}{2\pi f} = \frac{490}{2\pi\times 50} = 1.56\ (\text{H})$$

电感电压为

$$U_L = X_L I_L = 490\times 0.4 = 196\ (\text{V})$$

（2）求并联电容 C 的电容量。未并联电容 C 时，输电线上的电流与通过 RL 支路的电流相等，即

$$i = i_L$$

在并联电容 C 后，通过 RL 支路的电流不变，但输电线上的电流为

$$i = i_L = i_C$$

设电压相量为参考相量，即

$$U = 220\angle 0°\ (\text{V})$$

根据题意，取 RL 支路阻抗角 $\varphi=-63^\circ$，可得

$$i_L=0.4\angle-63^\circ\text{（A）}$$

电流 i_C 超前电压 U 的相位角为 90°，画出如图 8-29（b）所示的相量图。图中 φ_z 是电路并联电容后的功率因数角，即

$$\cos\varphi_z=0.8$$

则

$$\varphi_z=\pm36.9^\circ$$

由图 8-29（b）可知，电压仍超前电流 I，电路仍为感性，$\varphi=\pm63^\circ$。电路并联电容 C 后消耗功率不变，则输电线电流为

$$I=\frac{P}{U\cos\varphi_z}=\frac{40}{220\times0.8}=0.227\text{（A）}$$

由相量图可求出电流 I_C。

图 8-29（b）中，线段

$$\overline{ac}=I_L\sin\varphi=0.4\sin63^\circ=0.356\ \text{（A）}$$

$$\overline{ab}=I\sin\varphi_z=0.227\times\sin36.9^\circ=0.136\text{（A）}$$

则有

$$I_C=\overline{ac}-\overline{ab}=0.356-0.136=0.22\text{（A）}$$

$$|X_C|=\frac{U}{I_C}=\frac{220}{0.22}=1000\text{（}\Omega\text{）}$$

则

$$C=\frac{1}{\omega|X_C|}=\frac{1}{2\pi\times50\times1000}=3.2\text{（}\mu\text{F）}$$

加大电容量，依然可使电路变成容性，电流 I 的相位超前电压 U的相位 36.9°，即 $\varphi_z=\pm36.9^\circ$。利用同样的方法可以计算出此时所需的电容量 C =7.12μF。

8.6　计算机分析电路举例

本节主要通过两个例子介绍 MATLAB 的编程方法及在正弦稳态电路分析中的应用。

例 8.16　电路如图 8-30 所示。已知 $\dot{U}=8\angle30^\circ\ \text{V}$，$Z=(1-\text{j}0.5)\ \Omega$，$Z_1=(1+\text{j})\ \Omega$，$Z_2=(3-\text{j}1)\ \Omega$，求各支路的电流、电压和电路的输入导纳，并画出电路相量图。

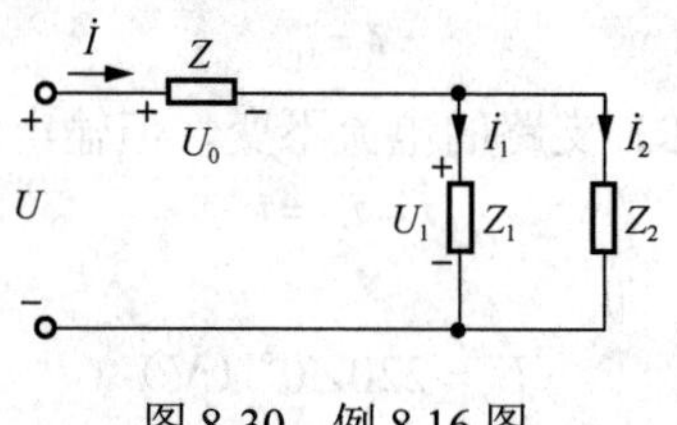

图 8-30　例 8.16 图

解：由图可知，Z_1、Z_2 的并联等效阻抗为

$$Z_{12} = \frac{Z_1 Z_2}{Z_1 + Z_2}$$

则输入阻抗为

$$Z_{\text{in}} = Z + Z'_{12}$$

输入导纳为

$$Y_{\text{in}} = \frac{1}{Z_{\text{in}}}$$

总电流为

$$\dot{I} = \frac{\dot{U}}{Z_{\text{in}}}$$

由分流公式计算可得

$$\dot{I}_1 = \frac{Z_2}{Z_1 + Z_2}\dot{I}$$

$$\dot{I}_2 = \dot{I} - \dot{I}_1$$

各电压为

$$\dot{U}_1 = Z_{12} \times \dot{I}$$

$$\dot{U}_0 = Z \times \dot{I}$$

用 MATLAB 语言编程实现上述运算：

```
clear
z=1-j*0.5;z1=1+j*1;z2=3-j*1;            %输入已知条件,相量的输入方法应采用指数形式
U=8*exp(j*30*pi/180);                   %注意角度和弧度的转换
z12=z1*z2/(z1+z2);
zin=z+z12;                              %计算总阻抗
Y=1/zin;                                %计算总导纳
I=U/zin;                                %计算总电流
I1=I*z2/(z1+z2);                        %利用分流原理计算 I1
I2=I-I1;                                %利用 KCL 计算 I2
U1=z12*I;U0=z*I;                        %计算各电压
disp('U   I   I1   I2   U0   U1')       %显示计算结果
disp('幅角') ,disp(abs([U,I,I1,I2,U0,U1]))                 %显示幅值
disp('相角') ,disp(angle([U,I,I1,I2,U0,U1])*180/pi)        %显示相角
subplot(1,2,1),hau=compass([U, U0,U1]);                     %绘制电压相量图
set(hau,'linewidth',2)
subplot(1,2,2),hai=compass([I,I1,I2]);                      %绘制电流相量图
set(hai,'linewith',2)
```

程序运行结果：

```
U   I   I1   I2   U0   U1
幅角
8.0000   4.0000   3.1623   1.4142   4.4721   4.4721
```

相角

```
30.0000   30.0000   11.5651  75.0000   3.4349   56.5651
```

所得相量图如图 8-31 所示。

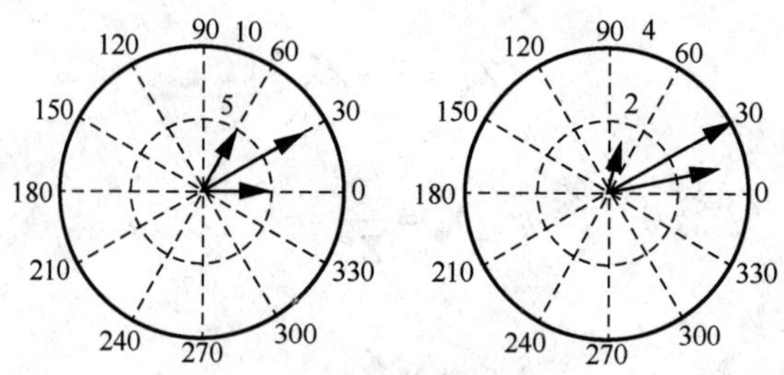

图 8-31　例 8.16 相量图

例 8.17　电路如图 8-32 所示。已知 $u_S = 14.14\sin(2t)\text{V}$，$i_S = 1.41\sin(2t+300)\text{A}$，$R_1 = R_2 = R_3 = R_4 = 1\Omega$，$C = 4\text{F}$，$L = 4\text{H}$。求各支路电流，并作出相量图。

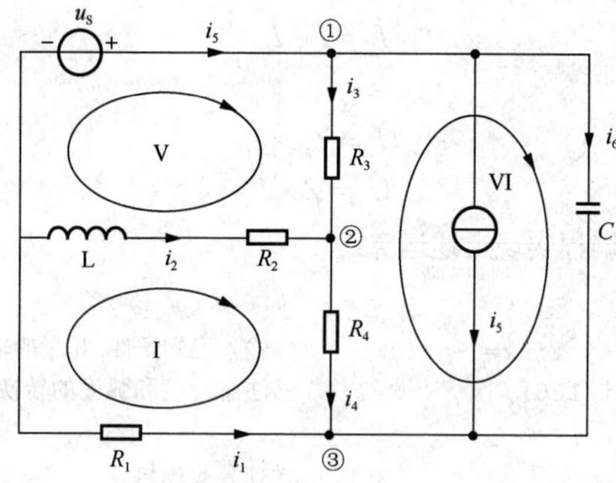

图 8-32　例 8.17 图

解：（1）支路电流法。

由图列写 KCL 方程（对结点①、结点②、结点③以流入结点电流的代数和为零列写）如下：

$$\dot{I}_5 = \dot{I}_3 + \dot{I}_6 = -\dot{I}_S$$
$$-\dot{I}_2 - \dot{I}_3 + \dot{I}_4 = 0$$
$$-\dot{I}_1 - \dot{I}_4 - \dot{I}_6 = -\dot{I}_S$$

由图列写 KVL 方程（对回路 I、回路 V 和回路 VI 以图示的绕行方向列写）如下：

$$R_1\dot{I}_1 - (R_2 + \text{j}X_L)\dot{I}_2 - R_4\dot{I}_4 = 0$$
$$-(R_2 + \text{j}X_L)\dot{I}_2 + R_3\dot{I}_3 = \dot{U}_S$$
$$-R_3\dot{I}_3 - R_4\dot{I}_4 - \text{j}X_C\dot{I}_6 = 0$$

则矩阵形式如下：

$$\begin{bmatrix} 0 & 0 & 1 & 0 & -1 & 1 \\ 0 & -1 & -1 & 1 & 0 & 0 \\ -1 & 0 & 0 & -1 & 0 & -1 \\ R_1 & -(R_2+\mathrm{j}X_L) & 0 & R_4 & 0 & 0 \\ 0 & -(R_2+\mathrm{j}X_L) & R_3 & 0 & 0 & 0 \\ 0 & 0 & -R_3 & -R_4 & 0 & -\mathrm{j}X_C \end{bmatrix} \begin{bmatrix} \dot{I}_1 \\ \dot{I}_2 \\ \dot{I}_3 \\ \dot{I}_4 \\ \dot{I}_5 \\ \dot{I}_6 \end{bmatrix} = \begin{bmatrix} -\dot{I}_S \\ 0 \\ \dot{I}_S \\ 0 \\ \dot{U}_S \\ 0 \end{bmatrix}$$

即

$$AI = B$$

用 MATLAB 语言编程实现上述计算：

```
R1=1;R2=1;R3=1;R4=1;w=2;L=4;C=4;XL=w*L;XC=1/(w*C);
IS=cos(pi/6)+j*sin(pi/6);US=10;
A=[0,0,1,0,-1,1;
    0,-1,-1,1,0,0;
    -1,0,0,-1,0,-1;
    R1,-(R2+j*XL),0,-R4,0,0;
    0,-(R2+j*XL),R3,0,0,0;
    0,0,-R3,-R4,0,-j*XC];                    %矩阵方程的系数矩阵
B=[-IS;0;IS;0;US;0];        %由与各结点相连的电流源和各回路中电压源构成的列向量
I=A\B                       %矩阵左除，I 是支路电流列向量
```

程序运行结果如下：

```
I=
   -9.9221 -  1.1456i
  -0.2947  +  1.1899i
  0.1863   -  1.1677i
  -0.1084  +  0.0222i
  10.2168  -  0.0443i
  9.1644   +  0.6234i
```

（2）回路电流法。

由图 8-32 可知，i_1、i_5 和 i_6 分别是三个回路 I、V、VI 的回路电流，列写方程如下：

$$Z_{11}\dot{I}_1 + Z_{15}\dot{I}_5 + Z_{16}\dot{I}_6 = \dot{U}_{S11}$$
$$Z_{51}\dot{I}_1 + Z_{55}\dot{I}_5 + Z_{56}\dot{I}_6 = \dot{U}_{S55}$$
$$Z_{61}\dot{I}_1 + Z_{65}\dot{I}_5 + Z_{66}\dot{I}_6 = \dot{U}_{S66}$$

其中，$Z_{11} = R_1 + R_2 + R_4 + \mathrm{j}X_L$；$Z_{15} = R_2 + \mathrm{j}X_L$；$Z_{16} = R_4$；$Z_{51} = Z_{15}$；$Z_{55} = R_2 + R_3 + \mathrm{j}X_L$；$Z_{56} = -R_3$；$Z_{61} = Z_{16}$；$Z_{65} = Z_{56}$；$Z_{66} = R_3 + R_4 - \mathrm{j}X_C$；$U_{S11} = -R_4 I_S$；$U_{S55} = U_S + R_3$；$U_{S56} = -(R_3 + R_4) I_S$。

用 MATLAB 语言编程实现上述计算：

```
R1=1;R2=1;R3=1;R4=1;w=2;L=4;C=4;XL=w*L;XC=1/(w*C);US=10;
IS=cos(pi/6)+i*sin(pi/6);
```

```
Z11=R1+R2+R4+j*XL;Z15=R2+j*XL;Z16=R4;Z51=Z15;
Z55=R2+R3+j*XL;Z56=-R3;Z61=Z16;Z65=Z56;Z66=R3+R4-j*XC;
US11=-R4*IS;US55=US+R3*IS;US66=-(R3+R4)*IS;
Z=[Z11,Z15,Z16,Z51,Z55,Z56,Z61,Z65,Z66];                %回路阻抗矩阵
U=[US11;US55;US66];                 %U 为电压源列向量
I=Z\U;                              %I 为回路 I、V 和 VI 的回路电流构成的列向量
I1=I(1)
I5=I(2)
I6=I(3)
I2=-(I1+I5)
I3=I5-I6-IS
I4=-(I1+IS+I6)
```

运行结果如下：

```
I1=-9.9221  -  1.1456i
I5=10.2168  -  0.0443i
I6=9.1644   +  0.6234i
I2=-0.2947  +  1.1899i
I3=0.1863   -  1.1677i
I4=-0.1084  +  0.0222i
```

（3）结点电压法。

选结点①为参考结点，列写方程如下：

$$Y_{22}\dot{U}+Y_{23}\dot{U}=\dot{I}_{S22}$$
$$Y_{32}\dot{U}+Y_{33}\dot{U}=\dot{I}_{S33}$$

其中

$$Y_{22}=1/\left(R_2+\mathrm{j}X_L\right)+1/R_3+1/R_4,\quad Y_{23}=-1/R_4,\quad Y_{33}=1/R_1+1/R_4-1/\left(\mathrm{j}X_C\right),$$
$$Y_{33}=Y_{23},\quad I_{S11}=-U_S/\left(R_2+\mathrm{j}X_L\right),\quad I_{S22}=I_S-U_S/R_1$$

用 MATLAB 语言编程实现上述计算：

```
R1=1;R2=1;R3=1;R4=1;w=2;L=4;C=4;XL=w*L;XC=1/(w*C);US=10;
IS=cos(pi/6)+i*sin(pi/6);Y22=1/(R2+j*XL)+1/R3+1/R4;Y23=-1/R4;Y32=Y23;
Y33=1/R1+1/R4-1(j*XC);
IS22=-US/(R2+j*XL);IS33=IS-US/R1;
Y=[Y22,Y23,Y32,Y33];            %Y 为结点导纳矩阵
I=[IS22;IS33];                  %I 为电流源列向量
U=Y\I;                          %矩阵左除
U2=U(1);U3=U(2);                %U 为结点电位列向量，U2、U3 分别为结点②和结点③的电位
I1=(-US-U3)/R1
I2=(-US-U2)/(R2+j*XL)
I3=-U2/R3
I4=(U2-U3)/R4
I5=-I1-I2
I6=-U3/(j*XC);                  %由结点电位求支路电流
```

运行结果如下：

```
I1=-9.9221  -  1.1456i
I2=-0.2947  +  1.1899i
I3=0.1863   -  1.1677i
I4=-0.1084  +  0.0222i
I5=10.2168  -  0.0443i
I6=9.1644   +  0.6234i
```

电流相量图的绘制：

在以上三种方法的 MATLAB 程序中均加上下面一条语句，即可画出电流相量图。电流相量图如图 8-33 所示。

```
Compass([I1,I2,I3,I4,I5,I6]);        %compass 是 MATLAB 中绘制复相量图的命令
```

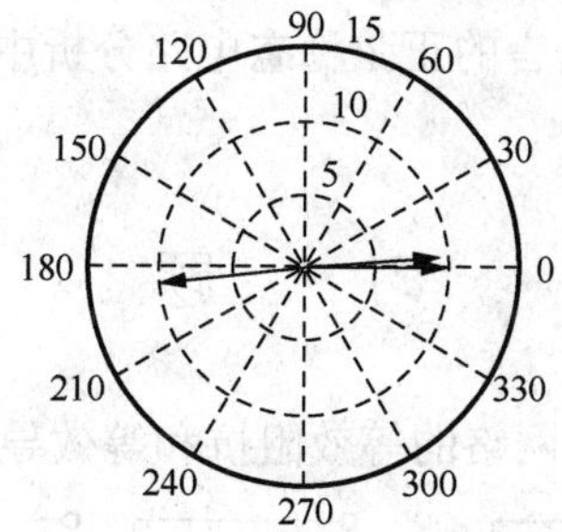

图 8-33　例 8.17 相量图

图 8-33 中，I_2，I_3，I_4 相对于 I_1=9.9880，I_5=10.2168，I_6=9.1855 来说太小了，几乎看不清楚，但却能求出它们的相位。例如，I_4 的初相位为 168.43°，即 I_4 位于 150°～180°这个扇区。

求解正弦稳态电路的方法有结点法、回路法等，这些方法都基于基尔霍夫定律，它们的区别在于所取基本未知量不同。例 8.17 采用了三种电路分析方法来说明用 MATLAB 分析正弦稳态电路的方法，经比较可知三种解法所得结果相同。用 MATLAB 求解正弦稳态电路，只需掌握各种电路分析方法，无须具体计算，无论用哪种方法都很简单。

小　结

本章主要介绍了正弦稳态电路的基本概念、复阻抗的串并联、复导纳的串并联及正弦稳态电路的分析计算，还讨论了正弦稳态电路的功率，并介绍了 MATLAB 在正弦稳态电路分析中的应用。

（1）阻抗或导纳虽然不是正弦量，但也能用复数表示，从而归结出相量形式的欧姆定律与基尔霍夫定律。以此为依据，使一切简单或复杂的直流电路的规律、原理、定理和方法都能适用于交流电路。

（2）用相量法分析正弦稳态电路比用时域法求解简单得多。相量法即应用相量形式的欧姆定律和基尔霍夫定律，建立相量形式的电路方程，求解电路方程，即可得到电路的正弦稳态响应。时域模型中电阻电路的各种分析计算方法（支路电流法、网孔电流法、结点电压法等）及其他定理都适用于电路的相量分析法。

（3）交流电路的分析计算除了数值问题外，还有相位问题。本章专门讨论了复功率、瞬时功率、平均功率、无功功率、视在功率、功率因数的概念及其计算方法，以及提高功率因数的方法。功率因数 $\cos\varphi$ 是企业用电的技术经济指标之一，提高电路的功率因数对提高设备利用率和节约电能有着重要意义。一般采用在感性负载两端并联电容的方法来提高电路的功率因数。

（4）为了减少电能传输过程的功率损耗，本章还讨论了最大功率传输条件、传输效率概念及其计算方法，并分两种情况讨论负载获得最大功率的条件及计算方法：共轭匹配条件下负载获得的最大功率大于模值匹配条件下负载获得的最大功率。

（5）在计算机辅助电路分析中，结点法是应用较普遍的一种方法。对于多数电路网络而言，独立结点数比独立回路数少，而且列写结点电压方程只需选定一个参考结点，不需要像回路法那样需要选树形成基本割集矩阵，也不需要像回路法那样选树形成基本回路矩阵。在基于 MATLAB 语言的正弦稳态电路分析中，选用结点分析法求解正弦稳态电路是最恰当的。

习　题

8.1　求图 8-34 所示各单口网络的等效阻抗和等效导纳。

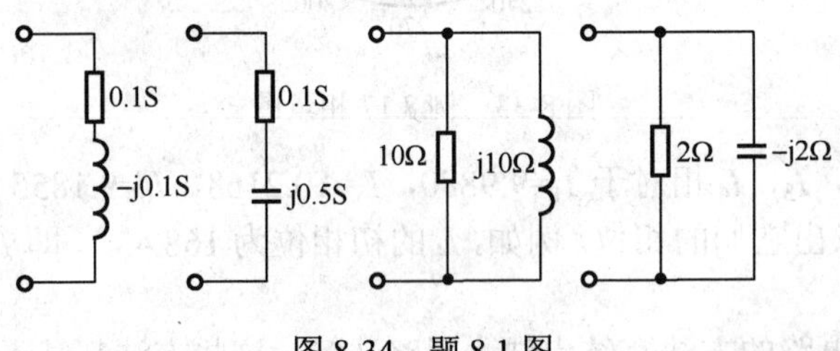

图 8-34　题 8.1 图

8.2　三个复阻抗 $Z_1=(40+\mathrm{j}30)\Omega$，$Z_2=(60+\mathrm{j}80)\Omega$，$Z_3=(20-\mathrm{j}20)\Omega$ 相串联，接到电压 $\dot{U}=100\angle30^\circ\mathrm{V}$ 的电源上。试求：

（1）电路的总复阻抗 Z。

（2）电路的总电流 $\dot{I}$。

（3）各阻抗上的电压 $\dot{U}_1$、$\dot{U}_2$、$\dot{U}_3$，并作出相量图。

8.3　两个复阻抗相串联，接到电压 $\dot{U}=50\angle45^\circ\mathrm{V}$ 的电源上，产生电流 $\dot{I}=2.5\angle-15^\circ\mathrm{A}$，已知 $Z_1=(5-\mathrm{j}18)\Omega$，求 Z_2 的值。

8.4　电路如图 8-35 所示，已知 $I_1=I_2=I_3=2\mathrm{A}$。求 $\dot{I}$ 和 $\dot{U}_{\mathrm{ab}}$，并画出相量图。

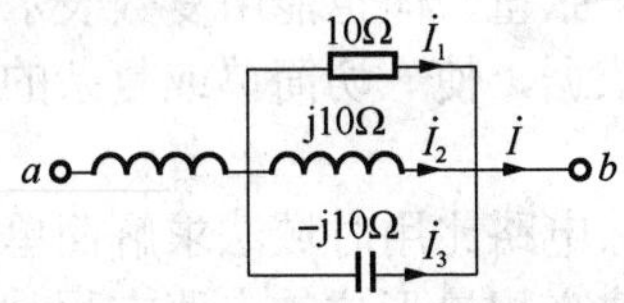

图 8-35　题 8.4 图

8.5　电路如图 8-36 所示，已知 $u_{\mathrm{S}}(t)=10\cos(314t+50^{\circ})\mathrm{V}$。试用相量法求 $i(t)$、$u_{\mathrm{L}}(t)$ 和 $u_{\mathrm{C}}(t)$。

8.6　电路如图 8-37 所示，已知 $R=1\mathrm{k}\Omega$，$L=10\mathrm{mH}$，$C=0.02\mu\mathrm{F}$，$u_{\mathrm{C}}(t)=20\cos(10^{5}t-40^{\circ})\mathrm{V}$。试求电压相量 $\dot{U}$。

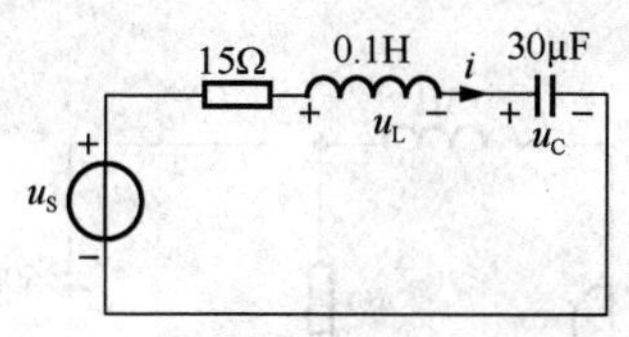

图 8-36　题 8.5 图

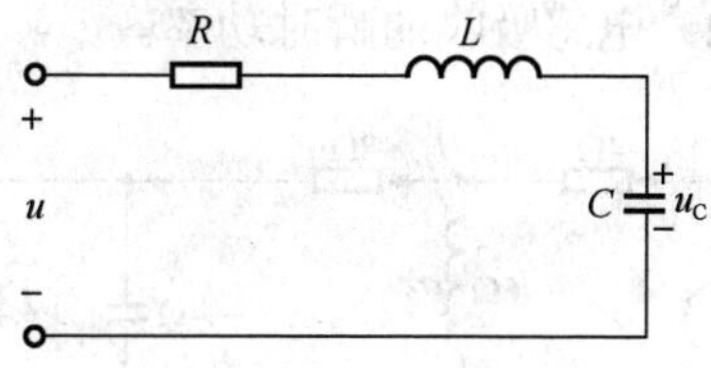

图 8-37　题 8.6 图

8.7　电路相量模型如图 8-38 所示，试求电压相量 $\dot{U}_{\mathrm{ab}}$ 和 $\dot{U}_{\mathrm{bc}}$，并画出相量图。

8.8　电路相量模型如图 8-39 所示，列出网孔电流方程和结点电压方程。

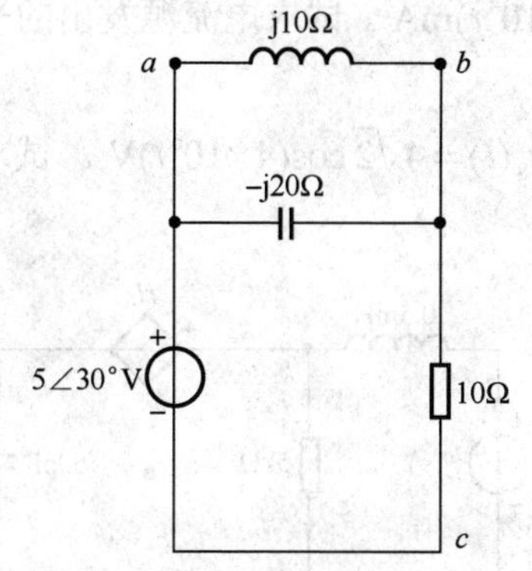

图 8-38　题 8.7 图

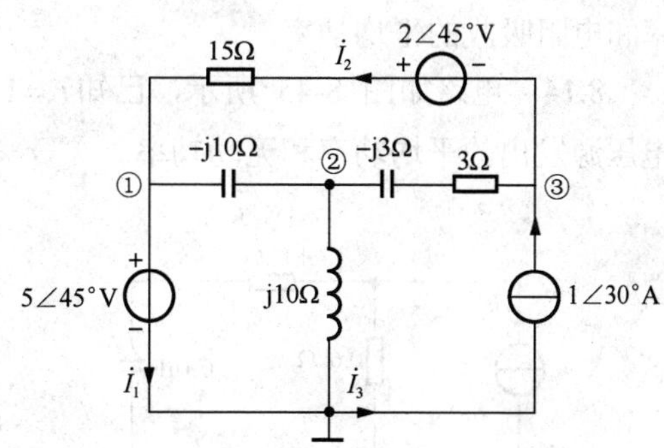

图 8-39　题 8.8 图

8.9　电路相量模型如图 8-40 所示，已知 $Z_1=(10+\mathrm{j}20)\Omega$，$Z_2=(20+\mathrm{j}50)\Omega$，$Z_3=(40+\mathrm{j}30)\Omega$，列出网孔电流方程。

8.10　电路相量模型如图 8-41 所示，试用结点分析法求电压 $\dot{U}_{\mathrm{C}}$。

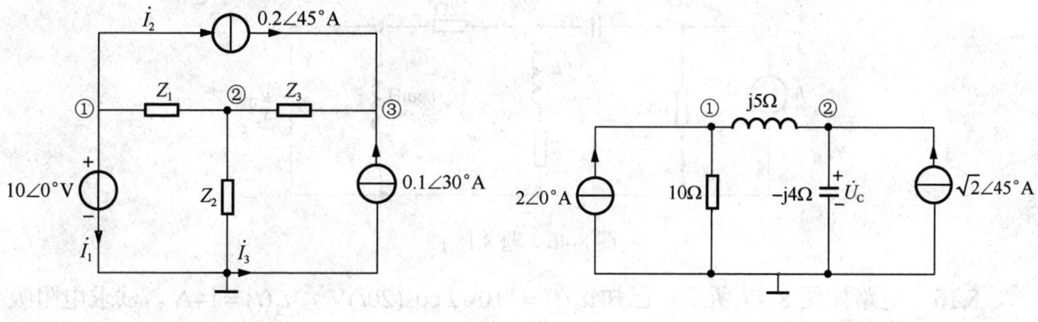

图 8-40　题 8.9 图　　图 8-41　题 8.10 图

8.11　电路相量模型如图 8-42 所示，已知 $\dot{U}_S = 24\angle 60°\text{V}$，$\dot{I}_S = 6\angle 0°\text{A}$。试用网孔分析法求 $\dot{I}_1$ 和 $\dot{I}_2$。

8.12　电路如图 8-43 所示，已知 $u_S(t) = 7\cos(10t)\text{V}$。试求：

（1）电压源发出的瞬时功率。

（2）电感吸收的瞬时功率。

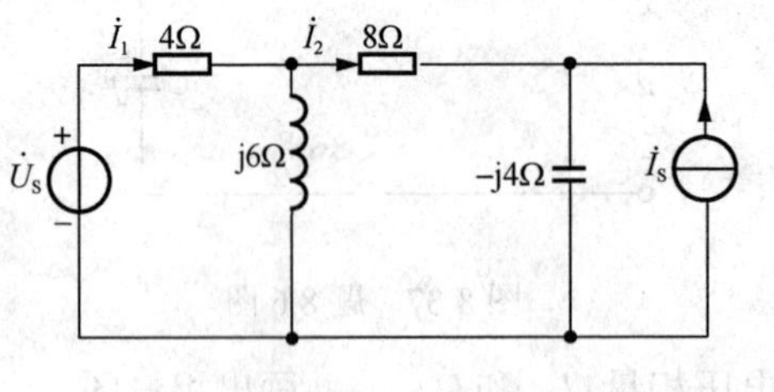

图 8-42　题 8.11 图

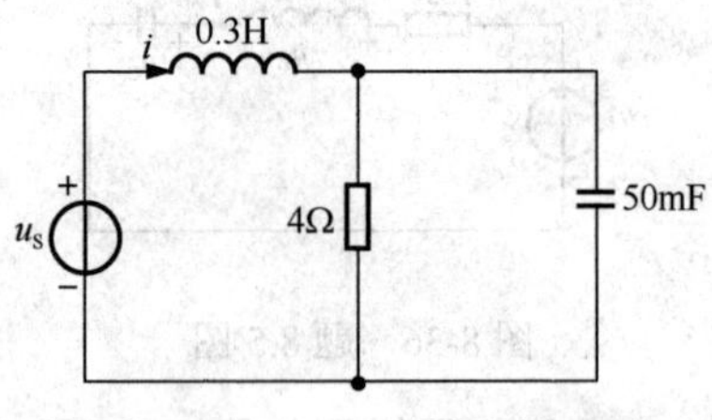

图 8-43　题 8.12 图

8.13　电路如图 8-44 所示，已知 $i_S(t) = 4\sqrt{2}\cos(10^4 t)\text{mA}$。试求电流源发出的平均功率和电阻吸收的平均功率。

8.14　电路如图 8-45 所示，已知 $r = 1.5\text{k}\Omega$，$u_S(t) = 4\sqrt{2}\cos(4\times 10^6 t)\text{V}$。试求独立电压源发出的平均功率和无功功率。

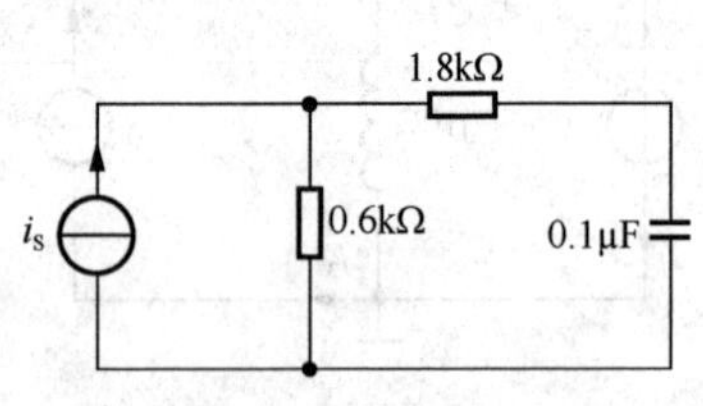

图 8-44　题 8.13 图

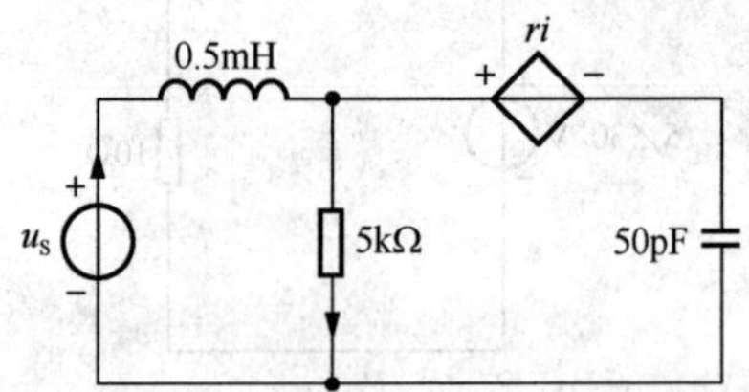

图 8-45　题 8.14 图

8.15　电路如图 8-46 所示，已知 $i_S(t) = 5\sqrt{2}\cos(2\times 10^6 t)\text{mA}$。试求 R 和 L 为何值时，电阻 R 可以获得最大功率，并计算其最大功率值。

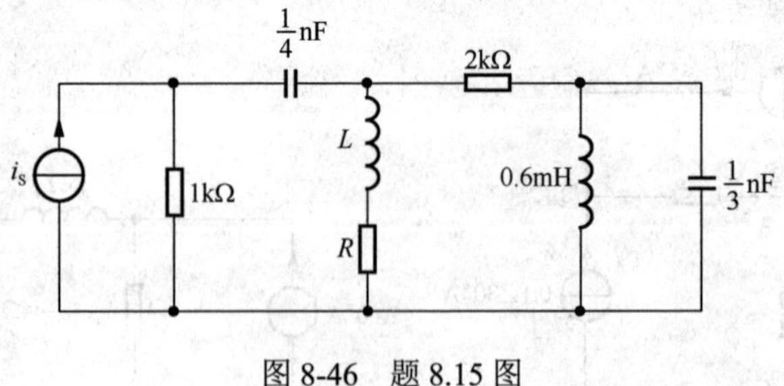

图 8-46　题 8.15 图

8.16　电路如图 8-47 所示，已知 $u_S(t) = 110\sqrt{2}\cos(20t)\text{V}$，$i_S(t) = 14\text{A}$。试求电阻吸收的平均功率。

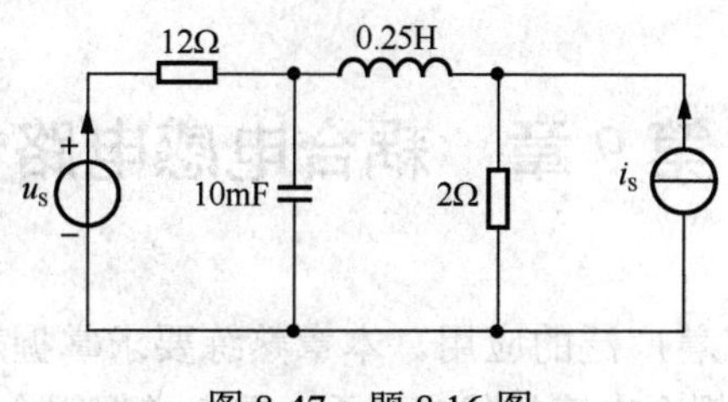

图 8-47　题 8.16 图

8.17　教学楼有 100 只功率为 40W、功率因数为 0.5 的日光灯，并联接在 220V 的工频电源上，求电路的总电流及电路的总功率因数。

8.18　当变压器的容量一定时，怎样才能最大限度地从中获得有功功率？

8.19　对电感性负载进行无功补偿时，并入的电容越大越好，这种说法对吗？试用相量图加以分析说明。

8.20　某照明电路由 25 只、40W 日光灯 $\cos\varphi_1 = 0.5$，5 只 100W 白炽灯组成，将其接在 220V 的工频电源上。试求：

（1）总电流 I 及 $\cos\varphi$。

（2）若将 $\cos\varphi$ 的值提高到 0.9，应当并入多大的电容？此时总电流为多少？

8.21　在正弦稳态电路分析中，用 MATLAB 验证回路电流法、结点电压法的步骤有哪些？

8.22　试编写绘制电压相量图、电流相量图的 MATLAB 程序。

8.23　试编写 MATLAB 矩阵运算程序进行 $A_{6\times6} / B_{6\times6}$ 运算。

8.24　电路如图 8-48 所示，已知 $R = 5\Omega$，$\omega L = 3\Omega$，$1/\omega C = 2\Omega$，$\dot{U}_C = 10\angle30^\circ$。求 $\dot{I}_R$、$\dot{I}_C$、I 和 $\dot{U}_L$、$\dot{U}_S$，并画出相量图。试用 MATLAB 工具实现求解。

8.25　电路如图 8-49 所示，已知 $R_1 = R_2 = R_3 = 2\Omega$，$\mathrm{j}X_1 = \mathrm{j}3\Omega$，$\mathrm{j}X_3 = -\mathrm{j}2\Omega$，$\dot{U}_{S1} = 12\angle0^\circ\mathrm{V}$，$\dot{U}_{S3} = 3\angle0^\circ\mathrm{V}$，$\dot{I}_{S2} = 2\angle0^\circ\mathrm{A}$。试用 MATLAB 程序求各支路电流，并画出相量图。

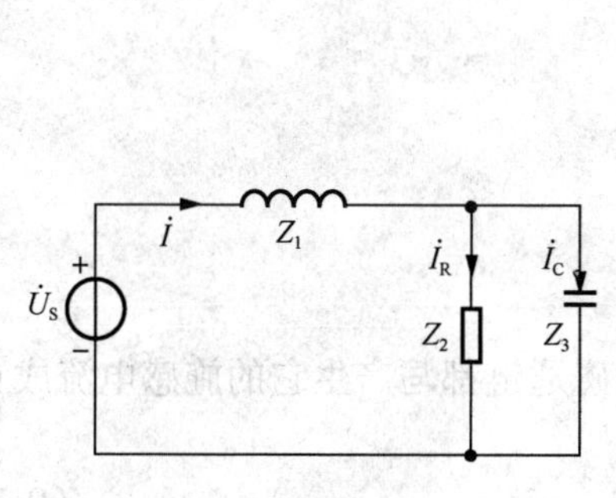

图 8-48　题 8.24 图

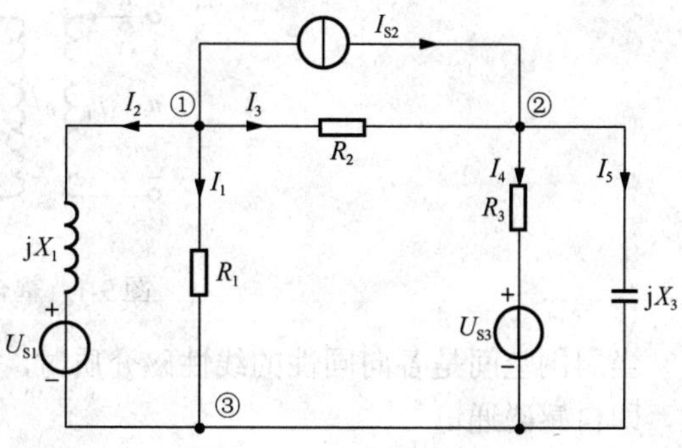

图 8-49　题 8.25 图

第 9 章　耦合电感电路

耦合电感在工程中有着广泛的应用。本章熟练要求掌握耦合电感元件和互感的定义、同名端的标记；掌握耦合电感的伏安关系；重点掌握耦合电感电路的去耦等效方法及含有耦合电感电路的分析计算方法；理解空心变压器和理想变压器的初步概念；了解利用 MATLAB 仿真耦合电感电路的方法及耦合电感在实际中的应用。

9.1　互　感

耦合电感元件属于多端元件。在实际电路中，如收音机、电视机中的中周线圈、振荡线圈，整流电源里使用的变压器等都是耦合电感元件，熟悉这类多端元件的特性，掌握包含这类多端元件电路问题的分析方法是非常必要的。

在一个骨架上绕制两个或多个线圈。这种结构为什么叫作互感呢？

载流线圈之间通过彼此的磁场相互联系的物理现象称为磁耦合。图 9-1 所示为两个有耦合的载流线圈（电感 L_1 和 L_2），载流线圈中的电流 i_1 和 i_2 为施感电流，线圈的匝数分别为 N_1 和 N_2。根据右手螺旋法则可以确定施感电流产生的磁通方向与彼此交链的情况。线圈 1 中通入电流 i_1 时，在线圈 1 中产生磁通 Φ_{11}，在交链自身线圈时产生的磁通链设为 Ψ_{11}，称为自感磁通链；同时，Φ_{11} 中的部分或全部磁通穿过临近线圈 2，这部分磁通称为互感磁通，即两线圈间有磁的耦合。在线圈 2 中产生的磁通链设为 Ψ_{21}，称为互感磁通链。同理，线圈 2 中通过电流 i_2 时，在线圈 2 中产生自感磁通链 Ψ_{22}，在线圈 1 中产生互感磁通链 Ψ_{12}。通过上面的叙述可以看出磁通链双下标的含义：第 1 个下标表示该磁通链所在线圈的编号，第 2 个下标表示产生该磁通的施感电流所在线圈的编号。

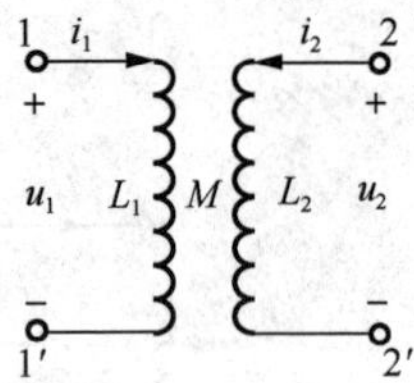

图 9-1　耦合电感

当周围空间是各向同性的线性磁介质时，每一种磁通链都与产生它的施感电流成正比，即自感磁通链

$$\Psi_{11} = L_1 i_1,\quad \Psi_{22} = L_2 i_2 \tag{9-1}$$

互感磁通链

$$\Psi_{12} = M_{12} i_2,\quad \Psi_{21} = M_{21} i_1 \tag{9-2}$$

式中，M_{12} 和 M_{21} 为互感系数，简称互感，单位为亨（H）。根据物理学中的作用与反作

用可以证明 $M_{12}=M_{21}$，因此当只有两个线圈有耦合时，可以省略 M 的下标，则 $M=M_{12}=M_{21}$。M 值与线圈的形状、几何位置、空间媒介有关，而与线圈中的电流无关。

当只有一个线圈时，$\Psi_1=\Psi_{11}=L_1 i_1$。

当有两个线圈时，耦合电感中的磁通链等于自感磁通链和互感磁通链两部分的代数和。若线圈 1 和线圈 2 中的磁通链分别设为 Ψ_1（与 Ψ_{11} 同向）和 Ψ_2（与 Ψ_{22} 同向），则

$$\begin{cases}\Psi_1=\Psi_{11}\pm\Psi_{12}=L_1 i_1\pm M_{12}i_2=L_1 i_1\pm M i_2\\ \Psi_2=\Psi_{22}\pm\Psi_{21}=L_2 i_2\pm M_{21}i_1=L_2 i_2\pm M i_1\end{cases}\tag{9-3}$$

式（9-3）表明，L 总为正值，M 值有正有负，这说明磁耦合中互感作用的两种可能性。“+”号表示互感磁通链与自感磁通链的方向一致，自感方向的磁场得到了加强，称为同向耦合。“−”号表示互感磁通链总是与自感磁通链的方向相反，总有 $\Psi_1<\Psi_{11}$，$\Psi_2<\Psi_{22}$，称为反向耦合。反向耦合使自感方向的磁场被削弱，并有可能使耦合电感之一的合成磁场为零，甚至为负值，其绝对值有可能超过原自感磁场。磁通相助为正，磁通相消为负。

耦合电感的磁通链 Ψ_1、Ψ_2 不仅与施感电流 i_1、i_2 有关，还与由线圈的结构、相互位置和磁介质所决定的线圈耦合的紧疏程度有关。用耦合系数 k 表示两个线圈耦合的紧疏程度。耦合系数的表达式为

$$k=\frac{M}{\sqrt{L_1L_2}}=\sqrt{\frac{M^2}{L_1L_2}}=\sqrt{\frac{(Mi_1)(Mi_2)}{L_1i_1L_2i_2}}=\sqrt{\frac{\Psi_{21}\Psi_{12}}{\Psi_{11}\Psi_{22}}}\leqslant 1\tag{9-4}$$

$$0\leqslant k=\frac{M}{\sqrt{L_1L_2}}\leqslant 1\tag{9-5}$$

由此可见，改变两个耦合线圈的相互位置，就可以改变耦合系数 k 的大小，而当 L_1 和 L_2 一定时，也就相应地改变了互感 M 的大小。当 k=1 时，漏磁通 $\Phi_{s1}=\Phi_{s2}=0$，称为全耦合。当两个线圈全耦合时，则有

$$\Phi_{11}=\Phi_{21},\ \Phi_{22}=\Phi_{12}\tag{9-6}$$

根据法拉第电磁感应定律，当 i_1 和 i_2 为交流电流时，磁通将随时间变化，从而在线圈两端产生感应电压。设 i_1 和 Φ 符合右手螺旋定则，i_1 与电压 u_{11} 取关联参考方向。根据电磁感应定律，线圈 1 中的自感电压 $u_{11}=\dfrac{\mathrm{d}\Psi_{11}}{\mathrm{d}t}$，互感电压 $u_{12}=\pm\dfrac{\mathrm{d}\Psi_{12}}{\mathrm{d}t}$。条件同上，同理可得线圈 2 中的自感电压 $u_{22}=\dfrac{\mathrm{d}\Psi_{22}}{\mathrm{d}t}$，互感电压 $u_{21}=\pm\dfrac{\mathrm{d}\Psi_{21}}{\mathrm{d}t}$。显然，直流电流不能通过磁耦合传输。

当两个线圈同时通入电流时，每个线圈两端的电压均包含自感电压和互感电压。由这两类电压可求得线圈 1 和线圈 2 上的总电压：

$$\begin{cases}u_1=u_{11}\pm u_{12}=L_1\dfrac{\mathrm{d}i_1}{\mathrm{d}t}\pm M\dfrac{\mathrm{d}i_2}{\mathrm{d}t}\\ u_2=u_{22}\pm u_{21}=\pm M\dfrac{\mathrm{d}i_1}{\mathrm{d}t}+L_2\dfrac{\mathrm{d}i_2}{\mathrm{d}t}\end{cases}\tag{9-7}$$

在正弦交流电路中，其相量形式的电压方程为

$$\begin{cases}\dot{U}_1 = \mathrm{j}\omega L_1\dot{I}_1 \pm \mathrm{j}\omega M\dot{I}_2 \\ \dot{U}_2 = \pm\mathrm{j}\omega M\dot{I}_1 + \mathrm{j}\omega L_2\dot{I}_2\end{cases} \tag{9-8}$$

一个线圈上的电压均包含自感电压和互感电压。

1. 自感电压符号的确定

自感电压符号由自感电压与其电流是否关联而定：I 和 U 为关联参考方向时，自感电压为正号，否则为负号。

2. 互感电压符号的确定

（1）两个线圈的自感磁链和互感磁链相助时，自感电压与互感电压的符号相同，即同时取正号或同时取负号。

（2）两个线圈的自感磁链和互感磁链相消时，自感电压和互感电压的符号相反，即自感电压为正号时，互感电压取负号；反之亦然。

对上面两个特点总结如下：

自感电压看关联，互感电压比自感；磁通相助符号同，磁通相消号相反。

在绘制电路图时画出两个线圈的磁通方向是很不方便的，能否采用简单的符号法对其加以表示呢？答案是肯定的。这就引出了“同名端”的概念。当磁通相助时，两个线圈中电流流入或流出对应的引出端称为同名端，并用同一个符号标记这对端子，如用黑点或星点标记。此时，对应端点的电压极性必相同，而且自感电压的极性与其上互感电压的极性也同号。对同名端可用实验方法判断。

同名端的实验测定：

电路如图 9-2 所示。当闭合开关 S 时，i 增加，$\frac{\mathrm{d}i}{\mathrm{d}t}>0, u_{21}=M\frac{\mathrm{d}i}{\mathrm{d}t}>0$，电压表正偏，对应端为同名端；反之，$u_{21}=-M\frac{\mathrm{d}i}{\mathrm{d}t}<0$，电压表反偏，对应端为异名端。

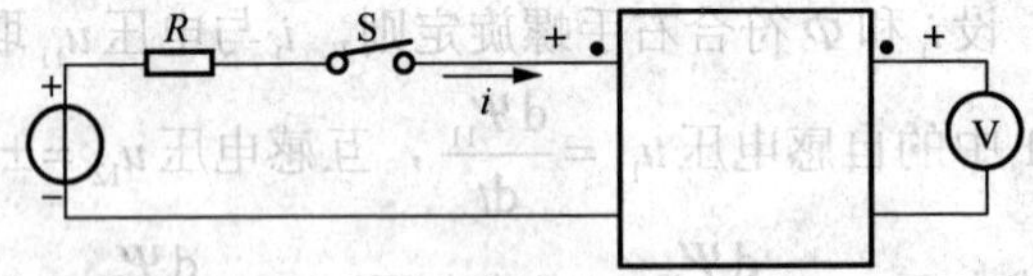

图 9-2　同名端实验测定图

当两组线圈装在黑盒里，只引出四个端线组，要想确定其同名端，可以利用上述结论加以判断。该图同名端用“•”标记。

（1）若对应两个线圈的电流同时流入同名端，则互感电压与自感电压同号。

（2）若一个电流流入同名端，另一个电流流出同名端，则互感电压与自感电压异号。

例 9.1　图 9-3 所示电路中，$M=0.025\mathrm{H}$，$i_1=\sqrt{2}\sin 1200t\mathrm{A}$，试求 u_2。

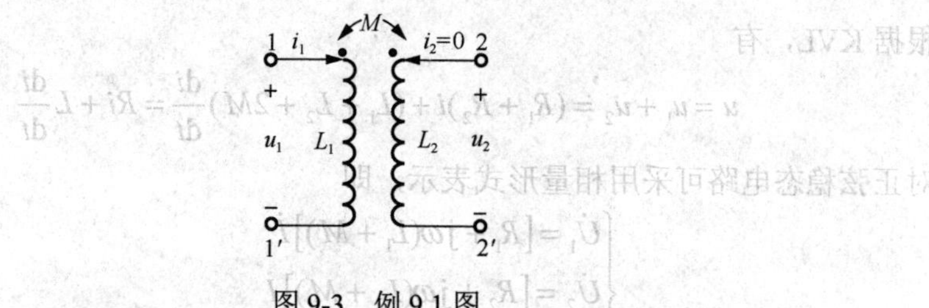

图 9-3　例 9.1 图

解：互感电压的极性与产生它的电流的参考方向对同名端一致。

$$u_2 = u_{21} = M\frac{\mathrm{d}i_1}{\mathrm{d}t}$$

其相量形式为

$$\dot{I}_1 = 1\angle 0^\circ \mathrm{A}$$

$$\dot{U}_{21} = \mathrm{j}\omega M\dot{I}_1 = \mathrm{j}1200\times 0.025\times 1\angle 0^\circ = 30\angle 90^\circ\ (\mathrm{V})$$

$$u_2 = 30\sqrt{2}\sin(1200t + 90^\circ)\ (\mathrm{V})$$

9.2　耦 合 电 路

9.2.1　耦合电路的电路模型

含有耦合电感电路（简称互感电路）的正弦稳态分析可采用相量法，但应注意耦合电感上的电压包含自感电压和互感电压两部分，在列写 KVL 方程时要正确使用同名端计入互感电压，必要时可引用等效受控电源（CCVS）表示互感电压的作用。耦合电感支路的电压不仅与本支路的电流有关，还与其相耦合的其他支路的电流有关，在列写结点电压方程时要另行处理。耦合电感电路可分为顺接串联、反接串联、同侧并联、异侧并联等多种类型，其电路模型如图 9-4～图 9-7 所示。

9.2.2　耦合电路的分析

（1）图 9-4（a）所示耦合电感电路是一种串联电路。由于耦合电感是正向耦合状态，称为顺接串联（另一种为反接串联，耦合电感为反向耦合状态）。

按照图示参考方向，列写 KVL 方程如下：

$$\begin{cases} u_1 = R_1 i + L_1\dfrac{\mathrm{d}i}{\mathrm{d}t} + M\dfrac{\mathrm{d}i}{\mathrm{d}t} = R_1 i + (L_1 + M)\dfrac{\mathrm{d}i}{\mathrm{d}t} \\ u_2 = R_2 i + L_2\dfrac{\mathrm{d}i}{\mathrm{d}t} + M\dfrac{\mathrm{d}i}{\mathrm{d}t} = R_2 i + (L_2 + M)\dfrac{\mathrm{d}i}{\mathrm{d}t} \end{cases} \tag{9-9}$$

根据上述方程可以给出一个无耦合等效电路，如图 9-4（b）所示。

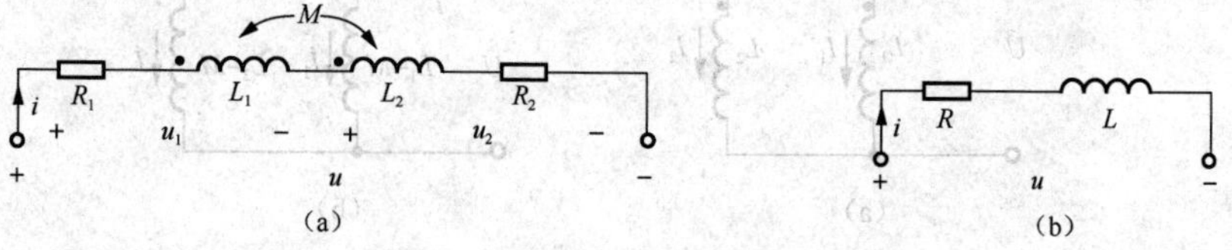

图 9-4　耦合电感的顺接串联电路

根据 KVL，有

$$u = u_1 + u_2 = (R_1 + R_2)i + (L_1 + L_2 + 2M)\frac{\mathrm{d}i}{\mathrm{d}t} = Ri + L\frac{\mathrm{d}i}{\mathrm{d}t} \tag{9-10}$$

对正弦稳态电路可采用相量形式表示，即

$$\begin{cases} \dot{U}_1 = [R_1 + \mathrm{j}\omega(L_1 + M)]\dot{I} \\ \dot{U}_2 = [R_2 + \mathrm{j}\omega(L_2 + M)]\dot{I} \\ \dot{U} = [R_1 + R_2 + \mathrm{j}\omega(L_1 + L_2 + 2M)]\dot{I} \end{cases} \tag{9-11}$$

式中，电流 $\dot{I} = \dfrac{\dot{U}}{R_1 + R_2 + \mathrm{j}\omega(L_1 + L_2 + 2M)}$。

每一条耦合电感支路的阻抗和电路的输入阻抗分别为

$$\begin{cases} Z_1 = R_1 + \mathrm{j}\omega(L_1 + M) \\ Z_2 = R_2 + \mathrm{j}\omega(L_2 + M) \\ Z = Z_1 + Z_2 = R_1 + R_2 + \mathrm{j}\omega(L_1 + L_2 + 2M) \end{cases} \tag{9-12}$$

（2）耦合电感的反接串联电路如图 9-5（a）所示，图 9-5（b）为其等效电路。

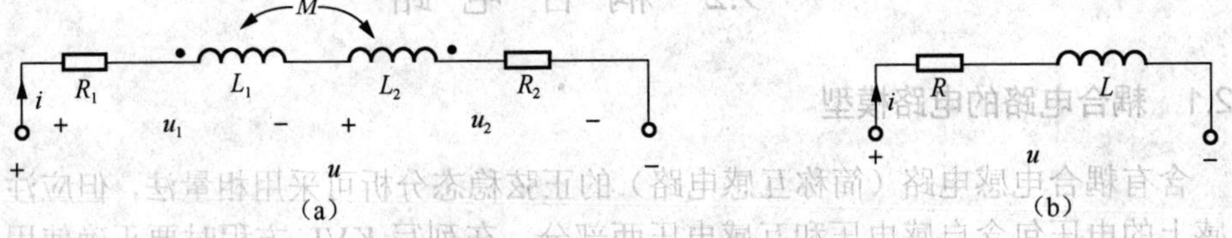

图 9-5　耦合电感的反接串联电路

根据 KVL，有

$$u = u_1 + u_2 = (R_1 + R_2)i + (L_1 + L_2 - 2M)\frac{\mathrm{d}i}{\mathrm{d}t} = Ri + L\frac{\mathrm{d}i}{\mathrm{d}t} \tag{9-13}$$

每一条耦合电感支路的阻抗和电路的输入阻抗分别为

$$\begin{cases} Z_1 = R_1 + \mathrm{j}\omega(L_1 - M) \\ Z_2 = R_2 + \mathrm{j}\omega(L_2 - M) \\ Z = Z_1 + Z_2 = R_1 + R_2 + \mathrm{j}\omega(L_1 + L_2 - 2M) \end{cases} \tag{9-14}$$

需要注意的是，$L_1 + L_2 - 2M \geqslant 0$，即 $M \leqslant \dfrac{1}{2}(L_1 + L_2)$。

（3）图 9-6（a）所示耦合电感电路为一种并联电路，由于同名端连接在同一个结点上，称为同侧并联电路，其等效电路如图 9-6（b）所示。

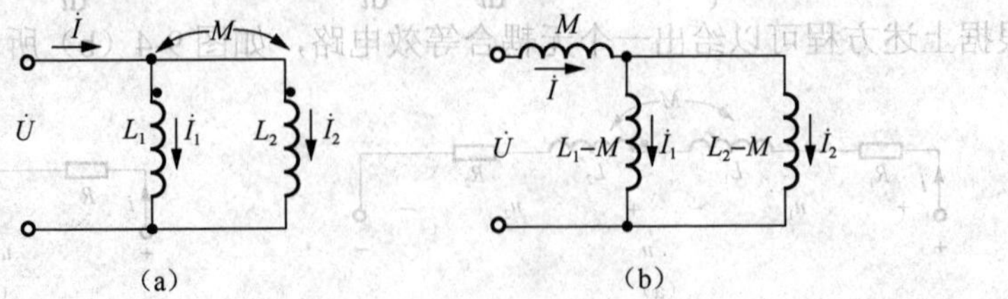

图 9-6　耦合电感的同侧并联电路

正弦稳态情况下，对同侧并联电路有

$$\begin{cases}\dot{U}=\mathrm{j}\omega L_1\dot{I}_1+\mathrm{j}\omega M\dot{I}_2+\mathrm{j}\omega M\dot{I}_1-\mathrm{j}\omega M\dot{I}_1=\mathrm{j}\omega(L_1-M)\dot{I}_1+\mathrm{j}\omega M(\dot{I}_1+\dot{I}_2)\\ \dot{U}=\mathrm{j}\omega L_2\dot{I}_2+\mathrm{j}\omega M\dot{I}_1+\mathrm{j}\omega M\dot{I}_2-\mathrm{j}\omega M\dot{I}_2=\mathrm{j}\omega(L_2-M)\dot{I}_2+\mathrm{j}\omega M(\dot{I}_1+\dot{I}_2)\\ \dot{I}_3=\dot{I}_1+\dot{I}_2\end{cases}\tag{9-15}$$

等效电感为

$$L_{\mathrm{eq}}=M+\frac{(L_1-M)(L_2-M)}{L_1+L_2-2M}=\frac{L_1L_2-M^2}{L_1+L_2-2M}\tag{9-16}$$

（4）异侧并联电路如图 9-7（a）所示，其等效电路如图 9-7（b）所示。

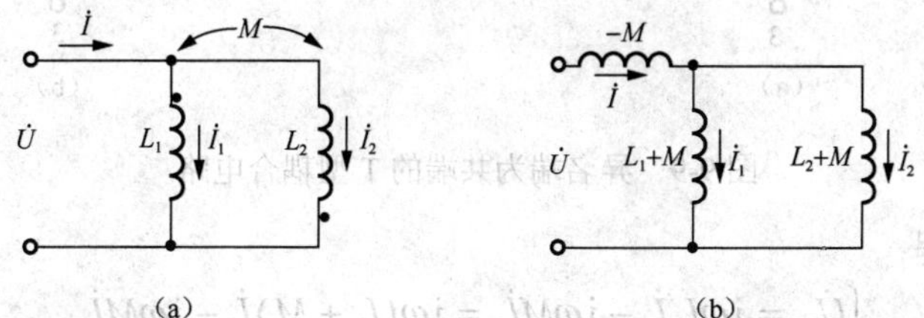

图 9-7　耦合电感的异侧并联电路

同理可得异侧并联电路的正弦稳态方程

$$\begin{cases}\dot{U}=\mathrm{j}\omega L_1\dot{I}_1-\mathrm{j}\omega M\dot{I}_2+\mathrm{j}\omega M\dot{I}_1-\mathrm{j}\omega M\dot{I}_1=\mathrm{j}\omega(L_1+M)\dot{I}_1-\mathrm{j}\omega M(\dot{I}_1+\dot{I}_2)\\ \dot{U}=\mathrm{j}\omega L_2\dot{I}_2+j\omega M\dot{I}_1+\mathrm{j}\omega M\dot{I}_2-\mathrm{j}\omega M\dot{I}_2=\mathrm{j}\omega(L_2+M)\dot{I}_2-\mathrm{j}\omega M(\dot{I}_1+\dot{I}_2)\\ \dot{I}_3=\dot{I}_1+\dot{I}_2\end{cases}\tag{9-17}$$

等效电感为

$$L_{\mathrm{eq}}=-M+\frac{(L_1+M)(L_2+M)}{L_1+L_2+2M}=\frac{L_1L_2-M^2}{L_1+L_2+2M}\tag{9-18}$$

（5）图 9-8（a）所示为同名端为共端的 T 型耦合电路，其等效电路如图 9-8（b）所示，此类电路的去耦分析方法与同侧并联电路相同。

正弦稳态方程

$$\begin{cases}\dot{U}_{13}=\mathrm{j}\omega L_1\dot{I}_1+\mathrm{j}\omega M\dot{I}_2=\mathrm{j}\omega(L_1-M)\dot{I}_1+\mathrm{j}\omega M\dot{I}\\ \dot{U}_{23}=\mathrm{j}\omega L_2\dot{I}_2+\mathrm{j}\omega M\dot{I}_1=\mathrm{j}\omega(L_2-M)\dot{I}_2+\mathrm{j}\omega M\dot{I}\\ \dot{I}=\dot{I}_1+\dot{I}_2\end{cases}\tag{9-19}$$

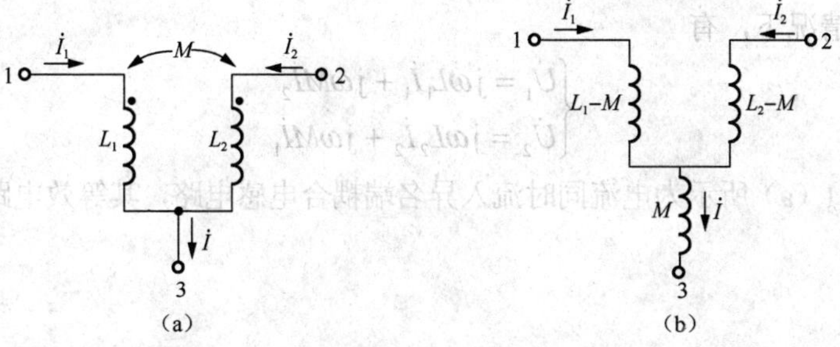

图 9-8　同名端为共端的 T 型耦合电路

(6) 图 9-9 (a) 所示为异名端为共端的 T 型耦合电路，其等效电路如图 9-9 (b) 所示，此类电路的去耦分析方法与异侧并联电路相同。

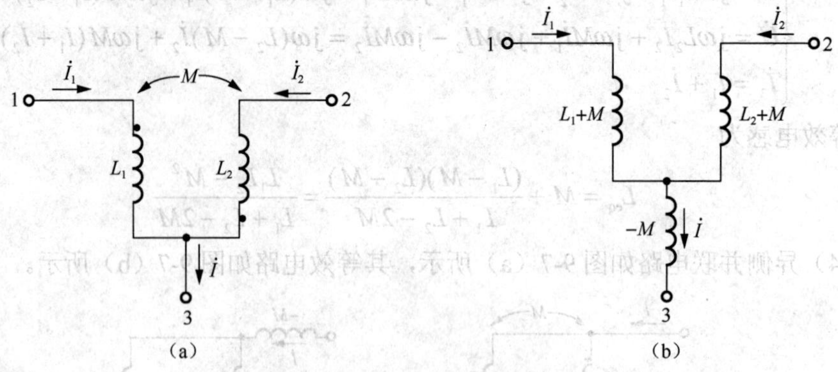

图 9-9　异名端为共端的 T 型耦合电路

正弦稳态方程

$$\begin{cases}\dot{U}_{13} = \mathrm{j}\omega L_1\dot{I}_1 - \mathrm{j}\omega M\dot{I}_2 = \mathrm{j}\omega(L_1+M)\dot{I}_1 - \mathrm{j}\omega M\dot{I} \\ \dot{U}_{23} = \mathrm{j}\omega L_2\dot{I}_2 - \mathrm{j}\omega M\dot{I}_1 = \mathrm{j}\omega(L_2+M)\dot{I}_2 - \mathrm{j}\omega M\dot{I} \\ \dot{I} = \dot{I}_1 + \dot{I}_2\end{cases} \tag{9-20}$$

(7) 图 9-10 (a) 所示为电流同时流入同名端耦合电感电路，其受控源等效电路如图 9-10 (b) 所示。

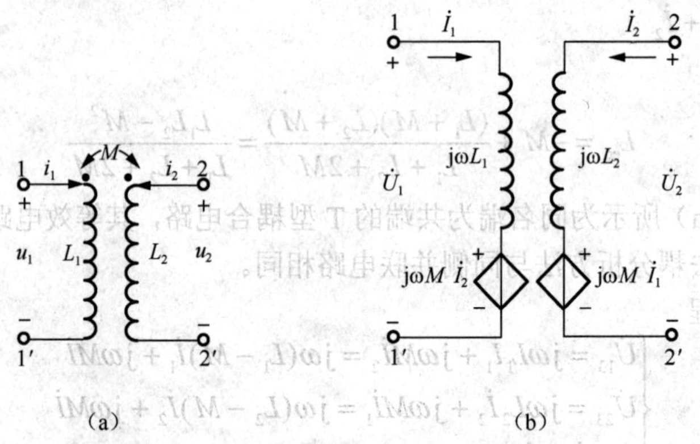

图 9-10　电流同时流入同名端耦合电感电路

正弦稳态情况下，有

$$\begin{cases}\dot{U}_1 = \mathrm{j}\omega L_1\dot{I}_1 + \mathrm{j}\omega M\dot{I}_2 \\ \dot{U}_2 = \mathrm{j}\omega L_2\dot{I}_2 + \mathrm{j}\omega M\dot{I}_1\end{cases} \tag{9-21}$$

(8) 图 9-11 (a) 所示为电流同时流入异名端耦合电感电路，其等效电路如图 9-11 (b) 所示。

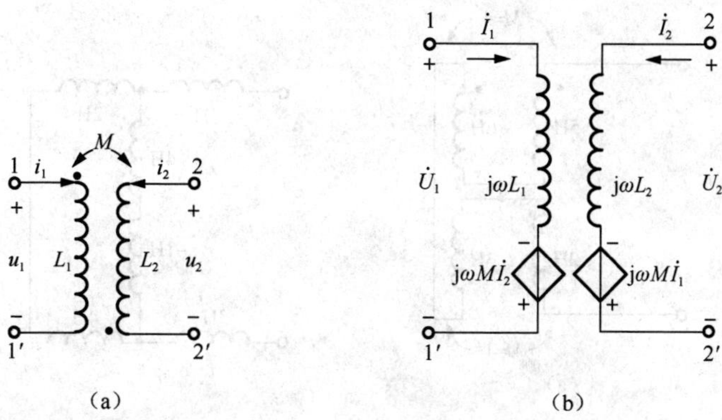

图 9-11　电流同时流入异名端耦合电感电路

正弦稳态情况下，有

$$\begin{cases}\dot U_1 = \mathrm{j}\omega L_1\dot I_1 - \mathrm{j}\omega M\dot I_2 \\ \dot U_2 = \mathrm{j}\omega L_2\dot I_2 - \mathrm{j}\omega M\dot I_1\end{cases} \tag{9-22}$$

例 9.2　电路如图 9-12（a）所示，求 L_{eq}。

解：该去耦等效电路如图 9-12（b）所示，则有

$$\begin{aligned}L_{\text{eq}} &= 2+7+(-3\,//\,9)+0.5\\ &= 9.5-4.5\\ &= 5\ (\text{H})\end{aligned}$$

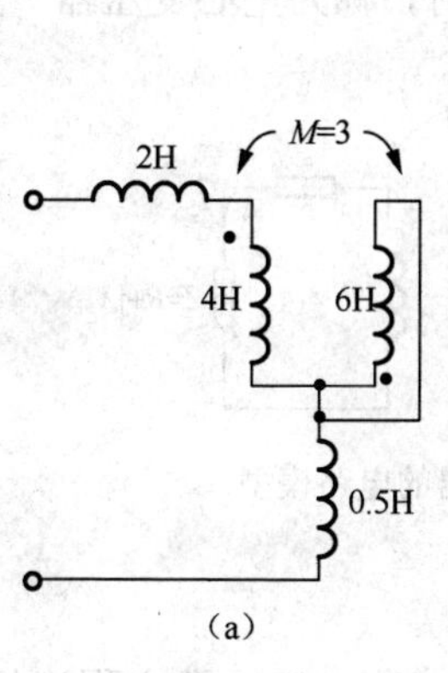

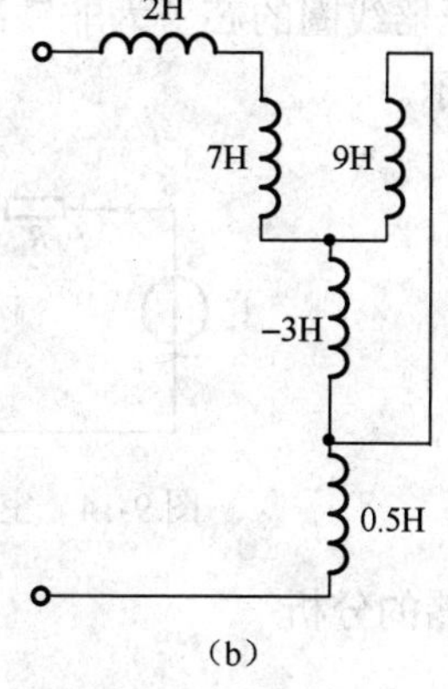

图 9-12　例 9.2 图

例 9.3　耦合电路如图 9-13（a）所示，求 L_{eq}。

解：该电路去耦等效电路如图 9-13（b）所示，则有

$$\begin{aligned}L_{\text{eq}} &= 1+(3\,//\,6)+3\\ &= 1+2+3\\ &= 6\ (\text{H})\end{aligned}$$

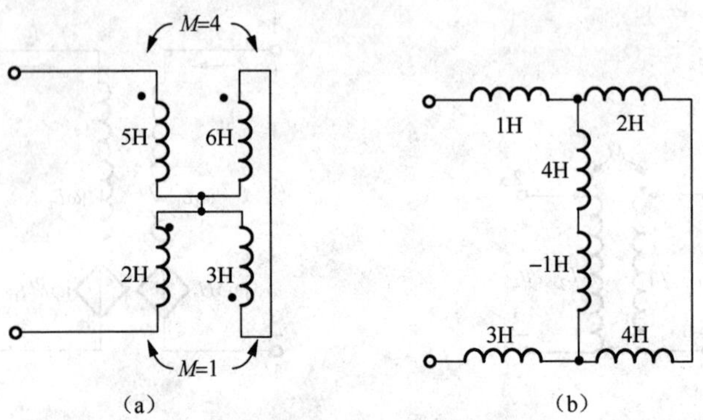

图 9-13　例 9.3 图

9.3　空心变压器

9.3.1　空心变压器的电路模型

变压器是电工电子技术中常用的电气设备，是耦合电感工程实际应用的典型例子，在其他课程有专门的论述，这里仅对其电路原理作简要的介绍。变压器由两个耦合线圈绕在一个共同的芯子上制成。其中一个线圈作为输入端口，接入电源后形成一个回路，称为一次回路或一次侧；另外一个线圈作为输出端口，接入负载后形成另一个回路，称为二次回路或二次侧。变压器是利用互感来实现从一个电路向另一个电路传输能量或信号的器件。当变压器线圈的芯子为非铁磁材料时，称为空心变压器。空心变压器的电路模型如图 9-14 所示。

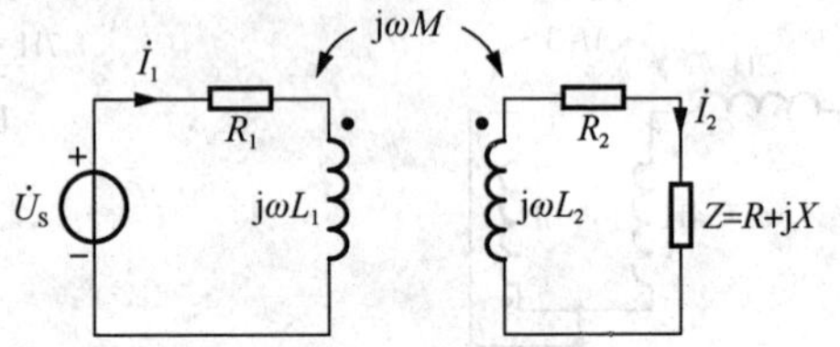

图 9-14　空心变压器的电路模型

9.3.2　空心变压器的分析

在正弦稳态下，由图 9-14 可得变压器电路方程（双网孔方程）如下：

$$\begin{cases}(R_1+\mathrm{j}\omega L_1)\dot{I}_1-\mathrm{j}\omega M\dot{I}_2=\dot{U}_\mathrm{S}\\-\mathrm{j}\omega M\dot{I}_1+(R_2+\mathrm{j}\omega L_2+Z)\dot{I}_2=0\end{cases}\tag{9-23}$$

上述方程由一次侧和二次侧两个独立回路方程组成，它们通过互感的耦合联立在一起，是分析变压器性能的依据。令 $Z_{11}=R_1+\mathrm{j}\omega L_1$，称为一次回路阻抗；$Z_{22}=(R_2+R)+\mathrm{j}(\omega L_2+X)$，称为二次回路阻抗。则上述方程可简写为

$$\begin{cases}Z_{11}\dot{I}_1-\mathrm{j}\omega M\dot{I}_2=\dot{U}_\mathrm{S}\\-\mathrm{j}\omega M\dot{I}_1+Z_{22}\dot{I}_2=0\end{cases}\tag{9-24}$$

工程上根据不同的需要采用不同的等效电路，分析研究变压器的输入端口或输出端口的状态及其相互影响。由式（9-24）可解得变压器一次等效电路中的电流 $\dot{I}_1$ 为

$$\dot{I}_1 = \frac{\dot{U}_S}{Z_{11} + \frac{(\omega M)^2}{Z_{22}}} \tag{9-25}$$

上式表明变压器一次等效电路的输入阻抗可由两个阻抗的串联组成，$\frac{(\omega M)^2}{Z_{22}}$ 称为引入阻抗或反映阻抗，它是二次回路通过互感反映到一次侧的等效阻抗。引入阻抗的性质与 Z_{22} 相反，即感性（容性）变为容性（感性）。一次侧等效电路如图 9-15（a）所示。

由上式可解得变压器二次等效电路中的电流 $\dot{I}_2$ 为

$$\dot{I}_2 = \frac{j\omega M \dot{U}_S}{Z_{11}} \cdot \frac{1}{Z_{22} + \frac{(\omega M)^2}{Z_{11}}} = \frac{\dot{U}_{OC}}{Z_{22} + Z_{eq}} \tag{9-26}$$

式中，分子是戴维南等效电路的等效电压源；分母是等效电路的回路阻抗，它由两部分阻抗串联组成，即一次回路反映到二次回路的引入阻抗和二次线圈的阻抗，其等效回路如图 9-15（b）所示。

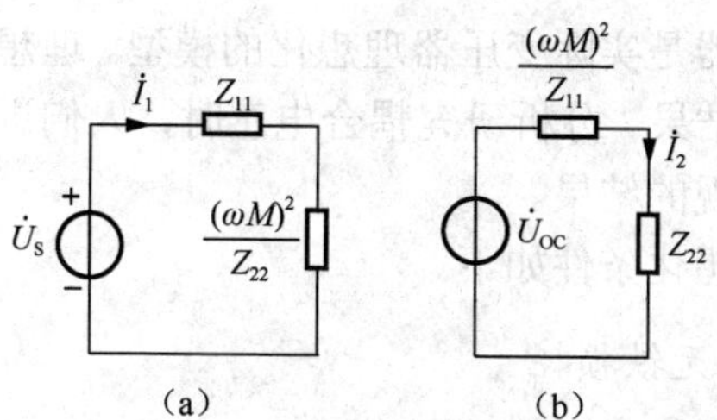

图 9-15　空心变压器等效电路

例 9.4　电路如图 9-16 所示，已知 $U_S = 20V$，一次侧的引入阻抗 $Z_L = 10 - j10\Omega$。求 Z_X 及负载获得的有功功率。

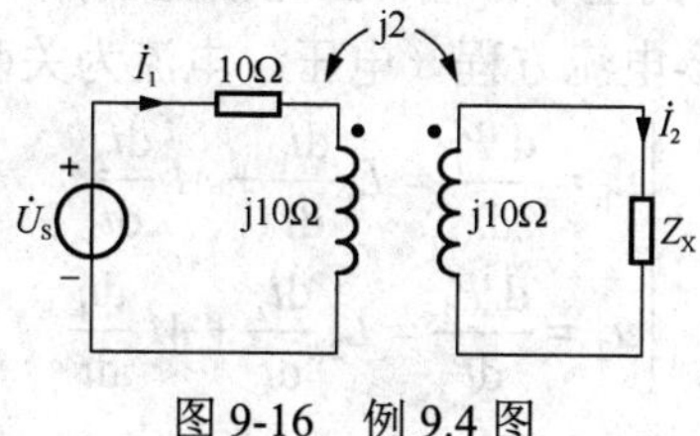

图 9-16　例 9.4 图

解：一次侧回路的等效电路图如图 9-17 所示。

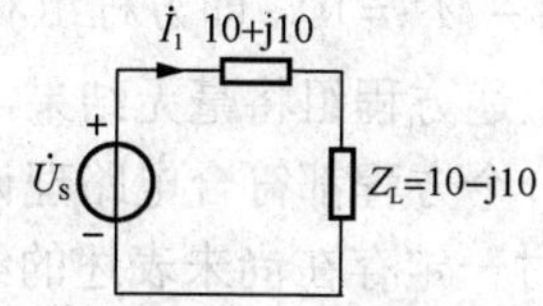

图 9-17　例 9.4 等效电路图

由题可知

$$Z_{\rm L}=\frac{\omega^2M^2}{Z_{22}}=\frac{4}{Z_{\rm X}+{\rm j}10}=10-{\rm j}10\ (\Omega)$$

解得

$$Z_{\rm X}=0.2-{\rm j}9.8\ (\Omega)$$

负载获得功率为

$$P=P_{\rm R引}=\left(\frac{20}{10+10}\right)^2 R_{\rm L}=10\ ({\rm W})$$

实际最佳匹配是

$$Z_{\rm L}=Z_{11}^*,\quad P=\frac{U_{\rm S}^2}{4R}=10\ ({\rm W})$$

9.4 理想变压器

9.4.1 理想变压器的电路模型

本节介绍的理想变压器是实际变压器理想化的模型。理想变压器不是偶然想象的产物，而是科学思维的必然结果。分析研究耦合电感时，人们进一步思考耦合电感无限增大和更紧密耦合时将会出现的结果。

理想变压器的三个理想化条件如下。

1. 线圈导线无电阻，无铁损耗

若线圈导线无电阻，且无铁损耗，则根据图 9-1 所示参考方向列写磁通链方程如下：

$$\begin{cases}\varPsi_1=L_1i_1+Mi_2\\ \varPsi_2=L_2i_2+Mi_1\end{cases}\tag{9-27}$$

上式是分析研究耦合电感的基本方程。在无损耗条件下，直接对方程求导就能获得表述耦合电感端口特性的电压-电流方程（电压、电流为关联参考方向），即

$$\begin{cases}u_1=\dfrac{{\rm d}\varPsi_1}{{\rm d}t}=L_1\dfrac{{\rm d}i_1}{{\rm d}t}+M\dfrac{{\rm d}i_2}{{\rm d}t}\\ u_2=\dfrac{{\rm d}\varPsi_2}{{\rm d}t}=L_2\dfrac{{\rm d}i_2}{{\rm d}t}+M\dfrac{{\rm d}i_1}{{\rm d}t}\end{cases}\tag{9-28}$$

2. 全耦合

当$k=1$时（全耦合），有$L_1L_2-M^2=0$，即方程组右侧的系数行列式的值为零。由数学理论可知，在此情况下求解上述方程组将毫无结果，表明该方程组对全耦合电感的描述是不充分的，尽管其中的每一个方程都符合电路理论的要求，但已经失去联立方程的意义。这说明耦合电感在$k=1$时一定存在尚未表述的约束关系。分别将以上两个方程相比，得到磁通链比、电压比满足以下的新约束关系：

$$\frac{\Psi_1}{\Psi_2}=\frac{u_1}{u_2}=\frac{\sqrt{L_1}}{\sqrt{L_2}}\text{（常数）} \tag{9-29}$$

这一约束关系是符合实际的，可以直接证明。

3. 参数无限大（铁心材料的磁导率 μ 无限大）

令耦合电感绕组的匝数分别为 N_1、N_2，则有 $L_1,L_2,M\Rightarrow\infty$，但 $\frac{\sqrt{L_1}}{\sqrt{L_2}}=\frac{N_1}{N_2}=n$

$$\frac{M}{L_1}=\frac{\sqrt{L_1L_2}}{L_1}=\sqrt{\frac{L_2}{L_1}}=\frac{1}{n} \tag{9-30}$$

同理可得 $\frac{L_1}{M}=\frac{N_1}{N_2}=n$。

注意：以上三个条件在工程实际中不可能得到满足，但在一些工程概算中，在误差允许的范围内，把实际变压器当作理想变压器来对待，可使计算过程简化。

通过以上分析可以得到理想变压器模型，如图 9-18 所示。

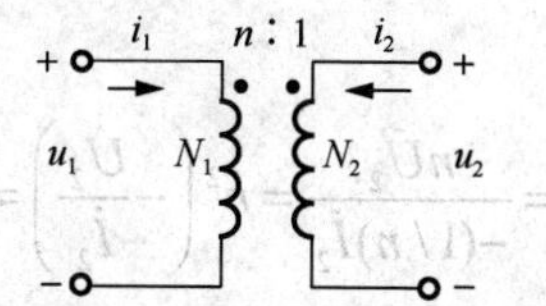

图 9-18　理想变压器模型

9.4.2 变比

1. 变压关系

当 $k=1$ 时，耦合磁通为 Φ，则有

$$\Psi_1=N_1\Phi,\quad u_1=N_1\frac{\mathrm{d}\Phi}{\mathrm{d}t}$$

$$\Psi_2=N_2\Phi,\quad u_2=N_2\frac{\mathrm{d}\Phi}{\mathrm{d}t}$$

同理可得

$$\frac{\Psi_1}{\Psi_2}=\frac{u_1}{u_2}=\frac{N_1}{N_2}=n \tag{9-31}$$

$$\frac{\dot{U}_1}{\dot{U}_2}=n \tag{9-32}$$

注意：根据图 9-18 所示参考方向，可得

$$\begin{cases}\dfrac{u_1}{u_2}=-\dfrac{N_1}{N_2}=-n\\[2ex]\dfrac{\dot{U}_1}{\dot{U}_2}=-n\end{cases} \tag{9-33}$$

2. 变流关系

根据无损耗性质，则有

$$P_1 + P_2 = 0 \Rightarrow P_1 = -P_2 \Rightarrow u_1 i_1 = -u_2 i_2$$

由

$$\frac{u_1}{u_2} = n$$

可得

$$\frac{i_1}{i_2} = -\frac{u_2}{u_1} = -\frac{1}{n}, \quad \frac{\dot{I}_1}{\dot{I}_2} = -\frac{1}{n} \tag{9-34}$$

若 i_1、i_2 两个电流中，一个电流从同名端流入，另一个电流从同名端流出，则有

$$\frac{u_1}{u_2} = -n, \quad i_1(t) = \frac{1}{n} i_2 \tag{9-35}$$

3. 变阻抗关系

$$\frac{\dot{U}_1}{\dot{I}_1} = \frac{n\dot{U}_2}{-(1/n)\dot{I}_2} = n^2\left(-\frac{\dot{U}_2}{\dot{I}_2}\right) = n^2 Z_2 \tag{9-36}$$

式中，$\dot{U}_2$ 和 $\dot{I}_2$ 是非关联参考方向。

从上式可以得出如下结论：

（1）理想变压器的阻抗变换只改变阻抗的大小，不改变阻抗的性质，其等效阻抗与 L_1 并联。

（2）理想变压器的其他连接方式均具有相同的关系，即

$$\begin{cases} Z_{\text{eq1}} = \dfrac{\dot{U}_1}{\dot{I}_1} = \left(\dfrac{N_1}{N_2}\right)^2 Z_2 = n^2 Z_2 \\ Z_{\text{eq2}} = \dfrac{\dot{U}_2}{\dot{I}_2} = \left(\dfrac{N_2}{N_1}\right)^2 Z_1 = \dfrac{1}{n^2} Z_1 \end{cases} \tag{9-37}$$

从以上讨论可知：升压必降流，升压必升阻；降压必升流，降压必降阻。

4. 功率性质

理想变压器从两个端口吸收的瞬时功率 $p = u_1 i_1 + u_2 i_2 = u_1 i_1 + \frac{1}{n} u_1 \times (-n i_1) = 0$，由此表明：

（1）理想变压器既不储能，也不耗能，它在电路中只起到传递能量和信号的作用。

（2）理想变压器的特性方程为代数关系，因此它是无记忆的多端元件。

（3）u_1 和 u_2 分别是一次侧线圈、二次侧线圈两端的电压。

例 9.5　电路图如图 9-19 所示，已知电源内阻 $R_S = 1k\Omega$，负载电阻 $R_L = 10\Omega$。为使 R_L 获得最大功率，求理想变压器的变比 n。

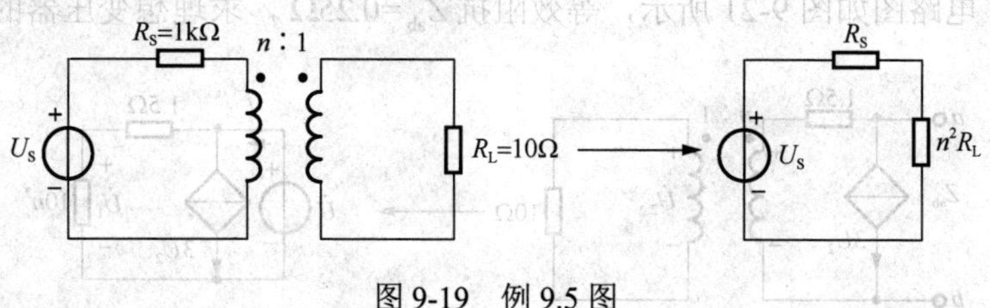

图 9-19　例 9.5 图

解：根据题意，应用变阻抗关系，可得

$$n^2 R_L = R_S$$

根据已知条件可得

$$10n^2=1000$$

解得

$$n=10$$

例 9.6　电路图如图 9-20 所示，求电压 $\dot{U}_2$。

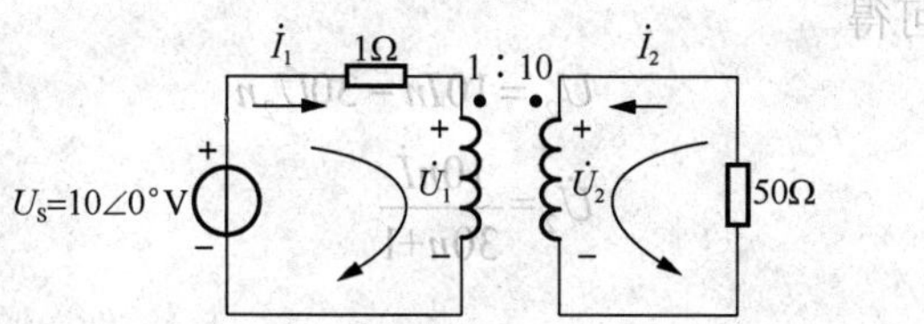

图 9-20　例 9.6 图

根据图示列写 KVL 方程如下：

$$\begin{cases} 1\times\dot{I}_1+\dot{U}_1=10\angle 0^\circ \\ 50\dot{I}_2+\dot{U}_2=0 \\ \dot{U}_1=\dfrac{1}{10}\dot{U}_2 \\ \dot{I}_1=-10\dot{I}_2 \end{cases}$$

式中，$\dot{U}_1$、$\dot{U}_2$ 分别表示一次侧线圈、二次侧线圈两端的电压。

解得

$$\dot{U}_2 = 33.33\angle 0^\circ \text{V}$$

$$n^2 R_L = \left(\frac{1}{10}\right)^2 \times 50 = \frac{1}{2}\ (\Omega)$$

$$n=\frac{\dot{U}_1}{\dot{U}_2}=\frac{1}{10}$$

$$\dot{U}_1=\frac{10\angle 0^\circ}{1+\dfrac{1}{2}}\times\frac{1}{2}=\frac{10}{3}\angle 0^\circ\ (\text{V})$$

$$\dot{U}_2=\frac{1}{n}\dot{U}_1=10\dot{U}_1=33.33\angle 0^\circ\text{（V）}$$

例 9.7　电路图如图 9-21 所示，等效阻抗 $Z_{ab}=0.25\Omega$，求理想变压器的变比 n。

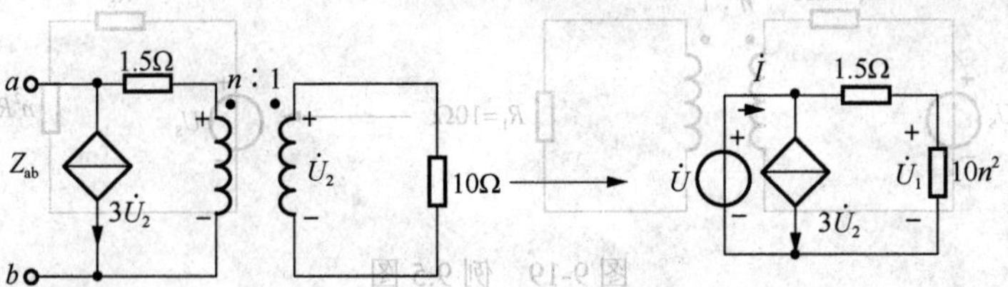

图 9-21　例 9.7 图

解：根据题意，应用变阻抗关系，外加电源，可得

$$\begin{cases}\dot{U}=(\dot{I}-3\dot{U}_2)\times(1.5+10n^2)\\ \dot{U}_1=(\dot{I}-3\dot{U}_2)\times 10n^2\\ \dot{U}_2=\dfrac{\dot{U}_1}{n}\end{cases}$$

由后两个方程可得

$$\dot{U}_2=10\dot{I}n-30\dot{U}_2 n$$

$$\dot{U}_2=\frac{10n\dot{I}}{30n+1}$$

则有

$$Z_{ab}=0.25=\frac{\dot{U}}{\dot{I}}=\frac{1.5+10n^2}{30n+1}\rightarrow\begin{cases}n=0.5\\ n=0.25\end{cases}$$

9.5　应 用 实 例

耦合电感在电工及无线电技术中应用广泛。能量或信号可以通过耦合电感从一个线圈方便地传递到另一个线圈，各种变压器（电力变压器，中周变压器，输出、输入变压器等）都是耦合电感器件。在电子电力变压器中，为了更有效地传输信号或功率，总是采用极紧密的耦合，使 k 值尽可能趋近于 1。耦合电感有时也有害，这时就需要尽量减少互感作用以避免线圈之间的相互干扰，使电气设备或系统少受或不受干扰的影响，能够正常地工作运行。例如，有线电话串音现象就是由两路电话之间的互感引起的。无线电设备也经常出现导线或器件间的互感妨碍正常工作的情况，因此要设法避免互感的干扰。

变压器在现代工农业生产和日常生活中应用极为广泛，变压器的基本原理也是异步电动机和其他电气设施的基础。

变压器的应用一般涉及以下三个方面。

（1）应用变压关系，主要是指电力供配电系统中的变压器，如三相变压器、调压器（实验用的调压器实际上是一种自耦变压器）等。

（2）应用变流关系，如测量中经常用到的电流互感器（测大电流，保证安全）和测流钳（不必断开电路且不必固定在一处）等。

（3）应用变阻抗关系，主要是指电子技术中常用它进行阻抗匹配。

例 9.8　学校有一台应急备用发电机，如图 9-22 所示。已知内阻 $R_1=1\Omega$，升压变压器匝数比为 1∶4，降压变压器匝数比为 4∶1，输电线的总电阻 $R=4\Omega$，全校共有 22 个教室，每个教室用 6 盏“220V，40W”的灯照明。若要求所有灯都正常发光，试问：

（1）发电机输出功率多大？

（2）发电机的电动势多大？

（3）输电线上损耗的电功率多大？

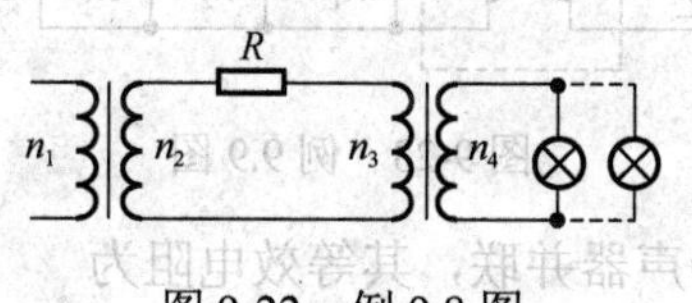

图 9-22　例 9.8 图

解：（1）所有灯都正常工作的总功率为

$$P_{总}=22\times6\times40=5280\text{（W）}$$

用电器总电流为

$$I_4=\frac{P_{总}}{U}=\frac{5280}{220}=24\text{（A）}$$

由 $I_3:I_4=n_4:n_3=1:4$，可得输电线上的电流 $I_3=6\text{A}$。

由 $U_3:U_4=n_3:n_4=4:1$，可得降压变压器原线圈上电压 $U_3=880\text{V}$。

输电线上的电压损耗为

$$U_{线}=I_2R=24\text{（V）}$$

则升压变压器的输出电压为

$$U_2=U_3+U_{线}=904\text{（V）}$$

由 $U_1:U_2=n_1:n_2=1:4$，可得输入电压 $U_1=226\text{V}$。

由 $I_1:I_2=n_2:n_1=4:1$，可得输入电流 $I_1=24\text{A}$。

则发电机输出功率为

$$P_1=U_1I_1=5424\text{（W）}$$

（2）发电机的电动势为

$$E=I_1R_1+U_1=250\text{（V）}$$

（3）输电线上损耗的电功率为

$$P_{线}=I_2^2R=144\text{（W）}$$

例 9.9　电路图如图 9-23 所示，输出变压器的一次侧负载为 4 个并联的扬声器，每个扬声器的电阻是16Ω，信号源内阻 $R_S=5\text{k}\Omega$。可以利用变压器进行阻抗变换，使扬声器获得最大功率。

（1）假设变压器为理想变压器，试确定变压器的匝数比 $n=N_1:N_2$。

（2）假设变压器为全耦合空心变压器，它的初级电感 $L_1=0.1\text{H}$。经试验得知：在某种径粗、某种铁心材料的心子上，绕制 100 匝时其电感量为1mH。试确定此实际变压器的匝数 N_1、N_2。

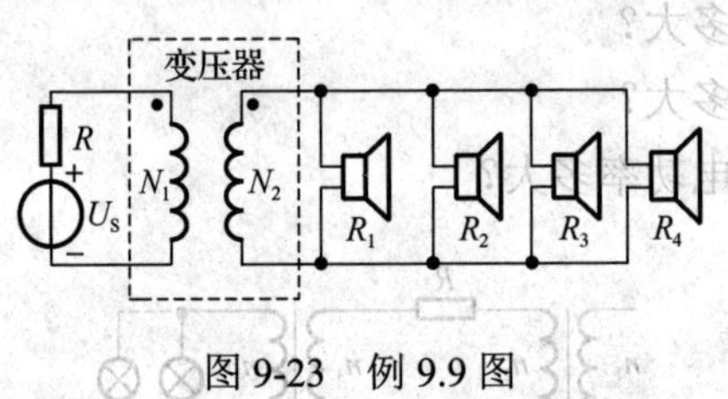

图 9-23　例 9.9 图

解：4 个阻值为16Ω的扬声器并联，其等效电阻为

$$R=\frac{1}{4}\times16=4\text{（Ω）}$$

（1）当为理想变压器时，从一次侧看的输入电阻为

$$R_{in}=n^2R=4n^2\text{（Ω）}$$

由最大功率传输定理可知，当 $R_{in}=R_S$时，负载上能够获得最大功率。由已知条件可得

$$R_{in}=4n^2=R_S=5\times10^3\text{（Ω）}$$

则匝数比为

$$n=\sqrt{\frac{5000}{4}}\approx35$$

（2）实际变压器的一次侧匝数为

$$N_1=100\times\frac{0.1}{1\times10^{-3}}=10000$$

次级匝数为

$$N_2=\frac{N_1}{n}=\frac{10000}{35}\approx286$$

9.6　计算机辅助分析电路举例

9.6.1　利用 MATLAB 计算耦合电感的等效电感

含有耦合电感元件的电路图如图 9-24 所示，它是由空心变压器与电容连接而成的，称为互感耦合谐振电路。其中，连接信号源的电路（信号输入电路）叫作一次侧电路；另一部分电路（信号输出电路）叫作二次侧电路。求一次侧输入端的等效阻抗。

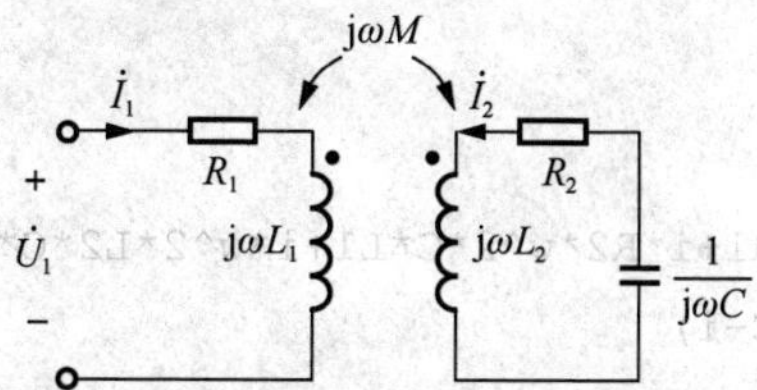

图 9-24　含有耦合电感元件的电路图

应用 KVL 定律的相量形式，对一次侧电路和二次侧电路列写方程如下：

$$R_1\dot{I}_1 + \mathrm{j}\omega L_1\dot{I}_1 + \mathrm{j}\omega M\dot{I}_2 = \dot{U}_1$$

$$\mathrm{j}\omega M\dot{I}_1 + R_2\dot{I}_2 + \mathrm{j}\omega L_2\dot{I}_2 + \frac{1}{\mathrm{j}\omega C}\dot{I}_2 = 0$$

整理得到

$$(R_1 + \mathrm{j}\omega L_1)\dot{I}_1 + \mathrm{j}\omega M\dot{I}_2 = \dot{U}_1$$

$$\mathrm{j}\omega M\dot{I}_1 + (R_2 + \mathrm{j}X_2)\dot{I}_2 = 0$$

其中

$$X_2 = \omega L_2 - \frac{1}{\omega C}$$

解得

$$\dot{I}_1 = \frac{\dot{U}_1}{R_1 + \mathrm{j}\omega L_1 + \omega^2 M^2/(R_2 + \mathrm{j}X_2)}$$

一次侧输入端的等效阻抗为

$$Z_{\mathrm{eq1}} = \frac{\dot{U}_1}{\dot{I}_1} = R_1 + \mathrm{j}\omega L_1 + \frac{\omega^2 M^2}{R_2 + \mathrm{j}X_2}$$

由此可见，在一次侧电路的输入阻抗中，除了自阻抗外，还有二次侧电路通过互感在一次侧产生的一个阻抗，称为反射阻抗。

MATLAB 程序如下：

```
syms R1 R2 L1 L2 C w M U1;
A=[R1+j*w*L1 j*w*M;j*w*M R2+j*(w*L2-1/(w*C))];
B=[U1;0];
```

```
I=A\B;
Zeq1=U1/I(1);
Z1=R1+j*w*L1+(w*M)^2/(R2+j*(w*L2-1/(w*C)));%注意以下指令是验证Zeq1与手工计算相等的
c=Zeq1/Z1;
d=simple(c);
disp(d);
disp(Zeq1);
```

运行结果为

```
1
(w^3*M^2*C+R2*w*C*R1+i*R2*w^2*C*L1+i*w^2*L2*C*R1-w^3*L2*C*L1-i*R1+w*L1)/(R2*w*C+i*w^2*L2*C-i)
```

9.6.2 利用 Simulink 对含耦合电感正弦稳态交流电路的仿真分析

图 9-25～图 9-28 所示分别为顺接串联、反接串联、同侧并联、异侧并联的耦合电感电路，给定所加电源的频率 $\omega=100\text{rad/s}$，$R_1=3\Omega$，$L_1=0.075\text{H}$，$R_2=5\Omega$，$L_2=0.125\text{H}$，$M=0.08\text{H}$。

把互感元件（Mutual Inductance）从元件模块库中拖动到 hugan.mdl 文件中。按照已知电路的参数修改模块参数。

顺接串联的仿真模型和仿真结果如图 9-25 所示。

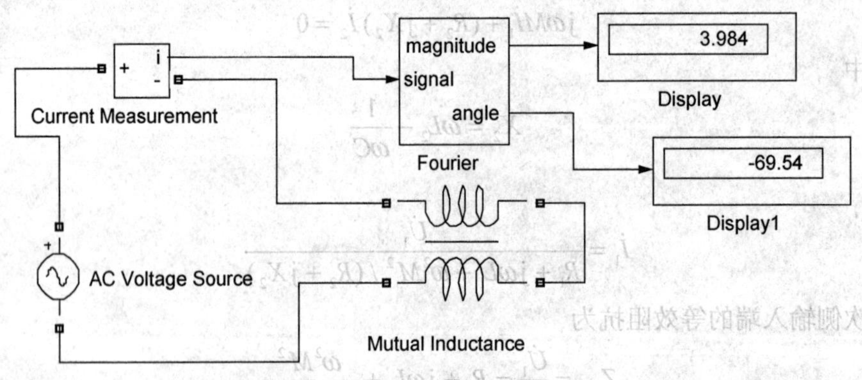

图 9-25　顺接串联的仿真模型

反接串联的仿真模型和仿真结果如图 9-26 所示。

同侧并联的仿真模型和仿真结果如图 9-27 所示。

异侧并联的仿真模型和仿真结果如图 9-28 所示。

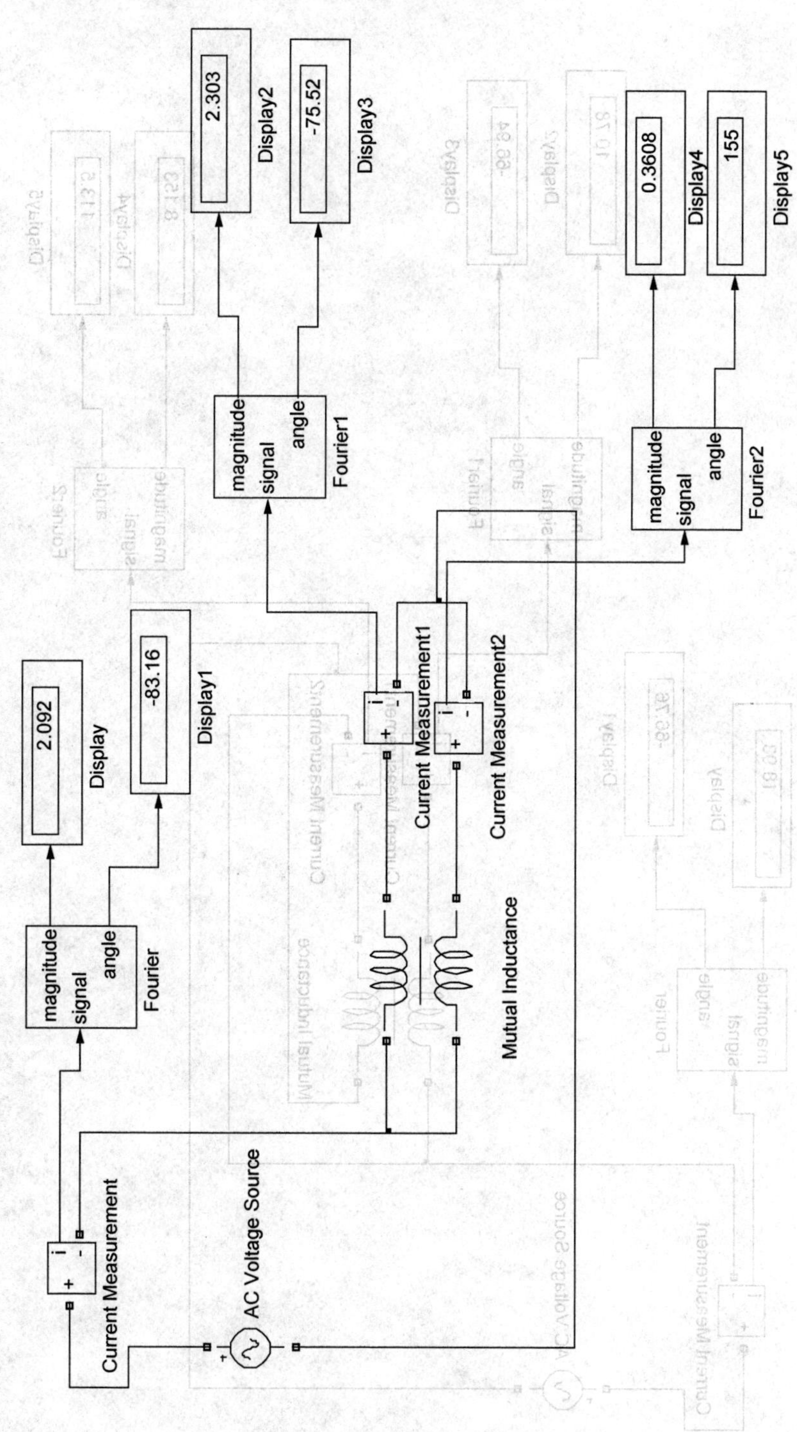

图 9-26　反接串联的仿真模型

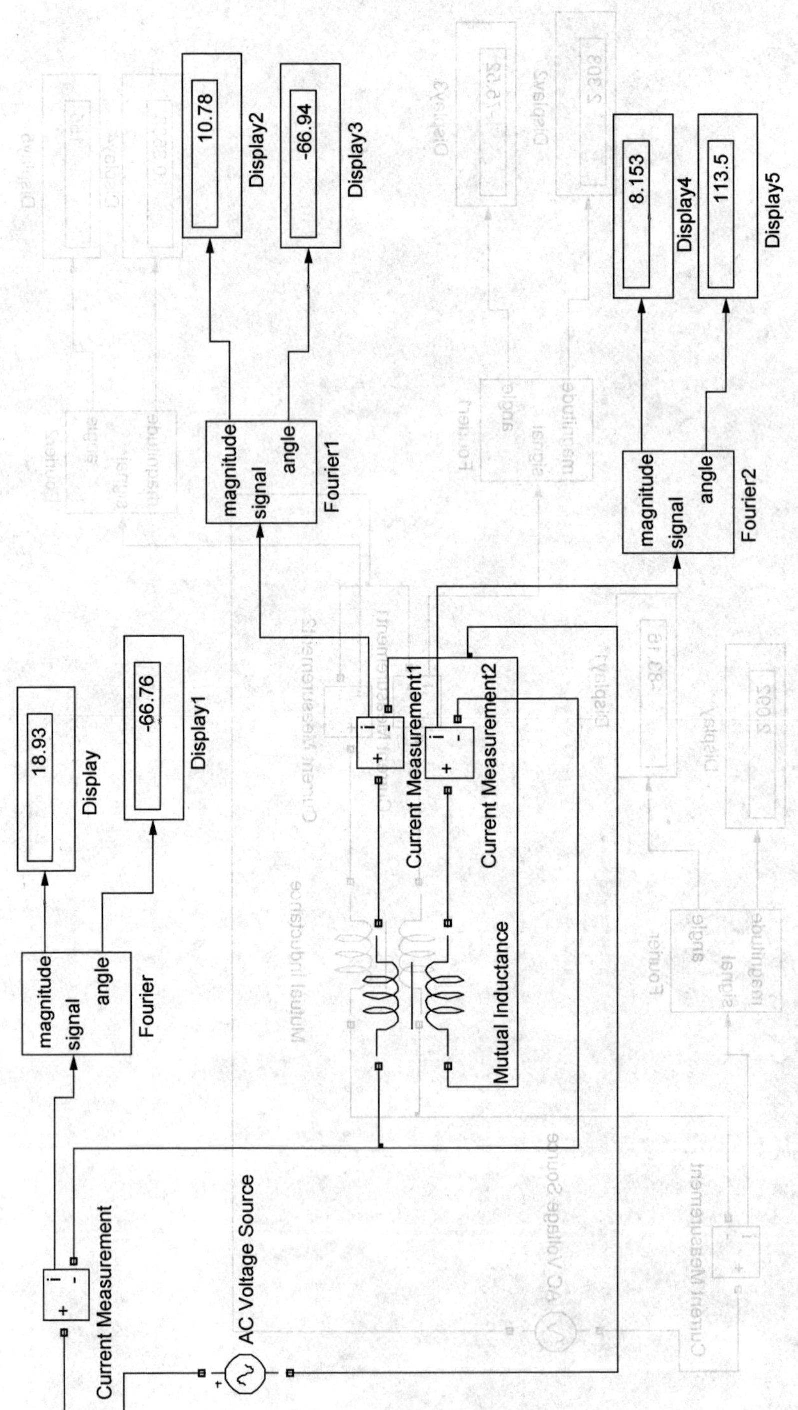

图 9-27　同侧并联的仿真模型

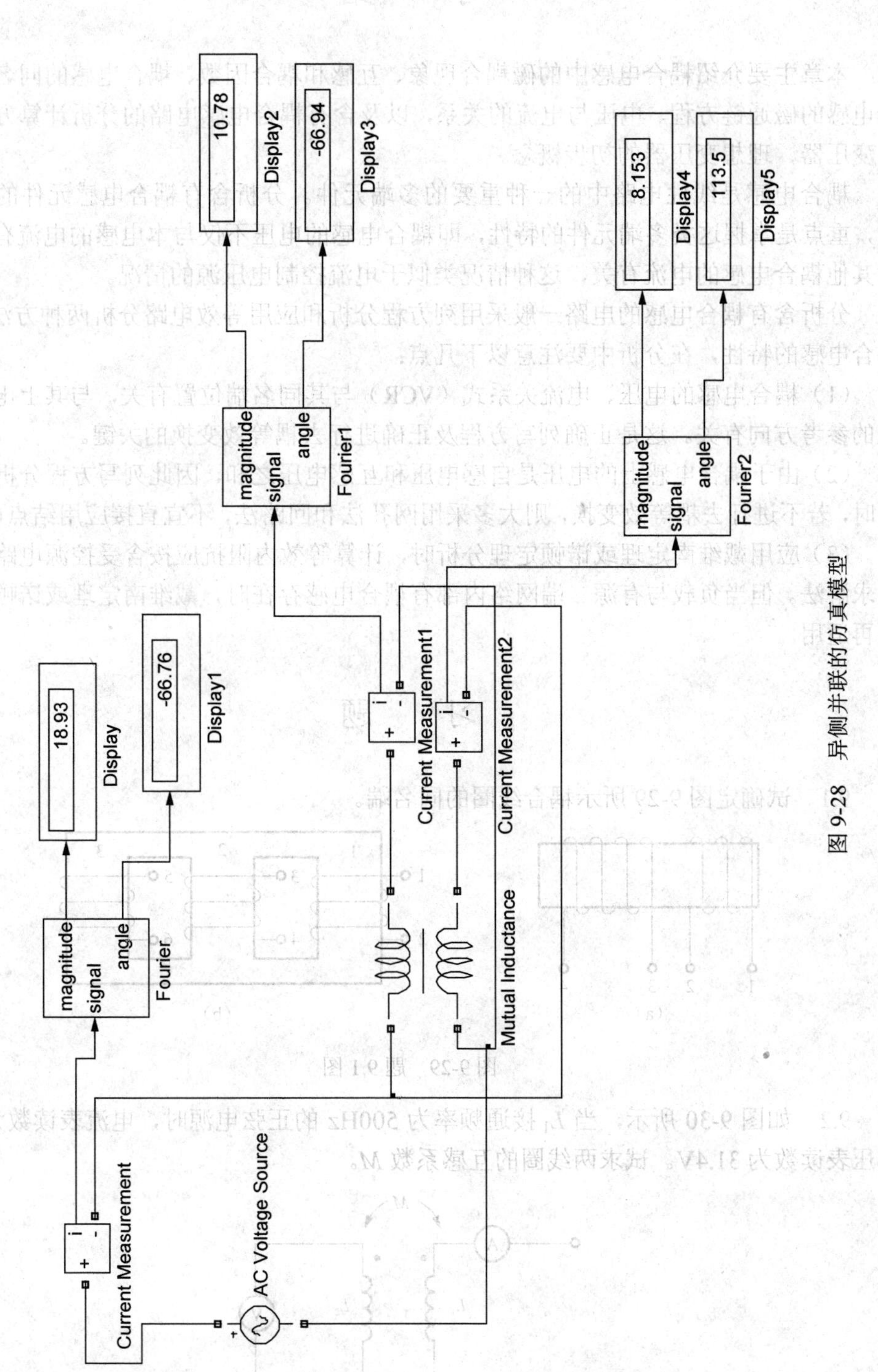

图 9-28　异侧并联的仿真模型

小　　结

本章主要介绍耦合电感中的磁耦合现象、互感和耦合因数、耦合电感的同名端和耦合电感的磁通链方程、电压与电流的关系，以及含有耦合电感电路的分析计算方法及空心变压器、理想变压器的初步概念。

耦合电感是线性电路中的一种重要的多端元件。分析含有耦合电感元件的电路问题，重点是掌握这类多端元件的特性，即耦合电感的电压不仅与本电感的电流有关，还与其他耦合电感的电流有关，这种情况类似于电流控制电压源的情况。

分析含有耦合电感的电路一般采用列方程分析和应用等效电路分析两种方法。考虑耦合电感的特性，在分析中要注意以下几点：

（1）耦合电感的电压、电流关系式（VCR）与其同名端位置有关，与其上电压、电流的参考方向有关。这是正确列写方程及正确进行去耦等效变换的关键。

（2）由于耦合电感上的电压是自感电压和互感电压之和，因此列写方程分析这类电路时，若不进行去耦等效变换，则大多采用网孔法和回路法，不宜直接应用结点电压法。

（3）应用戴维南定理或诺顿定理分析时，计算等效内阻抗应按含受控源电路的内阻抗求解法。但当负载与有源二端网络内部有耦合电感存在时，戴维南定理或诺顿定理就不再适用。

习　　题

9.1　试确定图 9-29 所示耦合线圈的同名端。

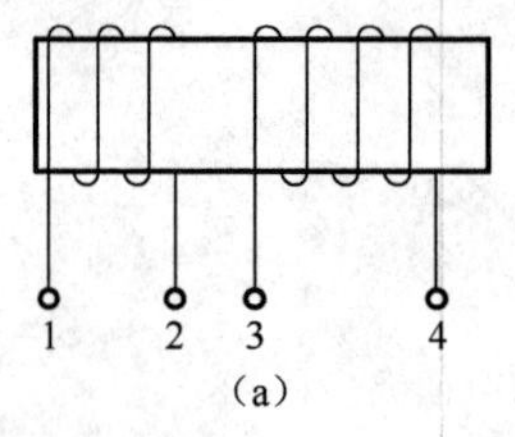

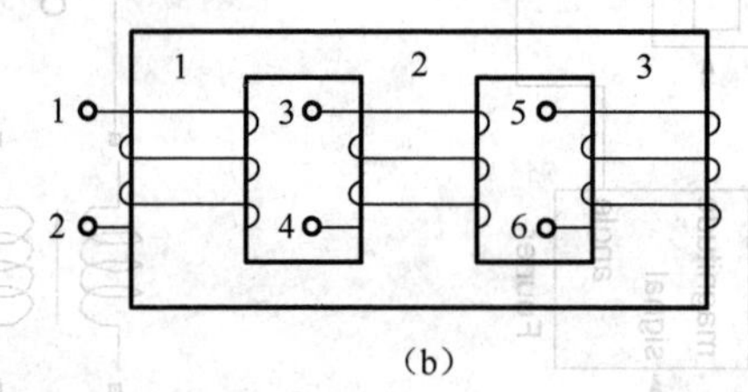

图 9-29　题 9.1 图

9.2　如图 9-30 所示，当 L_1 接通频率为 500Hz 的正弦电源时，电流表读数为 1A，电压表读数为 31.4V。试求两线圈的互感系数 M。

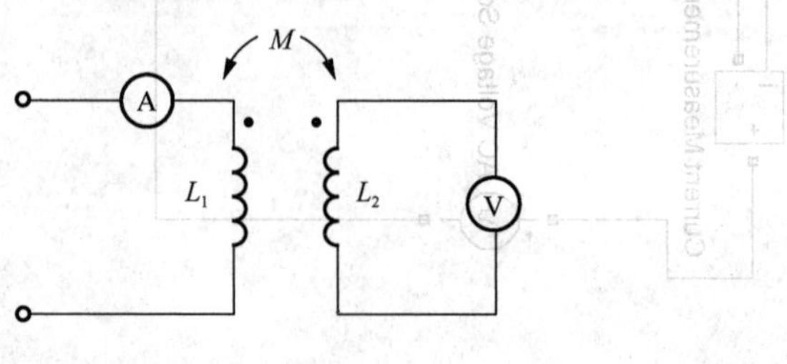

图 9-30　题 9.2 图

9.3　图 9-31 所示为一个变压器，其一次侧接 220V 正弦交流电源，二次侧有两个线圈，分别测得U_{34}为 12V，U_{56}为 24V。求图示两种接法的伏特表读数。

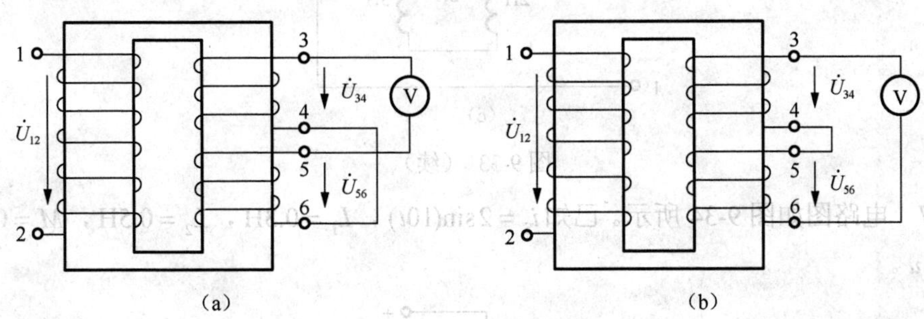

图 9-31　题 9.3 图

9.4　能否使两个耦合线圈之间的耦合系数$k=0$？

9.5　图 9-32 所示电路中，已知$L_1=6\text{H}$，$L_2=3\text{H}$，$M=4\text{H}$。求从端子1—1′看进去的等效电感。

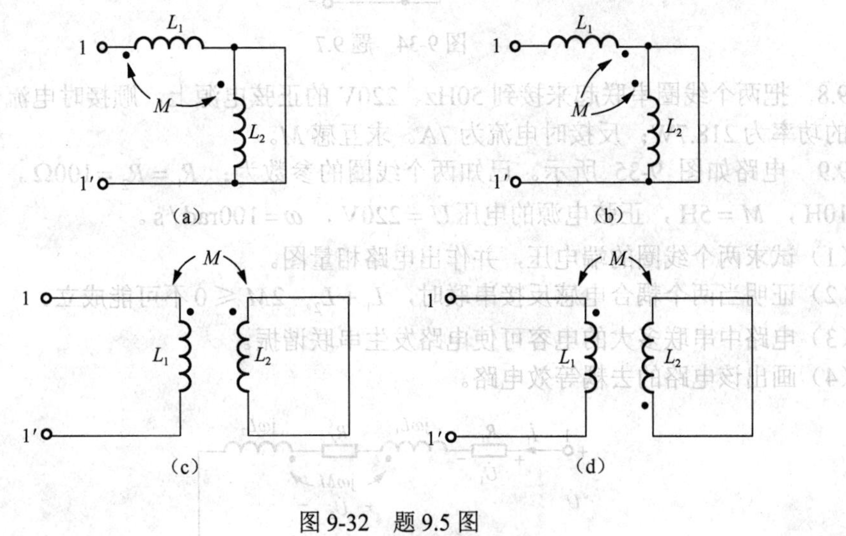

图 9-32　题 9.5 图

9.6　求图 9-33 所示电路的输入阻抗$Z(\omega=1\text{rad/s})$。

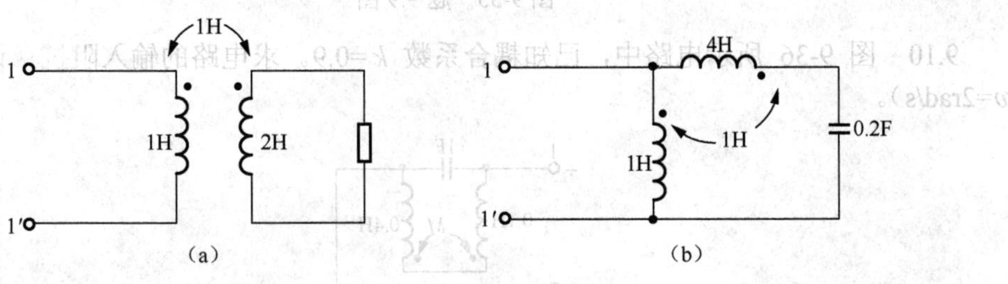

图 9-33　题 9.6 图

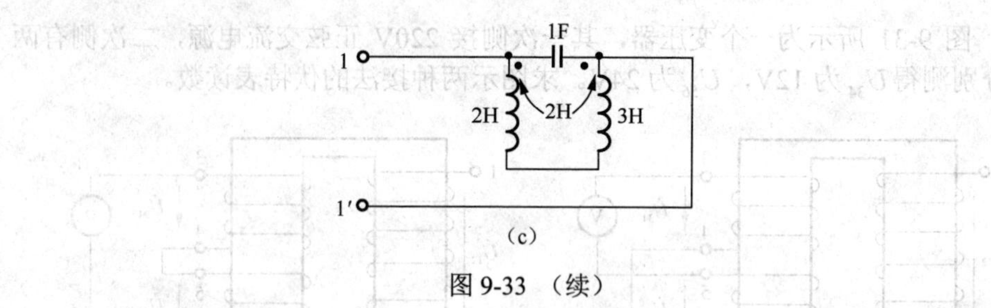

图 9-33 （续）

9.7　电路图如图 9-34 所示。已知 $i_S = 2\sin(10t)$，$L_1 = 0.3\text{H}$，$L_2 = 0.5\text{H}$，$M = 0.1\text{H}$，求电压 u。

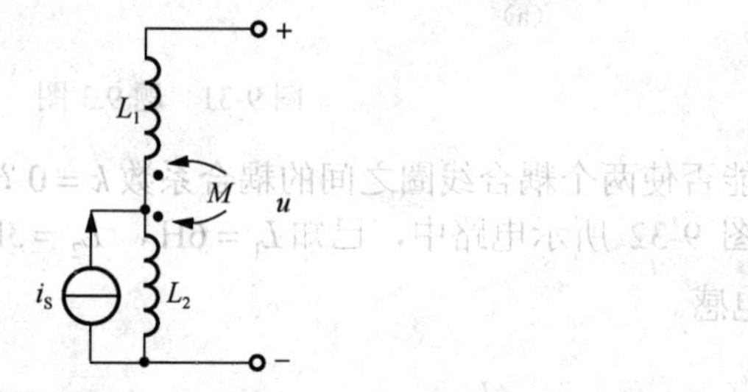

图 9-34　题 9.7

9.8　把两个线圈串联起来接到 50Hz、220V 的正弦电源上，顺接时电流 $I = 2.7\text{A}$，吸收的功率为 218.7W；反接时电流为 7A。求互感 M。

9.9　电路如图 9-35 所示。已知两个线圈的参数为：$R_1 = R_2 = 100\Omega$，$L_1 = 3\text{H}$，$L_2 = 10\text{H}$，$M = 5\text{H}$，正弦电源的电压 $U = 220\text{V}$，$\omega = 100\text{rad/s}$。

（1）试求两个线圈的端电压，并作出电路相量图。

（2）证明当两个耦合电感反接串联时，$L_1 + L_2 - 2M \leqslant 0$ 不可能成立。

（3）电路中串联多大的电容可使电路发生串联谐振。

（4）画出该电路的去耦等效电路。

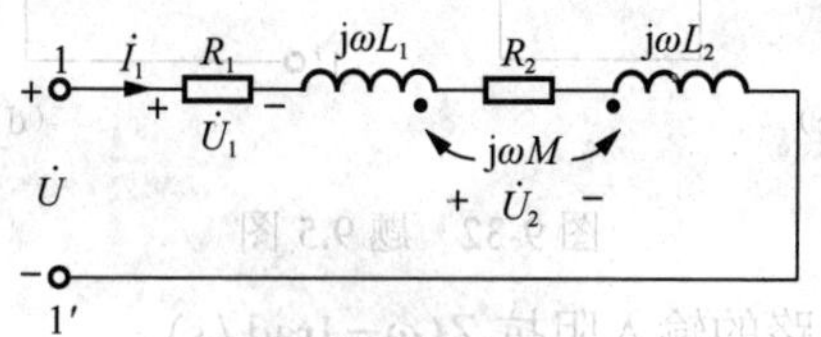

图 9-35　题 9.9 图

9.10　图 9-36 所示电路中，已知耦合系数 k=0.9。求电路的输入阻抗（设角频率 ω=2rad/s）。

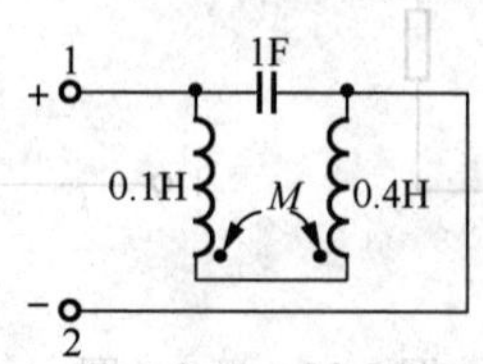

图 9-36　题 9.10 图

9.11　图 9-37 所示电路中，已知 $M = 0.04\text{H}$。求此串联电路的谐振频率。

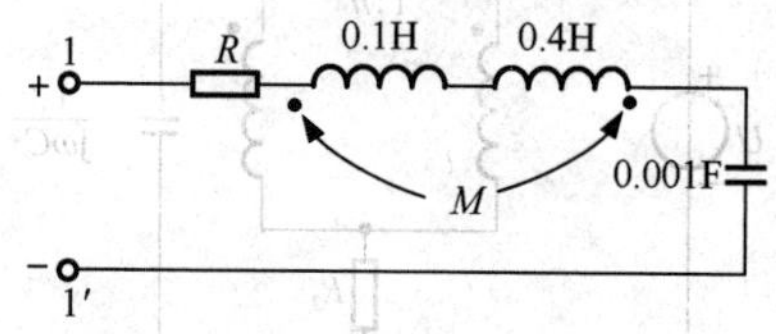

图 9-37　题 9.11 图

9.12　求图 9-38 所示一端口电路的戴维南等效电路。已知 $\omega L_1 = \omega L_2 = 10\Omega$，$\omega M = 5\Omega$，$R_1 = R_2 = 6\Omega$，$U_1 = 60\text{V}$（正弦）。

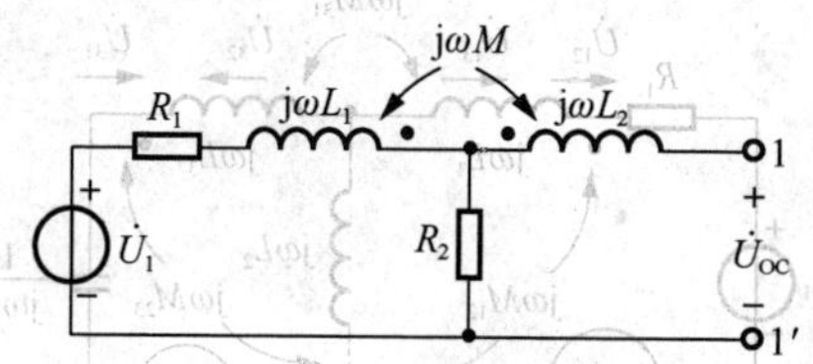

图 9-38　题 9.12 图

9.13　图 9-39 所示电路中，已知 $R_1 = 1\Omega$，$\omega L_1 = 2\Omega$, $\omega L_2 = 32\Omega$，$\omega M = 8\Omega$，$\dfrac{1}{\omega C} = 32\Omega$。求电流 $\dot{I}_1$ 和电压 $\dot{U}_2$。

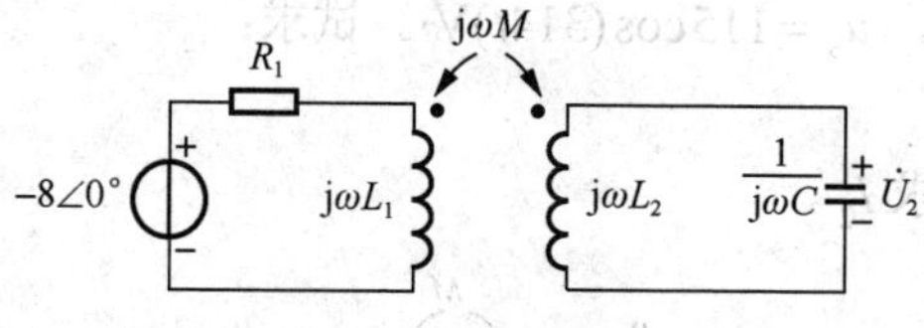

图 9-39　题 9.13 图

9.14　空心变压器如图 9-40（a）所示，其一次侧的周期性电流源波形图如图 9-40（b）所示（一个周期），二次侧的电压表读数（有效值）为 25V。

（1）画出二次侧端电压的波形图，并计算互感 M。

（2）给出它的等效受控源（CCVS）电路。

（3）若弄错同名端，则对前两问的结果有无影响？

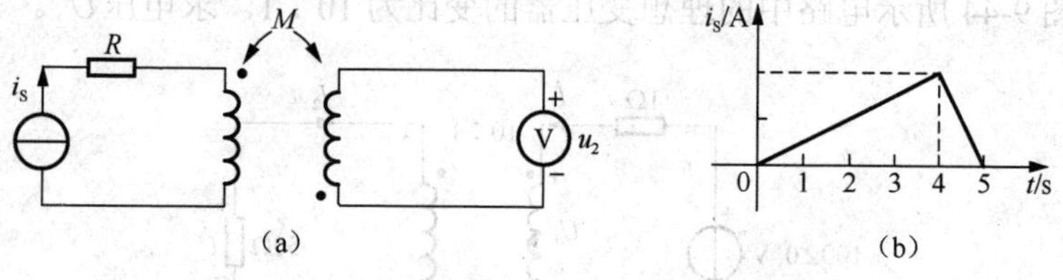

图 9-40　题 9.14 图

9.15　图 9-41 所示电路中，已知理想变压器的变比为 $n = 2$，$R_1 = R_2 = 10\Omega$，$\dot{U} = 50\angle 0°\text{V}$。求流过 R_2 的电流。

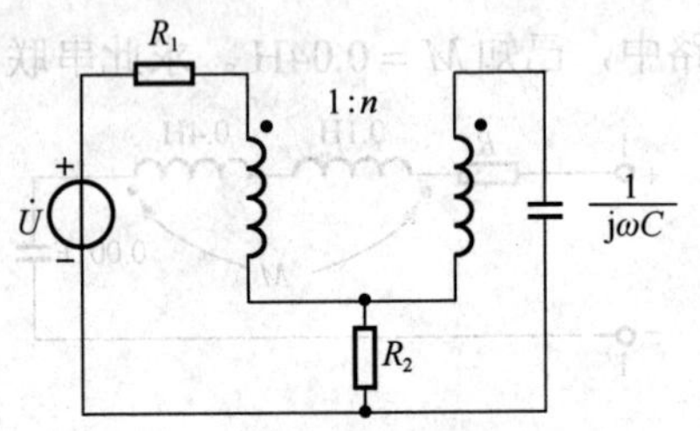

图 9-41　题 9.15 图

9.16　列写出图 9-42 所示电路的回路电流方程。

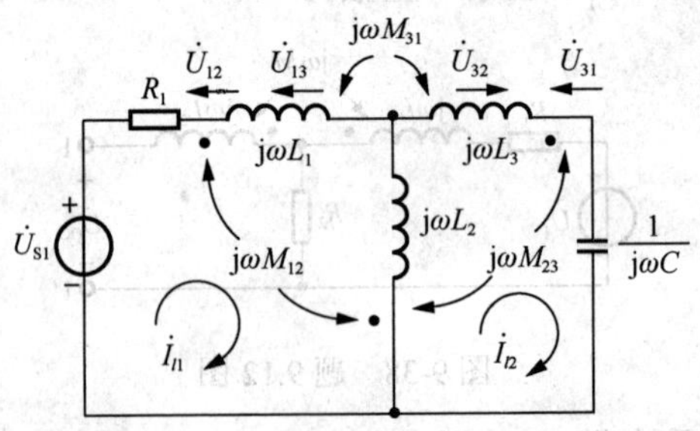

图 9-42　题 9.16 图

9.17　图 9-43 所示电路中，已知 $L_1 = 3.6\text{H}$，$L_2 = 0.06\text{H}$，$M = 0.465\text{H}$，$R_1 = 20\Omega$，$R_2 = 0.08\Omega$，$R_L = 42\Omega$，$u_S = 115\cos(314t)\text{V}$。试求：

（1）电流 I_1。

（2）用戴维南定理求 I_2。

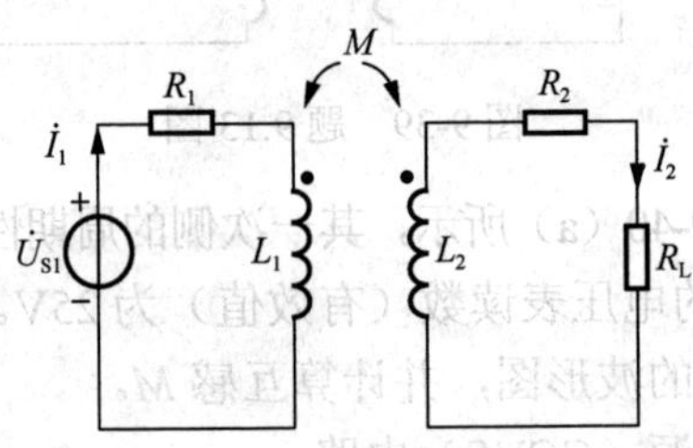

图 9-43　题 9.17 图

9.18　图 9-44 所示电路中的理想变压器的变比为 10∶1。求电压 $\dot{U}_2$。

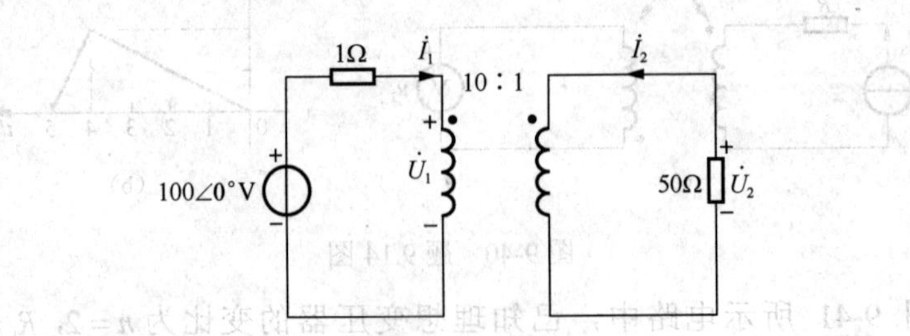

图 9-44　题 9.18 图

9.19　图 9-45 所示电路中，为使 R_L 电阻能够获得最大功率，试求理想变压器的变比 n。

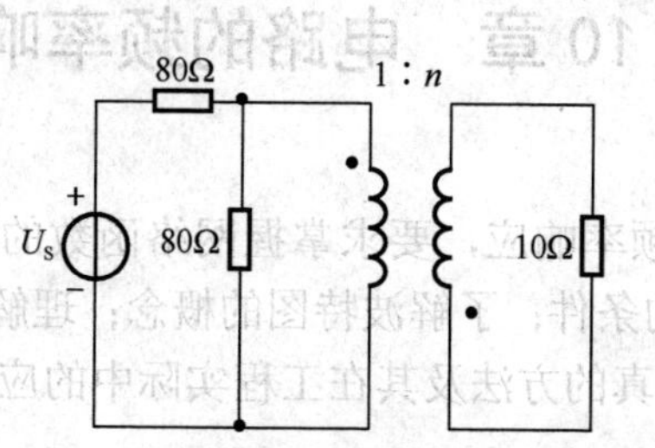

图 9-45　题 9.19 图

9.20　求图 9-46 所示电路中的阻抗 Z。已知电流表读数为 10A，正弦电压 $U = 10\text{V}$。

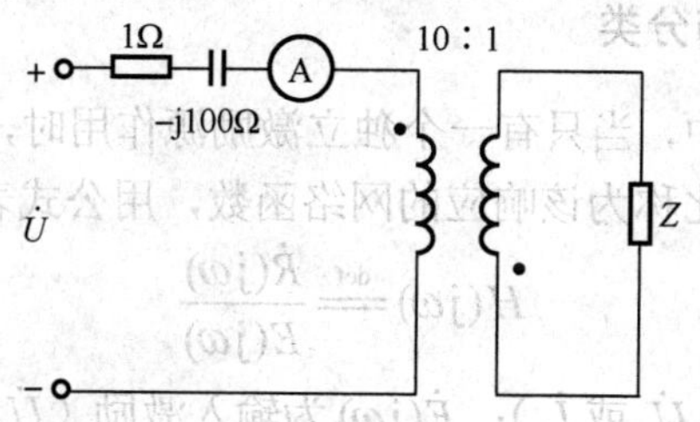

图 9-46　题 9.20 图

9.21　试用 MATLAB 编程求习题 9.5 从端子 1—1′ 看进去的等效电感。

9.22　用 MATLAB 编程求习题 9.6 的输入阻抗 $Z(\omega = 1\text{rad/s})$。

9.23　用 Simulink 求习题 9.11 的谐振频率。

9.24　在列写出回路电流方程的基础上，用 MATLAB 编程求习题 9.16 的电流。

第 10 章　电路的频率响应

本章主要介绍电路的频率响应，要求掌握网络函数的定义及其在电路分析中的应用；重点掌握串并联谐振的条件；了解波特图的概念；理解滤波器的概念及分类；了解利用 MATLAB 进行电路仿真的方法及其在工程实际中的应用。

10.1　网 络 函 数

10.1.1　网络函数的定义与分类

在线性正弦稳态网络中，当只有一个独立激励源作用时，网络中某一处的响应（电压或电流）与网络输入之比称为该响应的网络函数，用公式表示如下：

$$H(\mathrm{j}\omega) \overset{\text{def}}{=\!=} \frac{\dot{R}(\mathrm{j}\omega)}{\dot{E}(\mathrm{j}\omega)} \tag{10-1}$$

式中，$\dot{R}(\mathrm{j}\omega)$为输出响应（$\dot{U}_2$或$\dot{I}_2$）；$\dot{E}(\mathrm{j}\omega)$为输入激励（$\dot{U}_1$或$\dot{I}_1$）。因此，网络函数可能是驱动点阻抗（导纳）、电压转移函数或电流转移函数。

网络函数模型如图 10-1 所示。

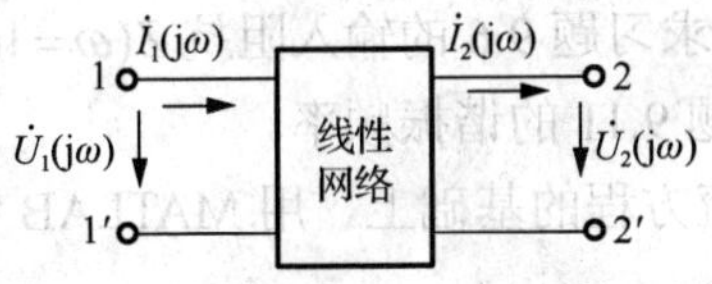

图 10-1　网络函数模型

图中，端口 1 为输入端，端口 2 为输出端。

网络函数 $H(\mathrm{j}\omega)$的分类和物理意义如下。

1. 策（驱）动点函数

同一个端口的电压相量、电流相量之比，如图 10-2 所示。

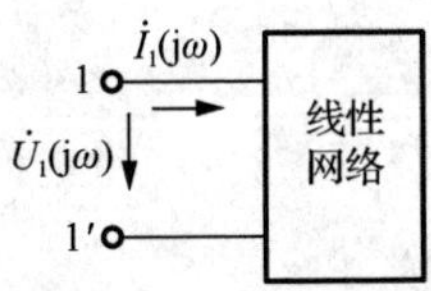

图 10-2　同一端口网络函数

（1）激励是电流源，响应是电压。

$$H(\mathrm{j}\omega) = \frac{\dot{U}_1(\mathrm{j}\omega)}{\dot{I}_1(\mathrm{j}\omega)} \Rightarrow \text{策动点阻抗即输入阻抗}$$

（2）激励是电压源，响应是电流。

$$H(\mathrm{j}\omega)=\frac{\dot{I}_1(\mathrm{j}\omega)}{\dot{U}_1(\mathrm{j}\omega)}\Rightarrow \text{策动点导纳即输入导纳}$$

2. 转移函数（传递函数）

不同端口的电压相量、电流相量之比，如图 10-1 所示。这种网络函数有下列几种类型：

设端口 1 为激励，端口 2 为响应。

（1）激励是电压源U_1，可得

$$H(\mathrm{j}\omega)=\frac{\dot{I}_2(\mathrm{j}\omega)}{\dot{U}_1(\mathrm{j}\omega)}\Rightarrow \text{端口 1 到端口 2 转移导纳}$$

$$H(\mathrm{j}\omega)=\frac{\dot{U}_2(\mathrm{j}\omega)}{\dot{U}_1(\mathrm{j}\omega)}\Rightarrow \text{端口 1 到端口 2 转移电压比}$$

（2）激励是电流源I_1，可得

$$H(\mathrm{j}\omega)=\frac{\dot{U}_2(\mathrm{j}\omega)}{\dot{I}_1(\mathrm{j}\omega)}\Rightarrow \text{端口 1 到端口 2 转移阻抗}$$

$$H(\mathrm{j}\omega)=\frac{\dot{I}_2(\mathrm{j}\omega)}{\dot{I}_1(\mathrm{j}\omega)}\Rightarrow \text{端口 1 到端口 2 转移电流比}$$

注意：

① $H(\mathrm{j}\omega)$不仅与网络的结构、元件值有关，还与输入变量、输出变量的类型及端口的相互位置、激励源的频率有关，而与输入、输出的幅值无关。因此，网络函数是网络固有性质的一种体现。

② $H(\mathrm{j}\omega)$是一个复数，它的频率特性研究分两个部分进行。幅频特性是指$H(\mathrm{j}\omega)$的模与频率之间的关系，即$|H(\mathrm{j}\omega)|\sim\omega$；相频特性是指$H(\mathrm{j}\omega)$的幅角与频率之间的关系，即$|\varphi(\mathrm{j}\omega)|\sim\omega$。

③ 网络函数可以用相量法中任一分析求解方法（回路电流法、结点电压法及戴维南定理等）获得。

10.1.2　应用举例

例 10.1　求图 10-3 所示电路的网络函数$\dot{I}_2/\dot{U}$和$\dot{U}_{\mathrm{L}}/\dot{U}$。

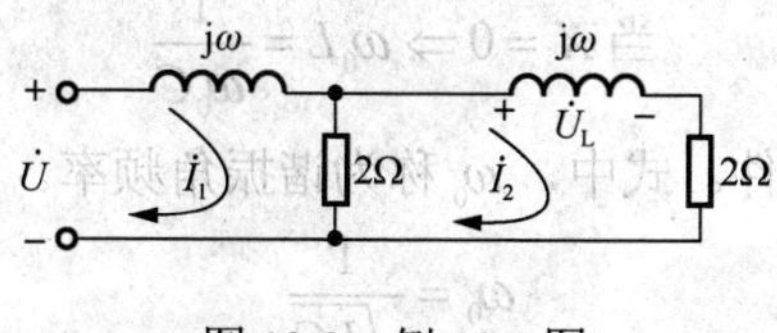

图 10-3　例 10.1 图

解：列写网孔方程如下：
解电流 $\dot{I}_2$

$$\begin{cases}(2+\mathrm{j}\omega)\dot{I}_1-2\dot{I}_2=\dot{U}\\-2\dot{I}_1+(4+\mathrm{j}\omega)\dot{I}_2=0\end{cases}$$

则转移导纳为

$$\dot{I}_2/\dot{U}=\frac{2}{4-\omega^2+\mathrm{j}6\omega}$$

转移电压比为

$$\dot{U}_{\mathrm{L}}/\dot{U}=\frac{\mathrm{j}2\omega}{4-\omega^2+\mathrm{j}6\omega}$$

10.2 RLC串联谐振电路

10.2.1 RLC 串联谐振的定义和条件

收音机和电视机是如何实现选台的呢？如果要回答这个问题，就需要研究正弦电路在特定条件下产生的一种特殊物理现象——谐振现象。谐振现象的研究具有重要的实际意义。一方面，谐振现象得到广泛的应用；另一方面，在某些情况下电路中发生谐振会破坏正常工作。

图 10-4 所示为含 R、L、C 的一端口电路，在正弦电压的激励下，电路的工作状态将随着频率的变化而改变，这是感抗和容抗随频率变化而造成的。其中，感抗随频率成正比变动，容抗随频率成反比变动。在特定条件下出现感抗和容抗相互抵消的情况，即网络的输入阻抗为纯电阻，端口电压、电流同相位，这时称电路发生了谐振。由于谐振是在 RLC 串联电路中发生的，称为串联谐振。

图 10-4 串联谐振电路

若 $\dfrac{\dot{U}}{\dot{I}}=Z=R$，则发生谐振，其策动点阻抗为

$$Z=R+\mathrm{j}\left(\omega L-\frac{1}{\omega C}\right)=R+\mathrm{j}(X_{\mathrm{L}}-X_{\mathrm{C}})=R+\mathrm{j}X=|Z(\omega)|\angle\varphi(\omega) \tag{10-2}$$

$$\text{当 } X=0\Rightarrow\omega_0L=\frac{1}{\omega_0C} \tag{10-3}$$

式（10-3）称为谐振条件。式中，ω_0 称为谐振角频率。

$$\omega_0=\frac{1}{\sqrt{LC}} \tag{10-4}$$

由上式可知，谐振角频率仅与电路参数有关，这是网络的固有特性。$f_0=\dfrac{1}{2\pi\sqrt{LC}}$ 称为谐振频率。对于一个确定的电路而言，f_0 是一个常数。

串联电路实现谐振的方式有如下几种。

（1）LC 不变，改变信号源的角频率 ω。ω_0 由电路参数决定，一个 RLC 串联电路只对应一个谐振角频率 ω_0。当外加电源频率等于谐振频率时，电路发生谐振。

（2）电源频率固定，改变 C 或 L（实际中常改变 C）也可让电路发生谐振。

RLC 串联电路谐振特点如下。

（1）研究 RLC 串联电路阻抗的频率特性就是研究其幅频特性和相频特性。

幅频特性是 Z 的模值与频率 ω 之间的关系，其表达式为

$$\left|Z(\omega)\right|=\sqrt{R^2+\left(\omega L-\frac{1}{\omega C}\right)^2}=\sqrt{R^2+(X_{\mathrm{L}}-X_{\mathrm{C}})^2}=\sqrt{R^2+X^2} \tag{10-5}$$

幅频特性曲线如图 10-5 所示。

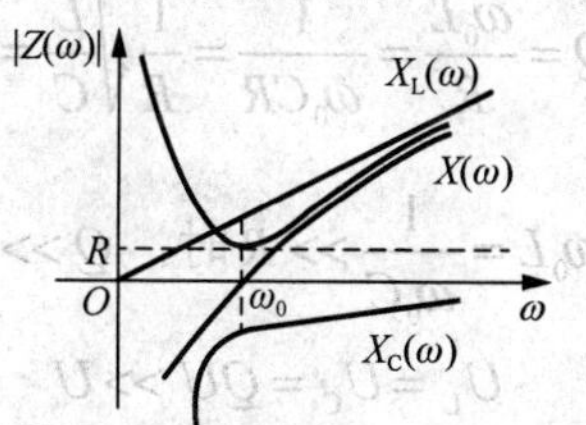

图 10-5　幅频特性曲线

相频特性是指其幅角与频率 ω 之间的关系，其表达式为

$$\varphi(\omega)=\arctan\frac{\omega L-\dfrac{1}{\omega C}}{R}=\arctan\frac{X_{\mathrm{L}}-X_{\mathrm{C}}}{R}=\arctan\frac{X}{R} \tag{10-6}$$

相频特性曲线如图 10-6 所示。

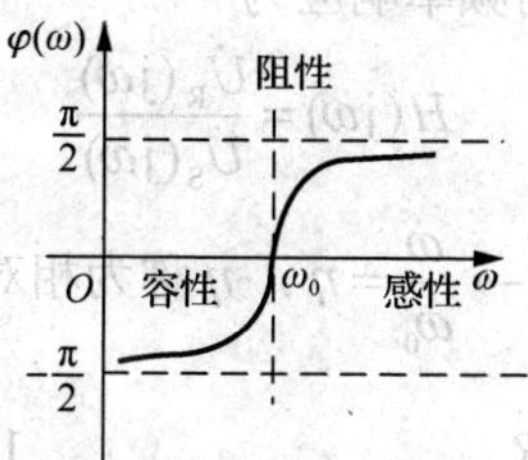

图 10-6　相频特性曲线

由图可知，谐振时，$Z=R$，阻抗值 $|Z|$ 取最小值。

（2）谐振时 LC 上的电压大小相等，相位相反，LC 串联总电压为零。$\omega_0 L-\dfrac{1}{\omega_0 C}=0$，即 $\dot{U}_{\mathrm{L}}+\dot{U}_{\mathrm{C}}=0$，LC 相当于短路，电源电压全部加在电阻上，$\dot{U}_{\mathrm{S}}=\dot{U}$。输入端阻抗为纯电阻，$Z=R$，阻抗值 $|Z|$ 最小。U 一定时，在谐振频率处，电流最大。

（3）谐振时出现过电压，因此称为电压谐振。

电感上的电压为

$$\dot{U}_{\mathrm{L}} = \mathrm{j}\omega_0 L\dot{I} = \mathrm{j}\omega_0 L\frac{\dot{U}}{R} = \mathrm{j}Q\dot{U}$$

式中，Q 为品质因数，且 $Q = \dfrac{\omega_0 L}{R}$。

电容上的电压为

$$\dot{U}_{\mathrm{C}} = -\mathrm{j}\frac{\dot{I}}{\omega_0 C} = -\mathrm{j}\omega_0 L\frac{\dot{U}}{R} = -\mathrm{j}Q\dot{U}$$

$$\left|\dot{U}_{\mathrm{L}}\right| = \left|\dot{U}_{\mathrm{C}}\right| = Q\dot{U}$$

式中，品质因数为

$$Q = \frac{\omega_0 L}{R} = \frac{1}{\omega_0 CR} = \frac{1}{R}\sqrt{\frac{L}{C}} = \frac{\rho}{R}$$

式中，ρ 为特性阻抗。当 $\rho = \omega_0 L = \dfrac{1}{\omega_0 C} >> R$ 时，$Q >> 1$。由此可得

$$U_{\mathrm{L}} = U_{\mathrm{C}} = QU >> U$$

10.2.2 RLC 串联电路的频率响应

除了阻抗 $Z(\mathrm{j}\omega)$ 的特性外，还应分析电流和电压随频率变化的特性。例如，RLC 串联电路中的 $I(\omega)$、$U_{\mathrm{L}}(\omega)$、$U_{\mathrm{C}}(\omega)$ 等。这些特性称为频率特性，或称频率响应，他们随频率变化的曲线称为谐振曲线。为了突出电路的频率特性，常分析输出量与输入量之比的频率特性。

图 10-4 所示串联谐振电路的频率响应为

$$H(\mathrm{j}\omega) = \frac{\dot{U}_{\mathrm{R}}(\mathrm{j}\omega)}{\dot{U}_{\mathrm{S}}(\mathrm{j}\omega)}$$

为比较不同谐振回路，令 $\omega \to \dfrac{\omega}{\omega_0} = \eta$，$\eta$ 称为相对频率，谐振时 $\eta = 1$，则有

$$H(\mathrm{j}\omega) = \frac{\dot{U}_{\mathrm{R}}(\mathrm{j}\omega)}{\dot{U}_{\mathrm{S}}(\mathrm{j}\omega)} = \frac{R}{R + \mathrm{j}\left(\omega L - \dfrac{1}{\omega C}\right)} = \frac{1}{1 + \mathrm{j}\dfrac{\omega_0 L}{R}\left(\dfrac{\omega}{\omega_0} - \dfrac{1}{\omega_0 L\omega C}\right)} = \frac{1}{1 + \mathrm{j}Q\left(\eta - \dfrac{1}{\eta}\right)}$$

其中，当电路发生谐振时，$\eta = 1$。由上式可得

$$H_{\mathrm{R}}(\mathrm{j}\eta) = \frac{1}{1 + \mathrm{j}Q\left(\eta - \dfrac{1}{\eta}\right)} \tag{10-7}$$

其中

$$\begin{cases} \varphi(\eta) = -\arctan\left[Q\left(\eta - \dfrac{1}{\eta}\right)\right] = \arccos(H(\eta)) \\ \left|H_{\mathrm{R}}(\eta)\right| = \cos\varphi(\eta) \end{cases} \tag{10-8}$$

上述关系可以用于不同的 RLC 串联谐振电路，它们都在同一个坐标（η）下，根据Q取值不同，曲线仅与Q值有关，并明显地看出Q值对谐振曲线形状的影响。图 10-7 给出了 3 个不同Q值的谐振曲线。

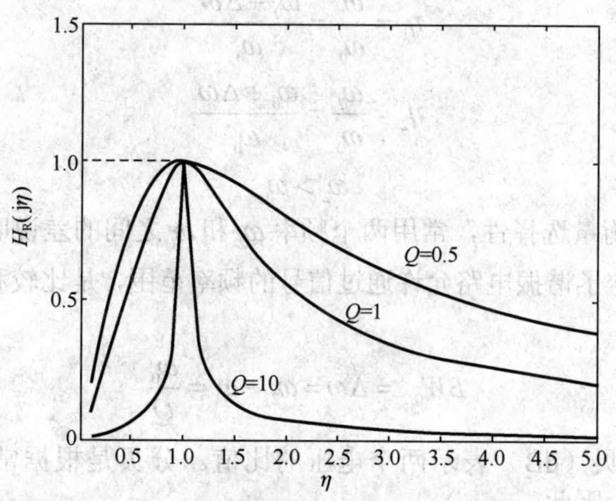

图 10-7　谐振曲线与Q值之间的关系

由图可知，Q值越大，谐振曲线越尖锐。由此得出如下谐振电路的特性。

1. 谐振电路具有选择性

在谐振点附近响应出现峰值，当ω偏离ω_0时，输出下降。也就是说，串联谐振电路对不同频率信号有不同的响应，对谐振频率的信号响应最大，而对远离谐振频率的信号具有抑制能力。这种对频率不同、幅度相同的输入信号的选择能力称为“选择性”。

2. 谐振电路的选择性与Q成正比

Q值越大，谐振曲线越尖锐。电路对非谐振频率的信号具有很强的抑制能力，因此选择性好；反之，Q值越小，在谐振频率附近曲线顶部形状越平缓，选择性越差。因此Q值是反映谐振电路性质的一个重要指标。

3. 谐振电路的有效工作频段（通频带）

声学研究表明，如果信号功率不低于原有最大值的一半，人的听觉就辨别不出。半功率点如图 10-7 所示。

$$\left|H_{\mathrm{R}}(\mathrm{j}\eta)\right| \geqslant 1/\sqrt{2} = 0.707$$

上式取等号时，可得

$$H_{\mathrm{R}}(\eta)=\frac{1}{\sqrt{1+\left[Q\left(\eta-\frac{1}{\eta}\right)\right]^2}}=\frac{1}{\sqrt{2}}$$

则

$$Q\left(\eta-\frac{1}{\eta}\right)=\pm 1$$

$$\eta_1=\frac{\omega_1}{\omega_0}=\frac{\omega_0-\Delta\omega'}{\omega_0}$$

$$\eta_2=\frac{\omega_2}{\omega_0}=\frac{\omega_0+\Delta\omega'}{\omega_0}$$

$$\omega_2>\omega_1$$

工程上为定律衡量选择性，常用两个频率 ω_2 和 ω_1 之间的差说明，这个频率差称为通频带。通频带规定了谐振电路允许通过信号的频率范围，是比较和设计谐振电路的重要指标。

$$BW_{0.7}=\Delta\omega=\omega_2-\omega_1=\frac{\omega_0}{Q}$$

工程上常用分贝（dB）表示两个电压的比值。分贝是根据常用对数定义的，即 $\mathrm{dB}=20\lg(U_2/U_1)$，因此

$$BW_{0.7}=\frac{f_0}{Q}$$

$$H_{\mathrm{dB}}=20\lg\left[\frac{U_{\mathrm{R}}}{U_{\mathrm{S}}}\right]$$

$$20\lg 0.707=-3\mathrm{dB}$$

因此该频率称为 3 分贝频率。

例 10.2　如图 10-8 所示，一信号源与 RLC 电路串联，要求 $f_0=10^4\mathrm{Hz}$，$\Delta f=100\mathrm{Hz}$，$R=15\Omega$，请设计一个线性电路。

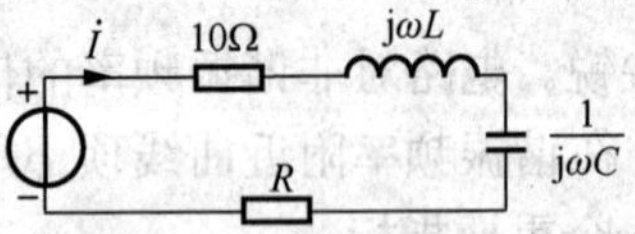

图 10-8　例 10.2 图

解：

$$BW_{0.7}=\frac{f_0}{Q}\Delta\omega=\omega_2-\omega_1=\frac{\omega_0}{Q}$$

$$Q=\frac{\omega_0}{\Delta\omega}=\frac{f_0}{\Delta f}=\frac{10^4}{100}=100$$

$$L=\frac{RQ}{\omega_0}=\frac{100\times 15}{2\pi\times 10^4}=39.8\text{（mH）}\qquad \left(Q=\frac{\omega_0 L}{R}\right)$$

$$C=\frac{1}{\omega_0^2 L}=6360\text{（pF）}\qquad \left(\omega_0=\frac{1}{\sqrt{LC}}\right)$$

10.3　GLC并联谐振电路

当接收机选取信号后，第一步就要完成信号放大，如何实现这种具有一定频带宽的信号的放大呢？

图 10-9 所示电路为 GLC 并联电路，这是另一种典型的谐振电路，其分析方法与 RLC 串联谐振电路相同（具有对偶性）。

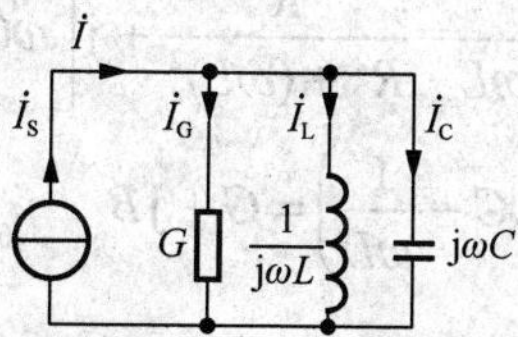

图 10-9　并联谐振电路图

并联谐振的定义与串联谐振的定义相同，即端口上的电压 $\dot{U}$ 与输入电流 $\dot{I}$ 同相位时的工作状态称为谐振。由于谐振发生在并联电路中，因此称为并联谐振。

并联谐振输入导纳为

$$Y=G+j\left(\omega C-\frac{1}{\omega L}\right)$$

因此并联谐振的条件为

$$\omega_0 L=\frac{1}{\omega_0 C}\tag{10-9}$$

可得谐振角频率和谐振频率为

$$\omega_0=\frac{1}{\sqrt{LC}},\ f_0=\frac{1}{2\pi\sqrt{LC}}\tag{10-10}$$

该频率称为电路的固有频率。

并联谐振的特点如下。

（1）输入端导纳为纯电导，导纳值$|Y|$最小，即阻抗值最大，当 I_S 一定时，端电压达到最大值。

（2）LC 上的电流大小相等，相位相反，LC 并联总电流为零。

谐振时有

$$\dot{I}_{C0}=\dot{U}\,j\omega_0 C\,,\ \dot{I}_{L0}=\dot{U}/j\omega_0 L\,,\ \dot{I}_{G0}=\dot{U}G=I_S$$

品质因数为

$$Q\overset{\Delta}{=}\frac{I_{C0}}{I_S}=\frac{I_{L0}}{I_S}=\frac{\omega_0 C}{G}=\frac{1}{\omega_0 LG}=\frac{1}{G}\sqrt{\frac{C}{L}}=R_{并}\sqrt{\frac{C}{L}}$$

$$I_L(\omega_0)=I_C(\omega_0)=QI_S$$

实际电感线圈自身总存在电阻。当电感线圈与电容器并联时，等效电路如图 10-10 所示。

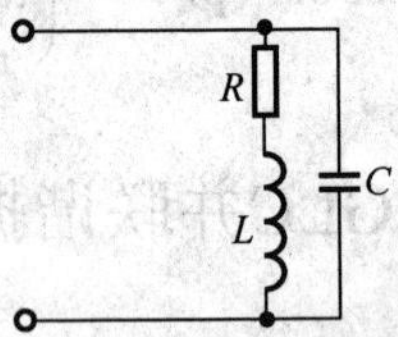

图 10-10　一种实用的并联谐振电路图

图 10-10 所示电路是一种实用的并联谐振电路，其谐振条件为等效导纳虚部为零，图 10-10 的导纳为

$$Y=\mathrm{j}\omega C+\frac{1}{R+\mathrm{j}\omega L}=\frac{R}{R^2+(\omega L)^2}+\mathrm{j}\left[\omega C-\frac{\omega L}{R^2+(\omega L)^2}\right]$$

$$\approx\frac{R}{(\omega L)^2}+\mathrm{j}\left(\omega C-\frac{1}{\omega L}\right)=G+\mathrm{j}B\qquad(R<<\omega L)$$

谐振条件为

$$\omega_0 L=\frac{1}{\omega_0 C}$$

谐振角频率和谐振频率为

$$\omega_0=\frac{1}{\sqrt{LC}},\ f_0=\frac{1}{2\pi\sqrt{LC}}$$

此结论与串联谐振电路完全一致。

结论：

（1）当一般线圈中电阻 $R<<\omega L$ 时，等效导纳为

$$Y=\frac{R}{R^2+(\omega L)^2}+\mathrm{j}\left[\omega C-\frac{\omega L}{R^2+(\omega L)^2}\right]$$

$$\approx\frac{R}{(\omega L)^2}+\mathrm{j}\left[\omega C-\frac{1}{\omega L}\right]=G_e+\mathrm{j}B$$

与串联谐振回路的阻抗具有类似形式，即

$$Z=R+\mathrm{j}\left(\omega L-\frac{1}{\omega C}\right)$$

谐振时：

$$R_{e并}=\frac{1}{G_e}\approx\frac{(\omega_0 L)^2}{R_{串}}=\frac{L}{R_{串}C}$$

上式表明：串联总电阻 $R_{串}$ 越小，等效并联电阻 $R_{e并}$ 就越大。

（2）谐振频率。当 $R<<\omega L$ 时，谐振角频率 $\omega_0\approx\dfrac{1}{\sqrt{LC}}$；谐振频率 $f_0\approx\dfrac{1}{2\pi\sqrt{LC}}$。

（3）谐振特点。

① 电路发生谐振时，输入阻抗最大。

$$Z(\omega_0)=R_0\approx\frac{(\omega_0 L)^2}{R}=\frac{L}{RC}=R_{并}$$

② 电流 I_S 一定时，端电压最大。

$$U_0=I_0 Z=I_0\frac{L}{RC}$$

③ 品质因数求解公式

$$Q\overset{\Delta}{=}\frac{I_{C0}}{I_S}=\frac{\omega_0 C}{G}=\frac{1}{\omega_0 LG}=\frac{R_0}{\omega_0 L}$$

谐振时

$$\dot{I}_C=j\omega_0 C\dot{U}\qquad \dot{I}_L=\frac{\dot{U}}{R+j\omega L}\approx\frac{\dot{U}}{j\omega_0 L}$$

$$\dot{I}_S=\frac{\dot{U}}{Z(f_0)}=\frac{\dot{U}}{R_0}=\frac{\dot{U}}{\dfrac{(\omega_0 L)^2}{R}}=\frac{\dot{U}R}{(\omega_0 L)^2}$$

$$Q\overset{\Delta}{=}\frac{I_C}{I_S}=\frac{I_L}{I_S}=\frac{1}{\omega_0 LG}=\frac{R}{\omega_0 L}$$

④ 支路电流是总电流的 Q 倍。设 $R<<\omega L$，则 $I_C(f_0)=I_L(f_0)=QI_S$，称为电流谐振。

⑤ 通频带求解公式

$$BW_{0.7}=\frac{f_0}{Q}\Delta\omega=\omega_2-\omega_1=\frac{\omega_0}{Q}$$

$$BW_{0.7}=\Delta f=\frac{f_0}{Q}$$

10.4　滤　波　器

10.4.1　滤波器的概念与分类

滤波器是对波进行过滤的器件。滤波器由电阻、电感和电容构成的一种网络。这种网络允许一些频段的信号成分通过，而对其他频段的信号加以抑制。根据要滤除的干扰信号的频率与工作频率的相对关系，滤波器分为低通滤波器、高通滤波器、带通滤波器、带阻滤波器等类型。

低通滤波器是最常用的一种滤波器，主要用在干扰信号频率高于工作信号频率的场合。例如，在数字设备中脉冲信号具有丰富的高次谐波，这些高次谐波并不是电路工作所必需的，而是很强的干扰源，因此在数字电路中常用低通滤波器将脉冲信号中不必要的高次谐波滤除，仅保留能够维持电路正常工作的最低频率。又如，电源线滤波器也是低通滤波器，它仅允许 50Hz 的电流通过，对其他高频干扰信号有很大的衰减。

常用的低通滤波器是用电感和电容组合而成的，电容并联在要滤波的信号线与信号地之间（滤除差模干扰电流）或信号线与机壳地或大地之间（滤除共模干扰电流）电感串联在要滤波的信号线上。按照电路结构，低通滤波器可分为单电容型（C 型）、单电感型、L 型、反 Γ 型、T 型和 π 型。

高通滤波器用于干扰频率低于信号频率的场合，如在一些靠近电源线的敏感信号线上滤除电源谐波造成的干扰。

带通滤波器用于信号频率仅占较窄带宽的场合，如通信接收机的天线端口上要安装带通滤波器，仅允许通信信号通过。

带阻滤波器用于干扰频率带宽较窄而信号频率较宽的场合，如距离大功率电台很近的电缆端口处要安装带阻频率等于电台发射频率的带阻滤波器。

不同结构的滤波电路主要有两点不同：

（1）电路中的滤波器件越多，滤波器阻带的衰减就越大，滤波器通带与阻带之间的过渡带就越短。

（2）不同结构的滤波电路适合不同的源阻抗和负载阻抗，它们的关系应当遵循阻抗失配原则。但要注意的是，实际电路的阻抗很难估算，特别是在高频时（电磁干扰问题往往发生在高频），由于受到电路寄生参数的影响，电路的阻抗变化很大，而且电路的阻抗往往还与电路的工作状态有关，再加上电路阻抗在不同的频率上也不一样。因此，在实际中哪一种滤波器有效，主要依靠试验的结果确定。

10.4.2 滤波器简介

（1）抑制高频分量而让低频分量通过的滤波器叫作低通滤波器，L 型、π型、T 型三种型式的低通滤波器分别如图 10-11（a）、（b）、（c）所示。通带范围：0～截止频率 f_C。

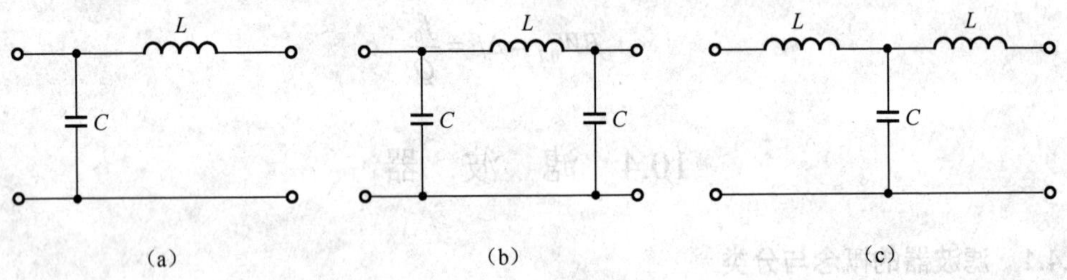

图 10-11 低通滤波器

（2）阻止低频分量而让高频分量通过的滤波器叫作高通滤波器，L 型、π型、T 型三种型式的高通滤波器分别如图 10-12（a）、（b）、（c）所示。通带范围：截止频率 f_C～∞。

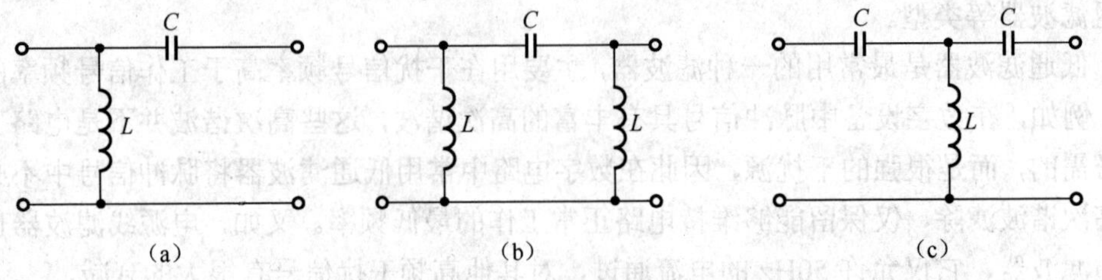

图 10-12 高通滤波器

（3）让频带内的谐波分量顺利通过而阻止频带以外的频率通过的滤波器称为带通滤波器，L 型、π型、T 型三种型式的通带滤波器分别如图 10-13（a）、（b）、（c）所示。

工作原理：应用串、并联谐振的特性完成的。

带通滤波器通带范围：在两个截止频率之间。

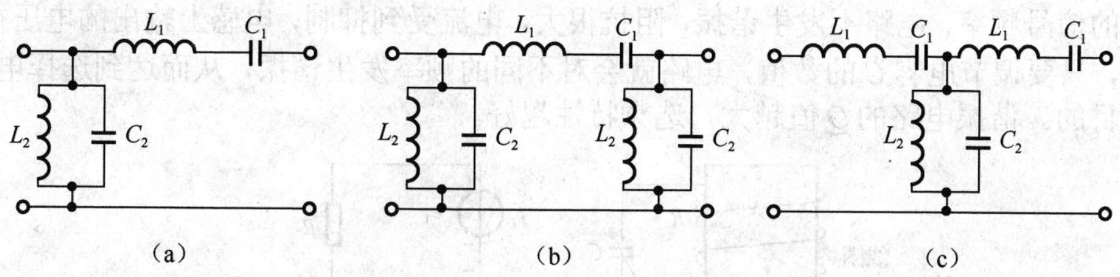

图 10-13　带通滤波器

（4）阻止一定频带信号而允许频带以外的信号通过的滤波器称为带阻滤波器，L 型、π型、T 型三种型式的阻带滤波器分别如图 10-14（a）、（b）、（c）所示。带阻滤波器的阻带：在两个截止频率之间。

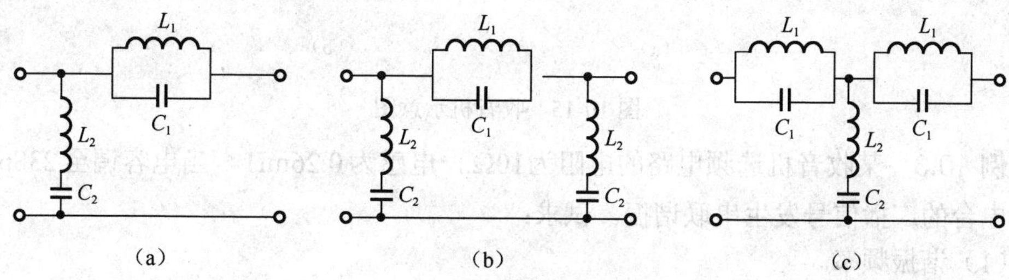

图 10-14　带阻滤波器

带阻滤波器的工作原理：为了阻止 ω_0 附近频带的信号通过，仍然选择 $L_1C_1=L_2C_2$，使 $\omega_0=\dfrac{1}{\sqrt{L_1C_1}}=\dfrac{1}{\sqrt{L_2C_2}}$。此时，$L_2C_2$ 串联支路达到串联谐振，谐振阻抗最小，趋近于零；L_1C_1 并联支路达到并联谐振，谐振阻抗最大，趋近于无穷大。这样，在 ω_0 附近频带的信号很容易通过串联支路到达输出端，而并联支路恰好把频带以外的信号滤掉，这就完成了带通滤波器的功能。

10.5　应 用 实 例

在电力系统中发生串联谐振是非常危险的。例如，当外加电压 $U=220\text{V}$，$Q=10$ 时，如果发生串联谐振，电感或电容两端的电压 $U_{\text{L}}=U_{\text{C}}=QU=220\times10=2200\text{V}$，若 Q 值再大，则其两端的电压会更大，这样高的电压会对设备造成损害。如果考虑电路谐振这一特点，就可设法避免造成电气设备损坏，并保障人身安全。

在电子技术中，串联谐振得到了广泛应用。例如，在无线电接收机中，串联谐振可用于信号的选择（选频）。图 10-15（a）是收音机中磁性天线的示意图。线圈绕在磁棒上（L），两端接上可变电容（C）。当不同频率的电磁波信号经过天线时，线圈中就会感应出不同频率的电动势 e，其原理如图 10-15（b）所示。电路中的电动势是各个不同频率电动势 e_1，e_2，…，e_n 的叠加。若调节电容 C 使之与某电台的信号频率 f_n 发生谐振，则电路对该电台信号源 e_n 阻抗最小，该频率的信号电流最大，在电感两端就会得到最高的输出电压，经过放大和后续电路处理后，扬声器就会播出该电台的节目。对其他电台的信号频率，电路不发生谐振，阻抗很大，电流受到抑制，电感上输出的电压很小。因此，只要调节电容 C 的数值，电路就会对不同的频率发生谐振，从而达到选择电台节目的目的。谐振电路的 Q 值越大，选频特性越好。

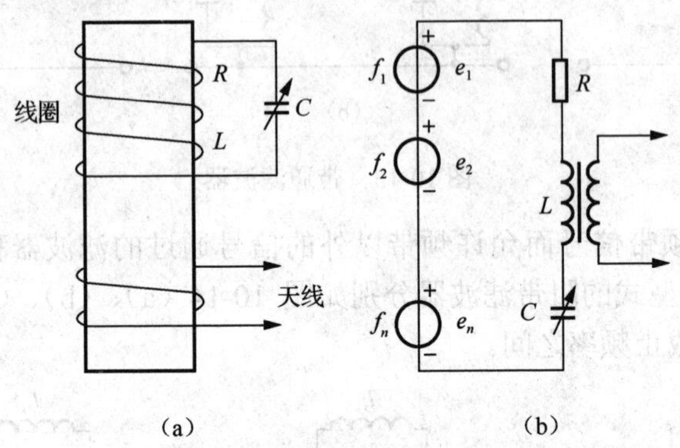

图 10-15　收音机示意图

例 10.3　某收音机选频电路的电阻为10Ω，电感为0.26mH，当电容调至238pF时与某电台的广播信号发生串联谐振。试求：

（1）谐振频率。

（2）该电路的品质因数 Q。

（3）当信号输入为$10\mu\text{V}$时，求电路中的电流及电感的端电压。

（4）某电台的频率是960kHz，若它也在该选频电路中感应出$10\mu\text{V}$的电压，则电感两端该频率对应的电压是多少？

解：（1）计算谐振频率为

$$f_0 = \frac{1}{2\pi\sqrt{LC}} = \frac{1}{2\pi\sqrt{0.26\times10^{-3}\times238\times10^{-12}}} = 640\text{（kHz）}$$

即与中波段的 $f = 640\text{kHz}$ 的电台广播信号发生谐振。

（2）品质因数为

$$Q = \frac{X_\text{L}}{R} = \frac{2\pi f_0 L}{R} = \frac{2\pi\times640\times10^3\times0.26\times10^{-3}}{10} = 105$$

（3）当信号电动势为$10\mu\text{V}$时，电流为

$$I = I_0 = \frac{E}{R} = \frac{10}{10} = 1\text{（μA）}$$

电感两端电压为

$$U_\text{L} = U_\text{C} = QC = 105\times10 = 1.05\text{（mV）}$$

（4）当电台频率为960kHz时，选频电路对该频率的阻抗为

$$|Z|=\sqrt{R^2+X^2}=\sqrt{R^2+\left(2\pi fL-\frac{1}{2\pi fC}\right)^2}=\sqrt{10^2+870^2}\approx 870\ (\Omega)$$

当信号的感应电压为10μV时，与该频率相对应的电流为

$$I'=\frac{10\times10^{-6}}{870}=0.0115\times10^{-6}\ (\text{A})=0.0115\ (\mu\text{A})$$

电感上与该频率相对应的电压为

$$U_L'=X_L I'=18\ (\mu\text{A})$$

由此可见，在上述选频电路中，电感两端与640kHz信号相对应的电压是电感两端与960kHz信号相对应的电压的58.3(1050÷18)倍。这就是说，$f=960\text{kHz}$的电台受到了抑制（同理也抑制了其他电台），只选择了频率为640kHz的电台。

例 10.4　在收音机中频放大器中，利用并联谐振电路对465kHz的信号进行选频。设线圈$L=150\mu\text{H}$，电阻$R=5\Omega$，谐振时的总电流$I_0=1\text{mA}$。试求：

（1）对465kHz的信号应当选用多大电容？

（2）谐振时的阻抗。

（3）电路的品质因数。

（4）电感、电容中的电流。

解：（1）选择465kHz的信号，必须使电路的固有频率$f_0=465\text{kHz}$，则谐振时的感抗为

$$\omega_0 L=2\pi f_0 L=2\pi\times465\times10^3\times150\times10^{-6}=438\ (\Omega)$$

因为线圈电阻$R=5\Omega$，$\omega_0 L>>R$，所以$\omega_0 L\approx\frac{1}{\omega_0 C}$，因此可得

$$C=\frac{1}{\omega_0^2 L}=\frac{1}{(2\pi f_0)^2 L}=\frac{1}{(2\pi\times465\times10^3)^2\times150\times10^{-6}}=780\ (\text{pF})$$

（2）谐振阻抗为

$$|Z|\approx\frac{(\omega_0 L)^2}{R}=38.4\ (\text{k}\Omega)$$

（3）品质因数为

$$Q=\frac{\omega_0 L}{R}=88$$

（4）电感及电容中的电流

$$I_L=I_C=QI_0=88\ (\text{mA})$$

10.6　计算机辅助分析电路举例

10.6.1　利用 MATLAB 绘制频率响应曲线

波特图又称对数频率特性曲线，是频率法中应用最广泛的曲线。与极坐标图相比较，

对数坐标图更为优越，用对数坐标图不但计算简单、绘图容易，而且能够直观地表现时间常数等参数的变化对系统性能的影响。

波特图由两幅图组成，分别是对数幅频特性曲线图和对数相频特性曲线图。

$G(\mathrm{j}\omega)$ 对数幅值（纵坐标）的标准表达式为

$$L(\omega)=20\lg\left|G(\mathrm{j}\omega)\right|=20\lg A(\omega)$$

在这个幅值表达式中，采用的单位是分贝（dB）。在对数表达式中，对数幅值曲线画在半对数坐标纸上，频率采用对数刻度，幅值或相角则采用线性刻度。

根据公式（10-11）可以粗略地画出电路的频率响应曲线，但是需要花费很多时间。使用 MATLAB 相关指令，可使精确地绘制系统的频率响应曲线变得轻松自如。

绘制对数频率特性曲线常用的指令如下：

Angle()：求相角，angle()的取值是-pi 到 pi。

Abs()：对实数是求绝对值，对复数是求其模值。

Semilogx（x 轴对数刻度坐标图）：用该函数绘制图形时 x 轴采用对数坐标。

Semilogx（y）：对 x 轴的刻度求常用对数（以 10 为底），而 y 为线性刻度。

```
对数坐标系
x=0.001:0.01*pi:2*pi;
y=log10(x);
figure(1)
semilogx(x,y,'-*');      %x 轴对数刻度坐标图
figure(2)
plot(x,y);               %均匀直角坐标系
```

运行后绘制曲线如下：x 轴对数刻度坐标图如图 10-16 所示。均匀直角坐标图如图 10-17 所示。

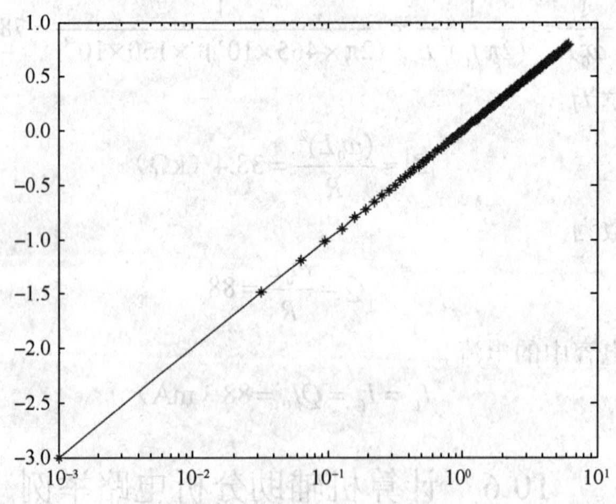

图 10-16　x 轴对数刻度坐标图

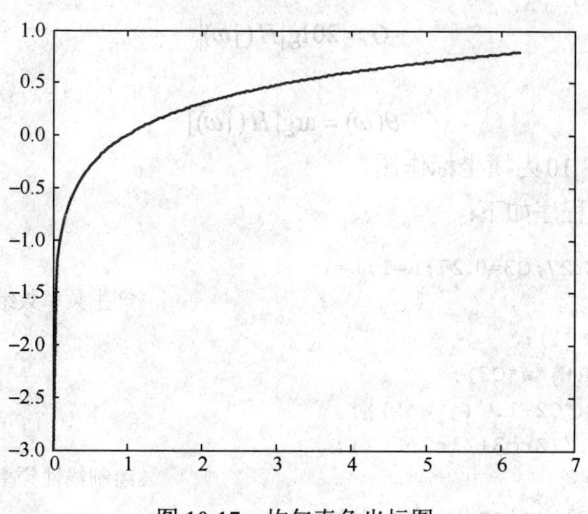

图 10-17　均匀直角坐标图

例 10.5　电路如图 10-18 所示，已知 $C_1 = 1.73\text{F}$，$C_2 = C_3 = 0.27\text{F}$，$L = 1\text{H}$，$R = 1\Omega$。试以 $\dot{U}_2$ 为响应分析电路的频率响应。

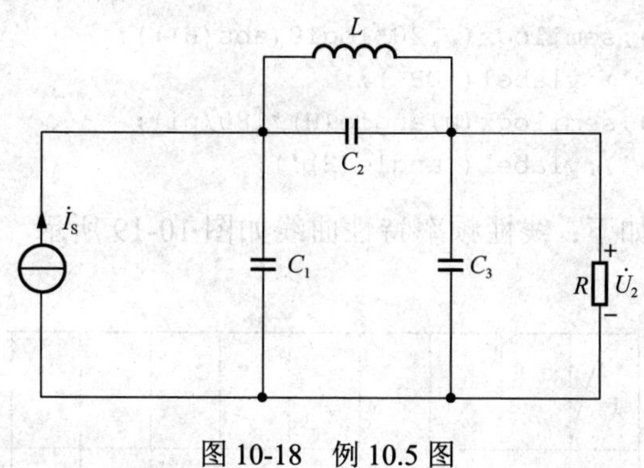

图 10-18　例 10.5 图

解：在正弦稳态下，C_1 和电流源 $\dot{I}_S$ 的并联支路可以等效为电压源，$\dot{U}_2$ 可以根据分压计算。

$$\dot{U}_2 = \frac{\dfrac{1}{\dfrac{1}{R} + \text{j}\omega C_3}}{\dfrac{1}{\dfrac{1}{R} + \text{j}\omega C_3} + \dfrac{1}{\dfrac{1}{\text{j}\omega L} + \text{j}\omega C_2} + \dfrac{1}{\text{j}\omega C_1}} \cdot \frac{1}{\text{j}\omega C_1} \cdot \dot{I}_S = Z_e \cdot \dot{I}_S$$

则有

$$H(\text{j}\omega) = \frac{\dot{U}_2}{\dot{I}_S} = Z_e$$

对数频率特性为

$$G = 20\lg\left|H(\mathrm{j}\omega)\right|$$

相频特性为

$$\theta(\omega) = \arg[H(\mathrm{j}\omega)]$$

取 $\omega = 0, 0.01, \cdots, 10$ 为横坐标作图。

MATLAB 应用程序如下：

```
C1=1.73;C2=0.27;C3=0.27;R=1;L=1;
w=0:0.01:10;                                          %产生频率数组
Zc1=1./(j*w*C1);
Zrc3=1./(1/R+j*w*C3);
Z1c2=1./(j*w*C2+1./(j*w*L));
H=Zrc3.*Zc1./(Zrc3+Z1c2+Zc1);
figure(1)                                             %绘制线性频率特性
subplot(2,1,1),plot(w,abs(H));
grid;xlabel('w'),ylabel('abs(H)');
subplot(2,1,2),plot(w,angle(H)*180/pi)               %绘制相频特性
grid,xlabel('w');ylabel('angle(H)');
figure(2);                                            %绘制对数频率特性
subplot(2,1,1);semilogx(w,20*log10(abs(H)));
grid,xlabel('w');ylabel('DB');
subplot(2,1,2);semilogx(w,angle(H)*180/pi);
grid,xlabel('w');ylabel('angle(H)');
```

运行后绘制曲线如下：线性频率特性曲线如图 10-19 所示。对数频率特性曲线如图 10-20 所示。

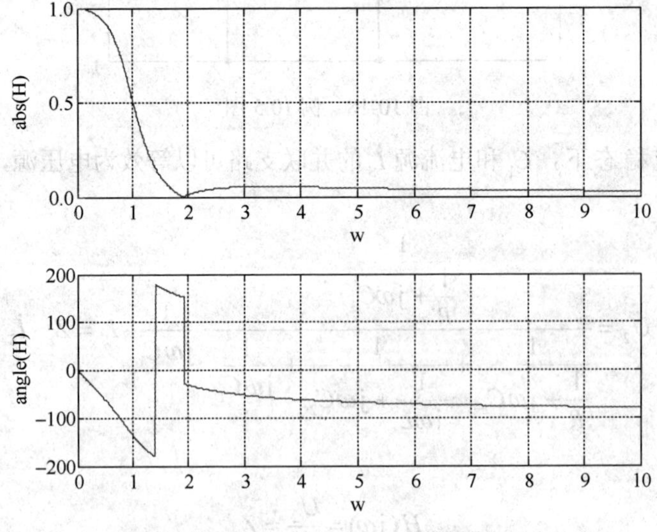

图 10-19　线性频率特性曲线

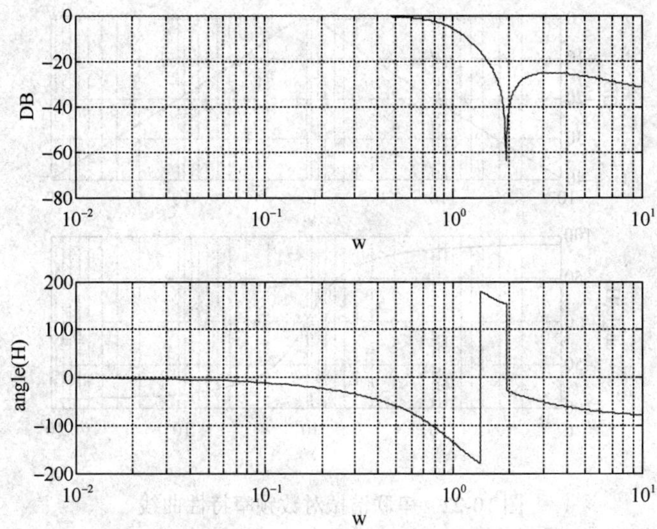

图 10-20　对数频率特性曲线

10.6.2　利用 MATLAB 分析串联谐振电路

例 10.6　电路图如图 10-21 所示，已知 C=1F，L=1H，R=1Ω。试通过电路频率响应图求电路的谐振频率。

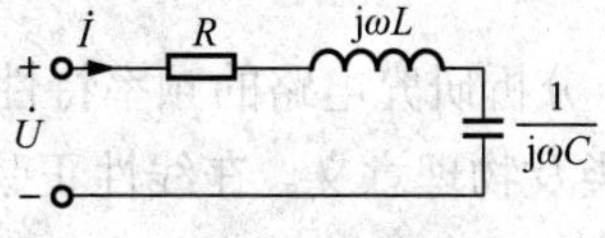

图 10-21　例 10.6 图

MATLAB 应用程序如下：

```
C=1;L=1;R=1;
w=0:0.01:100;
Zc1=1./(j*w*C);
Zc2=j*w*L;
H=R./(R+Zc1+Zc2);
figure(1)
subplot(2,1,1);semilogx(w,20*log10(abs(H)));
grid,xlabel('w');ylabel('DB');
subplot(2,1,2);semilogx(w,angle(H)*180/pi);
grid,xlabel('w');ylabel('angle(H)');
```

运行后绘制曲线如下：串联谐振对数频率特性曲线如图 10-22 所示。

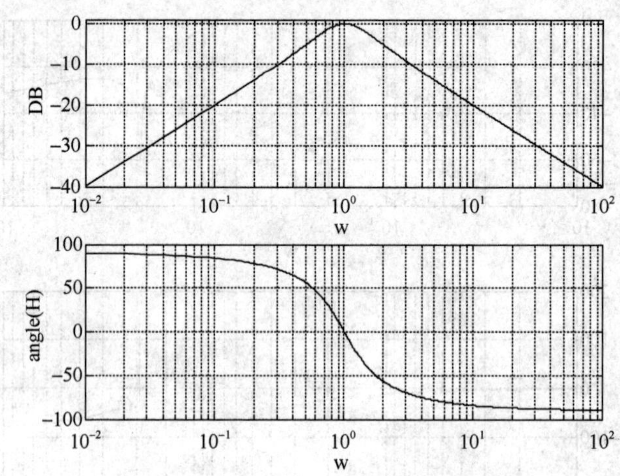

图 10-22　串联谐振对数频率特性曲线

由以上仿真图可知，当频率为 1 时，电路幅频特性最大，相位差为 0，因此谐振频率为 1，这与利用理论公式 $\omega_0 = \dfrac{1}{\sqrt{LC}}$ 求出的谐振频率相同。

小　结

本章以角频率 ω 为变量，分析研究电路的频率特性。

（1）网络函数的定义、分类及物理意义。在线性正弦稳态网络中，当只有一个独立激励源作用时，网络中某一处的响应（电压或电流）与网络输入之比称为该响应的网络函数。网络函数可分为驱动点函数和转移函数。

（2）串联谐振电路和并联谐振电路的定义、条件及其频率响应。在特定条件下出现感抗和容抗相互抵消的情况，即网络的输入阻抗为纯电阻，端口电压、电流同相位，这时称电路发生了谐振。若谐振发生在由 R、L、C 组成的串联电路，则称为串联谐振；若谐振发生在由 R、L、C 组成的并联电路，则称为并联谐振。$\omega_0 L = \dfrac{1}{\omega_0 C}$ 称为串并联谐振条件。

（3）波特图与滤波器的概念。波特图又称对数频率特性曲线，是频率法中应用最广泛的曲线。它由两幅图组成，分别是对数幅频特性曲线图和对数相频特性曲线图。$G(\mathrm{j}\omega)$ 对数幅值（纵坐标）的标准表达式为 $L(\omega) = 20\lg|G(\mathrm{j}\omega)| = 20\lg A(\omega)$。

滤波器是由电阻、电感和电容构成的一种网络。这种网络允许一定频段的信号成分通过，而对其他频段的信号加以抑制。根据要滤除的干扰信号的频率与工作频率的相对关系，滤波器分为低通滤波器、高通滤波器、带通滤波器、带阻滤波器等类型。

习　题

10.1　求图 10-23 所示电路的网络函数 $H(s)=\dfrac{U_o(s)}{U_i(s)}$。

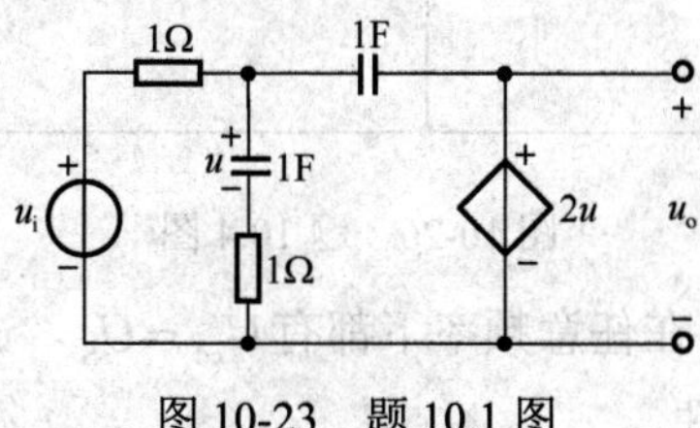

图 10-23　题 10.1 图

10.2　试求图 10-24 所示各电路的输入阻抗 Z 和导纳 Y。

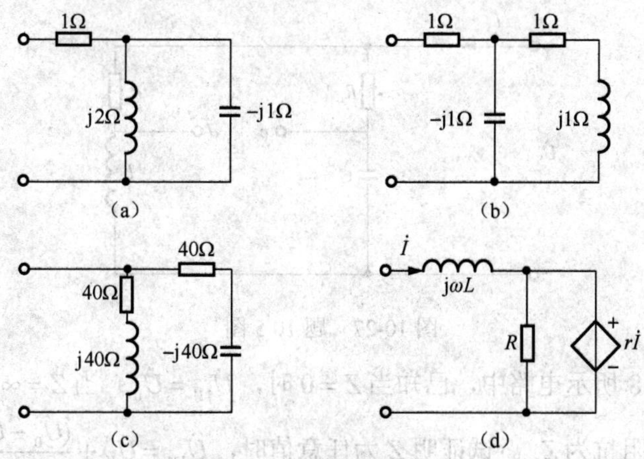

图 10-24　题 10.2 图

10.3　图 10-25 中 N 为不含独立电源的一端口网络，其端口电压、电流分别如下式所示。试求每一种情况下的输入阻抗 Z 和导纳 Y，并给出等效电路图（包含元件参数值）。

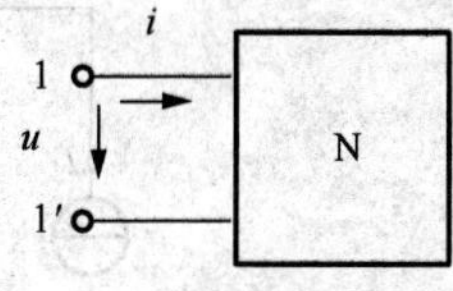

图 10-25　题 10.3 图

（1）$\begin{cases} u=200\cos(314t)\text{V} \\ i=10\cos(314t)\text{A} \end{cases}$；（2）$\begin{cases} u=10\cos(10t+45^\circ)\text{V} \\ i=2\cos(10t-90^\circ)\text{A} \end{cases}$；

（3）$\begin{cases} u=100\cos(2t+60^\circ)\text{V} \\ i=5\cos(2t-30^\circ)\text{A} \end{cases}$；（4）$\begin{cases} u=40\cos(100t+17^\circ)\text{V} \\ i=8\sin(100t+90^\circ)\text{A} \end{cases}$。

10.4　图 10-26 所示电路中，如果 R 改变时电流 I 保持不变，那么 L、C 应当满足什么条件？

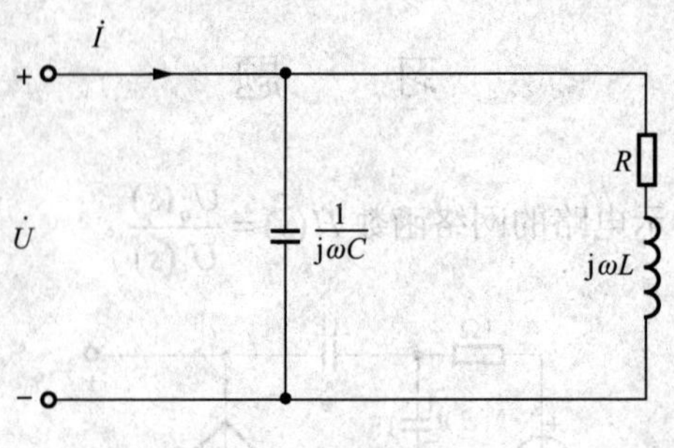

图 10-26　题 10.4 图

10.5　图 10-27 所示电路在任意频率下都有 $U_{\mathrm{cd}}=U_{\mathrm{S}}$。试求：

（1）满足上述要求的条件。

（2）U_{cd} 相位的可变范围。

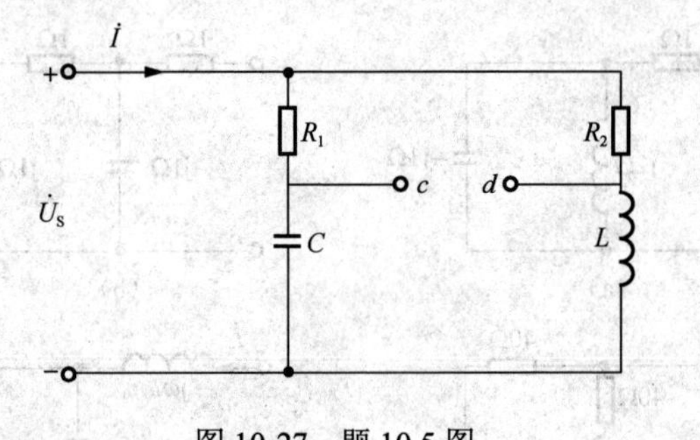

图 10-27　题 10.5 图

10.6　图 10-28 所示电路中，已知当 $Z=0$ 时，$\dot{U}_{11'}=\dot{U}_0$；当 $Z=\infty$ 时，$\dot{U}_{11'}=\dot{U}_{\mathrm{K}}$。端口 2—2′ 的输入阻抗为 Z_{A}。试证明 Z 为任意值时，$\dot{U}_{11'}=\dot{U}_{\mathrm{K}}+\dfrac{(\dot{U}_0-\dot{U}_{\mathrm{K}})Z_{\mathrm{A}}}{Z+Z_{\mathrm{A}}}$ 成立。

10.7　图 10-29 所示电路中，已知 $I_{\mathrm{S}}=0.6\mathrm{A}$，$R=10\mathrm{k\Omega}$，$C=1\mu\mathrm{F}$。若电流源的角频率可变，则频率为何值时 RC 串联部分获得最大功率？

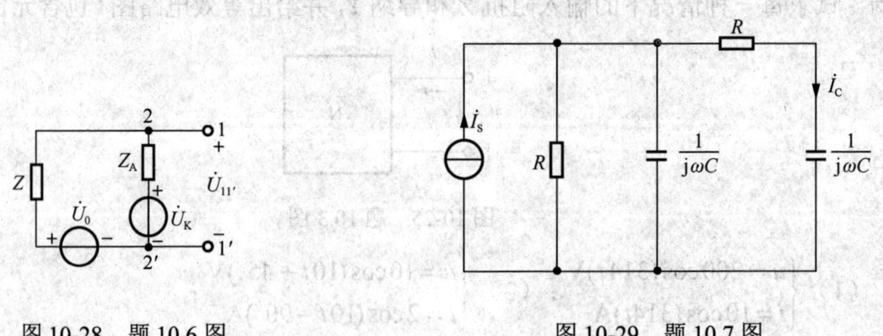

图 10-28　题 10.6 图　　　图 10-29　题 10.7 图

10.8　图 10-30 所示电路中，$R_1=R_2=10\Omega$，$L=0.25\mathrm{H}$，$C=1\mathrm{mF}$，电压表读数为 20V，功率表读数为 120W。求 $\dot{U}_2/\dot{U}_{\mathrm{S}}$ 和电源发出复功率 $\overline{S}$。

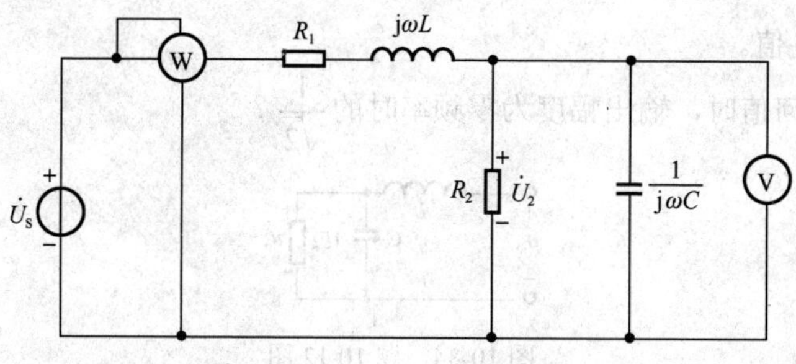

图 10-30　题 10.8 图

10.9　图 10-31 所示电路中，开关 S 闭合前，电容无电压，电感无电流。求开关 S 闭合后，电路对应响应 i 的网络函数。

10.10　求图 10-32 所示电路中的电压比 $K(s)=\dfrac{U_o(s)}{U_i(s)}$。图中的运算放大器是理想运算放大器。

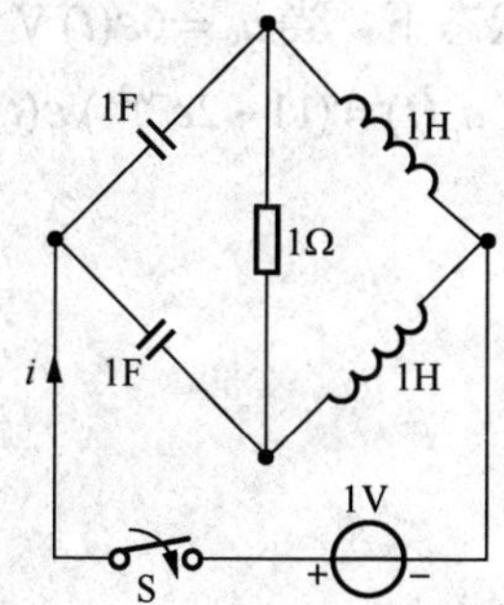

图 10-31　题 10.9 图

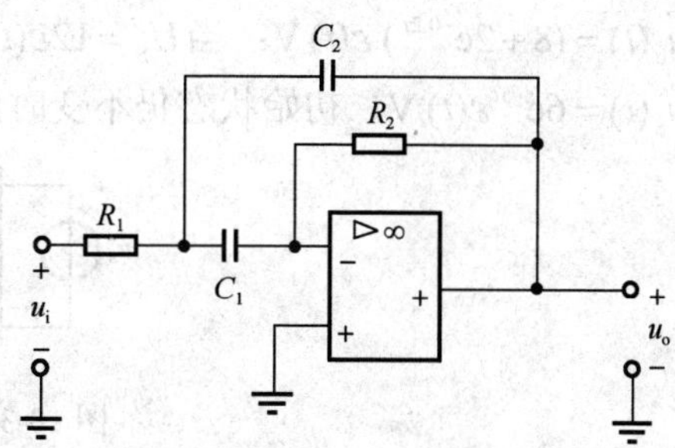

图 10-32　题 10.10 图

10.11　图 10-33 所示电路中，已知 $R_1=R_2=10\Omega$，$C=1\text{F}$，$n=5$。求网络函数 $H(s)=\dfrac{U_2(s)}{U_S(s)}$。

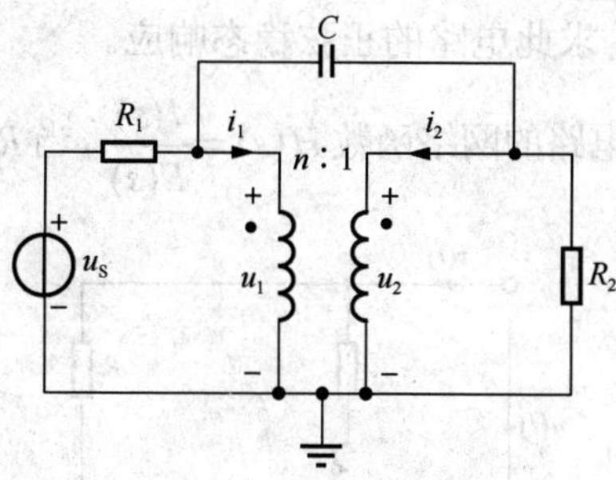

图 10-33　题 10.11 图

10.12　图 10-34 所示电路为一阶低通滤波器，若 $u_0(t)$ 的冲激响应 $h(t)=\sqrt{2}\,\mathrm{e}^{-\frac{\sqrt{2}}{2}t}\sin\left(\dfrac{\sqrt{2}}{2}t\right)\text{V}$。试求：

（1）L、C之值。

（2）频率为何值时，输出幅度为零频率时的$\frac{1}{\sqrt{2}}$？

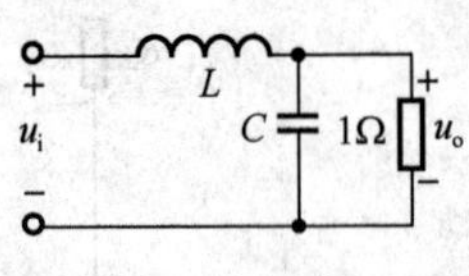

图 10-34　题 10.12 图

10.13　回答下列各题：

（1）已知一个线性电路（零状态）的单位阶跃响应$g(t)=Ae^{-\frac{t}{\tau_1}}+Be^{-\frac{t}{\tau_2}}$，求单位冲激响应$h(t)$和网络函数$H(s)$。

（2）一个线性电路，当输入为$e(t)$时，其响应为$R_1(t)$；零输入状态其响应为$R_2(t)$。试问当输入为$ke(t)$时，该电路的响应$R(t)$为多少？

10.14　电路如图 10-35 所示。已知在相同的初始状态下，当$u_S=6\varepsilon(t)\,\mathrm{V}$时，全响应$u_o(t)=(8+2e^{-0.2t})\,\varepsilon(t)\,\mathrm{V}$；当$U_S=12\varepsilon(t)\,\mathrm{V}$时，全响应$u_o(t)=(11-2e^{-0.2t})\,\varepsilon(t)\mathrm{V}$。求：当$u_S(t)=6e^{-5t}\varepsilon(t)\,\mathrm{V}$，初始状态仍不变时的全响应$u_0(t)$。

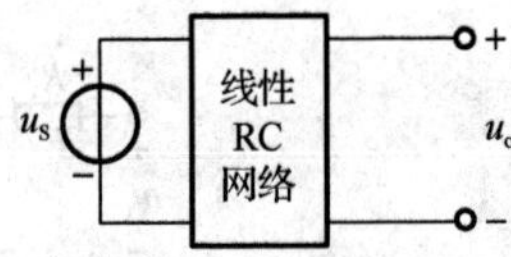

图 10-35　题 10.14 图

10.15　已知某二阶电路的网络函数$H(s)=\frac{Y(s)}{E(s)}=\frac{s+3}{s^2+3s+2}$。

（1）当$e(t)=\varepsilon(t)\mathrm{V}$时，其响应的初值为$y(0_+)=2$，其一阶导数的初值为$\frac{\mathrm{d}y}{\mathrm{d}t}(0_+)=1$，求此响应的自由分量和强制分量。

（2）当$\varepsilon(t)=\cos t\mathrm{V}$时，求此电路的正弦稳态响应。

10.16　求图 10-36 所示电路的网络函数$H(s)=\frac{I(s)}{E(s)}$，当$R_1=R_2=\sqrt{\frac{L}{C}}$时，将如何呢？

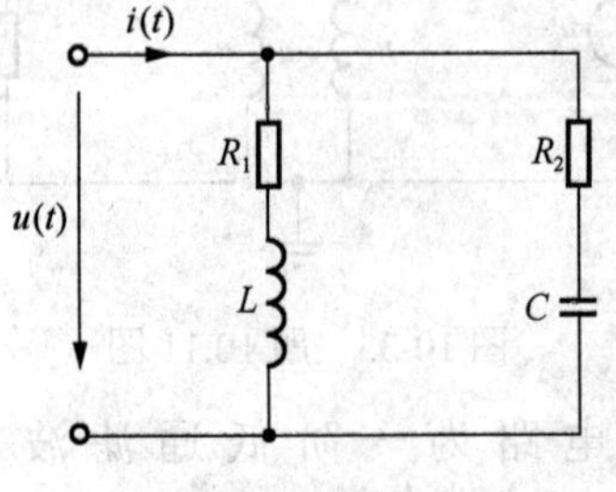

图 10-36　题 10.16 图

10.17　求图 10-37（a）所示电路图中的 $i_L(t)$，激励 $u_S(t)$ 如图 10-37（b）所示。

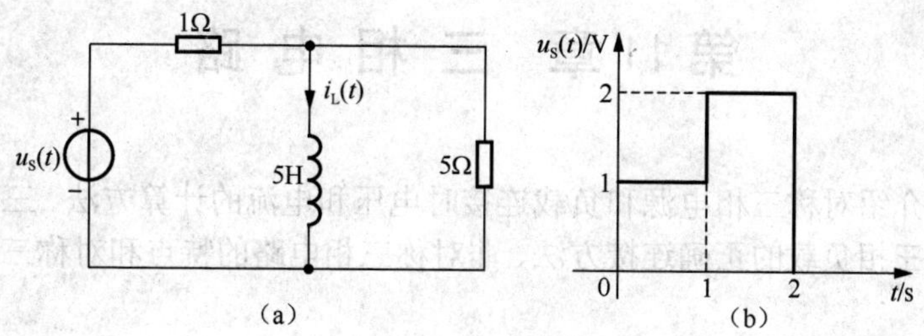

图 10-37　题 10.17 图

10.18　电路如图 10-38 所示，已知 $u_S(t)=5\cos(10^5 t)$ V，$R=200\,\Omega$，$L=1\text{mH}$，$C=0.1\,\mu\text{F}$。

（1）试求网络函数 $U_C(s)/U_S(s)$。

（2）若要求响应 $u_C(t)$ 为一个正弦波（电路无过渡过程），则试求电路的初始值 $u_C(0)$ 和 $i(0)$，并求此时的 $u_C(t)$ $(t \geqslant 0)$。

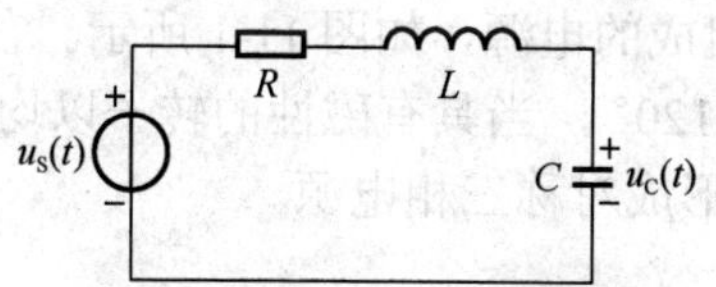

图 10-38　题 10.18 图

10.19　试用 MATLAB 程序对习题 10.4 进行分析。

10.20　试用 Simulink 对习题 10.7 进行仿真分析。

10.21　用 Simulink 对习题 10.16 进行仿真，并给出电流和电压关系图。

第 11 章　三 相 电 路

本章主要介绍对称三相电源和负载连接时电压和电流的计算方法、三相四线制供电系统中单相及三相负载的正确连接方法、非对称三相电路的特点和对称三相电路功率的计算方法。

11.1　对称三相电源

目前，世界各国的电力系统中电能的产生、传输和供电方式普遍采用三相制。为适应工业化生产的需要，这种电力系统已经实现了标准化和规范化，它主要由三相电源、三相负载和三相传输线路三部分组成。

对称三相电源是由 3 个同频率、等幅值、初相依次相差 120° 的正弦电压源连接成星形（Y）或三角形（△）组成的电源，如图 11-1 所示。它通常是由三相同步发电机产生的，三相绕组在空间互差 120°，当具有磁性的转子以均匀角速度 ω 转动时，在三相绕组中产生感应电压，从而形成对称三相电源。

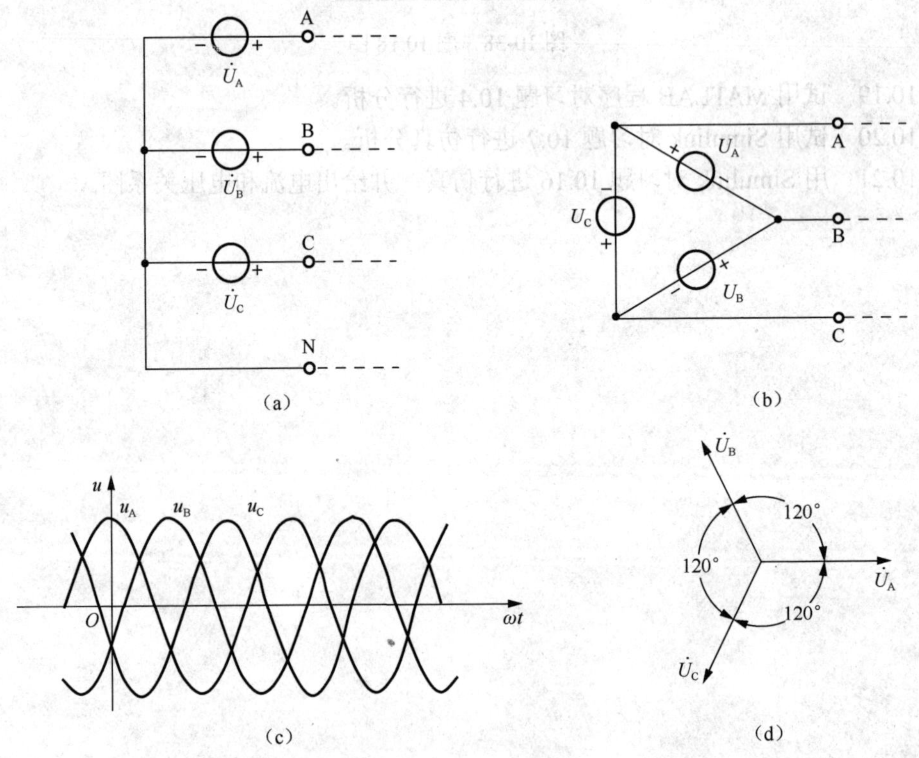

图 11-1　对称三相电压源连接及其电压波形和相量图

若将 3 个电源依次称为 A 相、B 相、C 相，则其瞬时值表达式及相量形式分别为

$$\begin{cases} u_A = \sqrt{2}U\cos\omega t \\ u_B = \sqrt{2}U\cos(\omega t - 120°) \\ u_C = \sqrt{2}U\cos(\omega t + 120°) \end{cases} \tag{11-1}$$

$$\begin{cases} \dot{U}_A = U\angle 0° = U \\ \dot{U}_B = U\angle -120° = U\left(-\dfrac{1}{2} - j\dfrac{\sqrt{3}}{2}\right) = Ua^2 \\ \dot{U}_C = U\angle +120° = U\left(-\dfrac{1}{2} + j\dfrac{\sqrt{3}}{2}\right) = Ua \end{cases} \tag{11-2}$$

式中，以 A 相电压 U_A 作为参考正弦量，$a = 1\angle 120°$，它是工程中引入的单位相量算子。

上述三相电压的相位次序 A、B、C 称为正序或顺序。反之，若 B 相超前 A 相 120°，C 相超前 B 相 120°，则这种相序称为负相序或逆相序。相位差为零的相序称为零序。电力系统一般采用正序。

对称三相电压各相的波形和相量图分别如图 11-1（c）和图 11-1（d）所示。对称三相电压满足以下条件：

$$u_A + u_B + u_C = 0 \tag{11-3}$$

或

$$\dot{U}_A + \dot{U}_B + \dot{U}_C = 0 \tag{11-4}$$

对称三相电压源是由三相发电机提供的（中国的三相电源系统频率 f=50Hz，入户电压为 220V，日本、美国、欧洲等国的三相电源系统频率和入户电压分别为 60Hz 和 110V。）

11.2　对称三相电源的连接

三相电压源的连接方式通常有星形（Y）或三角形（△）两种。图 11-1（a）所示为三相电压源的星形连接方式，从 3 个电压源正极性端子 A、B、C 向外引出的导线称为端线，从中性点 N 引出的导线称为中性线（零线）。图 11-1（b）所示为三相电压源的三角形连接方式，把三相电压源依次连接成一个回路，再从端子 A、B、C 引出端线，三角形电源不能引出中性线。

从对称三相电源的 3 个端子引出具有相同阻抗的 3 条端线或输电线，把一些对称三相负载连接在端线上就形成了对称三相电路，如图 11-2 所示。图 11-2（a）中，三相电源为星形三相电源，负载为星形负载，称为Y-Y联结；图 11-2（b）中，三相电源为星形电源，负载为三角形负载，称为Y-△联结。此外，还有△-Y联结和△-△联结。

在Y-Y联结中，若把三相电源的中性点 N 和负载的中性点 N′用一条阻抗为 Z_N 的中性线连接起来，如图 11-2（a）中的虚线所示，则这种连接方式称为三相四线制。上述其他连接方式均属三相三线制。

实际三相电路中，三相电源是对称的，3 条端线的阻抗是相等的，但负载不一定是对称的。

三相电路分析采用电流电压关系法。流经输电线中的电流称为线电流。图 11-2（a）和图 11-2（b）中的$\dot{I}_A$、$\dot{I}_B$、$\dot{I}_C$和$\dot{I}_N$称为中性线电流。各输电线线端之间的电压称为线电压。图 11-2（a）和图 11-2（b）中电源端的$\dot{U}_{AB}$、$\dot{U}_{BC}$、$\dot{U}_{CA}$和负载端的$\dot{U}_{A'B'}$、$\dot{U}_{B'C'}$、$\dot{U}_{C'A'}$都称为线电压。三相电源和三相负载中每一相的电压、电流称为相电压和相电流。三相系统中的线电压和相电压、线电流和相电流之间的关系都与连接方式有关。

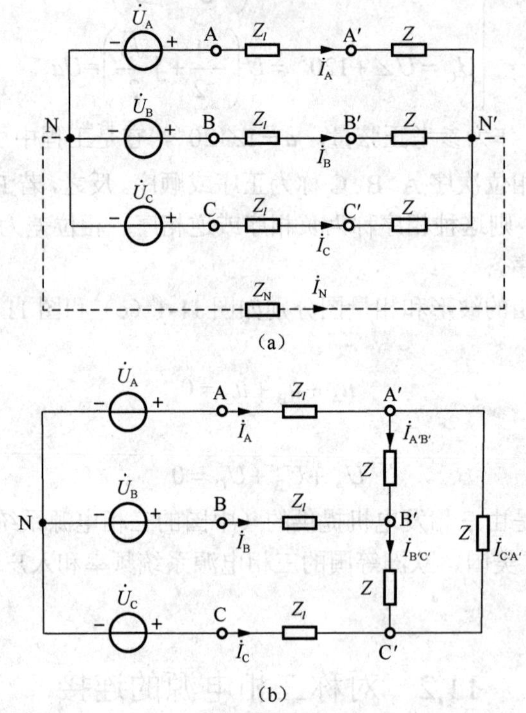

图 11-2　对称三相电路

对称星形三相电源［见图 11-2（a）］，依次设其线电压为$\dot{U}_{AB}$、$\dot{U}_{BC}$、$\dot{U}_{CA}$，相电压为$\dot{U}_A$、$\dot{U}_B$、$\dot{U}_C$或$\dot{U}_{AN}$、$\dot{U}_{BN}$、$\dot{U}_{CN}$，则其 KVL 方程为

$$\begin{cases}\dot{U}_{AB}=\dot{U}_A-\dot{U}_B=(1-a^2)\dot{U}_A=\sqrt{3}\,\dot{U}_A\angle 30^\circ\\ \dot{U}_{BC}=\dot{U}_B-\dot{U}_C=(1-a^2)\dot{U}_B=\sqrt{3}\dot{U}_B\angle 30^\circ\\ \dot{U}_{CA}=\dot{U}_C-\dot{U}_A=(1-a^2)\dot{U}_C=\sqrt{3}\dot{U}_C\angle 30^\circ\end{cases}\tag{11-5}$$

对称三相线电压满足

$$\dot{U}_{AB}+\dot{U}_{BC}+\dot{U}_{CA}=0$$

因此，式（11-5）中只有两个方程是独立的。对称的星形三相电源端的线电压与相电压之间的关系，可以用一种特殊的电压相量图表示，如图 11-3（a）所示，它是由式（11-5）的 3 个电压方程式相量图拼接而成的，图中实线部分表示$\dot{U}_{AB}$的图解方法，

它是以 B 为原点画出$\dot{U}_{AB}=(-\dot{U}_{BN})+\dot{U}_{AN}$，同理可得其他线电压的图解求法。从图中可知，线电压与对称相电压之间的关系可以用一个电压正三角形说明。相电压对称时，线电压也一定依序对称，它是相电压的$\sqrt{3}$倍，依次超前$\dot{U}_A$、$\dot{U}_B$、$\dot{U}_C$相位 30°。实际计算时，只要算出$\dot{U}_{AB}$，就可依次写出$\dot{U}_{BC}=a^2\dot{U}_{AB}$，$\dot{U}_{CA}=a\dot{U}_{AB}$。

对称三角形电源的线电压与相电压之间的关系，如图 11-1（b）所示，有

$$\dot{U}_{AB}=\dot{U}_A,\ \dot{U}_{BC}=\dot{U}_B,\ \dot{U}_{CA}=\dot{U}_C$$

由上式可知，线电压等于相电压，相电压对称时，线电压也一定对称。

以上线电压和相电压的关系也适用于对称的星形负载端和三角形负载端。

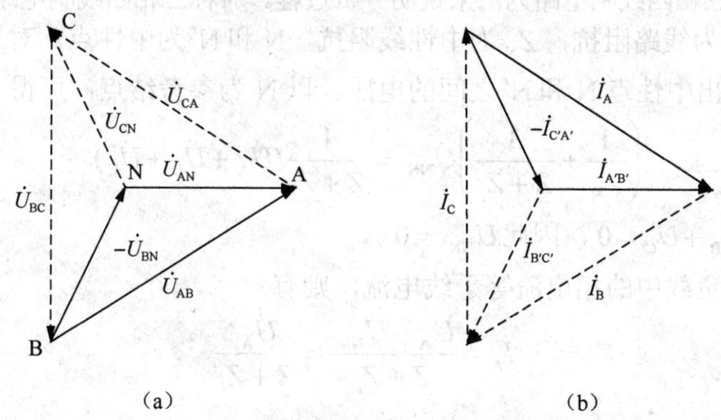

图 11-3 对称三相电源的相量图

对称三相电源和三相负载中的线电流和相电流的关系如下。

对于星形连接，线电流显然等于相电流。对于三角形连接，以图 11-2（b）所示三相电路为例，设每相负载中的对称相电流分别为$\dot{I}_{A'B'}$、$\dot{I}_{B'C'}(=a^2\dot{I}_{A'B'})$、$\dot{I}_{C'A'}(=a\dot{I}_{A'B'})$，3 个线电流依次分别为$\dot{I}_A$、$\dot{I}_B$、$\dot{I}_C$，电流参考方向如图所示。

根据 KCL，有

$$\begin{cases}\dot{I}_A=\dot{I}_{A'B'}-\dot{I}_{C'A'}=(1-a)\dot{I}_{A'B'}=\sqrt{3}\dot{I}_{A'B'}\angle-30^\circ\\ \dot{I}_B=\dot{I}_{B'C'}-\dot{I}_{A'B'}=(1-a)\dot{I}_{B'C'}=\sqrt{3}\dot{I}_{B'C'}\angle-30^\circ\\ \dot{I}_C=\dot{I}_{C'A'}-\dot{I}_{A'B'}=(1-a)\dot{I}_{C'A'}=\sqrt{3}\dot{I}_{C'A'}\angle-30^\circ\end{cases}\tag{11-6}$$

对称三相线电流满足

$$\dot{I}_A+\dot{I}_B+\dot{I}_C=0$$

因此，上述 3 个方程中只有 2 个方程是独立的。线电流与对称相电流之间的关系也可以用一种特殊的电流相量图表示［见图 11-3（b）］，图中实线部分表示$\dot{I}_A$的图解求法，其他线电流的图解求法与其类似。从图中可知，线电流与对称的三角形负载电流之间的关系可以用一个电流正三角形说明。相电流对称时，线电流也一定对称，它是相电流的$\sqrt{3}$倍，依次滞后$\dot{I}_{A'B'}$、$\dot{I}_{B'C'}$、$\dot{I}_{C'A'}$的相位 30°。实际计算时，只要算出$\dot{I}_A$，就可依次写出$\dot{I}_B=a^2\dot{I}_A$，$\dot{I}_C=a\dot{I}_A$。

上述分析方法也适用于三角形电源。

注意：所有关于电压、电流的对称性及上述对称相值和对称线值之间关系的论述，只有在指定顺序和参考方向的条件下，才能以简单有序的形式表达出来，而不能任意设定，否则将会使问题的表述变得杂乱无序。

11.3　对称三相电路的计算

对称三相电路是一种特殊类型的正弦电流电路，因此分析正弦电流电路的相量法完全适用于对称三相电路。本节根据对称三相电路的一些特点简化分析计算。

本节以对称三相四线制电路为例来说明分析过程。对称三相四线制电路如图 11-2（a）所示。图中，Z_l为线路阻抗，Z_N为中性线阻抗，N 和 N′为中性点。对这种电路，一般可用结点法先求出中性点 N 和 N′之间的电压。以 N 为参考结点，可得

$$\left(\frac{1}{Z_N}+\frac{3}{Z+Z_l}\right)\dot{U}_{NN'}=\frac{1}{Z+Z_l}(\dot{U}_A+\dot{U}_B+\dot{U}_C)$$

由于$\dot{U}_A+\dot{U}_B+\dot{U}_C=0$，因此$\dot{U}_{NN'}=0$。

各相电源和负载中的相电流等于线电流，则有

$$\dot{I}_A=\frac{\dot{U}_A-\dot{U}_{NN'}}{Z+Z_l}=\frac{\dot{U}_A}{Z+Z_l}$$

$$\dot{I}_B=\frac{\dot{U}_B}{Z+Z_l}=a^2\dot{I}_A$$

$$\dot{I}_C=\frac{\dot{U}_C}{Z+Z_l}=a\dot{I}_A$$

由上式可知，各线（各相）电流独立，$\dot{U}_{NN'}=0$是它的充分必要条件，因此对称的Y-Y三相电路可分列为三个独立的单相电路。由于三相电源和三相负载的对称性，因此线（相）电流构成对称组，只要分析计算三相电流中的任一相电流，其他两相的电流就能按照对称顺序写出，这样就可将对称的Y-Y三相电路归结为一相电路进行计算。

图 11-4 所示为一相计算电路（A 相）。在一相电路计算中，要注意连接 N 和 N′的短路线是$\dot{U}_{NN'}=0$的等效线，而与中性线阻抗Z_N无关。

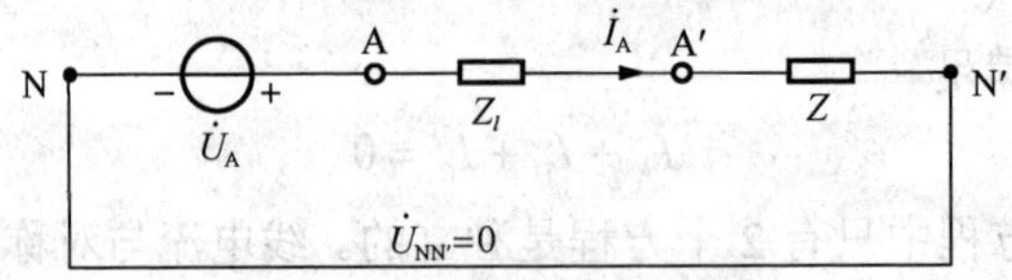

图 11-4　一相计算电路图

中性线电流为

$$\dot{I}_N=\dot{I}_A+\dot{I}_B+\dot{I}_C=0$$

上式表明，对称的Y-Y三相电路理论上不需要中性线，可以移除。但在任一时刻，i_A、i_B、i_C中至少有一个为负值，对应此负电流的输电线则作为对称电流系统在该时刻的电流回线。

对于其他连接方式的对称三相电路，可以根据星形和三角形的等效变换，将其化成对称的Y-Y三相电路，然后用归结为一相的计算方法求解。

例 11.1　已知对称三相电路的星形负载阻抗 $Z=(165+\mathrm{j}84)\,\Omega$，端线阻抗 $Z_l=(2+\mathrm{j}1)\,\Omega$，中性线阻抗 $Z_\mathrm{N}=(1+\mathrm{j}1)\,\Omega$，线电压 $U_l=380\mathrm{V}$。求负载端的电流和线电压，并作出电路相量图。

解：对称星形三相电路图［见图 11-2（a）］，对称三相电路可以归结为一相电路计算。令 A 相的相电压 $\dot{U}_\mathrm{A}=\dfrac{U_l}{\sqrt{3}}\angle 0^\circ\mathrm{V}=220\angle 0^\circ\mathrm{V}$，而 A 相的相电流等于线电流，设为 $\dot{I}_\mathrm{A}$，则有

$$\dot{I}_\mathrm{A}=\frac{\dot{U}_\mathrm{A}}{Z+Z_l}=\frac{220\angle 0^\circ\mathrm{V}}{(165+\mathrm{j}84)+(2+\mathrm{j}1)}=1.174\angle-26.98^\circ\ (\mathrm{A})$$

$$\dot{I}_\mathrm{B}=\frac{\dot{U}_\mathrm{B}}{Z+Z_l}=a^2\dot{I}_\mathrm{A}=1.174\angle-146.98^\circ\ (\mathrm{A})$$

$$\dot{I}_\mathrm{C}=\frac{\dot{U}_\mathrm{C}}{Z+Z_l}=a\dot{I}_\mathrm{A}=1.174\angle 93.02^\circ\ (\mathrm{A})$$

负载端的相电压 $\dot{U}_{\mathrm{A'N'}}$ 为

$$\dot{U}_{\mathrm{A'N'}}=Z\dot{I}_\mathrm{A}=(165+\mathrm{j}84)\times 1.174\angle-26.98^\circ\mathrm{A}=217.34\angle 0.05^\circ\ (\mathrm{A})$$

线电压 $\dot{U}_{\mathrm{A'B'}}$ 为

$$\dot{U}_{\mathrm{A'B'}}=\sqrt{3}\dot{U}_{\mathrm{A'N'}}\angle 30^\circ=376.5\angle 30.05^\circ\ (\mathrm{V})$$

电路相量图如图 11-5 所示。

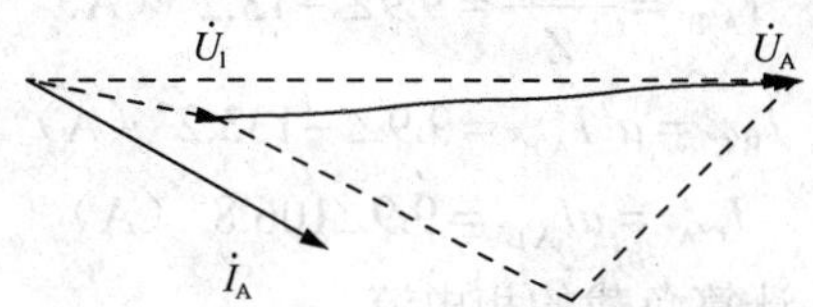

图 11-5　例 11.1 电路相量图（A 相）

例 11.2　对称三相电路如图 11-2（b）所示。已知 $Z=(19.2+\mathrm{j}14.4)\,\Omega$，$Z_l=(3+\mathrm{j}4)\,\Omega$，对称线电压 $U_\mathrm{AB}=380\mathrm{V}$。求负载端的线电压和线电流。

解：该电路可以变换为对称的Y-Y电路，如图 11-6 所示（将三角形变换为星形）。根据图示，可得

$$Z'=\frac{Z}{3}=(6.4+\mathrm{j}4.8)\ (\Omega)$$

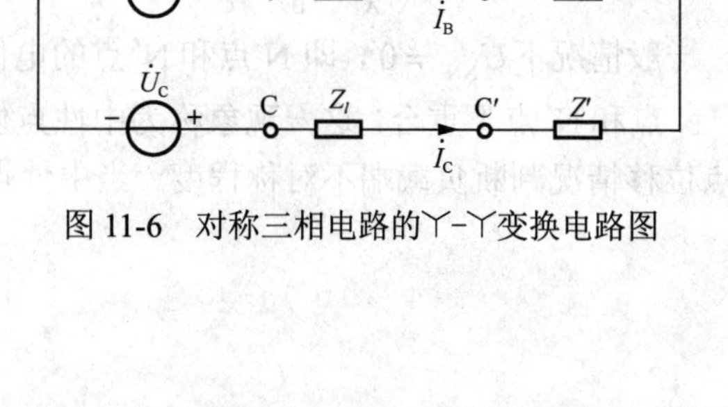

图 11-6　对称三相电路的Y-Y变换电路图

令

$$\dot{U}_{\mathrm{A}} = 220\angle 0^\circ \mathrm{V}$$

根据一相计算电路，有

$$\dot{I}_{\mathrm{A}} = \frac{\dot{U}_{\mathrm{A}}}{Z' + Z_l} = 17.1\angle -43.2^\circ \text{（A）}$$

则

$$\dot{I}_{\mathrm{B}} = a^2 \dot{I}_{\mathrm{A}} = 17.1\angle -163.2^\circ \text{（A）}$$

$$\dot{I}_{\mathrm{C}} = a \dot{I}_{\mathrm{A}} = 17.1\angle 76.8^\circ \text{（A）}$$

此电流即为负载端的线电流。再求出负载端的相电压，然后利用线电压与相电压的关系就可得到负载端的线电压 $\dot{U}_{\mathrm{A'N'}}$ 为

$$\dot{U}_{\mathrm{A'N'}} = \dot{I}_{\mathrm{A}} Z' = 136.8\angle -6.3^\circ \text{（V）}$$

根据式（11-5），有

$$\dot{U}_{\mathrm{A'B'}} = \sqrt{3}\, \dot{U}_{\mathrm{A'N'}} \angle 30^\circ = 236.9\angle 23.7^\circ \text{（V）}$$

根据对称性可写出

$$\dot{U}_{\mathrm{B'C'}} = a^2 \dot{U}_{\mathrm{A'B'}} = 236.9\angle -96.3^\circ \text{（V）}$$

$$\dot{U}_{\mathrm{C'A'}} = a \dot{U}_{\mathrm{A'B'}} = 236.9\angle 143.7^\circ \text{（V）}$$

根据负载端的线电压可以求得图 11-2（b）中负载的相电流，有

$$\dot{I}_{\mathrm{A'B'}} = \frac{\dot{U}_{\mathrm{A'B'}}}{Z} = 9.9\angle -13.2^\circ \text{（A）}$$

$$\dot{I}_{\mathrm{B'C'}} = a^2 \dot{I}_{\mathrm{A'B'}} = 9.9\angle -133.2^\circ \text{（A）}$$

$$\dot{I}_{\mathrm{C'A'}} = a \dot{I}_{\mathrm{A'B'}} = 9.9\angle 106.8^\circ \text{（A）}$$

也可以利用式（11-6）计算负载的相电流。

11.4　不对称三相电路的概念

在三相电路中，只要有一部分不对称就称为不对称三相电路。例如，对称三相电路的某一条端线断开，或某一相负载发生短路或开路，就称为不对称三相电路。对不对称三相电路的分析，一般不能采用一相计算方法，而要采用其他方法求解。这里简要介绍负载不对称三相电路的特点。

图 11-7（a）所示Y-Y连接电路中，三相电源是对称的，但负载不对称。先讨论开关 S 打开（不接中性线）时的情况。用结点电压法可以求得结点电压 $\dot{U}_{\mathrm{NN'}}$，即

$$\dot{U}_{\mathrm{NN'}} = \frac{\dot{U}_{\mathrm{A}} Y_{\mathrm{A}} + \dot{U}_{\mathrm{B}} Y_{\mathrm{B}} + \dot{U}_{\mathrm{C}} Y_{\mathrm{C}}}{Y_{\mathrm{A}} + Y_{\mathrm{B}} + Y_{\mathrm{C}}}$$

由于负载不对称，一般情况下 $\dot{U}_{\mathrm{NN'}} \neq 0$，即 N 点和 N′ 点的电位不同。由图 11-7（b）所示的相量关系可知，N 点和 N′ 点不重合，这一现象称为中性点位移。在电源对称的情况下，可以根据中性点位移情况判断负载端不对称程度。当中性点位移较大时，会造成

负载端的电压严重不对称，从而可能使负载不能正常工作。此外，由于各相的工作相互关联，如果负载变动，那么彼此都有影响。

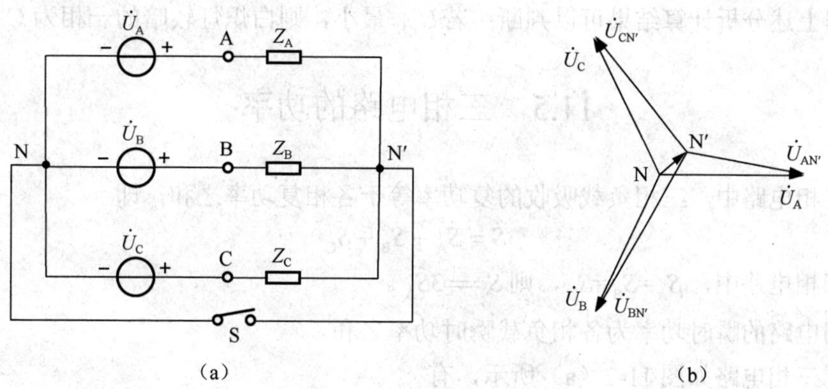

图 11-7　不对称三相电路图

合上开关 S（接上中性线），若 $Z_N \approx 0$，则认为 $\dot{U}_{NN'}=0$。尽管电路是不对称的，但在这个条件下可以认为各相保持独立性，各相的工作状况互不影响，因而各相可以分别独立计算。这就能确保各相负载在相电压下安全工作，克服了无中性线引起的缺陷。因此，在负载不对称的情况下中性线的存在是非常重要的，它能够起到保证安全供电的作用。

由于相（线）电流不对称，中性线电流一般不为零，即

$$\dot{I}_N=\dot{I}_A+\dot{I}_B+\dot{I}_C\neq 0$$

例 11.3　不对称三相电路如图 11-7（a）所示。若 $Z_A=-j\dfrac{1}{\omega C}$，而 $Z_B=Z_C=R$，且 $R=\dfrac{1}{\omega C}$，则电路是一种测定相序的仪器，称为相序指示器（R 可用两个相同的白炽灯代替）。试说明在相电压对称的情况下，当 S 打开时，如何根据两个白炽灯的亮度确定电源的相序。

解：图 11-7（a）所示电路的中性点电压为

$$\dot{U}_{NN'}=\frac{j\omega C\dot{U}_A+G(\dot{U}_B+\dot{U}_C)}{j\omega C+2G}$$

令 $\dot{U}_A=U\angle 0°$ V，代入给定的阻抗参数后，有

$$\dot{U}_{NN'}=(-0.2+j0.6)U=0.63U\angle 108.4°$$

B 相白炽灯承受的电压 $\dot{U}_{BN'}$ 为

$$\dot{U}_{BN'}=\dot{U}_{BN}-\dot{U}_{NN'}=1.5U\angle -101.5°$$

则

$$U_{BN'}=1.5U$$

而

$$\dot{U}_{CN'}=\dot{U}_{CN}-\dot{U}_{NN'}=0.4U\angle 133.4°$$

即

$$U_{\mathrm{CN}'}=0.4U$$

根据上述分析计算结果可以判断：若$U_{\mathrm{CN}'}$最小，则白炽灯较暗的一相为 C 相。

11.5　三相电路的功率

在三相电路中，三相负载吸收的复功率等于各相复功率之和，即

$$\dot{S}=\dot{S}_{\mathrm{A}}+\dot{S}_{\mathrm{B}}+\dot{S}_{\mathrm{C}} \tag{11-7}$$

在对称三相电路中，$\dot{S}_{\mathrm{A}}=\dot{S}_{\mathrm{B}}=\dot{S}_{\mathrm{C}}$，则$\dot{S}=3\dot{S}_{\mathrm{A}}$。

三相电路的瞬时功率为各相负载瞬时功率之和。

对称三相电路如图 11-2（a）所示，有

$$\begin{aligned}p_{\mathrm{A}}&=u_{\mathrm{AN}}i_{\mathrm{A}}=\sqrt{2}U_{\mathrm{AN}}\cos(\omega t)\times\sqrt{2}I_{\mathrm{A}}\cos(\omega t-\varphi)\\&=U_{\mathrm{AN}}I_{\mathrm{A}}[\cos\varphi+\cos(2\omega t-\varphi)]\end{aligned}$$

$$\begin{aligned}p_{\mathrm{B}}&=u_{\mathrm{BN}}i_{\mathrm{B}}=\sqrt{2}U_{\mathrm{AN}}\cos(\omega t-120^\circ)\times\sqrt{2}I_{\mathrm{A}}\cos(\omega t-\varphi-120^\circ)\\&=U_{\mathrm{AN}}I_{\mathrm{A}}[\cos\varphi+\cos(2\omega t-\varphi-240^\circ)]\end{aligned}$$

$$\begin{aligned}p_{\mathrm{C}}&=u_{\mathrm{CN}}i_{\mathrm{C}}=\sqrt{2}U_{\mathrm{AN}}\cos(\omega t+120^\circ)\times\sqrt{2}I_{\mathrm{A}}\cos(\omega t-\varphi+120^\circ)\\&=U_{\mathrm{AN}}I_{\mathrm{A}}[\cos\varphi+\cos(2\omega t-\varphi+240^\circ)]\end{aligned}$$

三相负载瞬时功率的和为

$$p=p_{\mathrm{A}}+p_{\mathrm{B}}+p_{\mathrm{C}}=3U_{\mathrm{AN}}I_{\mathrm{A}}\cos\varphi=3p_{\mathrm{A}} \tag{11-8}$$

式（11-8）表明，对称三相电路的瞬时功率是一个常量，其值等于平均功率。这是对称三相电路的一个优越性能，一般也称为瞬时功率平衡。

在三相三线制电路中，不论对称与否，都可以用两个功率表测量的方法测量三相功率，称为二瓦计法。两个功率表的一种连接方式如图 11-8 所示，使线电流从 * 端分别流入两个功率表的电流线圈（图示为$\dot{I}_{\mathrm{A}}$，$\dot{I}_{\mathrm{B}}$），它们的电压线圈的非 * 端共同接到非电流线圈所在的第 3 条端线上（图示为 C 端线）。可以看出，这种测量方法功率表的接线只触及端线，而与负载和电源的连接方式无关。

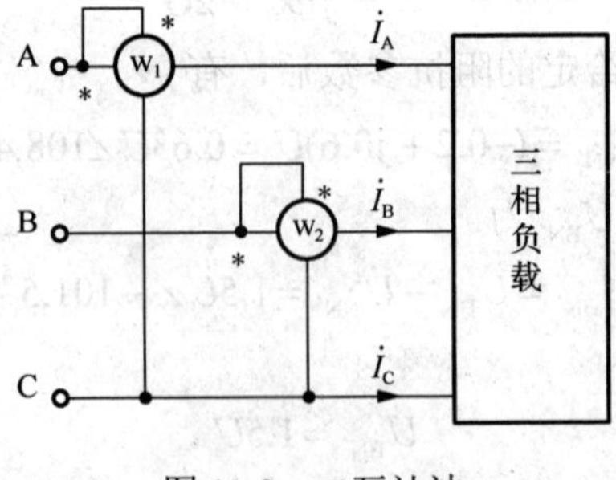

图 11-8　二瓦计法

可以证明图中两个功率表读数的代数和为三相三线制中右侧三相负载电路吸收的平均功率。

设两个功率表的读数分别用 P_1 和 P_2 表示，根据功率表的工作原理，有

$$P_1 = \mathrm{Re}[\dot{U}_{AC}\dot{I}_A^*]$$

$$P_2 = \mathrm{Re}[\dot{U}_{BC}\dot{I}_B^*]$$

则

$$P_1 + P_2 = \mathrm{Re}[\dot{U}_{AC}\dot{I}_A^* + \dot{U}_{BC}\dot{I}_B^*]$$

因为 $\dot{U}_{AC} = \dot{U}_A - \dot{U}_C$，$\dot{U}_{BC} = \dot{U}_B - \dot{U}_C$，$\dot{I}_A^* + \dot{I}_B^* = -\dot{I}_C^*$，代入上式得

$$\begin{aligned} P_1 + P_2 &= \mathrm{Re}[\dot{U}_A\dot{I}_A^* + \dot{U}_B\dot{I}_B^* + \dot{U}_C\dot{I}_C^*] \\ &= \mathrm{Re}[\dot{S}_A + \dot{S}_B + \dot{S}_C] \\ &= \mathrm{Re}[\dot{S}] \end{aligned}$$

式中，$\mathrm{Re}[\dot{S}]$ 表示右侧三相负载的有功功率。

在对称三相制中，令 $\dot{U}_A = U\angle 0^\circ$，$\dot{I}_A = I_A\angle -\varphi$，则有

$$\begin{cases} P_1 = \mathrm{Re}[\dot{U}_{AC}\dot{I}_A^*] = U_{AC}I_A\cos(\varphi - 30^\circ) \\ P_2 = \mathrm{Re}[\dot{U}_{BC}\dot{I}_B^*] = U_{BC}I_B\cos(\varphi + 30^\circ) \end{cases} \tag{11-9}$$

式中，φ 为负载的阻抗角。

应该注意：在一定条件下，两个功率表之一的读数可能为负数。例如，当 $|\varphi| > 60^\circ$ 时求两个功率表读数的代数和，该读数应取负值。一般来说，单独一个功率表的读数是没有意义的。

不对称的三相四线制不能用二瓦计法测量三相功率，这是因为一般情况下 $\dot{I}_A + \dot{I}_B + \dot{I}_C \neq 0$。

例 11.4 图 11-8 所示电路为对称三相电路，已知对称三相负载吸收的功率为 2.5kW，功率因数 $\lambda = \cos\varphi = 0.866$（感性），线电压为 380V。求图中两个功率表的读数。

解：对称三相负载吸收的功率是一相负载所吸收功率的 3 倍，令 $\dot{U}_A = U\angle 0^\circ$，$\dot{I}_A = I_A\angle -\varphi$，则有

$$P = 3P_A = 3\mathrm{Re}[\dot{U}_A\dot{I}_A^*] = \sqrt{3}U_{AB}I_A\cos\varphi$$

求得电流 I_A，即

$$I_A = \frac{P}{\sqrt{3}U_{AB}\cos\varphi} = 4.386\text{（A）}$$

又因为

$$\varphi = \arccos\lambda = 30^\circ\text{（感性）}$$

则图中与功率表相关的电压相量、电流相量为

$$\dot{I}_A = 4.386\angle -30^\circ\text{（A）},\quad \dot{U}_{AC} = 380\angle -30^\circ\text{（V）}$$

$$\dot{I}_B = 4.386\angle -150^\circ\text{（A）},\quad \dot{U}_{BC} = 380\angle -90^\circ\text{（V）}$$

则两个功率表的读数如下：

$$P_1 = \mathrm{Re}[\dot{U}_{AC}\dot{I}_A^*] = \mathrm{Re}[380\times 4.386\angle 0^\circ] = 1666.68\text{（W）}$$

$$P_2 = \mathrm{Re}[\dot{U}_{BC}\dot{I}_B^*] = \mathrm{Re}[380\times 4.386\angle 60^\circ] = 833.34\text{（W）}$$

实际上，只要求得两个功率表之一的读数，另一个功率表的读数就等于负载的功率减去该表的读数。例如，求得 P_1 后，$P_2 = P - P_1$。

11.6 实例分析

11.6.1 对称三相电源的产生

对称三相电源通常由三相同步发电机产生，三相绕组在空间互差 120°，当转子以均匀角速度ω转动时，在三相绕组中产生感应电压，从而形成对称三相电源。三相同步发电机结构示意图和工作原理图分别如图 11-9 和图 11-10 所示。图中，A、B、C 三端称为始端，X、Y、Z 三端称为末端。

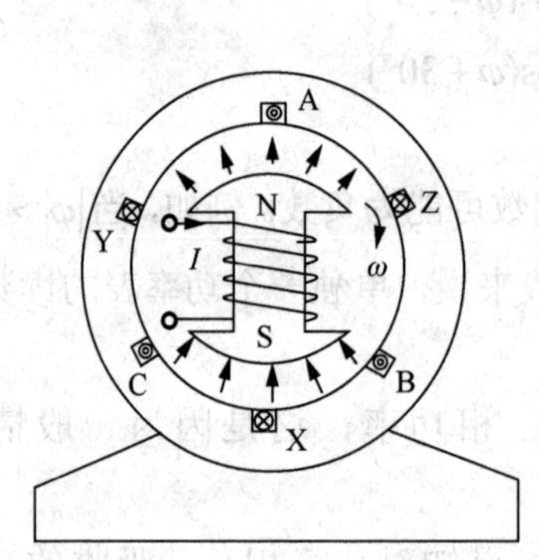

图 11-9 三相同步发电机示意图

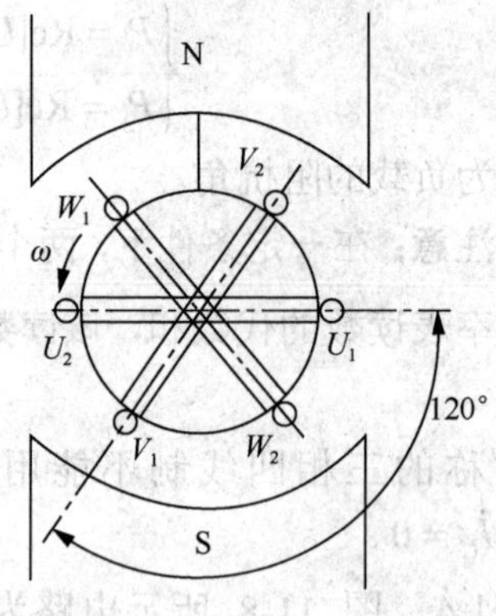

图 11-10 三相交流发电机的原理

对称三相电源的相序是指三相电源中各相电源经过同一值（最大值）的先后顺序。其中，正序（顺序）：A—B—C—A；负序（逆序）：A—C—B—A。相序的实际意义：对三相电动机而言，如果相序反了，就会反转。一些需要正反转的生产设备可以通过改变供电相序来控制三相电动机的正反转。在实际应用中还应该注意负载的正确连接方式，如三相异步电动机必须按照铭牌规定正确连接。

三相电路的优点：

（1）发电方面：容量比单相电源大 50%。

（2）输电方面：比单相输电节省有色金属 25%。

（3）配电方面：三相变压器比单相变压器经济且便于接入负载。

（4）用电设备：三相电动机具有结构简单、成本低、运行可靠、维护方便等优点。

工业上所使用的三相交流电，有的直接来自三相交流发电机，但大多数还是来自三相变压器，对于负载来说，它们都是三相交流电源。在低电压供电时，多采用三相四线制。

在三相四线制供电时，三相交流电源的三个线圈采用星形（Y）接法，即把三个线圈的末端 X、Y、Z 连接在一起成为三个线圈的公用点，通常称为中点或零点，并用字母 N 表示。供电时，引出四根线：从中点 N 引出的导线称为中线或零线；从三个线圈的首端引出的三根导线分别称为 A 线、B 线、C 线，统称相线或火线。在星形接线中，若中点与大地相连，则中线也称地线。在工程技术上，A 相线、B 相线、C 相线分别用黄、绿、红三种颜色来区分，而中线则用黑色表示。常见的三相四线制供电设备中引出的四根线，就是三根火线一根地线。

每根火线与地线间的电压叫相电压，其有效值用 U_A、U_B、U_C 表示；火线间的电压叫线电压，其有效值用 U_{AB}、U_{BC}、U_{CA} 表示。因为三相交流电源的三个线圈产生的交流电压位相彼此相差 120°，所以三个线圈作星形连接时，线电压等于相电压的 $\sqrt{3}$ 倍。人们通常所说的电压是 220V 和 380V，它们就是三相四线制供电时的相电压和线电压。

在日常生活中接触的负载，如电灯、电视机、电冰箱、电风扇等家用电器及单相电动机，它们工作时都是用两根导线接到电路中，都属于单相负载。在三相四线制供电时，多个单相负载应当尽量均衡地分别接到三相电路中，而不应把它们集中在三相电路中的一相电路里。如果三相电路中的每一相所接负载的阻抗和性质都相同，就说三相电路中的负载是对称的。在负载对称的条件下，因为各相电流间的位相彼此相差 120°，所以在每一时刻流过中线的电流之和均为零，把中线去掉，用三相三线制供电也是可以的。但实际上，多个单相负载接到三相电路中构成的三相负载不可能完全对称。在这种情况下，中线就显得特别重要。有了中线，每一相负载两端的电压总等于电源的相电压，不会因负载的不对称或负载的变化而变化，就如同电源的每一相单独对每一相的负载供电一样，各负载都能正常工作。如果是在负载不对称的情况下又没有中线，就形成不对称负载的三相三线制供电，如图 11-11 所示。由于负载阻抗的不对称，相电流也不对称，负载相电压自然也不能对称。有的相电压可能超过负载的额定电压，负载可能被损坏（灯泡过亮烧毁）；有的相电压可能较低，负载不能正常工作（灯泡暗淡无光）。如图中那样，随着开灯、关灯等原因引起各相负载阻抗的变化，相电流和相电压也随之变化，灯光忽暗忽亮，其他用电器也不能正常工作，甚至被损坏。可见，在三相四线制供电的线路中，中线起到保证负载相电压对称不变的作用。对不对称的三相负载，中线不仅不能去掉，还不能在中线上安装熔丝或开关，而要用机械强度较好的钢线作中线。

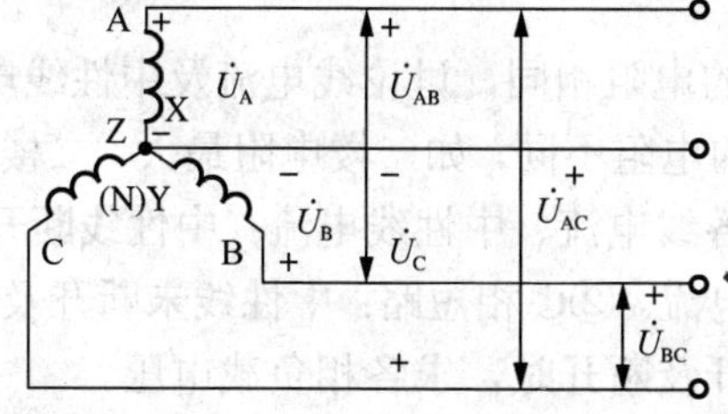

图 11-11 三相四线制的电源连接示意图

从以上分析可知，中线在三相负载电路中的作用是使三相不平衡负载的相电压保持平衡。

实际应用中还要注意用电安全问题，照明开关必须接在火线上，如果将照明开关装设在零线上，虽然断开时电灯也不亮，但灯头的相线仍然是接通的。灯不亮，人们就会错误地认为电灯是处于断电状态，但实际上灯具上各点的对地电压仍是220V危险电压。如果灯灭时人们触及这些实际带电部位，就会造成触电事故。因此，只有将各种照明开关或单相小容量用电设备的开关串接在火线上，才能确保用电安全。

11.6.2 照明电路分析

某大楼电灯发生故障，第二层楼和第三层楼的所有电灯都突然暗下来，而第一层楼电灯亮度不变，试问这是什么原因？这栋楼的电灯是如何连接的？同时发现，第三层楼的电灯比第二层楼的电灯更暗，这又是什么原因？

通过分析可得系统的供电线路图，如图11-12所示。

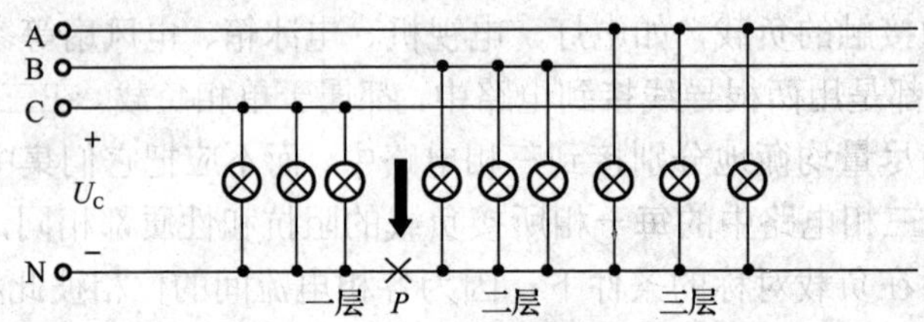

图11-12　本系统供电线路图

当P处断开时，二、三层楼的灯串联接380V电压，因此亮度变暗，但一层楼的灯仍然承受220V电压，亮度不变。三楼灯比二楼灯暗，说明三楼灯多于二楼灯，即$R_3<R_2$。

照明系统电路图如图11-13所示。

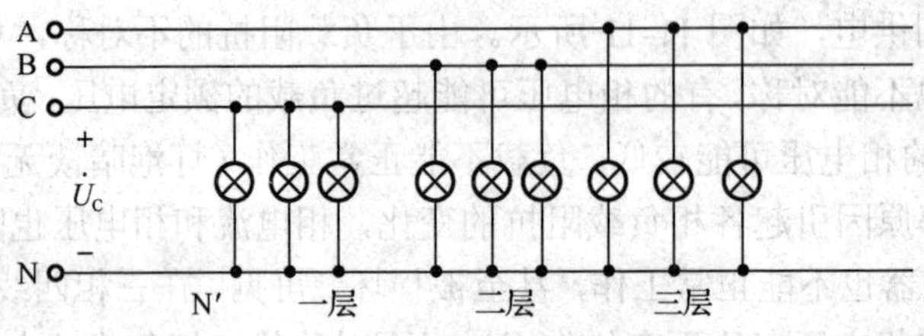

图11-13　本系统照明系统线路图

问题：

（1）若这三层楼电灯的电阻相同，讨论线电流及中性线电流。

（2）若这三层楼电灯的电阻不同，如一楼电阻最大，二楼电阻其次，三楼电阻最小。①中性线未断开时，讨论各线电流、中性线电流；中性线断开时，讨论负载的相电压及相电流、线电流及中性线电流。②C相短路：中性线未断开及断开时，求各相负载电压。③C相断路：中性线未断开及断开时，求各相负载电压。

分析问题（1）：若三层楼道里打开电灯的数量相同，研究各楼层电灯的工作状况及零线电流。若对称负载星形联结且线电压为380V，则相电压为220V。由于中性线的存在，各负载电压均为220V，各相电流大小相同、相位依次滞后，因此中性线电流为零，火线是否断开不影响各负载正常工作。

分析问题（2）中的①：若不同楼道里打开电灯的数量不同，分析零线的作用，如何连接熔丝？分析家用大功率电器造成跳闸的原因。有火线时，保证了各负载的工作电压均为 220V，各楼层电灯正常工作，相电流和相电阻成反比，使得各相电流不再对称，中性线上有电流流过。

下面分析三相负载不对称且中性线断开。如果想要得出各楼层的工作电压、电流，就必须算出 NN′的电压，必须通过计算才能分析清楚。通过计算可得如下结论：

a. 不对称三相负载星形联结且无中性线时，各相电压和阻值成正比，造成电阻大的因电压过大被烧坏，电阻小的因达不到工作电压而亮度较弱。

b. 照明负载三相不对称，必须采用三相四线制，而且中性线上不允许接闸刀开关和熔断器。一旦由于某种原因零线断开，就会出现 a 中的情况，因此必须保证零线连接，而且熔丝要串连在各火线上，保证只熔断本相而不影响其他相的工作。

c. 若用电器功率大，在工作电压相同的情况下，阻值和功率成反比，相电流和电阻成反比，则功率越大相电流越大，从而造成该火线的总电流过大而使其上的闸刀开关跳闸。

分析问题（2）中的②：若某楼层被短路，分析有无零线时各楼层电灯的工作状况。

当 C 相短路时：a. 中性线未断开，C 相短路电流很大，将 C 相熔丝熔断，A 相和 B 相未受影响，其相电压仍为 220V，正常工作。b. 中性线断开，负载中性点 N′和 C 点的电位相同，C 相电压为 0，A 相电压和 B 相电压均等于线电压，为 380V，超过额定电压 220V，会被烧坏。

分析问题（2）中的③，当 C 相断路时：a. 中性线未断开，A 相和 B 相电灯仍然承受 220V 电压，负载正常工作。b. 中性线断开，A 相和 B 相的负载串联在 A、B 火线之间，相电流相同，相电压和阻值成正比，使各项负载不能正常工作。

11.6.3　飞机供电系统中三相电压对称性问题的分析与研究

飞机供电系统的设计涉及很多方面内容，三相交流电源的带负载工作情况是其中一个重要环节，需要进行大量的技术分析和地面试验验证，尤其是一些关键负载的加卸载工作状态对三相电压的对称性有很大影响。

采用电压敏感与调节电路是解决三相电压对称性问题的一种常用方案。

实例：在某型飞机的雷达科目试飞中，科研人员发现飞行中雷达开机工作状态下发电机两相电压明显升高，超过了额定值。经技术分析确认，该机雷达属于单相用电设备，它被挂接在电源系统的 C 相。电源系统三相端电压的敏感与调节采用电路简单、可靠性较高的三相平均电压晶体管调节电路。当雷达开机工作时，其所在 C 相的电压由于负载加大而降低，致使三相平均电压降低。依据设计原理，此时应当增大发电机激磁电流，使发电机端电压升高。激磁电流的增大使三相平均电压恢复到正常值，但由于 A、B 两相电压在调节前正常，调节后反而使其超出额定值，使三相电压在雷达工作时表现出严重的不对称现象。

三相交流发电机三相电压的敏感调节采用以下三种方法。

（1）固定相电压调节。通过电压敏感电路检测三相电压中的某一相电压或线电压，根据敏感电压的大小来控制发电机激磁电流大小，实现对三相端电压的调节。由于此种方法是敏感单相电压，不能反映三相电压的变化情况，尤其是在多负载加卸载配电线路中不能满足将发电机电压调至额定值的要求，因此很少使用。

（2）最高相电压调节。通过三组电压敏感电路检测三相电压的每一相值，比较其大小（由逻辑数字电路或逻辑门实现），利用相电压值最高的那一相作为发电机激磁电流的控制信号。因为采样的是三相电压中相电压最高的一相，所以可以调节发电机输出最高相电压不超过额定值，可以有效预防过载现象的发生，其原理图如图 11-14 所示。

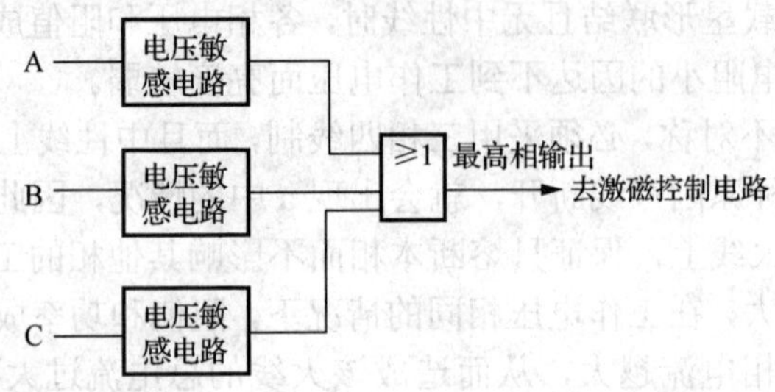

图 11-14　最高相电压调节控制原理图

（3）三相平均电压调节。通过电压敏感电路检测三相电压，求出其三相电压的平均值，用此平均值电压控制发电机激磁电流的大小，实现对三相端电压的调节。此种电路在调节点三相电压对称时，三相电压平均值也反映了各相电压的大小，可以实现对三相端电压大小的调节。若三相电压不对称，则三相电压平均值不能反映各相的电压值，因此会出现调节缺陷。

通常三相交流电源系统采用简单可靠的调节方式，使用较多的是三相平均电压调节方法，其实用电路如图 11-15 所示。其中，电压检测电路由 R_1～R_3，D_1～D_3 构成的三相半波整流电路和由 R_4、C_1 与 R_5、R_6、R_7 构成的滤波和输出电路等环节组成。它将调节点的三相交流电压变换为脉动直流电压 U 输出，此直流电压 U 的直流分量的大小与三相交流电压的平均值成正比。当三相对称时，平均值反映各相电压的大小；当三相不对称时，某相电压降低而另外两相电压保持额定值。用平均电压检测法时，调压器感受的电压（不对称电压）降低了，这必然要求增大发电机激磁电流使三相平均值增大到对称时的值，从而使两正常相电压增高很多，这就出现了前文所述故障现象。

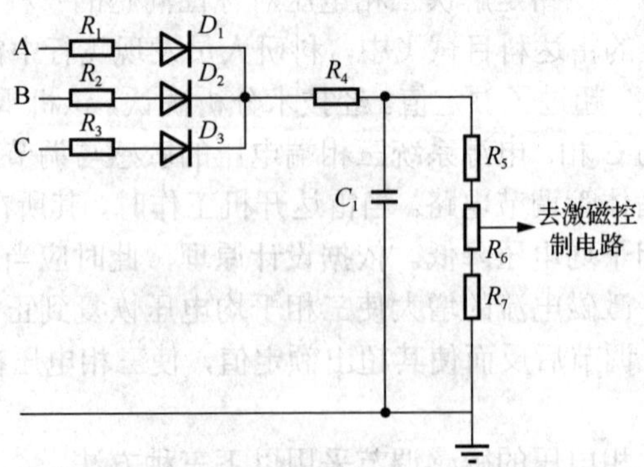

图 11-15　三相电压调节控制原理图

为了避免发生这种不对称的情况，在多相发电机电压调节电路中可以将最高相电压调节（高相电压限制）与三相平均电压调节两者的优点结合起来，组成平均值高相电压组合检测电路，其原理图如图 11-16 所示。此电路在三相电压对称工作时有高稳定精度，即高相电压调节单元与三相平均电压调节单元共同作用于激磁电路。在电源系统出现三相不对称时，高相电压调节单元作用于激磁电路，平均电压调节单元被隔离，使电路中正常电压相用电设备免受高电压危险。

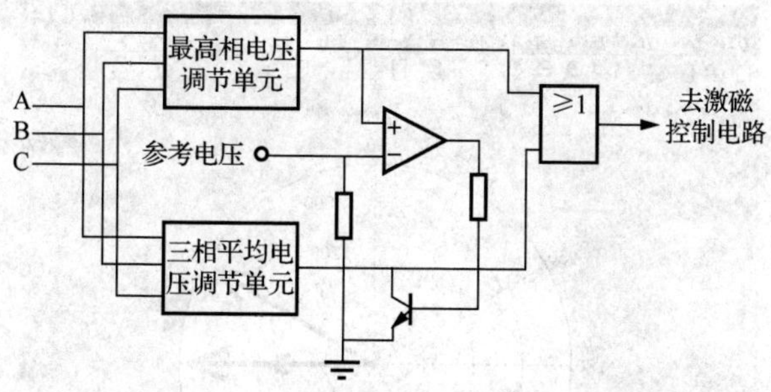

图 11-16　平均值高相电压组合检测电路原理图

11.7　计算机辅助分析电路举例

例 11.5　例 11.1 的 MATLAB 语言实现程序如下：

```
Z=165+84*j;Zl=2+j;ZN=1+j;Ul=380;
UA=Ul/sqrt(3);IA=UA/(Z+Zl),a=-1/2+sqrt(3)/2*j;
IB=a.^2*IA,IC=a*IA,b=3/2+sqrt(3)/2*j;
UAN=Z*IA;UAB=b*UAN
disp('IA,IB,IC,UAN,UAB');
disp('幅值');
disp(abs([IA,IB,IC,UAN,UAB]));
disp('相角');
disp(angle([IA,IB,IC,UAN,UAB])*180/pi);
ha=compass([Ul,UA,UAB]);
figure,ha1=compass([IA,IB,IC]);
set(ha,'linewidth',3);
set(ha1,'linewidth',3);
```

运行结果如下：

```
IA =
   1.0434 - 0.5311i
IB =
  -0.9816 - 0.6381i
IC =
  -0.0618 + 1.1692i
UAB =
  3.2515e+002 +1.8776e+002i
```

```
IA,IB,IC,UAN,UAB
幅值
     1.1708    1.1708    1.1708  216.7752  375.4656
相角
   -26.9753 -146.9753   93.0247    0.0050   30.0050
```

电流相量图和电压相量图分别如图 11-17 和图 11-18 所示。

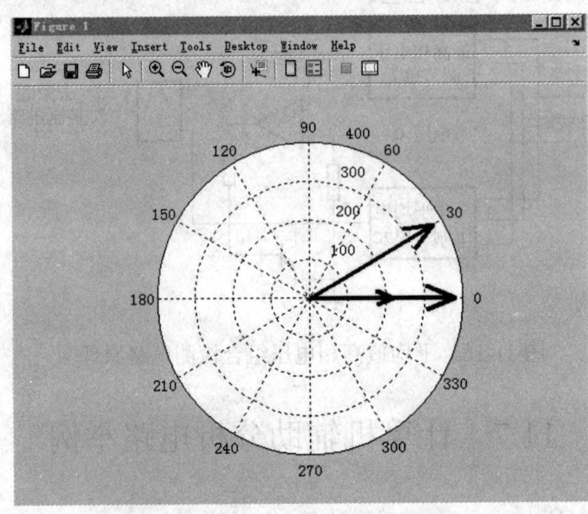

图 11-17 例 11.5 的电流相量图

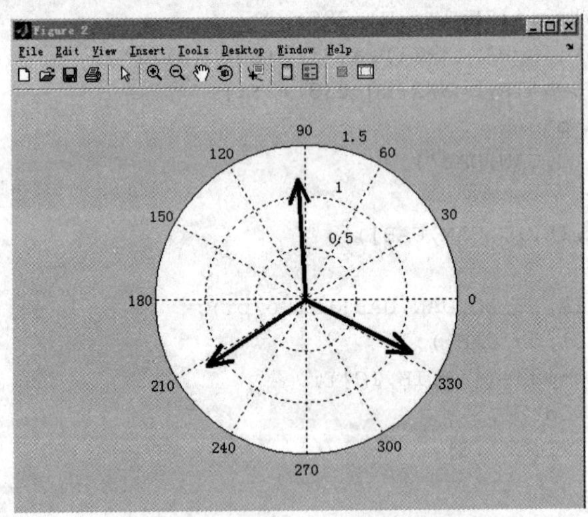

图 11-18 例 11.5 的电压相量图

例 11.6 将例 11.2 电路采用 MATLAB 软件进行仿真，其实现程序如下：

```
Z=19.2+14.4*j;Zl=3+4*j;UAB=380;
Z1=Z/3;UA=220;IA=UA/(Z1+Zl),
a=-1/2+sqrt(3)/2*j;
IB=a.^2*IA,IC=a*IA,b=3/2+sqrt(3)/2*j;
UAN=Z1*IA;UAB=b*UAN,UBC=a.^2*UAB,UCA=a*UAB,
```

```
IAB=UAB/Z,IBC=a.^2*IAB,ICA=a*IAB,
disp('IAB,IBC,ICA,UAB,UBC,UCA');
disp('幅值');
disp(abs([IAB,IBC,ICA,UAB,UBC,UCA]));
disp('相角');
disp(angle([IAB,IBC,ICA,UAB,UBC,UCA])*180/pi);
```

运行结果如下：

```
IA =
  12.4729 -11.6767i
IB =
 -16.3488 - 4.9635i
IC =
   3.8759 +16.6402i
UAB =
  2.1668e+002 +9.5379e+001i
UBC =
 -2.5740e+001 -2.3534e+002i
UCA =
 -1.9094e+002 +1.3996e+002i
IAB =
   9.6072 - 2.2378i
IBC =
  -6.7416 - 7.2012i
ICA =
  -2.8657 + 9.4390i
IAB,IBC,ICA,UAB,UBC,UCA
幅值
    9.8644    9.8644    9.8644  236.7451  236.7451  236.7451
相角
  -13.1118 -133.1118  106.8882   23.7581  -96.2419  143.7581
```

小　结

本章介绍了世界各国的电力系统中电能的产生、传输和供电方式普遍采用的三相制供电的基本知识和概念，主要介绍了对称三相电源和负载连接时电压和电流的计算方法、三相四线制供电系统中单相及三相负载的正确连接方法和对称三相电路功率的计算方法。此外，还介绍了采用 MATLAB 进行对称电路的电流、电压、功率计算的方法和一些应用实例分析。

（1）对称三相电源是由 3 个同频率、等幅值、初相依次相差 120°的正弦电压源连接成星形（Y）或三角形（△）组成的电源。它通常是由三相同步发电机产生的，三相绕组在空间互差 120°，当具有磁性的转子以均匀角速度 ω 转动时，在三相绕组中产生感应电压，从而形成对称三相电源。

（2）当对称三相电源与对称三相负载相连接时，即构成对称三相电路。对称三相电路的分析，可以根据星形和三角形的等效变换，将其化成对称的Y-Y三相电路，然后用归结为一相的计算方法求解。

（3）对不对称三相电路的分析，一般不能采用一相计算方法，而要用其他方法求解。在电源对称的情况下，可以根据中性点位移情况判断负载端不对称程度。当中性点位移较大时，会造成负载端的电压严重不对称，从而可能使负载不能正常工作。此外，由于各相的工作相互关联，如果负载变动，那么彼此都有影响。

（4）对称三相电路的瞬时功率是一个常量，其值等于平均功率。这是对称三相电路的一个优越性能，一般也称为瞬时功率平衡。在三相三线制电路中，不论对称与否，都可以用两个功率表测量的方法测量三相功率（称为二瓦计法），两个功率表读数的代数和为三相三线制中电路吸收的平均功率。不对称的三相四线制不能用二瓦计法测量三相功率，这是因为一般情况下 $\dot{I}_A+\dot{I}_B+\dot{I}_C\neq 0$。

习　　题

11.1　对称三相电路如图 11-2（a）所示。已知 $Z_l=(1+j2)\Omega$，$Z=(5+j6)\Omega$，$u_{AB}=380\sqrt{2}\cos(\omega t+30^\circ)V$。试求负载中各电流相量。

11.2　已知对称三相电路的线电压 U_l=380V，三角形负载阻抗 $Z=(4.5+j14)\Omega$，端线阻抗 $Z_l=(1.5+j2)\Omega$。求线电流和负载端的相电流，并作出电路相量图。

11.3　将例题 11.1 中的负载 Z 改成三角形连接（无中性线），比较两种连接方式中负载所吸收的复功率。

11.4　已知对称三相电路的线电压 U_l=230V，负载阻抗 $Z=(12+j16)\Omega$。试求：

（1）星形连接负载时的线电流及吸收的总功率。

（2）三角形连接负载时的线电流、相电流及吸收的总功率。

（3）比较（1）和（2）的结果能够得出什么结论。

11.5　图 11-19 所示Y-Y三相电路中，电压表读数是 1143.16V，$Z=(15+j15\sqrt{3})\Omega$，$Z_l=(1+j2)\Omega$。求电流表读数和线电压 $\dot{U}_{AB}$。

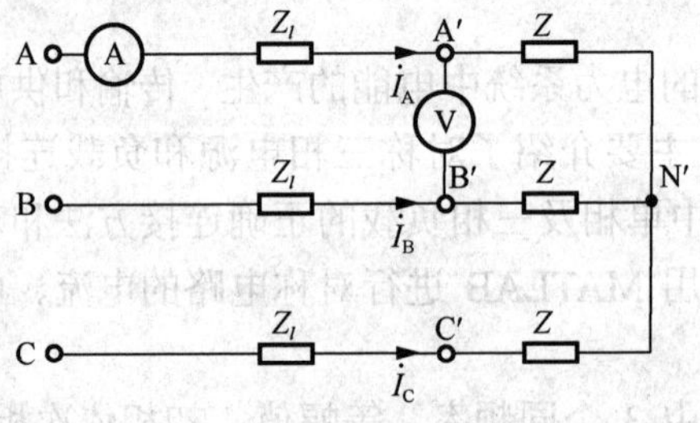

图 11-19　题 11.5 图

11.6　对称三相耦合电路接于对称三相电源，如图 11-20 所示。已知电源频率为 50Hz，线电压 U_l=230V，R=20Ω，L=0.29H，M=0.12H。求相电流和负载吸收的总功率。

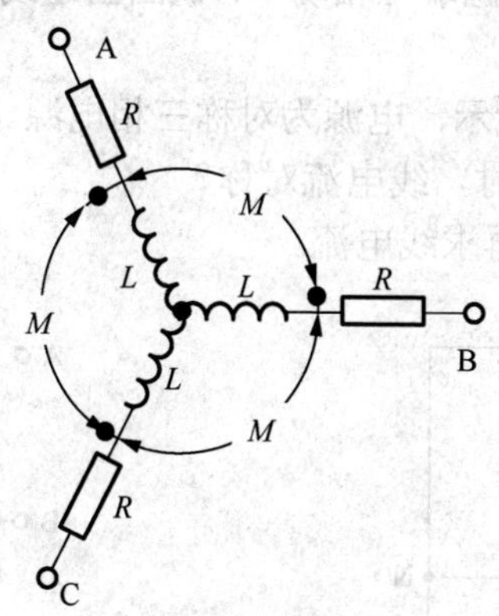

图 11-20　题 11.6 图

11.7　图 11-21 所示三相电路中，已知 $U_{AA'}=380\text{V}$，三相电动机的吸收功率为 1.4kW，其功率因数 $\lambda=0.866$，$Z=-\text{j}55\Omega$。求 U_{AB} 和电源端的功率因数 λ'。

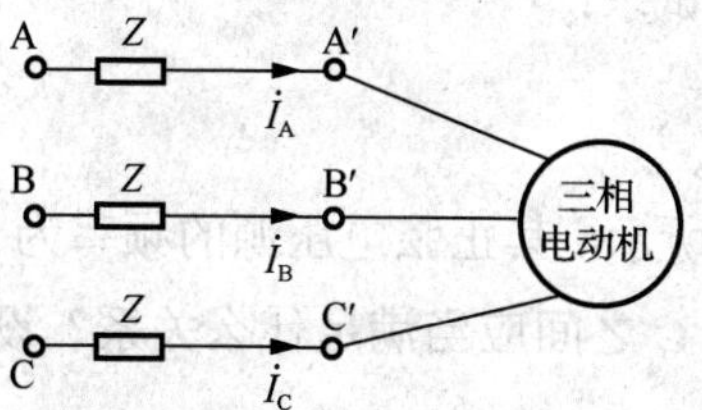

图 11-21　题 11.7 图

11.8　图 11-22 所示对称三相电路中，已知线电压为 380V，相电流 $I_{A'B'}=2\text{A}$。求图中功率表的读数。

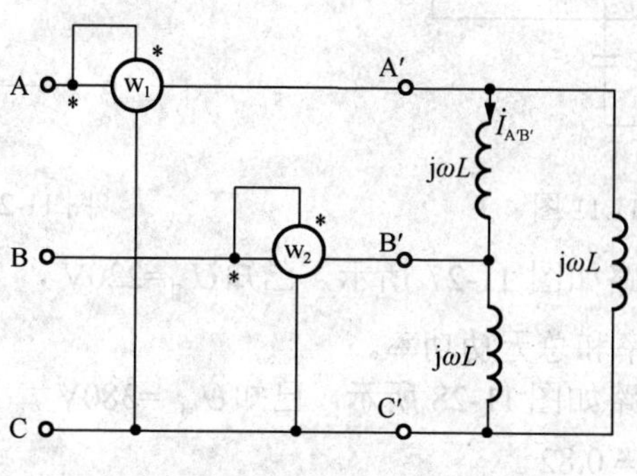

图 11-22　题 11.8 图

11.9　图 11-23 所示电路中，已知对称三相电源端的线电压 $U_l=380\text{V}$，$Z=(50+\text{j}50)\Omega$，$Z_1=(100+\text{j}100)\Omega$，$Z_A$ 为 R、L、C 串联组成，$R=50\Omega$，$X_L=314\Omega$，$X_C=-264\Omega$。试求：

（1）开关 S 打开时的线电流。

（2）若用二瓦计法测量电源端三相功率，试画出连线图，并求两个功率表的读数（S闭合时）。

11.10　电路如图 11-24 所示，电源为对称三相电源。试求：

（1）L、C 满足什么条件时，线电流对称？

（2）若 $R=\infty$（开路），再求线电流。

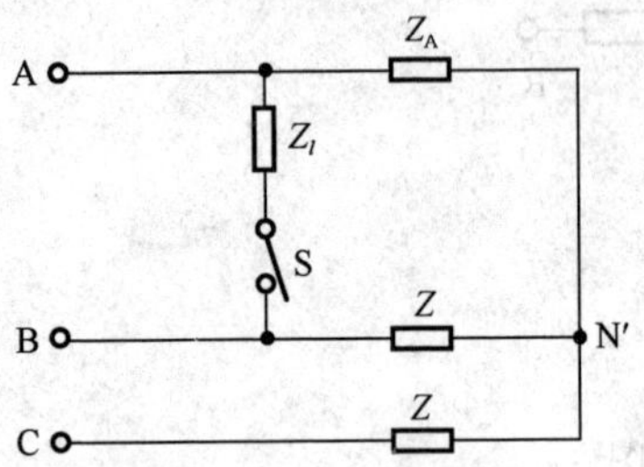

图 11-23　题 11.9 图

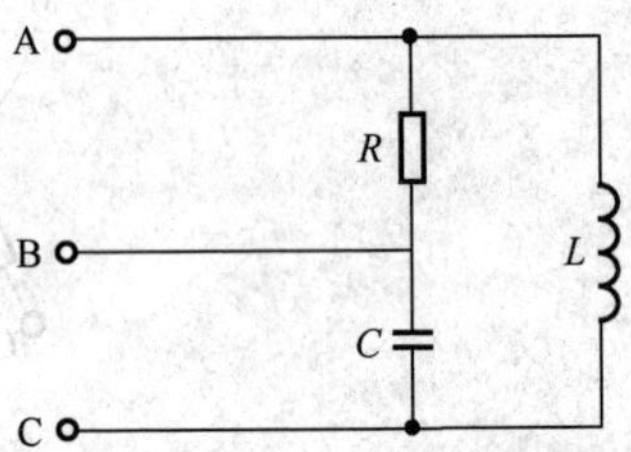

图 11-24　题 11.10 图

11.11　对称三相电路如图 11-25 所示，已知线电压为 380V，$R=200\Omega$，负载吸收的无功功率为 $1520\sqrt{3}$ Var。试求：

（1）各线电流。

（2）电源发出的复功率。

11.12　电路如图 11-26 所示，其正弦电压源的频率为 50Hz。若使 $\dot{U}_{ao}$、$\dot{U}_{bo}$、$\dot{U}_{co}$ 构成对称三相电压，则 R、L、C 之间应当满足什么关系？设 $R=20\Omega$，求 L 和 C。

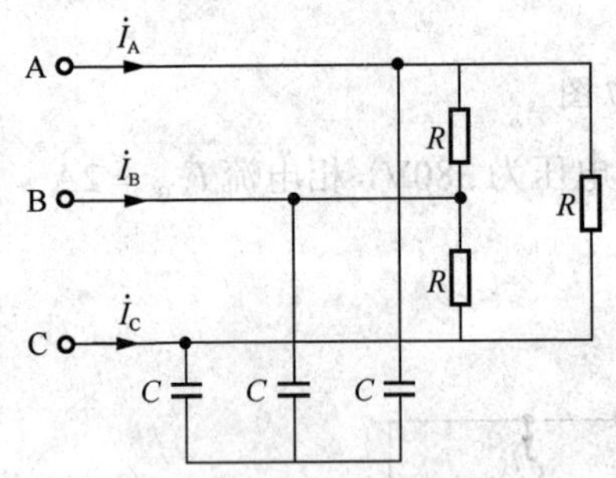

图 11-25　题 11.11 图

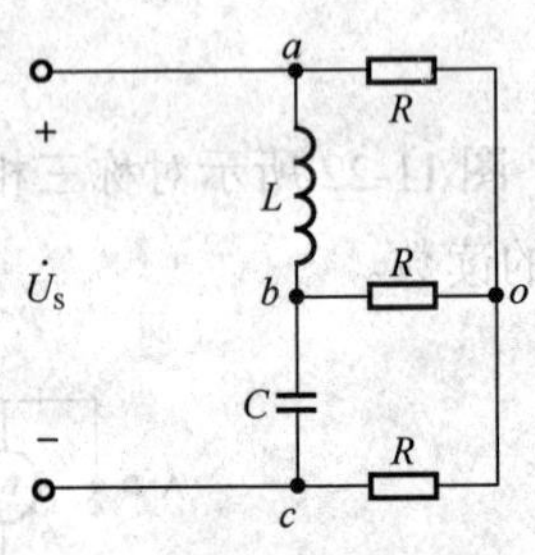

图 11-26　题 11.12 图

11.13　对称三相电路如图 11-27 所示，已知 $U_{相}=220V$，$Z=3+j4=5\angle 53.1^{\circ}\Omega$。求三相阻抗吸收的总有功功率和总无功功率。

11.14　对称三相电路如图 11-28 所示，已知 $U_{线}=380V$，$Z=(20+j20)\Omega$，三相电动机功率为 1.7kW，$\cos\varphi=0.82$。

（1）求 $\dot{I}_A$、$\dot{I}_B$、$\dot{I}_C$。

（2）求三相电源发出的总功率。

（3）若用二瓦计法测量三相总功率，画出接线图。

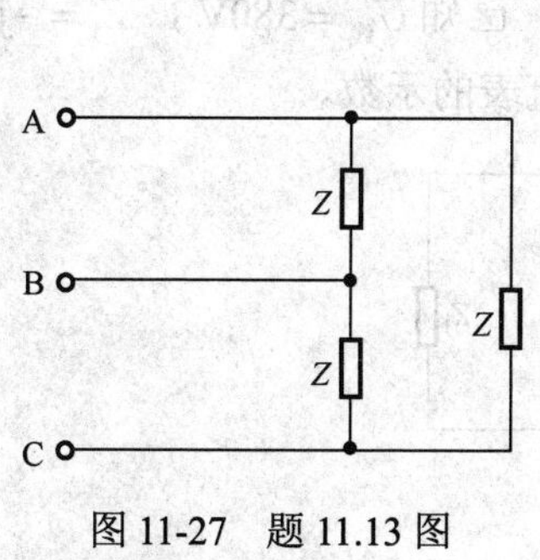

图 11-27 题 11.13 图

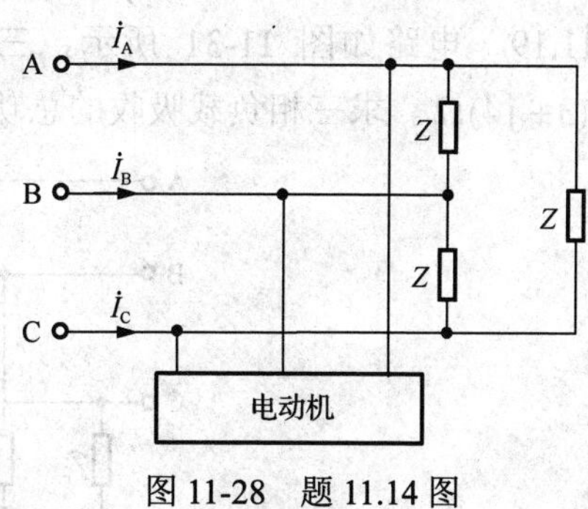

图 11-28 题 11.14 图

11.15 电路如图 11-29 所示，三相电压源对称。已知负载中各相电流均为 2A。求各线电流，并画出相量图。

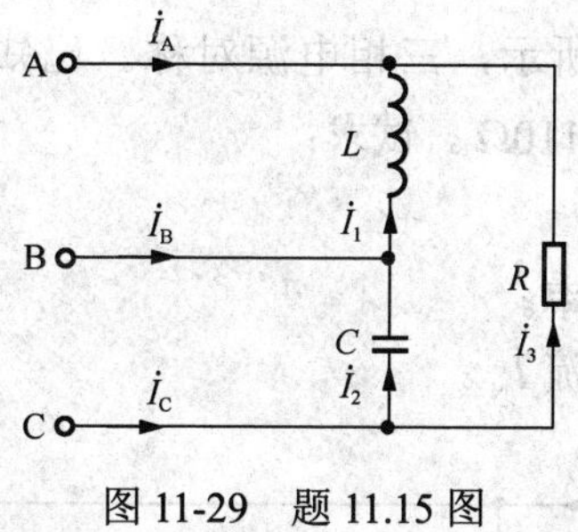

图 11-29 题 11.15 图

11.16 题 11.15 中，若 A 相负载阻抗为零，求图中电流表的读数，线电压 $\dot{U}_{AB}$ 及三相负载的吸收功率。

11.17 已知对称三相电路的线电压为 380V，f=50Hz，负载吸收功率为 2.4kW，功率因数为 0.4（感性）。试求：

（1）两个功率表的读数（用二瓦计法测量功率时）。

（2）怎样才能使负载端的功率因数提高到 0.8？并求出此时两个功率表的读数。

11.18 不对称三相四线制电路如图 11-30 所示，已知端线阻抗为零，对称电源端的线电压 $U_1 = 380\text{V}$，不对称的星形联结负载分别是 $Z_A = (3+\text{j}2)\Omega$，$Z_B = (4+\text{j}4)\Omega$，$Z_C = (2+\text{j}1)\Omega$。试求：

（1）当中线阻抗 $Z_N = (4+\text{j}3)\Omega$ 时的中点电压、线电流和负载吸收的总功率。

（2）当 $Z_N = 0$ 且 A 相开路时的线电流。若无中线（即 $Z_N \to \infty$）又怎样？

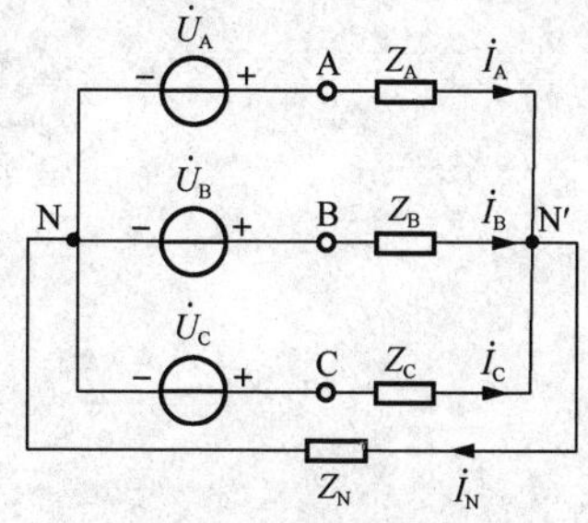

图 11-30 题 11.18 图

11.19　电路如图 11-31 所示，三相电源对称。已知$U_{线}=380\text{V}$，$Z_1=-\text{j}12\Omega$，$Z_2=(3+\text{j}4)\Omega$。求三相负载吸收的总功率及两个电流表的示数。

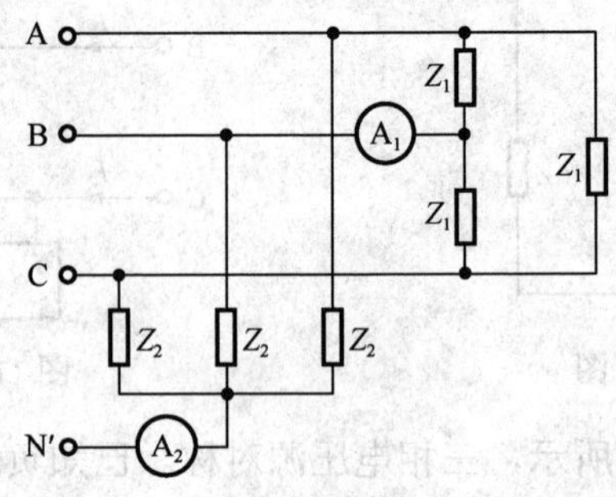

图 11-31　题 11.19 图

11.20　电路如图 11-32 所示，三相电源对称。已知$U_{线}$ =380V，R 消耗的功率 P_R=220 W，X_L=110Ω，X_C=110Ω。试求：

（1）电流$\dot{I}_A$、$\dot{I}_B$、$\dot{I}_C$。

（2）三相电源发出的总功率。

（3）用相量图法求中线电流$\dot{I}_N$。

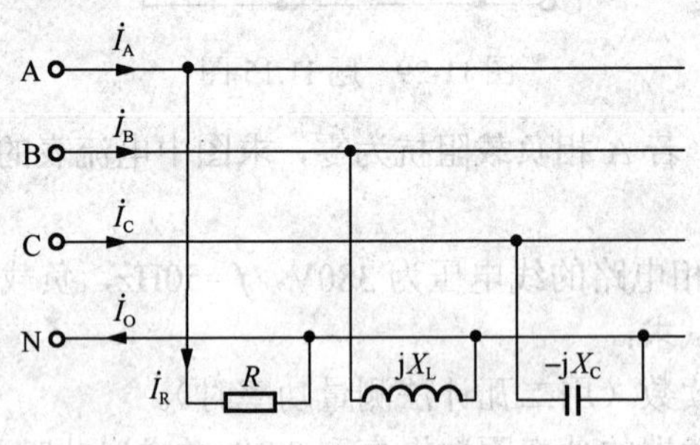

图 11-32　题 11.20 图

11.21　利用 MATLAB 软件对习题 11.4 进行计算和分析。

11.22　利用 MATLAB 软件画出习题 11.15 的相量图。

11.23　利用 MATLAB 软件对习题 11.20 进行计算和分析。

第 12 章　二端口网络

本章以二端口网络为例，主要介绍二端口网络的四种参数及方程、二端口网络的参数性质和它们之间的相互关系。

12.1　二端口网络基本概念

若一个复杂的电路只有两个端子向外连接，且仅对电路外特性感兴趣，而无须知道该电路各支路具体的电压和电流情况，则该电路可以等效为网络，并用戴维南或诺顿等效电路替代，然后再计算感兴趣的电压和电流。在工程实际中遇到的问题还常常涉及两对端子之间的关系。变压器、滤波器、放大器、反馈网络等有两对端子的电路，都可以将两对端子之间的电路概括在一个方框中，如图 12-1（a）～（c）所示。通常，图 12-1（d）中的一对端子1—1′是输入端子，另一对端子 2—2′为输出端子。

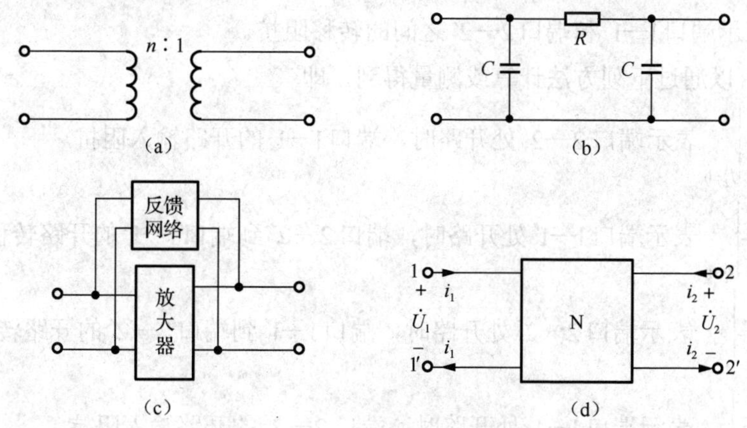

图 12-1　二端口网络

如果这两对端子满足端口条件，即对所有时间 t，从端子 1 流入方框的电流等于从端子1′流出的电流；同时，从端子 2 流入方框的电流等于从端子 2′ 流出的电流，这样的电路称为二端口网络，简称二端口。若向外伸出 2 个端子称为一端口，向外伸出 8 个端子称为四端口网络，则本章仅讨论二端口。用二端口网络的电路模型进行研究较为方便，有利于研究端口外部特性，而且二端口网络分析方法推广应用于 n 端口网络较为容易，可以将大网络分割成许多子网络（二端口）进行分析。

本章介绍的二端口是由线性的电阻、电感（含耦合电感）、电容和线性受控源组成的，并规定不包含任何独立电源（用运算法分析时，还规定独立初始条件均为零，即不存在附加电源）。

12.2　Z参数

图 12-1（d）所示的一个线性二端口网络中，端口1—1′处和2—2′处的电流相量和电压相量的参考方向如图所示，假定这两个端口电流为$\dot{I}_1$和$\dot{I}_2$，可用替代定理把$\dot{I}_1$和$\dot{I}_2$看作外加电流源的电流。根据叠加定理，$\dot{U}_1$、$\dot{U}_2$应当等于各个电流源单独作用时产生的电压之和，即

$$\begin{cases}\dot{U}_1 = Z_{11}\dot{I}_1 + Z_{12}\dot{I}_2 \\ \dot{U}_2 = Z_{21}\dot{I}_1 + Z_{22}\dot{I}_2\end{cases} \tag{12-1}$$

式（12-1）是二端口的网络方程。由于该方程为线性方程，可改写成矩阵形式，即

$$\begin{bmatrix}\dot{U}_1 \\ \dot{U}_2\end{bmatrix} = \begin{bmatrix}Z_{11} & Z_{12} \\ Z_{21} & Z_{22}\end{bmatrix}\begin{bmatrix}\dot{I}_1 \\ \dot{I}_2\end{bmatrix} \tag{12-2}$$

简写为

$$[U] = [Z][I]$$

式中，$[Z]$为阻抗矩阵，其中Z_{11}和Z_{22}分别表示端口1—1′和端口2—2′的输入阻抗，Z_{12}和Z_{21}分别表示端口1—1′和端口2—2′之间的转移阻抗。

Z参数可以通过下列方法计算或测量得到，即

$Z_{11} = \left.\dfrac{\dot{U}_1}{\dot{I}_1}\right|_{\dot{I}_2=0}$　表示端口2—2′处开路时，端口1—1′的开路输入阻抗。

$Z_{12} = \left.\dfrac{\dot{U}_1}{\dot{I}_2}\right|_{\dot{I}_1=0}$　表示端口1—1′处开路时，端口2—2′到端口1—1′的开路转移阻抗。

$Z_{21} = \left.\dfrac{\dot{U}_2}{\dot{I}_1}\right|_{\dot{I}_2=0}$　表示端口2—2′处开路时，端口1—1′到端口2—2′的开路转移阻抗。

$Z_{22} = \left.\dfrac{\dot{U}_2}{\dot{I}_2}\right|_{\dot{I}_1=0}$　表示端口1—1′处开路时，端口2—2′的开路输入阻抗。

由上述定义可知，$[Z]$矩阵中的各个阻抗参数必须使用开路法测量，因此也称开路阻抗参数。根据互易定理不难证明，对线性R、$L(M)$、C元件构成的任何无源二端口，有

$$Z_{12} = Z_{21} \tag{12-3}$$

对于对称二端口，则有

$$Z_{11} = Z_{22} \tag{12-4}$$

二端口的Z参数中只有两个是独立的。

例 12.1　图 12-2 所示为线性可逆 T 形网络，已知网络元件阻抗Z_1、Z_2、Z_3。求：

（1）T 形网络的Z参数。

（2）分析网络参数的性质。

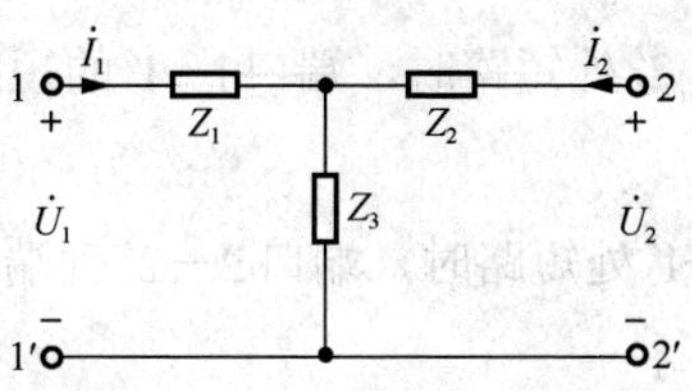

图 12-2　线性可逆 T 形网络

解：（1）由 Z 参数定义可得

$$Z_{11}=\left.\frac{\dot{U}_1}{\dot{I}_1}\right|_{\dot{I}_2=0}=Z_1+Z_3$$

$$Z_{22}=\left.\frac{\dot{U}_2}{\dot{I}_2}\right|_{\dot{I}_1=0}=Z_2+Z_3$$

$$Z_{12}=\left.\frac{\dot{U}_1}{\dot{I}_2}\right|_{\dot{I}_1=0}=Z_3$$

$$Z_{21}=\left.\frac{\dot{U}_2}{\dot{I}_1}\right|_{\dot{I}_2=0}=Z_3$$

（2）性质分析。

由 $Z_{12}=Z_{21}=Z_3$ 可知该网络具有可逆性，即当 $Z_{ij}=Z_{ji}$ 时网络可逆。也可用矩阵形式表示，即当$[Z]=[Z]^{\mathrm{T}}$（$[Z]^{\mathrm{T}}$ 表示$[Z]$的转置矩阵）时网络可逆。

由对称几何定义可知，当 $Z_1=Z_2$ 时网络具有对称性，其网络参数 $Z_{11}=Z_{22}=Z_1+Z_3=Z_2+Z_3$，该网络具有对称性，即当 $Z_{ii}=Z_{jj}$（$i\neq j$）时，网络具有对称性。

12.3　Y 参数

若图 12-1（d）所示二端口网络的端口电压 $\dot{U}_1$ 和 $\dot{U}_2$ 已知，可用替代定理把两个端口电压 $\dot{U}_1$ 和 $\dot{U}_2$ 看作外加独立电压源。根据叠加定理，$\dot{I}_1$ 和 $\dot{I}_2$ 应当等于各个电压源单独作用时产生的电流之和，即

$$\begin{cases}\dot{I}_1=Y_{11}\dot{U}_1+Y_{12}\dot{U}_2\\ \dot{I}_2=Y_{21}\dot{U}_1+Y_{22}\dot{U}_2\end{cases}\tag{12-5}$$

由于式（12-5）为线性方程，可改写成矩阵形式，即

$$\begin{bmatrix}\dot{I}_1\\ \dot{I}_2\end{bmatrix}=\begin{bmatrix}Y_{11} & Y_{12}\\ Y_{21} & Y_{22}\end{bmatrix}\begin{bmatrix}\dot{U}_1\\ \dot{U}_2\end{bmatrix}\tag{12-6}$$

简写为

$$[I]=[Y][U]$$

式中，$[Y]$ 为导纳矩阵，其中 Y_{11} 和 Y_{22} 分别为端口 1—1′ 和端口 2—2′ 的输入导纳，Y_{12} 和 Y_{21} 分别为端口 1—1′ 和端口 2—2′ 之间的转移导纳，其具体计算测量方法如下：

$Y_{11}=\left.\dfrac{\dot{I}_1}{\dot{U}_1}\right|_{\dot{U}_2=0}$　表示端口 2—2′ 处短路时，端口 1—1′ 的短路输入导纳。

$Y_{12}=\left.\dfrac{\dot{I}_1}{\dot{U}_2}\right|_{\dot{U}_1=0}$　表示端口 1—1′ 处短路时，端口 2—2′ 到端口 1—1′ 的短路转移导纳。

$Y_{21}=\left.\dfrac{\dot{I}_2}{\dot{U}_1}\right|_{\dot{U}_2=0}$　表示端口 2—2′ 处短路时，端口 1—1′ 到端口 2—2′ 的短路转移导纳。

$Y_{22}=\left.\dfrac{\dot{I}_2}{\dot{U}_2}\right|_{\dot{U}_1=0}$　表示端口 1—1′ 处短路时，端口 2—2′ 的短路输入导纳。

由上述定义可知，$[Y]$矩阵中的各个导纳参数必须使用短路法测量，因此也称短路导纳参数。根据互易定理不难证明，对线性 R、$L(M)$、C 元件构成的任何无源二端口，有

$$Y_{12}=Y_{21} \tag{12-7}$$

对于对称二端口，则有

$$Y_{11}=Y_{22} \tag{12-8}$$

二端口的 Y 参数中只有两个是独立的。

将式（12-1）和式（12-5）相比较可以看出，开路阻抗矩阵［Z］与短路导纳矩阵［Y］之间存在互为逆矩阵的关系，即

$$[Z]=[Y]^{-1} \text{ 或 } [Y]=[Z]^{-1} \tag{12-9}$$

即

$$\begin{bmatrix} Z_{11} & Z_{12} \\ Z_{21} & Z_{22} \end{bmatrix}=\frac{1}{\Delta_Y}\begin{bmatrix} Y_{22} & -Y_{12} \\ -Y_{21} & Y_{11} \end{bmatrix}$$

式中，Δ_Y 为矩阵［Y］的行列式，$\Delta_Y=Y_{11}Y_{22}-Y_{12}Y_{21}$。

对于含有受控源的线性 R、$L(M)$、C 二端口，利用特勒根定理可以证明互易定理不再成立，因此 $Y_{12}\neq Y_{21}$、$Z_{12}\neq Z_{21}$。

例 12.2　求图 12-3 所示二端口的 Y 参数。

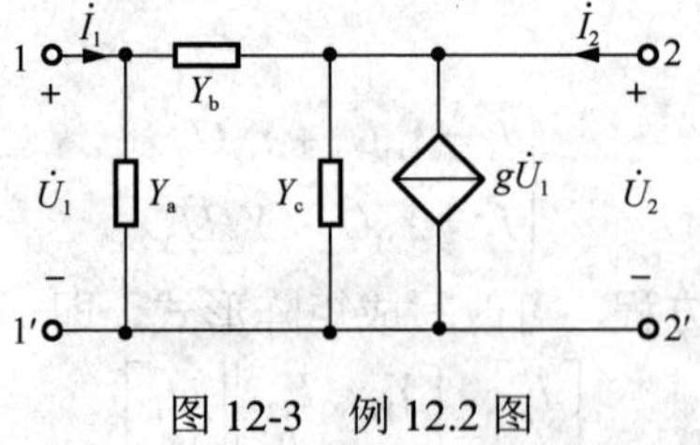

图 12-3　例 12.2 图

解：把端口 2—2′ 短路，在端口 1—1′ 外施加电压 $\dot{U}_1$，得

$$\dot{I}_1=\dot{U}_1(Y_a+Y_b)$$
$$\dot{I}_2=-\dot{U}_1Y_b-g\dot{U}_1$$

则

$$Y_{11} = \frac{\dot{I}_1}{\dot{U}_1} = (Y_a + Y_b)$$

$$Y_{21} = \frac{\dot{I}_2}{\dot{U}_1} = -Y_b - g$$

同理，为求解 Y_{12}、Y_{22}，把端口 1—1′ 短路，即令 $\dot{U}_1 = 0$，这时受控源的电流也等于零，得

$$Y_{12} = \frac{\dot{I}_1}{\dot{U}_2} = -Y_b$$

$$Y_{22} = \frac{\dot{I}_2}{\dot{U}_2} = Y_b + Y_c$$

可见，在这种情况下，$Y_{12} \neq Y_{21}$。

12.4　*H* 参数

除了 *Z* 参数和 *Y* 参数之外，晶体管等效电路分析中还通常用到 *H* 参数，已知端口 1—1′ 的电流 $\dot{I}_1$ 和端口 2—2′ 的电压 $\dot{U}_2$ 时，利用替代定理分别将它们看作外加电流源和电压源。根据叠加定理，$\dot{U}_1$ 和 $\dot{I}_2$ 应该等于各个电源单独作用时响应的和，即

$$\begin{cases} \dot{U}_1 = H_{11}\dot{I}_1 + H_{12}\dot{U}_2 \\ \dot{I}_2 = H_{21}\dot{I}_1 + H_{22}\dot{U}_2 \end{cases} \tag{12-10}$$

将式（12-10）改写为矩阵形式，有

$$\begin{bmatrix} \dot{U}_1 \\ \dot{I}_2 \end{bmatrix} = \begin{bmatrix} H_{11} & H_{12} \\ H_{21} & H_{22} \end{bmatrix} \begin{bmatrix} \dot{I}_1 \\ \dot{U}_2 \end{bmatrix} = [H] \begin{bmatrix} \dot{I}_1 \\ \dot{U}_2 \end{bmatrix} \tag{12-11}$$

式中，*H* 参数没有统一的物理意义（量纲），因此 *H* 参数也称为混合参数。其具体计算测试方法如下。

$H_{11} = \left.\dfrac{\dot{U}_1}{\dot{I}_1}\right|_{\dot{U}_2=0}$ 表示端口 2—2′ 短路时，端口 1—1′ 的短路阻抗（单位为Ω）。

$H_{12} = \left.\dfrac{\dot{U}_1}{\dot{U}_2}\right|_{\dot{I}_1=0}$ 表示端口 1—1′ 开路时，端口 2—2′ 到端口 1—1′ 的电压传输系数（单位为 1）。

$H_{21} = \left.\dfrac{\dot{I}_2}{\dot{I}_1}\right|_{\dot{U}_2=0}$ 表示端口 2—2′ 短路时，端口 1—1′ 到端口 2—2′ 的电流传输系数（单位为 1）。

$H_{22} = \left.\dfrac{\dot{I}_2}{\dot{U}_2}\right|_{\dot{I}_1=0}$ 表示端口 1—1′ 开路时，端口 2—2′ 的开路阻抗（单位为 S）。

例 12.3　求图 12-4 所示晶体管等效电路的 H 参数。

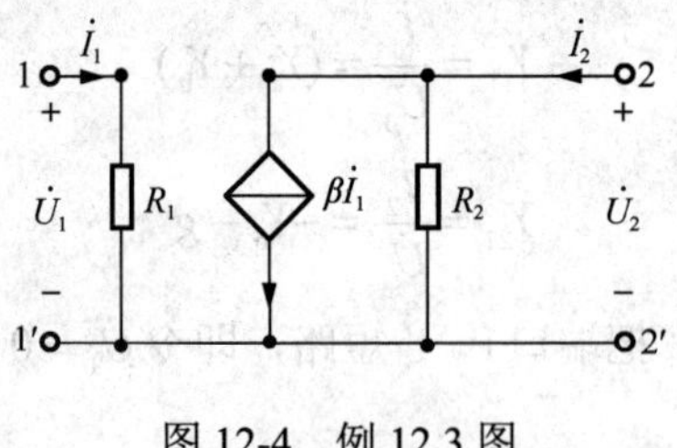

图 12-4　例 12.3 图

解：由等效电路图可得

$$\dot{U}_1 = R_1\dot{I}_1$$

$$\dot{I}_2 = \beta\dot{I}_1 + \frac{1}{R_2}\dot{U}_2$$

对比 H 参数的网络方程 $\begin{cases}\dot{U}_1 = H_{11}\dot{I}_1 + H_{12}\dot{U}_2 \\ \dot{I}_2 = H_{21}\dot{I}_1 + H_{22}\dot{U}_2\end{cases}$，可得

$$[H] = \begin{bmatrix} R_1 & 0 \\ \beta & 1/R_2 \end{bmatrix}$$

对于无源线性二端口，可以证明 $H_{12} = -H_{21}$，即 H 参数中只有 3 个是独立的。对于对称的二端口，则有 $H_{11}H_{22} - H_{12}H_{21} = 1$。

12.5　A参数

在许多工程实际问题中，往往希望找到一个端口的电流、电压与另一个端口的电流、电压之间的直接关系。例如，放大器、滤波器的输入和输出之间的关系，传输线的始端和终端之间的关系。由此引入 A 参数（称为转移参数；在微波电路中引入的称为传输参数，用 T 表示），它表明了一个端口到另一端口的传输影响。如图 12-5 所示，将端口 2—2′ 中的电流参考方向取反（相对于图 12-1（d）中端口 2—2′ 中的电流参考方向），既体现了电流传输的概念，也避免了在网络方程中出现负号。假设已知端口 2—2′ 的电压 $\dot{U}_2$ 和 $\dot{I}_2$，利用替代定理分别将它们看作外加电压源和电流源，根据叠加定理，端口 1—1′ 的电压 $\dot{U}_1$ 和电流 $\dot{I}_1$ 应该等于各个电源单独作用时响应的和，即

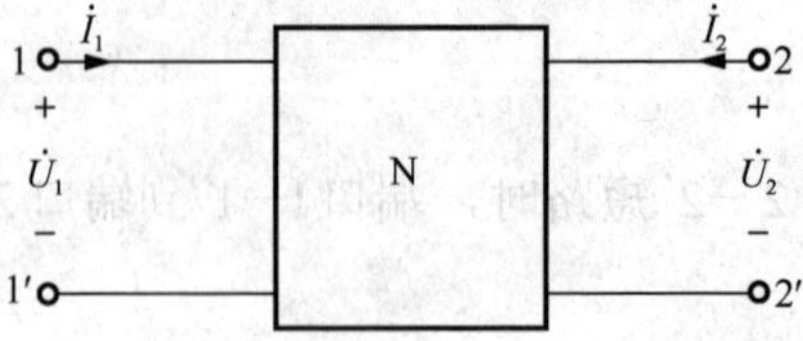

图 12-5　线性二端口的电流电压关系

$$\begin{cases}\dot{U}_1 = A_{11}\dot{U}_2 + A_{12}\dot{I}_2 \\ \dot{I}_1 = A_{21}\dot{U}_2 + A_{22}\dot{I}_2\end{cases} \tag{12-12}$$

写成矩阵的形式为

$$\begin{bmatrix}\dot{U}_1\\ \dot{I}_1\end{bmatrix}=\begin{bmatrix}A_{11} & A_{12}\\ A_{21} & A_{22}\end{bmatrix}\begin{bmatrix}\dot{U}_2\\ \dot{I}_2\end{bmatrix} \tag{12-13}$$

式中，A_{11}、A_{12}、A_{21}、A_{22} 为网络的传输参量；$\begin{bmatrix}A_{11} & A_{12}\\ A_{21} & A_{22}\end{bmatrix}=[A]$ 为网络的传输矩阵。

由式（12-12）可导出传输参量的具体含义如下。

$A_{11}=\left.\dfrac{\dot{U}_1}{\dot{U}_2}\right|_{\dot{I}_2=0}$ 表示端口 2—2′ 开路时，端口 2—2′ 到端口 1—1′ 的电压传输系数。

$A_{12}=\left.\dfrac{\dot{U}_1}{\dot{I}_2}\right|_{\dot{U}_2=0}$ 表示端口 2—2′ 短路时，端口 2—2′ 到端口 1—1′ 的转移阻抗。

$A_{21}=\left.\dfrac{\dot{I}_1}{\dot{U}_2}\right|_{\dot{I}_2=0}$ 表示端口 2—2′ 开路时，端口 2—2′ 到端口 1—1′ 的转移导纳。

$A_{22}=\left.\dfrac{\dot{I}_1}{\dot{I}_2}\right|_{\dot{U}_2=0}$ 表示端口 2—2′ 短路时，端口 2—2′ 到端口 1—1′ 的电流传输系数。

由上述 A 参数意义的讨论可知，各个转移参量无统一量纲。对于无源线性二端口，可以证明：$A_{11}A_{22}-A_{12}A_{21}=1$，二端口的 A 参数只有 3 个是独立的；对于对称的二端口，则有 $A_{11}=A_{22}$。

当网络 N_1 和网络 N_2 相级联时（图 12-6），设各端口的电压、电流及其方向如图中所示，网络 N_1 和网络 N_2 的转移矩阵分别为

$$\begin{bmatrix}\dot{U}_1\\ \dot{I}_1\end{bmatrix}=[A]_1\begin{bmatrix}\dot{U}_2\\ \dot{I}_2\end{bmatrix}$$

$$\begin{bmatrix}\dot{U}_2\\ \dot{I}_2\end{bmatrix}=[A]_2\begin{bmatrix}\dot{U}_3\\ \dot{I}_3\end{bmatrix}$$

式中，$[A]_1$ 和 $[A]_2$ 分别表示均为网络 N_1 和网络 N_2 的转移矩阵。

将以上两式相比较得到

$$\begin{bmatrix}\dot{U}_1\\ \dot{I}_1\end{bmatrix}=[A]_1[A]_2\begin{bmatrix}\dot{U}_3\\ \dot{I}_3\end{bmatrix}$$

得到端口 1—1′ 和端口 3—3′ 之间的组合网络的转移矩阵为

$$[A]=[A]_1[A]_2$$

对于网络矩阵分别为 $[A]_1$，$[A]_2$，…，$[A]_n$ 的 n 个二端口网络级联的组合网络，其传输矩阵为

$$[A]=[A]_1[A]_2\cdots[A]_n \tag{12-14}$$

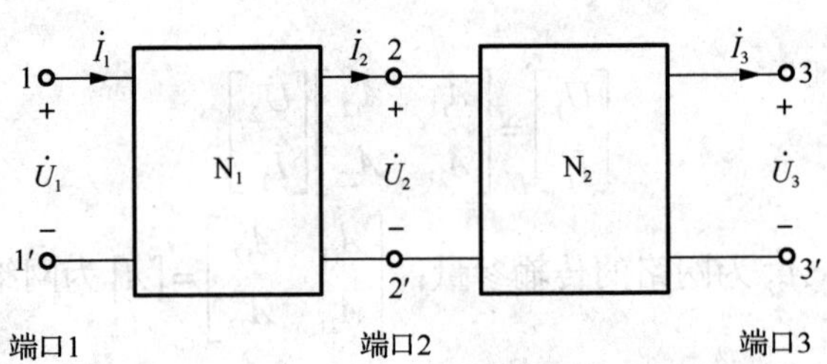

图 12-6　二端口等效级联网络

12.6　各参数间的关系

Z 参数、Y 参数、H 参数和 A 参数四种网络参量都是描写同一个网络的特性，因而它们之间有内在的联系，即四种网络参量之间可以相互转换。二端口网络参数关系见表 12-1。

表 12-1　二端口网络参数关系表

	Z 参数	Y 参数	H 参数	A 参数
Z 参数	$\begin{matrix} Z_{11} & Z_{12} \\ Z_{21} & Z_{22} \end{matrix}$	$\begin{matrix} \frac{Y_{22}}{\Delta_Y} & -\frac{Y_{12}}{\Delta_Y} \\ -\frac{Y_{21}}{\Delta_Y} & \frac{Y_{11}}{\Delta_Y} \end{matrix}$	$\begin{matrix} \frac{\Delta_H}{H_{12}} & \frac{H_{12}}{H_{22}} \\ -\frac{H_{21}}{H_{22}} & \frac{1}{H_{22}} \end{matrix}$	$\begin{matrix} \frac{A_{11}}{A_{21}} & \frac{\Delta_A}{A_{21}} \\ \frac{1}{A_{21}} & \frac{A_{22}}{A_{21}} \end{matrix}$
Y 参数	$\begin{matrix} \frac{Z_{22}}{\Delta_Z} & -\frac{Z_{12}}{\Delta_Z} \\ -\frac{Z_{21}}{\Delta_Z} & \frac{Z_{11}}{\Delta_Z} \end{matrix}$	$\begin{matrix} Y_{11} & Y_{12} \\ Y_{21} & Y_{22} \end{matrix}$	$\begin{matrix} \frac{1}{H_{11}} & -\frac{H_{12}}{H_{11}} \\ \frac{H_{21}}{H_{11}} & \frac{\Delta_H}{H_{11}} \end{matrix}$	$\begin{matrix} \frac{A_{22}}{A_{12}} & -\frac{\Delta_A}{A_{12}} \\ -\frac{1}{A_{12}} & \frac{A_{11}}{A_{12}} \end{matrix}$
H 参数	$\begin{matrix} \frac{\Delta_Z}{Z_{22}} & \frac{Z_{12}}{Z_{22}} \\ -\frac{Z_{21}}{Z_{22}} & \frac{1}{Z_{22}} \end{matrix}$	$\begin{matrix} \frac{1}{Y_{11}} & -\frac{Y_{12}}{Y_{11}} \\ \frac{Y_{21}}{Y_{11}} & \frac{\Delta_Y}{Y_{11}} \end{matrix}$	$\begin{matrix} H_{11} & H_{12} \\ H_{21} & H_{22} \end{matrix}$	$\begin{matrix} \frac{A_{12}}{A_{22}} & \frac{\Delta_A}{A_{22}} \\ -\frac{1}{A_{22}} & \frac{A_{21}}{A_{22}} \end{matrix}$
A 参数	$\begin{matrix} \frac{Z_{11}}{Z_{21}} & \frac{\Delta_Z}{Z_{21}} \\ \frac{1}{Z_{21}} & \frac{Z_{22}}{Z_{21}} \end{matrix}$	$\begin{matrix} -\frac{Y_{22}}{Y_{21}} & -\frac{1}{Y_{21}} \\ -\frac{\Delta_Y}{Y_{21}} & -\frac{Y_{11}}{Y_{21}} \end{matrix}$	$\begin{matrix} -\frac{\Delta_H}{H_{21}} & -\frac{H_{11}}{H_{21}} \\ -\frac{H_{22}}{H_{21}} & -\frac{1}{H_{21}} \end{matrix}$	$\begin{matrix} A_{11} & A_{12} \\ A_{21} & A_{22} \end{matrix}$

表中

$$\Delta_Z = \begin{vmatrix} Z_{11} & Z_{12} \\ Z_{21} & Z_{22} \end{vmatrix}，\Delta_Y = \begin{vmatrix} Y_{11} & Y_{12} \\ Y_{21} & Y_{22} \end{vmatrix}$$

$$\Delta_H = \begin{vmatrix} H_{11} & H_{12} \\ H_{21} & H_{22} \end{vmatrix}，\Delta_A = \begin{vmatrix} A_{11} & A_{12} \\ A_{21} & A_{22} \end{vmatrix}$$

二端口一共有 6 组不同的参数，其余 2 组参数分别与 H 参数和 T 参数类似，区别仅在于把电路方程等号两边的变量互换，这里不再列举。

12.7 实例分析

12.7.1 压电变压器电路模型和二端口网络 Y 参数

1. 压电变压器等效电路模型

压电变压器（以下简称 PT）经典集总参数等效电路模型，如图 12-7 所示。图中各元件的值为 PT 谐振频率附近的等效值，其中 R、L、C 组成串联谐振支路，C_{in} 和 C_o 是 PT 的输入电容和输出电容，理想变压器的变比为 1∶n。这些参数均取决于压电变压器的材料参数和几何尺寸。

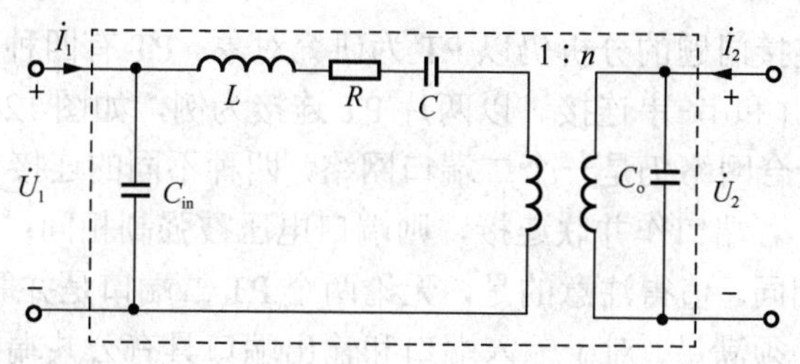

图 12-7　PT 经典集总参数电路模型

2. PT 的电特性

图 12-7 所示单片 PT 的电路模型为非线性无源二端口网络，其端口电压和电流关系用导纳矩阵 Y 参数描述较为方便，如图 12-8 所示。其中，$Y_L=G+\mathrm{j}B$ 表示负载的导纳；参数 Y_{11}、Y_{12}、Y_{21} 和 Y_{22} 为 Y 参数的四个元素。

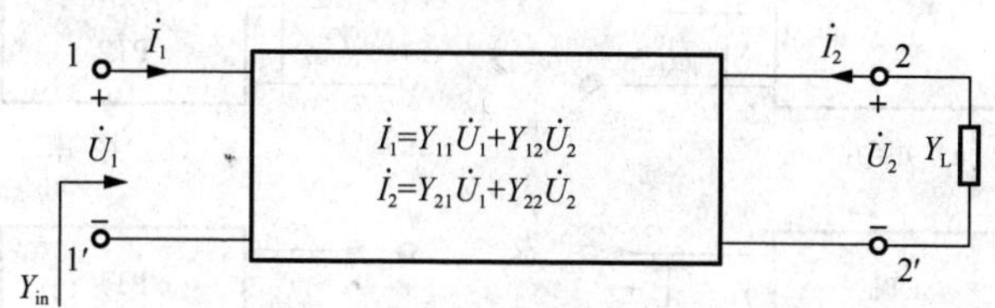

图 12-8　用 Y 参数表示的单片 PT 二端口网络

对应图 12-8 所示单片 PT 等效电路模型，其参数是 $Y_{11}=\mathrm{j}\omega C_{in}+Y_m$，$Y_{12}=Y_{1'2'}=-(1-N)Y_m$，$Y_{22}=\mathrm{j}\omega C_o+(1/N^2)Y_m$，式中 $Y_m=1/(R+\mathrm{j}\omega L_{in}-\mathrm{j}/\omega C_{in})$，$\omega=2\pi f$。

电压增益 K_u 为

$$K_u=U_2/U_1=|Y_{21}|/|Y_L+Y_{22}| \tag{12-15}$$

由上式可知，PT 的电压增益随负载阻抗的变化而变化。

负载有功功率，即 PT 的输出功率为

$$P_{out}=U_1^2K_u^2/R_L \tag{12-16}$$

由上式可知，PT 的输出功率不仅与负载阻抗有关，还与电压增益的平方成正比。

输入导纳为

$$Y_{in}=\dot{I}_1/\dot{U}_1=Y_{11}-Y_{21}Y_{12}/(Y_L+Y_{22}) \tag{12-17}$$

输入功率为

$$P_{in}=U_1^2\mathrm{Re}[Y_{in}] \tag{12-18}$$

PT 的传输效率为

$$\eta=P_{out}/P_{in}=K_u^2\mathrm{Re}[Y_L]/\mathrm{Re}[Y_{in}] \tag{12-19}$$

通过对 PT 电气特性的学习，可以感受二端口网络并不是抽象的，而是具体存在的。实际应用时，要能够根据不同的电路特点灵活应用不同的网络参数分析电路。

12.7.2　二端口网络的四种连接方式

对二端口网络连接问题的分析仍以 PT 为研究对象。PT 有四种可能的连接方式，即并-并、并-串、串-并和串-串连接。以两片 PT 连接为例，如图 12-9 所示。由图可知，PT 串-并连接后的复合网络仍是一个二端口网络，四种不同的连接方式使端口电压和电流的约束关系不同。若端口作并联连接，则端口电压被强制相同；若端口作串联连接，则端口电流被强制相同。值得注意的是，无论两个 PT 二端口是并联还是串联，每个 PT 二端口的端口条件必须满足，对于输入端口和输出端口具有公共端的 Rosen PT，两个端口将它们按照图 12-9 所示的方式连接，每个 PT 的端口条件总是能够满足。

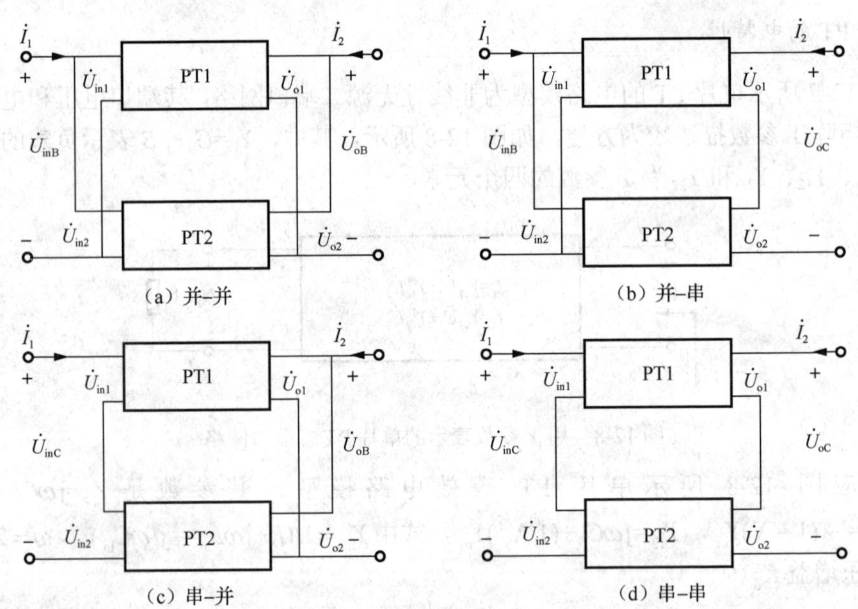

图 12-9　二端口 PT 的四种连接方式

求复合网络参数方程时，应以相同的端口变量为自变量，以不相同的端口变量为因变量。针对不同连接方式的复合网络采用特定的网络参数描述，其复合网络的参数矩阵就是各子网络的参数矩阵之和。具体来说，并-并连接采用导纳矩阵 Y 参数描述；并-串连接采用逆混合矩阵 G 参数描述；串-并连接采用混合矩阵 H 参数描述；串-串连接采

用阻抗矩阵 Z 参数描述。对子网络参数矩阵求和，在得到四种连接的复合网络 Y、G、H、Z 参数后，利用参数之间的相互转换关系均转换成 Y 参数，再将 Y 参数矩阵相应元素分别代入式（12-15）～式（12-19）中，即可得到由 Y 参数描述的四种 PT 连接方式的二端口电气特性。

12.7.3　压电变压器并-并连接实例

PT 并-并连接如图 12-10（a）所示。其复合二端口网络的输入电压和输出电压被分别强制相同，即 $\dot{U}_{\text{in1}}=\dot{U}_{\text{in2}}=\dot{U}_{\text{inB}}$，$\dot{U}_{\text{o1}}=\dot{U}_{\text{o2}}=\dot{U}_{\text{oB}}$。总端口电流应为两个 PT 各自端口电流之和。记并-并连接复合网络的 Y 参数为 Y_{BB}，则 Y_{BB} 参数等于并联的各子网络的 Y 参数之和。对于 n 个相同 PT 并-并连接复合网络，其 Y_{BB} 为单个 PT 子网络 Y 的 n 倍。即有

$$Y_{\text{BB}}=\begin{bmatrix} nY_{11} & nY_{12} \\ nY_{21} & nY_{22} \end{bmatrix}=\begin{bmatrix} Y_{\text{BB}}^{11} & Y_{\text{BB}}^{12} \\ Y_{\text{BB}}^{21} & Y_{\text{BB}}^{22} \end{bmatrix} \tag{12-20}$$

用 Y 参数描述的并-并连接复合 PT 的电气特性可采用如下表达式。

由式（12-15）可得电压增益为

$$K_{\text{uBB}}=|nY_{21}|/|Y_{\text{L}}+nY_{22}|=|Y_{21}|/|(1/nY_{\text{L}})+Y_{22}| \tag{12-21}$$

将式（12-21）与式（12-15）相比较可以看出，与单片 PT 相比，电压增益 K_{uBB} 随着并-并联个数 n 的增加而增加。

由式（12-16），可得输出功率为

$$P_{\text{outBB}}=U_1^2K_{\text{uBB}}^2/R_{\text{L}} \tag{12-22}$$

将式（12-22）与式（12-16）相比较可以看出，最大输出功率随并-并联个数 n 的增加而增加，并受负载的影响。

由式（12-17）可得输入导纳为

$$Y_{\text{inBB}}=\dot{I}_1/\dot{U}_1=n[Y_{11}-Y_{21}Y_{12}/(Y_{22}+Y_{\text{L}}/n)] \tag{12-23}$$

由式（12-18）可得输入功率为

$$P_{\text{inBB}}=U_1^2\text{Re}[Y_{\text{inBB}}] \tag{12-24}$$

由式（12-23）和式（12-24）可以看出，随着 PT 并联个数 n 的增加，输入功率也会增加。

PT 的传输效率为

$$\eta_{\text{BB}}=P_{\text{outBB}}/P_{\text{inBB}}=K_{\text{uBB}}^2\text{Re}[Y_{\text{L}}]/\text{Re}[Y_{\text{inBB}}] \tag{12-25}$$

由式（12-25）可知，在输出功率与输入功率均随并-并连接个数的增加而增大的情况下，传输效率 η 与单片 PT 相比变化不大。

从以上理论分析可知，压电变压器的并-并连接不仅能够提供更高的输出功率，还能够提升电压增益。无论是电压增益、输出功率还是传输效率均与负载有关，从实际应用角度看，n 个并-并 PT 的最大输出功率与最大效率的获得，均存在负载阻抗匹配问题。

12.7.4　压电变压器并-串连接实例

PT 并-串连接如图 12-9（b）所示。其复合二端口网络的输入电压和输出电流被分

别强制相同，总输入电流和输出电压应为两个各自端口电流和电压之和。并-串连接复合网络采用逆混合矩阵 G 参数来描述，记为 G_{BC}。

$$\begin{bmatrix} \dot{I}_1 \\ \dot{U}_{\mathrm{oC}} \end{bmatrix} = G_{\mathrm{BC}} \begin{bmatrix} \dot{U}_{\mathrm{inB}} \\ \dot{I}_2 \end{bmatrix} = \begin{bmatrix} G_{\mathrm{BC}}^{11} & G_{\mathrm{BC}}^{12} \\ G_{\mathrm{BC}}^{21} & G_{\mathrm{BC}}^{22} \end{bmatrix} \begin{bmatrix} \dot{U}_{\mathrm{inB}} \\ \dot{I}_2 \end{bmatrix} \tag{12-26}$$

G_{BC} 参数等于并-串连接的各子网络的 G 参数之和。对于 n 个相同 PT 并-串连接复合网络，其 G_{BC} 为单个 PT 子网络 G 的 n 倍，即

$$G_{\mathrm{BC}} = \begin{bmatrix} nG_{11} & nG_{12} \\ nG_{21} & nG_{22} \end{bmatrix} = \begin{bmatrix} G_{\mathrm{BC}}^{11} & G_{\mathrm{BC}}^{12} \\ G_{\mathrm{BC}}^{21} & G_{\mathrm{BC}}^{22} \end{bmatrix} \tag{12-27}$$

由 Y 参数表示的单个 PT 子网络 G 参数，即

$$G = \begin{bmatrix} G_{11} & G_{12} \\ G_{21} & G_{22} \end{bmatrix} = \begin{bmatrix} \Delta_Y / Y_{22} & Y_{12}/Y_{22} \\ -Y_{21}/Y_{22} & 1/Y_{22} \end{bmatrix} \tag{12-28}$$

式中，$\Delta_Y = Y_{22}Y_{11} - Y_{12}Y_{21}$。

将式（12-28）代入式（12-27）得 G_{BC} 参数，再将其转化为 Y_{BC} 参数，整理得

$$Y_{\mathrm{BC}} = \begin{bmatrix} nY_{11} & Y_{12} \\ Y_{21} & Y_{22}/n \end{bmatrix} = \begin{bmatrix} Y_{\mathrm{BC}}^{11} & Y_{\mathrm{BC}}^{12} \\ Y_{\mathrm{BC}}^{21} & Y_{\mathrm{BC}}^{22} \end{bmatrix} \tag{12-29}$$

由 Y 参数描述的并-串连接复合 PT 的电气特性可表达如下。

由式（12-15），可得电压增益为

$$K_{\mathrm{uBC}} = \left|Y_{\mathrm{BC}}^{21}\right| / \left|Y_{\mathrm{L}} + Y_{\mathrm{BC}}^{22}\right| = \left|Y_{21}\right| / \left|Y_{\mathrm{L}} + Y_{22}/n\right| \tag{12-30}$$

由式（12-30）很容易看出，电压增益与单片 PT 相比，K_{uBC} 随着并-串联个数 n 的增加明显增加。

由式（12-16），可得输出功率为

$$P_{\mathrm{outBC}} = U_1^2 K_{\mathrm{uBC}}^2 / R_{\mathrm{L}} \tag{12-31}$$

由式（12-31）可以看出，输出功率与电压增益的平方成正比。因此，最大输出功率随并-串连接个数 n 的增加而明显增加，并受负载的影响。

由式（12-17），可得输入导纳为

$$Y_{\mathrm{inBC}} = nY_{11} - Y_{21}Y_{12} / (Y_{\mathrm{L}} + Y_{22}/n) \tag{12-32}$$

由式（12-18），可得输入功率为

$$P_{\mathrm{inBC}} = U_1^2 \mathrm{Re}[Y_{\mathrm{inBC}}] \tag{12-33}$$

由式（12-32）和式（12-33）可知，随着并-串连接个数 n 的增加，输入功率也在增加。

PT 的传输效率为

$$\eta_{\mathrm{BC}} = P_{\mathrm{outBC}} / P_{\mathrm{inBC}} = K_{\mathrm{uBC}}^2 \mathrm{Re}[Y_{\mathrm{L}}] / \mathrm{Re}[Y_{\mathrm{inBC}}] \tag{12-34}$$

可见，传输效率与并-并连接类似，它与单片 PT 相比变化不大。

从以上理论分析可知，压电变压器 PT 的并-串连接不仅能够提供更高的输出功率，还能够提升电压增益。

12.8　计算机辅助分析电路举例

运用 MATLAB 软件能够在很大程度上降低网络参数运算的复杂程度，为网络分析方法提供了很好的辅助计算和分析工具。

例 12.4　将表 12-1 中的 Y 参数、H 参数、A 参数用 Z 参数表示。

MATLAB 软件计算仿真语言如下：

```
syms Z11 Z12 Z21 Z22
Z11=input ('Z11=');
Z12=input ('Z12=');
Z21=input ('Z21=');
Z22=input ('Z22=');
Z=[Z11,Z12;Z21,Z22];
deltZ=Z11*Z22-Z12*Z21;
Y11=Z22/deltZ;Y12=-Z12/deltZ;
Y21=-Z21/deltZ;Y22=Z11/deltZ;
Y=[Y11,Y12;Y21,Y22]
H11=deltZ/Z22;H12=Z12/Z22;
H21=-Z21/Z22;H22=1/Z22;
H=[H11,H12;H21,H22]
A11=Z11/Z21;A12=deltZ/Z21;
A21=1/Z21;A22=Z22/Z21;
A=[A11,A12;A21,A22]
```

如输入 Z11=150，Z12=50，Z21=50，Z22=150，单位为Ω。运行程序后直接得出结果：

```
Y =
    0.0075   -0.0025
   -0.0025    0.0075
H =
  133.3333    0.3333
   -0.3333    0.0067
A =
    3.0000  400.0000
    0.0200    3.0000
```

同理可以采用 MATLAB 软件来实现其他网络参数之间的变换，利用网络参数关系表可以迅速得到任意参数的大小和性质。这里不再赘述。

小　结

本章主要介绍了二端口网络的基本概念、各网络参数性质及网络参数之间的相互关系，为电路分析提供了网络分析的思路和方法。此外，还介绍了 MATLAB 在网络分析中的应用。

（1）当无须知道电路各支路具体的电压和电流情况而只对其电路外特性进行研究

时，就可将该电路等效为网络，用戴维南或诺顿等效电路进行替代，然后再计算感兴趣的电压和电流。

（2）Z 参数是描写已知二端口网络的端口电流 $\dot{I}_1$ 和 $\dot{I}_2$ 而求其端口电压 $\dot{U}_1$、$\dot{U}_2$ 时的网络特性参数，即

$$\begin{bmatrix}\dot{U}_1\\\dot{U}_2\end{bmatrix}=\begin{bmatrix}Z_{11} & Z_{12}\\Z_{21} & Z_{22}\end{bmatrix}\begin{bmatrix}\dot{I}_1\\\dot{I}_2\end{bmatrix}$$

$Z_{11}=\left.\dfrac{\dot{U}_1}{\dot{I}_1}\right|_{\dot{I}_2=0}$ 表示端口 2—2′ 处开路时，端口 1—1′ 的开路输入阻抗。

$Z_{12}=\left.\dfrac{\dot{U}_1}{\dot{I}_2}\right|_{\dot{I}_1=0}$ 表示端口 1—1′ 处开路时，端口 2—2′ 到端口 1—1′ 的开路转移阻抗。

$Z_{21}=\left.\dfrac{\dot{U}_2}{\dot{I}_1}\right|_{\dot{I}_2=0}$ 表示端口 2—2′ 处开路时，端口 1—1′ 到端口 2—2′ 的开路转移阻抗。

$Z_{22}=\left.\dfrac{\dot{U}_2}{\dot{I}_2}\right|_{\dot{I}_1=0}$ 表示端口 1—1′ 处开路时，端口 2—2′ 的开路输入阻抗。

（3）Y 参数是描写已知二端口网络的端口电压 $\dot{U}_1$、$\dot{U}_2$ 而求其端口电流 $\dot{I}_1$ 和 $\dot{I}_2$ 时的网络特性参数，即

$$\begin{bmatrix}\dot{I}_1\\\dot{I}_2\end{bmatrix}=\begin{bmatrix}Y_{11} & Y_{12}\\Y_{21} & Y_{22}\end{bmatrix}\begin{bmatrix}\dot{U}_1\\\dot{U}_2\end{bmatrix}$$

$Y_{11}=\left.\dfrac{\dot{I}_1}{\dot{U}_1}\right|_{\dot{U}_2=0}$ 表示端口 2—2′ 处短路时，端口 1—1′ 的短路输入导纳。

$Y_{12}=\left.\dfrac{\dot{I}_1}{\dot{U}_2}\right|_{\dot{U}_1=0}$ 表示端口 1—1′ 处短路时，端口 2—2′ 到端口 1—1′ 的短路转移导纳。

$Y_{21}=\left.\dfrac{\dot{I}_2}{\dot{U}_1}\right|_{\dot{U}_2=0}$ 表示端口 2—2′ 处短路时，端口 1—1′ 到端口 2—2′ 的短路转移导纳。

$Y_{22}=\left.\dfrac{\dot{I}_2}{\dot{U}_2}\right|_{\dot{U}_1=0}$ 表示端口 1—1′ 处短路时，端口 2—2′ 的短路输入导纳。

（4）H 参数是描写已知二端口网络的端口 1 的电流 $\dot{I}_1$ 和端口 2 的电压 $\dot{U}_2$，求其端口 1 的电压 $\dot{U}_1$ 和端口 2 的电流 $\dot{I}_2$ 时的网络特性参数，即

$$\begin{bmatrix}\dot{U}_1\\\dot{I}_2\end{bmatrix}=\begin{bmatrix}H_{11} & H_{12}\\H_{21} & H_{22}\end{bmatrix}\begin{bmatrix}\dot{I}_1\\\dot{U}_2\end{bmatrix}=[H]\begin{bmatrix}\dot{I}_1\\\dot{U}_2\end{bmatrix}$$

$H_{11}=\left.\dfrac{\dot{U}_1}{\dot{I}_1}\right|_{\dot{U}_2=0}$ 表示端口 2—2′ 短路时，端口 1—1′ 的短路阻抗（单位为Ω）。

$H_{12}=\left.\dfrac{\dot{U}_1}{\dot{U}_2}\right|_{\dot{I}_1=0}$ 表示端口 1—1′ 开路时，端口 2—2′ 到端口 1—1′ 的电压传输系数（单

位为 1)。

$H_{21}=\dfrac{\dot{I}_2}{\dot{I}_1}\Big|_{\dot{U}_2=0}$ 表示端口 2—2′ 短路时，端口 1—1′ 到端口 2—2′ 的电流传输系数（单位为 1)。

$H_{22}=\dfrac{\dot{I}_2}{\dot{U}_2}\Big|_{\dot{I}_1=0}$ 表示端口 1—1′ 开路时，端口 2—2′ 的开路阻抗（单位为 S)。

（5）A 参数是描写已知二端口网络端口 2—2′ 的电压 $\dot{U}_2$ 和 $\dot{I}_2$，求其端口 1—1′ 的电压 $\dot{U}_1$ 和电流 $\dot{I}_1$ 的网络参数，利用替代定理分别将端口 2—2′ 的电压 $\dot{U}_2$ 和 $\dot{I}_2$ 看作是外加电压源和电流源。根据叠加定理，端口 1—1′ 的电压 $\dot{U}_1$ 和电流 $\dot{I}_1$ 应该等于各个电源单独作用时产生的电压之和，即

$$\begin{bmatrix}\dot{U}_1\\ \dot{I}_1\end{bmatrix}=\begin{bmatrix}A_{11} & A_{12}\\ A_{21} & A_{22}\end{bmatrix}\begin{bmatrix}\dot{U}_2\\ \dot{I}_2\end{bmatrix}$$

$A_{11}=\dfrac{U_1}{U_2}\Big|_{I_2=0}$　表示端口 2—2′ 开路时，端口 2—2′ 到端口 1—1′ 的电压传输系数。

$A_{12}=\dfrac{U_1}{I_2}\Big|_{U_2=0}$　表示端口 2—2′ 短路时，端口 2—2′ 到端口 1—1′ 的转移阻抗。

$A_{21}=\dfrac{I_1}{U_2}\Big|_{I_2=0}$　表示端口 2—2′ 开路时，端口 2—2′ 到端口 1—1′ 的转移导纳。

$A_{22}=\dfrac{I_1}{I_2}\Big|_{U_2=0}$　表示端口 2—2′ 短路时，端口 2—2′ 到端口 1—1′ 的电流传输系数。

（6）Z 参数、Y 参数、H 参数和 A（T）参数四种网络参量都描写同一个网络的特性，因而它们之间有内在的联系，即四种网络参量之间可以相互转换见表 12-1，并且可以采用 MATLAB 软件对网络进行计算仿真。

习　题

12.1　求图 12-10 所示电路的 Y 参数。

12.2　求图 12-11 所示电路的 Z 参数。

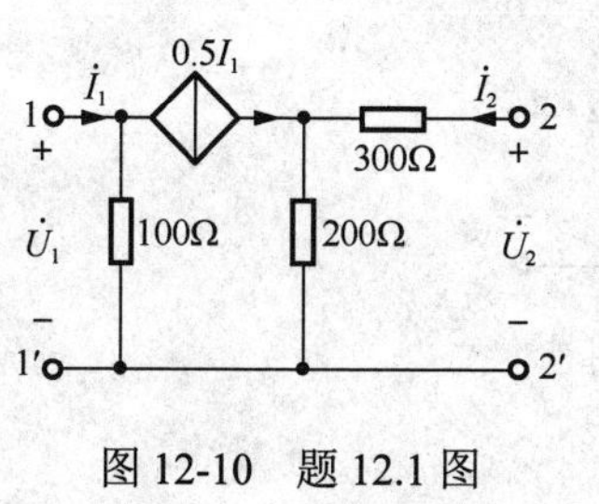

图 12-10　题 12.1 图

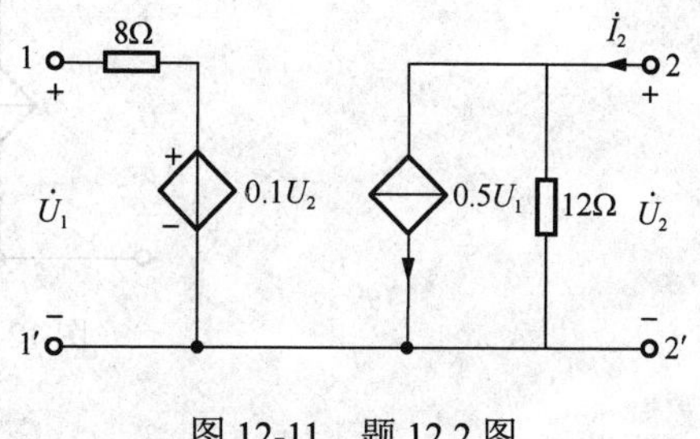

图 12-11　题 12.2 图

12.3　求图 12-12 所示二端口的 Y 参数和 Z 参数，并说明其性质。

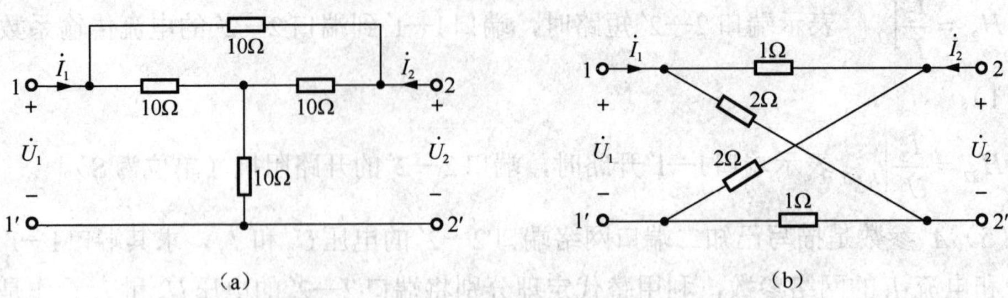

图 12-12　题 12.3 图

12.4　求图 12-13 所示二端口的 A 参数。

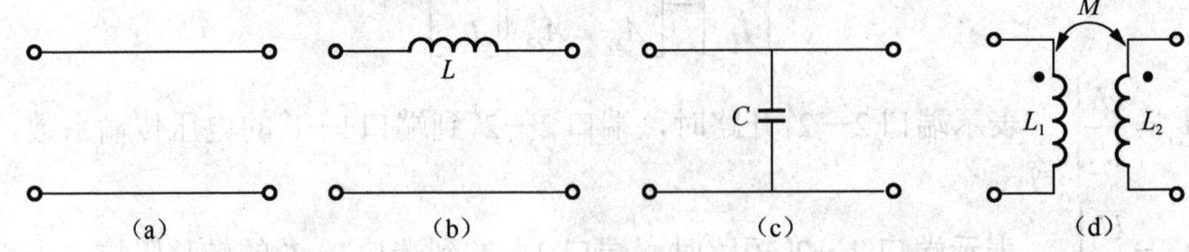

图 12-13　题 12.4 图

12.5　求图 12-14 所示二端口的 H 参数。

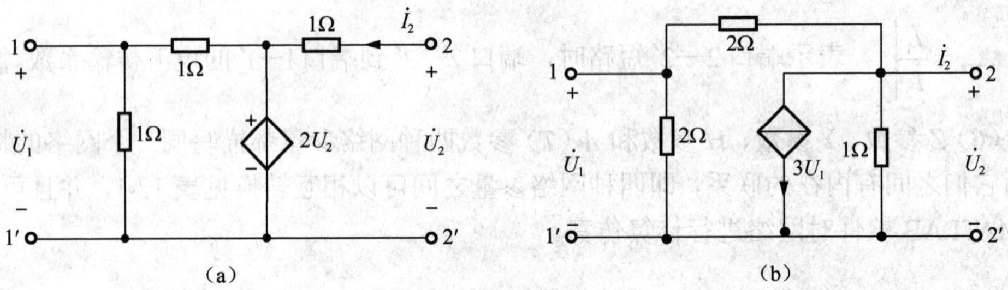

图 12-14　题 12.5 图

12.6　求图 12-15 所示二端口的 T 参数。

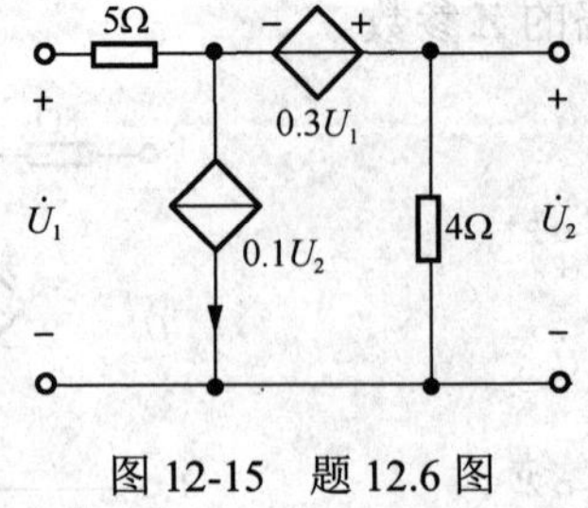

图 12-15　题 12.6 图

12.7　求图 12-16 所示二端口的 Z 参数和 A 参数矩阵。

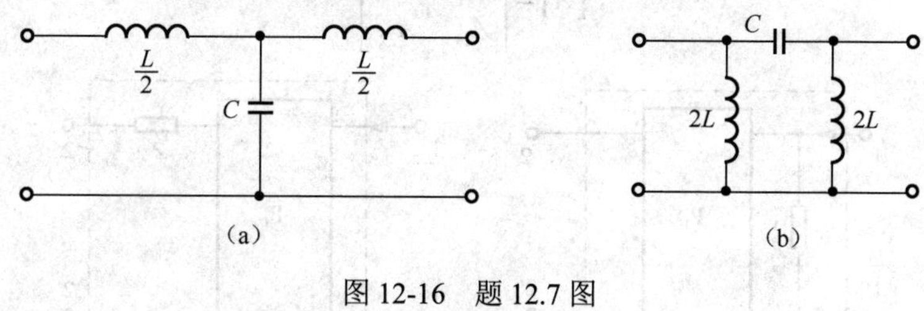

图 12-16　题 12.7 图

12.8　求图 12-17 所示双 T 电路的 Y 参数矩阵。

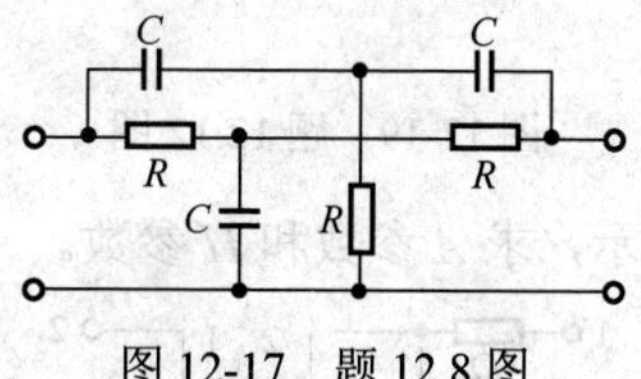

图 12-17　题 12.8 图

12.9　已知图 12-18 所示电路的 Z 参数矩阵为

$$[Z]=\begin{bmatrix}10 & 8\\ 5 & 10\end{bmatrix}$$

求 R_1、R_2、R_3 和 r 的值。

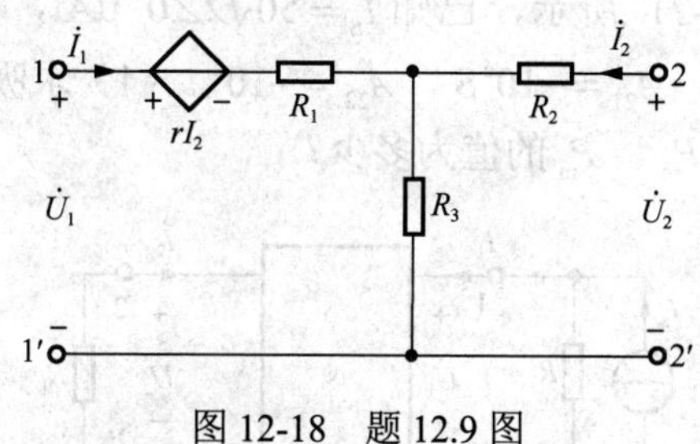

图 12-18　题 12.9 图

12.10　已知二端口的 Y 参数矩阵为

$$[Y]=\begin{bmatrix}1.5 & -1.2\\ -1.2 & 1.8\end{bmatrix}$$

求 H 参数矩阵，并说明该二端口中是否有受控源。

12.11　已知二端口的 Z 参数矩阵为

$$[Z]=\begin{bmatrix}\frac{60}{9} & \frac{40}{9}\\ \frac{40}{9} & \frac{100}{9}\end{bmatrix}$$

求其等效 π 型电路。

12.12　求图 12-19 所示二端口的 A 参数矩阵，设内部二端口 P_1 的 A 参数矩阵为

$$[A]=\begin{bmatrix} A_{11} & A_{12} \\ A_{21} & A_{22} \end{bmatrix}$$

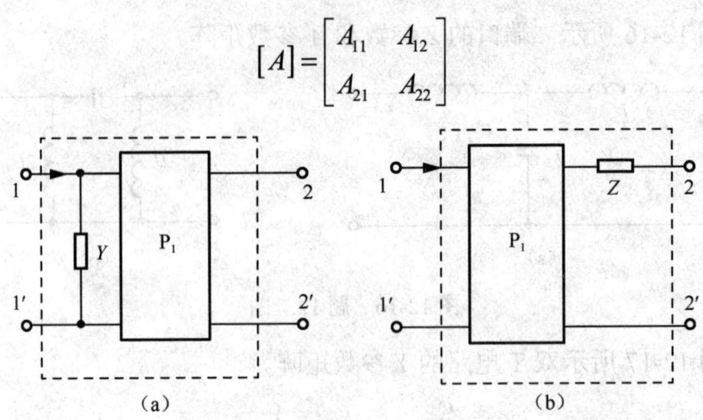

图 12-19　题 12.12 图

12.13　电路如图 12-20 所示，求 A 参数和 H 参数。

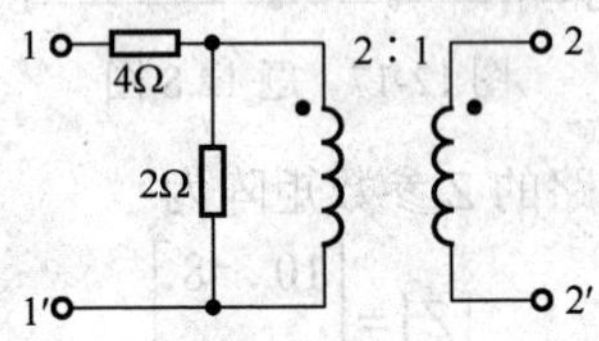

图 12-20　题 12.13 图

12.14　电路如图 12-21 所示，已知 $\dot{I}_S = 50\sqrt{2}\angle 0°\ \mu A$，$R_S = 1k\Omega$，$R_L = 10k\Omega$，$A_{11} = 5\times 10^4$，$A_{12} = -10\Omega$，$A_{21} = -10^6 S$，$A_{22} = -10^2$。（1）求吸收的功率 P_L。（2）R_L 为何值时能够获得最大功率 P_m，P_m 的值为多少？

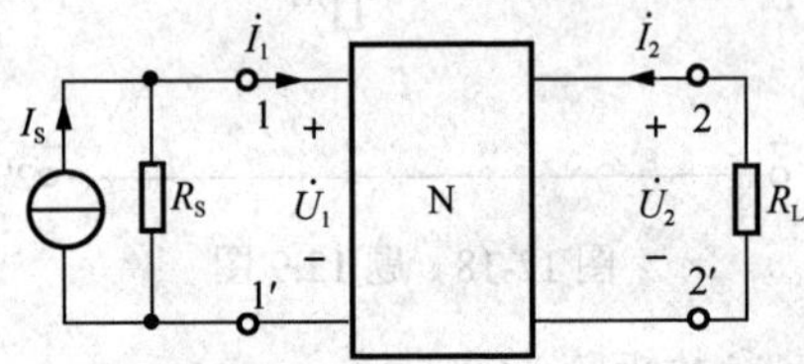

图 12-21　题 12.14 图

12.15　电路如图 12-22 所示，已知网络 N 的 $[Z]=\begin{bmatrix} 6 & 4 \\ 2 & 8 \end{bmatrix}\Omega$，$t<0$ 时 S 打开，电路已达到稳态。$t=0$ 时刻闭合 S，求 $t>0$ 时的 $i(t)$。

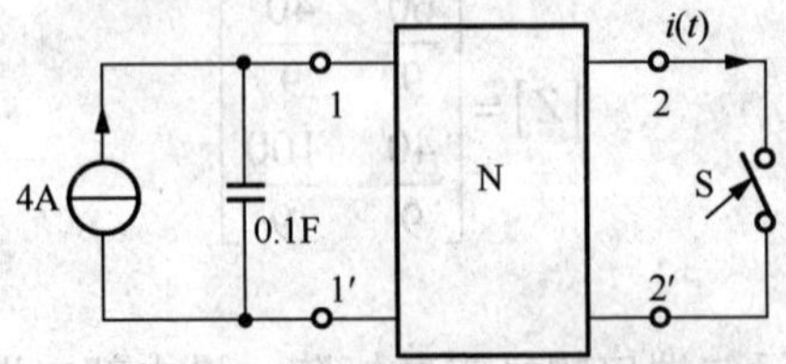

图 12-22　题 12.15 图

12.16　电路如图 12-23 所示，已知网络 N 的端口伏安关系为$U_1 = 12I_1 + 5I_2$，$U_2 = 8I_1 + 10I_2$。

（1）求端口 a、b 的等效电压源电路。（2）求端口 a、b 向外电路可能提供的最大功率 P_m。

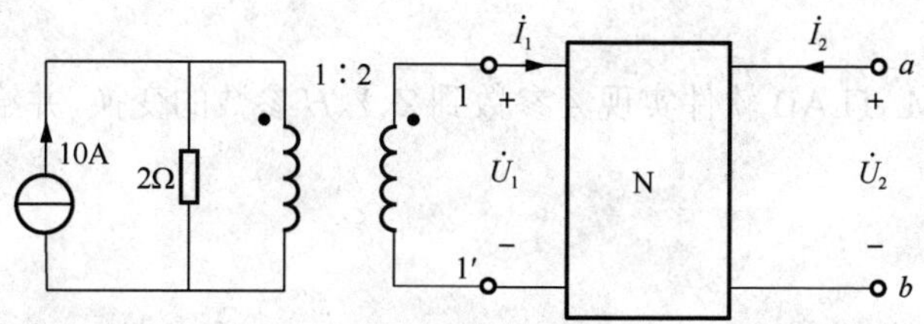

图 12-23　题 12.16 图

12.17　电路如图 12-24（a）所示，已知二端口网络的 A 参数矩阵为

$$[A] = \begin{bmatrix} 2 & 30\Omega \\ 0.1\text{S} & 2 \end{bmatrix}$$

输出端接电阻 R。现将电阻 R 并联在输入端口，如图 12-24（b）所示，且知图 12-24（a）输入端口的输入电阻为图 12-24（b）的 6 倍，求此时 R 的值。

12.18　电路如图 12-25 所示，$U_S = 60\text{V}$，$R_S = 7\Omega$，$R_L = 3\Omega$。

（1）求 Z 参数和 A 参数。

（2）求 R_L 吸收的功率。

（3）求1—1′端口吸收的功率 P_1。

（4）求传输效率 η。

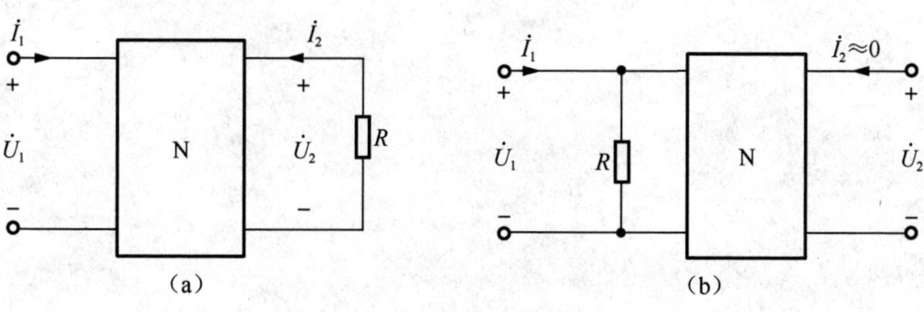

图 12-24　题 12.17 图

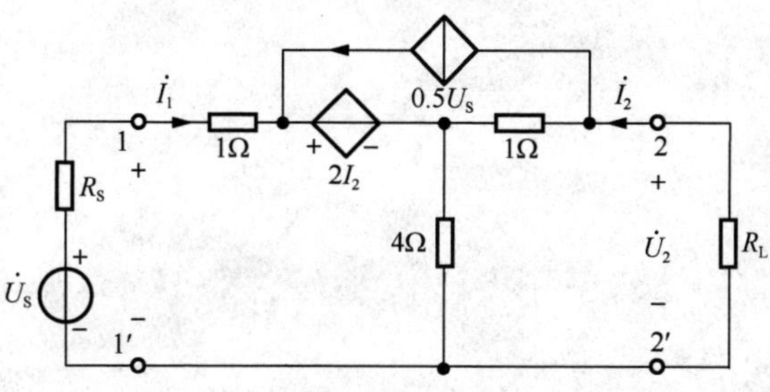

图 12-25　题 12.18 图

12.19　利用 MATLAB 软件对习题 12.15 进行计算和分析。

12.20　已知某二端口网络的$[Z]=\begin{bmatrix}6 & 3\\ 2 & 8\end{bmatrix}\Omega$，求其对应的 Y、H、A 参数。

12.21　利用 MATLAB 软件实现 Y 参数到 Z、H、A 参数的变换，并给出相应 MATLAB 实现程序。

12.22　利用 MATLAB 软件实现 A 参数到 Z、Y、H 参数的变换，并给出相应 MATLAB 实现程序。

参 考 文 献

曹倩茹，2006. 光伏发电的最大功率跟踪研究[D]. 西安：西安科技大学.

陈希有，2004. 电路理论基础[M]. 3 版. 北京：高等教育出版社.

范世贵，付高明，2006. 电路考研教案[M]. 西安：西北工业大学出版社.

付玉明，2002. 电路分析基础[M]. 北京：中国水利水电出版社.

郭琳，2010. 电路分析[M]. 北京：人民邮电出版社.

胡翔俊，2003. 电路分析[M]. 北京：高等教育出版社.

黄寒华，史金芬，2006. 计算机电路基础[M]. 北京：机械工业出版社.

江晓安，杨有瑾，陈生潭，1999. 计算机电子电路技术——电路与模拟电子部分[M]. 西安：西安电子科技大学出版社.

姜三勇，2011. 电工电子技术[M]. 北京：电子工业出版社.

姜三勇，2011. 电工学学习辅导与习题解答（上册）[M]. 7 版. 北京：高等教育出版社.

金圣才，2006. 考研专业课全国名校真题题库：电路与电子技术[M]. 北京：中国石化出版社.

李瀚荪，2002. 简明电路分析基础[M]. 北京：高等教育出版社.

李瀚荪，2006. 电路分析基础[M]. 北京：高等教育出版社.

聂典，2007. Multisim 9 计算机仿真电路在电子电路设计中的应用[M]. 北京：电子工业出版社.

邱关源，2006. 电路[M]. 5 版. 北京：高等教育出版社.

邱关源，罗先觉，2011. 电路[M]. 5 版. 北京：高等教育出版社.

上官右黎，2003. 电路分析基础[M]. 北京：北京邮电大学出版社.

王喜娟，李浩玉，赵旭艳，2012. 油气管道焊接动火作业中杂散电流的防范[J]. 施工技术，31（1）：36-41.

吴锡龙，2004. 电路分析[M]. 北京：高等教育出版社.

杨素行，2007. 模拟电子技术基础简明教程[M]. 北京：高等教育出版社.

叶挺秀，2008. 电工电子学[M]. 北京：高等教育出版社.

张永瑞，2006. 电路分析基础[M]. 3 版.西安：西安电子科技大学出版社.

张永瑞，杨林耀，1995. 电路分析基础[M]. 2 版. 西安：西安电子科技大学出版社.

周华，2006. 电路分析基础[M]. 武汉：武汉理工大学出版社.

周守昌，1999. 电路原理[M]. 北京：高等教育出版社.